U0173841

"十二五"职业教育国家规划教材
经全国职业教育教材审定委员会审定
机械工业出版社精品教材

修订版

机械制图

第4版

主　编　马　英　杨老记
副主编　马　璇　陈荣强
参　编　高运芳　张莉萍　赵　丹
　　　　黄继明　尹向高　张庆武
主　审　高英敏

机械工业出版社

本书是在“十二五”职业教育国家规划教材《机械制图　第3版》（杨老记、马英主编）的基础上修订而成的，是在线开放课程“机械制图”的配套教材。

本书以培养高等技术应用型人才为目的，以掌握基本知识和强化基本技能为目标，注重培养绘制和识读机械工程图样的实际能力。本书主要内容包括：制图的基本知识和基本技能、投影基础、基本立体及其表面交线的投影、物体的三视图、轴测图、图样的基本画法、图样的特殊表示法、零件图、装配图和零部件测绘。

本书思路清晰，编排合理，循序渐进，重点突出，采用双色印刷，同时设置了大量的助学二维码，通过手机扫描即可浏览相应的动画或虚拟模型。

本书可作为高职高专及职业本科院校机械和近机械专业的教材，亦可作为企业培训用书及工程技术人员参考用书。

本书配套有习题集，同时配套有电子课件、习题集参考答案、习题三维虚拟模型和试题样卷等教学资源。凡选用本书作为教材的教师，可登录机械工业出版社教育服务网（http：//www.cmpedu.com），注册后免费下载。咨询电话：010-88379375。

图书在版编目（CIP）数据

机械制图/马英，杨老记主编．—4版．—北京：机械工业出版社，2021.7（2021.9重印）

“十二五”职业教育国家规划教材：修订版

ISBN 978-7-111-68518-0

Ⅰ.①机…　Ⅱ.①马…②杨…　Ⅲ.①机械制图-职业教育-教材

Ⅳ.①TH126

中国版本图书馆CIP数据核字（2021）第120521号

机械工业出版社（北京市百万庄大街22号　邮政编码100037）

策划编辑：于奇慧　责任编辑：于奇慧　王海霞

责任校对：张　征　责任印制：单爱军

北京虎彩文化传播有限公司印刷

2021年9月第4版第2次印刷

184mm×260mm · 17.75印张 · 438千字

3001—4900册

标准书号：ISBN 978-7-111-68518-0

定价：59.00元

电话服务	网络服务
客服电话：010-88361066	机　工　官　网：www.cmpbook.com
010-88379833	机　工　官　博：weibo.com/cmp1952
010-68326294	金　　书　　网：www.golden-book.com
封底无防伪标均为盗版	机工教育服务网：www.cmpedu.com

前　言

按照国家在“十三五”期间对职业教育教材建设的要求，编者结合近年来参与教学资源库建设的经验，同时配合在线开放课程的建设，对本书第3版进行了修订。

本次修订继承了第3版的编写思想，以培养高等技术应用型人才为目标，注重培养学生解决实际问题的能力，重视教学规律和学习者的认知规律，强调和规范标准意识，同时紧跟数字化教学技术变化，努力打造高品质教材。本次修订主要包括以下几方面。

1）贯彻现行国家标准。对照国家标准规范了全书中关于技术制图的通用术语；增加了尺寸注法和图样画法中常用的简化表示法的相关内容；更新了滚动轴承、剖面区域的表示法和轴测图的相关术语及定义；修改了螺纹相关术语和定义；将“机件的各种表达方法”更名为“图样的基本画法”；将“标准件和常用件的画法”更名为“图样的特殊表示法”。

2）调整部分章节内容，删除冗余，优化结构。调整了原第2章“投影基础”中的部分例题，同时删除了这一章中的“平面上的投影面平行线”一节；删除了原第3章“基本立体及立体的形成”中的“立体的形成”一节，并将这一章与原第4章“截交线和相贯线”合并为第3章，即“基本立体及其表面交线的投影”，使整体内容逻辑更加合理；将原第5章“第三角画法简介”的内容移入第6章“图样的基本画法”中，并适当加入了第三角画法的应用示例，这样与第6章中的第一角图样画法的内容相呼应；删除了原第11章“零部件测绘”中冗余的机用虎钳案例，使减速器这一测绘对象的主线更加清晰。

3）增加数字化信息。本次修订，为书中部分图例增加了视频和虚拟模型，并以二维码的形式嵌入相应位置，学习者可以通过手机等移动设备扫描二维码进行观看学习。借助虚拟模型可以对形体进行全方位的浏览和投影展示，直观、生动、便捷。与本书配套的机械制图课程教学资源库和在线开放课，已在“智慧职教”平台投入使用，整合的八十多个知识点的视频、动画、文本、图片和题库等资源已全部开放。

4）进一步提高本书的质量和可读性。本书采用双色印刷，遵照国家标准要求重新绘制了全部图形，增加了必要的标注。调整了部分内容中段落间的逻辑关系，精炼了语句，尽量做到言简意赅和通俗易懂。

5）与本书配套的习题集也做了相应修订。调整了部分题目，提高了与本书中示例的匹配度。对于有一定难度和特点的习题，也嵌入了二维码，链接虚拟模型，为学习者搭建完成题目的“脚手架”。

6）制作了与本书及习题集配套的多种资源，包括与本书内容配套的电子教案、习题集的电子版及全部参考答案、习题集及电子教案中的三维虚拟模型。这些虚拟模型可以用于对形体进行全方位的浏览、剖切和标注，装配体可以进行虚拟装拆。学习者可以在计算机上使用这些虚拟模型。

参与本书和配套习题集编写的有：张莉萍（绪论和第1章）、黄继明（第2章）、张庆

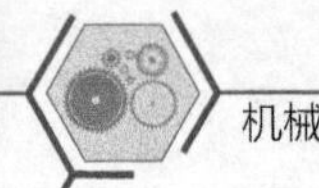

武（第3章）、尹向高（第4章）、高运芳（第5章）、马璇（第6章）、赵丹（第7章）、马英（第8章）、陈荣强（第9章）、杨老记（第10章及附录）。全书立体图主要由高运芳完成。与本书配套的课件及习题参考答案主要由马英和陈荣强完成。全书主要由马英统稿，参与统稿的还有马璇、陈荣强和张莉萍。

本书由高英敏教授主审，参加审稿的还有谷群广教授和王丽敏副教授。他们对书稿进行了认真、细致的审核，提出了许多宝贵的意见和建议，在此表示衷心的感谢。

本书在修订过程中，参考和引用了很多文献资料，并邀请行业、企业专家对书稿进行了审阅，在此，对参考文献的原作者以及对本书提出宝贵意见和建议的行业、企业专家表示衷心的感谢。

虽然经过多次修订，但书中仍难免有疏漏和瑕疵，真诚地希望读者不吝赐教和指正，并将意见和建议反馈给我们，我们将认真修改，谢谢！

编　者

目 录

前言

绪论 …… 1

第1章 制图的基本知识和基本技能 …… 3

1.1 制图国家标准简介 …… 3

1.1.1 图纸幅面及格式（GB/T 14689—2008） …… 3

1.1.2 比例（GB/T 14690—1993） …… 6

1.1.3 字体（GB/T 14691—1993） …… 7

1.1.4 图线（GB/T 4457.4—2002） …… 7

1.1.5 尺寸注法（GB/T 4458.4—2003） …… 10

1.2 几何作图 …… 17

1.2.1 正六边形 …… 17

1.2.2 斜度和锥度 …… 18

1.2.3 圆弧连接 …… 20

1.3 平面图形的尺寸及画法 …… 22

1.3.1 平面图形的尺寸分析 …… 23

1.3.2 平面图形的线段分析 …… 23

1.3.3 平面图形的作图步骤 …… 24

1.4 手工绘图 …… 26

1.4.1 常用绘图工具的使用方法 …… 26

1.4.2 徒手绘图 …… 28

第2章 投影基础 …… 31

2.1 投影法的基本知识 …… 31

2.1.1 投影法的概念 …… 31

2.1.2 投影法的种类 …… 31

2.2 点的投影 …… 32

2.2.1 点的两面投影 …… 32

2.2.2 点的三面投影 …… 34

2.2.3 点的投影与直角坐标的关系 …… 37

2.2.4 空间两点的相对位置 …… 38

2.2.5 重影点及其可见性 …… 40

2.3 直线的投影 …… 40

2.3.1 各类位置直线的投影特性 …… 41

2.3.2 直线上点的投影 …… 44

2.3.3 两直线的相对位置 …… 46

2.4 平面的投影 …… 48

2.4.1 平面的几何元素表示法 …… 48

2.4.2 各种位置平面的投影特性 …… 49

2.4.3 平面上的直线和点 …… 52

第3章 基本立体及其表面交线的投影 …… 55

3.1 基本立体的投影 …… 55

3.1.1 平面立体及其表面上点的投影 …… 56

3.1.2 回转体及其表面上点的投影 …… 58

3.2 立体的截交线 …… 64

3.2.1 平面立体的截交线 …… 64

3.2.2 回转体的截交线 …… 65

3.3 立体的相贯线 …… 71

3.3.1 平面立体与回转体的相贯线 …… 72

3.3.2 回转体的相贯线 …… 73

3.3.3 组合相贯线 …… 79

第4章 物体的三视图 …… 83

4.1 三视图的投影规律 …… 83

4.2 物体三视图的画法 …… 84

4.2.1 组合体的形体分析 …… 84

4.2.2 组合体表面连接方式 …… 84

4.2.3 柱体的三视图 …… 86

4.2.4 物体三视图的画图步骤 …… 87

4.3 物体的尺寸标注 …… 90

4.3.1 尺寸标注的完整性 …… 90

4.3.2 尺寸标注的清晰性 …… 93

4.3.3 尺寸标注举例 …… 95

4.4 物体视图的识读方法 …… 97

4.4.1 读图的基本要领 …… 97

4.4.2 读图的基本方法 …… 98

4.4.3 识读物体视图的步骤 …… 102

4.5 补画视图或视图中的缺线 …… 104

第5章　轴测图 …… 108
5.1　轴测图的基本知识 …… 108
5.2　正等轴测图的画法 …… 109
5.3　斜二等轴测图 …… 115
第6章　图样的基本画法 …… 117
6.1　视图 …… 117
6.1.1　基本视图（GB/T 13361—2012、GB/T 17451—1998） …… 117
6.1.2　向视图（GB/T 17451—1998） …… 118
6.1.3　局部视图（GB/T 17451—1998、GB/T 4458.1—2002） …… 118
6.1.4　斜视图 …… 120
6.2　剖视图 …… 121
6.2.1　剖视图的概念和画法（GB/T 17452—1998、GB/T 4458.6—2002） …… 121
6.2.2　剖视图的种类 …… 124
6.2.3　剖切面的种类 …… 128
6.3　断面图 …… 133
6.3.1　断面图的概念 …… 133
6.3.2　移出断面图 …… 133
6.3.3　重合断面图 …… 135
6.4　局部放大图和简化画法 …… 136
6.4.1　局部放大图（GB/T 4458.1—2002） …… 136
6.4.2　简化画法（GB/T 16675.1—2012、GB/T 4458.1—2002） …… 136
6.5　第三角画法简介 …… 140
6.5.1　第三角画法的有关规定（GB/T 13361—2012） …… 140
6.5.2　第三角画法与第一角画法的投影识别符号（GB/T 14692—2008） …… 141
6.5.3　第三角画法的应用 …… 142
6.6　图样画法应用举例 …… 142
第7章　图样的特殊表示法 …… 144
7.1　螺纹 …… 144
7.1.1　螺纹的基本知识 …… 144
7.1.2　螺纹的规定画法（GB/T 4459.1—1995） …… 147
7.1.3　螺纹的标记及标注（GB/T 4459.1—1995） …… 149
7.2　螺纹紧固件及连接画法 …… 151
7.2.1　常用的螺纹紧固件及其标记 …… 151
7.2.2　常用螺纹紧固件的画法 …… 153
7.2.3　螺纹紧固件的连接画法 …… 154
7.3　齿轮 …… 157
7.3.1　圆柱齿轮 …… 158
7.3.2　直齿锥齿轮 …… 163
7.3.3　蜗轮、蜗杆 …… 166
7.4　键、销连接 …… 168
7.4.1　键连接 …… 168
7.4.2　花键的画法和标注 …… 170
7.4.3　销连接 …… 172
7.5　弹簧 …… 173
7.5.1　圆柱螺旋压缩弹簧的各部分名称及尺寸关系 …… 173
7.5.2　圆柱螺旋压缩弹簧的规定画法 …… 174
7.6　滚动轴承 …… 175
7.6.1　滚动轴承的代号 …… 176
7.6.2　滚动轴承的画法 …… 177
第8章　零件图 …… 179
8.1　零件图的作用与内容 …… 179
8.2　零件表达方案的选择 …… 180
8.2.1　视图的选择 …… 180
8.2.2　四类典型零件的表达方案分析 …… 182
8.3　零件的工艺结构 …… 186
8.3.1　铸造零件的工艺结构 …… 186
8.3.2　零件机械加工的工艺结构 …… 187
8.3.3　过渡线的画法 …… 189
8.4　零件图的尺寸标注 …… 190
8.4.1　尺寸基准 …… 190
8.4.2　标注尺寸时应注意的问题 …… 192
8.4.3　零件上常见结构的尺寸标注 …… 194
8.5　表面结构 …… 197
8.5.1　表面结构的评定参数 …… 197
8.5.2　表面结构的图形符号、代号 …… 198
8.5.3　表面结构要求的注法 …… 199
8.6　极限与配合 …… 203
8.6.1　公差 …… 203
8.6.2　配合 …… 206
8.6.3　极限与配合的标注 …… 209
8.7　几何公差 …… 210
8.7.1　几何公差的基本概念 …… 210
8.7.2　几何公差的标注 …… 212

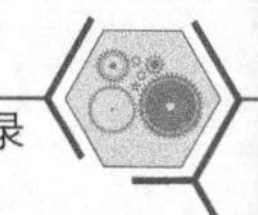

8.8 读零件图 …………………………… 215

第9章 装配图 …………………………… 219

9.1 装配图的内容和图样画法 ………… 219

9.1.1 装配图的作用和内容 ………… 219

9.1.2 装配图的规定画法 ……………… 221

9.1.3 装配图的特殊画法和简化画法 … 222

9.1.4 装配图中的零、部件序号和明细栏 …………………… 225

9.2 绘制装配图 …………………………… 226

9.2.1 装配图表达方案的选择 ………… 226

9.2.2 画装配图的步骤 ………………… 229

9.3 装配结构的合理性 ………………… 232

9.4 读装配图和拆画零件图 …………… 235

9.4.1 读装配图的方法和步骤 ………… 235

9.4.2 由装配图拆画零件图 …………… 238

第10章 零部件测绘………………………… 241

10.1 测绘的目的、任务和要求 …………… 241

10.1.1 测绘的目的 ……………………… 241

10.1.2 测绘的任务和要求 ……………… 241

10.2 常用测绘工具及零件尺寸的测量方法 ……………………………………… 242

10.2.1 测绘工具 ………………………… 242

10.2.2 常用的测量方法 ………………… 242

10.3 一级圆柱齿轮减速器的测绘步骤 …… 247

10.3.1 了解减速器 ……………………… 247

10.3.2 拆卸减速器 ……………………… 248

10.3.3 绘制装配示意图 ………………… 249

10.3.4 绘制非标准件的零件草图 ……… 249

10.3.5 确定标准件的规格 ……………… 252

10.3.6 画装配图和拆画零件图 ………… 252

附录 ……………………………………………… 256

参考文献 ………………………………………… 276

绪　论

1. 图样的作用

用图形表达物体，具有形象、生动、逼真和一目了然的特点，比用语言和文字描述更加直观、简洁，特别是一些结构复杂的设备和工程，必须用图形表达。**工程技术上根据投影原理，并遵照国家标准或有关规定绘制的表达工程对象的形状、大小及技术要求的图，称为工程图样，简称图样**。

在现代工业中，无论是设计和制造各种机器设备，还是工程设计或工程施工都离不开工程图样。在设计阶段，通过图样表达设计意图；在制造、施工阶段，图样是主要的技术依据；在使用、维修中，通过图样了解设备或工程的结构和性能；在科技交流中，图样是重要的技术资料，是交流技术思想的工具。因此，工程图样是工业生产中的一种重要技术资料，是工程界共同的技术语言。作为工程技术人员，必须掌握这种语言。也就是说，工程技术人员必须具备绘制和阅读工程图样的能力。

不同工程领域对图样有不同的要求，相应地，其名称也有所不同，如机械图样、建筑图样和水利图样等。用于表达机器和仪器等的图样，称为**机械图样**。

2. 本课程的性质

本课程是一门既有系统理论又有较强实践性的课程，是探讨绘制机械图样的理论和方法的技术基础课。本课程主要包括三部分内容：画法几何、制图基础和机械图。画法几何部分主要研究正投影法的基本原理；制图基础部分主要介绍制图的基本知识与国家标准规定的各种表达方法；机械图部分主要是零件图和装配图。制图基础和机械图部分是本课程的重点。

3. 本课程的任务

根据培养技术应用型人才的要求，本课程的主要任务是培养学生绘制和阅读机械图样的基本能力，主要包括以下几个方面：

1）学习正投影法的基本理论，为绘制和应用各种工程图样打下良好的理论基础。

2）培养形象思维能力、空间想象能力、空间分析能力和简单的空间几何问题的图解能力。

3）培养绘制和阅读机械零件图及装配图的基本能力。

4）掌握机械制图国家标准的基本内容，具有查阅标准和手册的初步技能。

5）培养认真负责的工作态度和严谨细致的工作作风。

4. 本课程的学习方法

本课程的特点是实践性很强，只有通过大量地绘图和看图实践才能掌握本课程的内容。

因此，在学习本课程时，需要完成一系列作业。要想看图、绘图又快又好，必须做到以下几点：

1）弄懂基本原理和基本方法，掌握看图和绘图的基本方法及思路，按照正确的步骤绘图。

2）注意培养空间想象力和空间构思能力，这是看图的基本功和关键。

3）注意绘图和看图相结合，物体与图样相结合，多看多画。

4）严格遵守机械制图国家标准，准确地使用有关标准和资料。

5）鉴于图样的重要作用，在学习中要注意养成认真负责、耐心细致和一丝不苟的工作作风。

本课程是机械类和近机械类学生的一门十分重要的课程，学习期间务必打好基础，还要注意在后继课程、生产实习、课程设计和毕业设计中进一步提高相关能力。

第1章

制图的基本知识和基本技能

机械图样是现代工业生产过程中的重要技术资料。要绘制出符合工业要求的机械图样，必须首先掌握机械制图的基本知识和基本技能。

1.1　制图国家标准简介

为了便于生产管理和技术交流，绘制和阅读机械图样时必须遵循统一的规范。为此，国家质量监督检验检疫总局发布了一系列《技术制图》和《机械制图》国家标准，对图样画法、图样标注及相关的术语等做了统一的规定。《技术制图》国家标准在制图标准体系中处于最高层次，具有统一性和通用性；《机械制图》国家标准则是适用于机械行业的制图标准。机械领域的工程技术人员必须树立严格的标准化观念，应掌握和遵守相关标准的规定。

我国的国家标准（简称“**国标**”）代号为“**GB**”，“G”“B”分别是“国标”两字的汉语拼音首字母。“GB”是国家强制性标准，“**GB/T**”是国家推荐性标准（“T”表示推荐标准）。例如，GB/T 14689—2008 是 2008 年发布的标准序号为 14689 的国家推荐性标准。

本节选摘了《技术制图》和《机械制图》国家标准中的大部分基本规定和尺寸注法规定，在后续章节中还将摘述关于图样画法和图样标注等的相关标准。

1.1.1　图纸幅面及格式（GB/T 14689—2008）

1. 图纸幅面

图纸幅面指的是图纸宽度与长度组成的图面。国标规定，基本幅面共有五种，幅面代号由“A”和阿拉伯数字组成，见表 1-1。A0 幅面的面积是 A1 幅面的两倍，将整张 A0 幅面的长边对折后，裁开图纸，就可以得到两张 A1 幅面。同样，将 A1 幅面对折后裁开，可以得到两张 A2 幅面，依此类推。最小的基本幅面是 A4 幅面。绘图时，优先选用基本幅面。

表 1-1　基本幅面尺寸　（单位：mm）

<table>
<tr><td colspan="2">幅面代号</td><td>A0</td><td>A1</td><td>A2</td><td>A3</td><td>A4</td></tr>
<tr><td colspan="2">尺寸 $B \times L$</td><td>841×1189</td><td>594×841</td><td>420×594</td><td>297×420</td><td>210×297</td></tr>
<tr><td rowspan="3">边框</td><td>a</td><td colspan="5">25</td></tr>
<tr><td>c</td><td colspan="3">10</td><td colspan="2">5</td></tr>
<tr><td>e</td><td colspan="2">20</td><td colspan="3">10</td></tr>
</table>

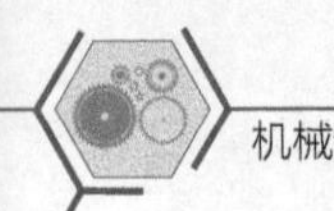

如有必要，可以选用加长幅面。加长幅面的尺寸是由基本幅面的短边成整数倍数增加后得出的，如图 1-1 所示。图 1-1 中的粗实线部分为基本幅面（第一选择），细实线部分为加长幅面（第二选择），虚线部分也是加长幅面（第三选择）。加长幅面代号记作：基本幅面代号×倍数。例如，A4×3 表示按 A4 幅面短边 210mm 加长 2 倍，即加长后图纸尺寸为 297mm×630mm。

2. 图框格式

图框是图纸上限定绘图区域的线框，必须用粗实线画出。图框格式分为不留装订边和留有装订边两种，但同一产品的图样只能采用一种格式。不留装订边的图纸，其图框格式如图 1-2 所示。留有装订边的图纸，其图框格式如图 1-3 所示。基本幅面的留边尺寸 a、c、e 按照表 1-1 中的规定选用。加长幅面的图框留边尺寸，按比所选用基本幅面大一号的图框留边尺寸确定。

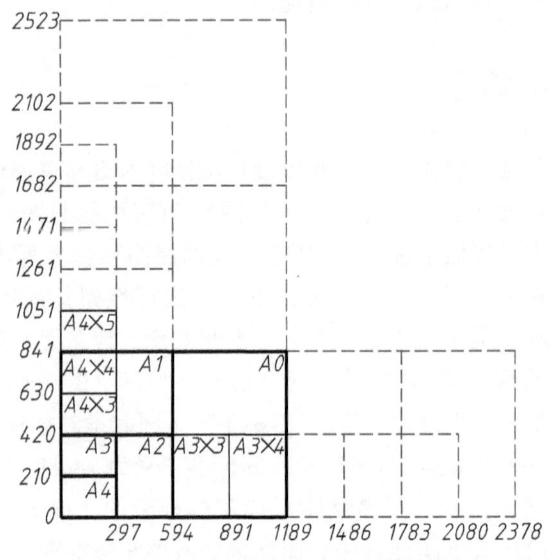

图 1-1　图纸的基本幅面及加长幅面尺寸

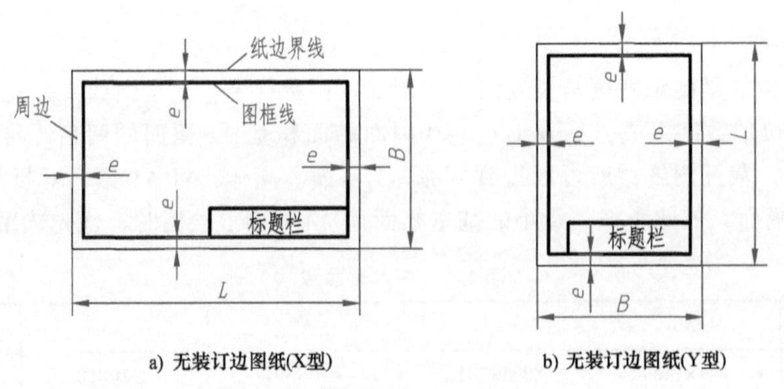

a) 无装订边图纸(X型)　　b) 无装订边图纸(Y型)

图 1-2　不留装订边的图框格式

3. 标题栏

每张图样都必须画出标题栏。标题栏的格式和尺寸按 GB/T 10609. 1—2008 的规定绘制，

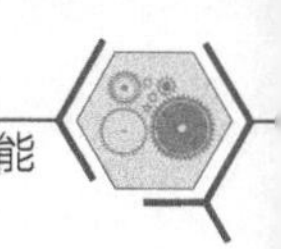

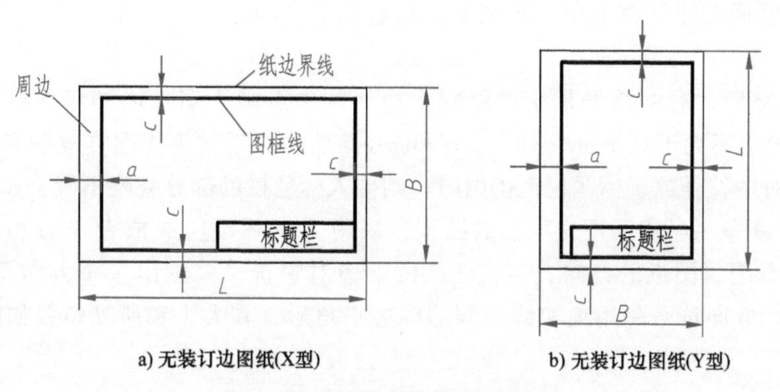

图 1-3　留有装订边的图框格式

如图 1-4 所示。为了方便在学习本课程时作图，可采用图 1-5 所示的简化标题栏。标题栏的位置应位于图纸右下角，其右边和底边与图框线重合。

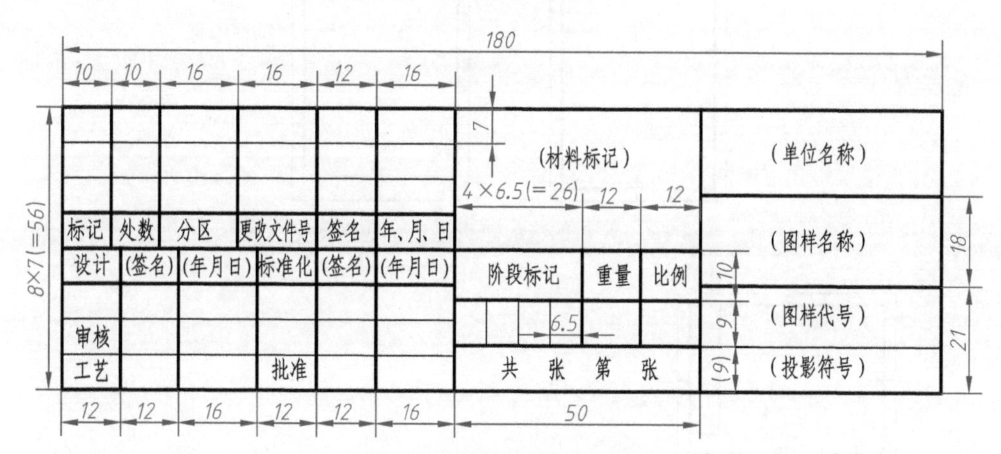

图 1-4　标题栏的格式和尺寸

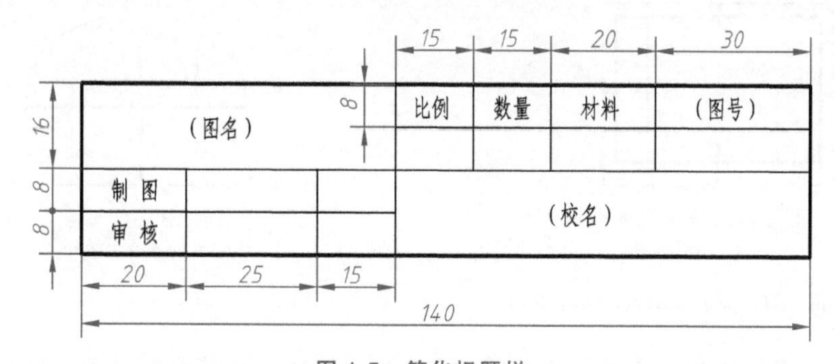

图 1-5　简化标题栏

标题栏的长边置于水平方向并与图纸的长边平行时，构成 X 型图纸，如图 1-2a 和图 1-3a 所示。标题栏的长边与图纸的长边垂直时，则构成 Y 型图纸，如图 1-2b 和图 1-3b 所示。在此情况下，看图的方向与看标题栏的方向一致。

为了利用预先印制的图纸，允许将 X 型图纸的短边置于水平位置使用（X 型图纸竖放），如图 1-6 所示；或将 Y 型图纸的长边置于水平位置使用（Y 型图纸横放），如图 1-7 所

示。此时，标题栏在图纸右上角，看图方向与看标题栏的方向不一致。

4. 附加符号

（1）对中符号　对中符号是由图纸四个边界的中点画入图框内的粗实线线段，长度约5mm，位置误差应不大于0.5mm，如图1-6和图1-7所示。通常用作图样复制和缩微摄影时的定位标记。当对中符号位于标题栏范围内时，则伸入标题栏的部分省略不画，如图1-7所示。

（2）方向符号　当使用预先印制的图纸，采用X型图纸竖放或者Y型图纸横放时，为了明确绘图与看图时图纸的方向，应在图纸的下边对中符号处画出一个方向符号，如图1-6和图1-7所示。方向符号是用细实线绘制的等边三角形，其大小和所处位置如图1-8所示。

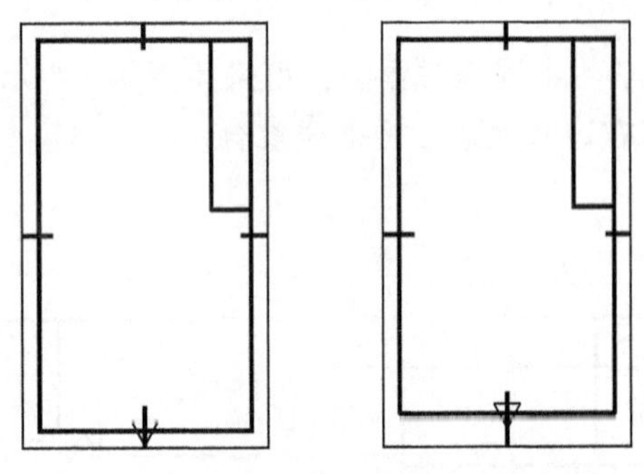

图1-6　X型图纸的短边置于水平位置

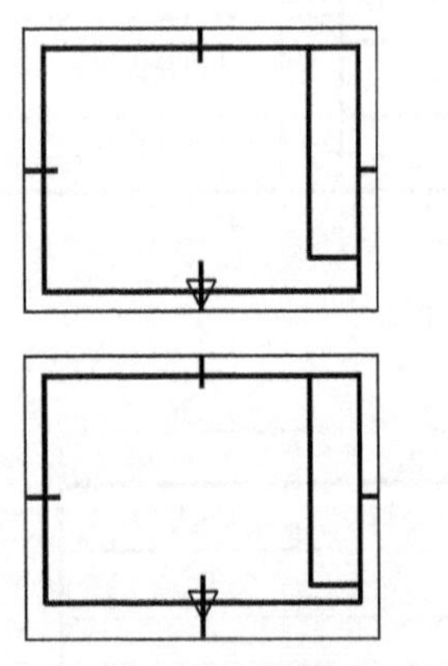

图1-7　Y型图纸的长边置于水平位置

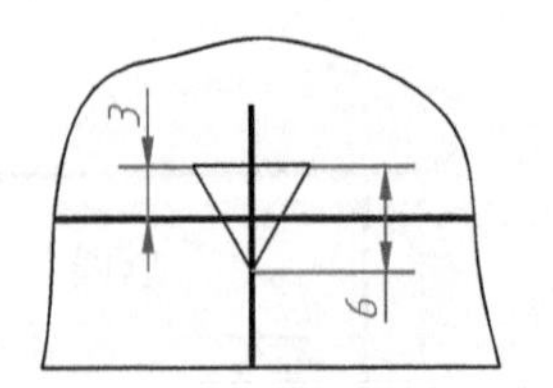

图1-8　方向符号

1.1.2　比例（GB/T 14690—1993）

图中图形与其实物相应要素的线性尺寸之比称为比例。当需要按比例绘制图样时，应优先采用表1-2中的比例值。必要时，也允许采用表1-3中的比例值。

为了在图样上直接反映实物的真实大小，绘图时应尽量采用原值比例。考虑到各种实物的大小和复杂程度不同，也可根据实际情况选用放大或者缩小的比例。无论采用何种比例绘图，图样上标注的尺寸数值都必须是实物的真实尺寸数值。

绘图比例一般应填写在标题栏的“比例”栏内，如果实物的某个视图不采用“比例”栏内的比例，必须在视图名称的下方或右方注出比例。

表 1-2　图样比例（优先系列）

种　类	比　例		
原值比例	1 : 1		
放大比例	5 : 1 5×10^n : 1	2 : 1 2×10^n : 1	 1×10^n : 1
缩小比例	1 : 2 1 : 2×10^n	1 : 5 1 : 5×10^n	1 : 10 1 : 1×10^n

注：n 为正整数。

表 1-3　图样比例（允许系列）

种　类	比　例				
放大比例	4 : 1 4×10^n : 1	2.5 : 1 2.5×10^n : 1			
缩小比例	1 : 1.5 1 : 1.5×10^n	1 : 2.5 1 : 2.5×10^n	1 : 3 1 : 3×10^n	1 : 4 1 : 4×10^n	1 : 6 1 : 6×10^n

注：n 为正整数。

1.1.3　字体（GB/T 14691—1993）

技术图样和有关技术文件中所涉及的字体主要有汉字、字母和数字。

1. 基本规定

1）书写字体必须做到：字体工整、笔画清楚、间隔均匀、排列整齐。

2）字体的高度代表字体的号数，用 h 表示。字体高度的公称尺寸系列为：1.8mm、2.5mm、3.5mm、5mm、7mm、10mm、14mm、20mm。若需要书写更大的字，字体高度按$\sqrt{2}$的比率递增。

3）汉字应写成长仿宋体字，并采用国家正式公布的简化字，汉字的高度 h 不小于 3.5mm，字宽一般为 $h/\sqrt{2}$。

4）字母和数字的字体分 A 型和 B 型。A 型字体的笔画宽度 d 为字高 h 的 1/14，B 型字体的笔画宽度 d 为字高 h 的 1/10。同一图样中只允许使用一种型式的字体。

5）字母和数字可写成斜体和直体。斜体字字头向右倾斜，与水平基准线成 75°。

2. 字体示例

汉字的书写示例如图 1-9 所示。字母和数字书写示例如图 1-10 所示。

1.1.4　图线（GB/T 4457.4—2002）

图线是图样中所采用的各种型式的线。绘制图样时应采用国家标准中规定的图线。

1. 图线线型及应用

GB/T 4457.4—2002《机械制图　图样画法　图线》中规定了绘制机械图样时采用的九种图线，这九种图线的名称、线型及其一般应用见表 1-4。图 1-11 所示为线型应用举例。

10号字

横平竖直起落有锋结构匀称写满方格

7号字

书写汉字字体工整笔画清楚间隔均匀排列整齐

5号字

机械制图国家标准认真执行耐心细致技术要求尺寸公差配合性质

图 1-9　长仿宋体汉字示例

大写斜体

ABCDEFGHIJKLMN

OPQRSTUVWXYZ

小写斜体

abcdefghijklmn

opqrstuvwxyz

斜体

1234567890

直体

1234567890

图 1-10　字母和数字书写示例

表 1-4　机械图样中采用的图线

名称	线　型	一般应用
细实线		过渡线；尺寸线；尺寸界线；指引线和基准线；剖面线；重合断面的轮廓线；短中心线；螺纹牙底线；尺寸线的起止线；表示平面的对角线；零件形成前的弯折线；范围线及分界线；重复要素表示线，如齿轮的齿根线；锥形结构的基面位置线；叠片结构位置线，如变压器叠钢片；辅助线；不连续同一表面连线；成规律分布的相同要素的连线；投射线；网格线
波浪线		断裂处的边界线；视图和剖视图的分界线[①]
双折线	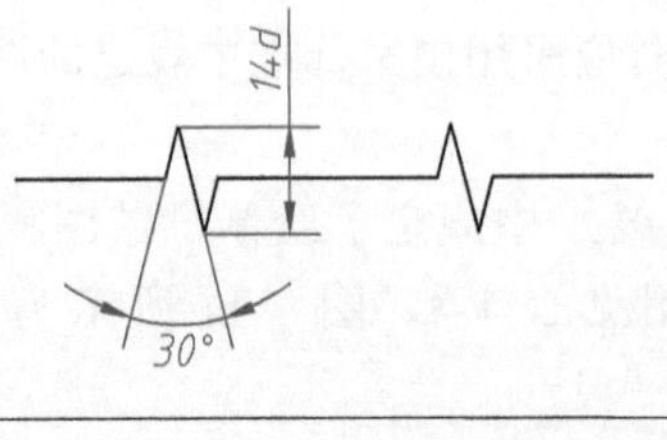 14d　30°	

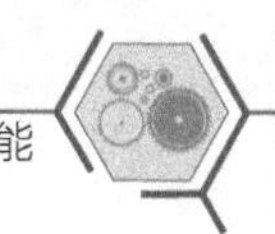

（续）

名称	线　型	一般应用
粗实线	d	可见棱边线；可见轮廓线；相贯线；螺纹牙顶线；螺纹长度终止线；齿顶圆（线）；表格图、流程图中的主要表示线；系统结构线（金属结构工程）；模样分型线；剖切符号用线
细虚线	12d　3d	不可见棱边线；不可见轮廓线
粗虚线		允许表面处理的表示线
细点画线	6d　24d	轴线；对称中心线；分度圆（线）；孔系分布的中心线；剖切线
粗点画线		限定范围表示线
细双点画线	9d　24d	相邻辅助零件的轮廓线；可动零件的极限位置的轮廓线；重心线；成形前轮廓线；剖切面前的结构轮廓线；轨迹线；毛坯图中制成品的轮廓线；特定区域线；延伸公差带表示线；工艺用结构的轮廓线；中断线

① 在一张图样上一般采用一种线型，即采用波浪线或双折线。

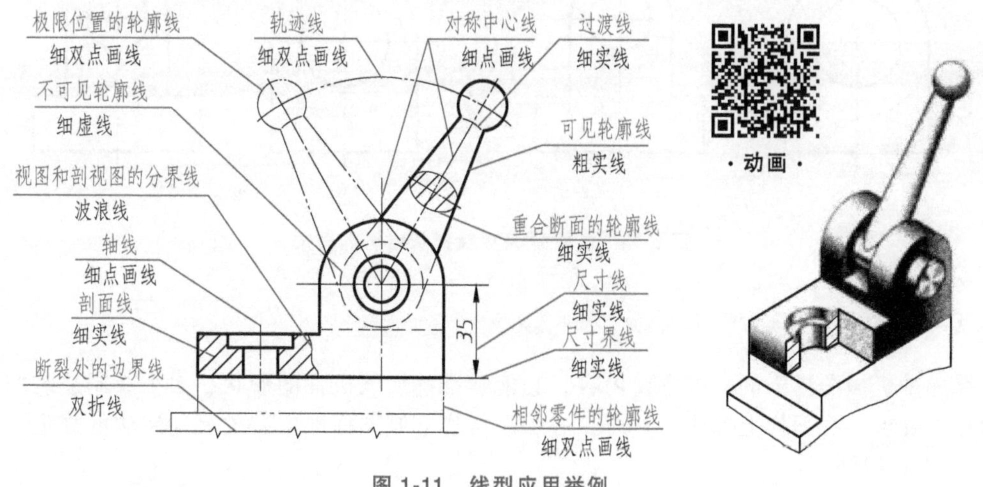

图 1-11　线型应用举例

2. 图线的尺寸

机械图样中主要采用粗、细两种线宽，它们之间的比例为 2 : 1。图线的宽度应根据图样的类型、尺寸、比例和缩微复制的要求确定。细线的线宽一般在下列数字系列中选择：0.13mm、0.18mm、0.25mm、0.35mm、0.5mm、0.7mm、1mm。手工绘图时，粗线的线宽常采用 0.5mm 或者 0.7mm，所对应的细线线宽为 0.25mm 或者 0.35mm。

3. 图线画法注意事项

1）同一图样中同类图线的宽度应一致，虚线、点画线及双点画线中线段长度和间隔应该各自大致相等。

2）除非另有规定，两条平行线之间的最小间隙不得小于 0.7mm。

3）各种图线相交时，应以画线相交，而不是以点或间隔相交，如图 1-12 所示。

4）点画线和双点画线的首末两端应是画线而不是点。点画线应超出图形的轮廓线3~5mm，如图1-13所示。在较小的图形中绘制点画线有困难时，可用细实线代替。

5）如果虚线是粗实线的延长线，则连接处应留出空隙，如图1-14所示。

6）各种图线的优先次序为：可见轮廓线→不可见轮廓线→尺寸线→各种用途的细实线→轴线、对称中心线等。

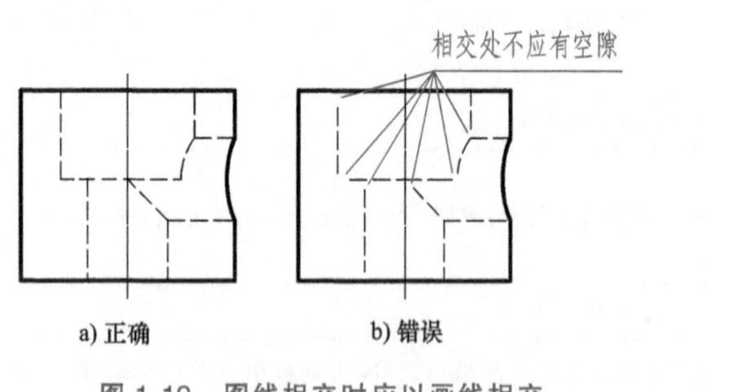

图1-12　图线相交时应以画线相交

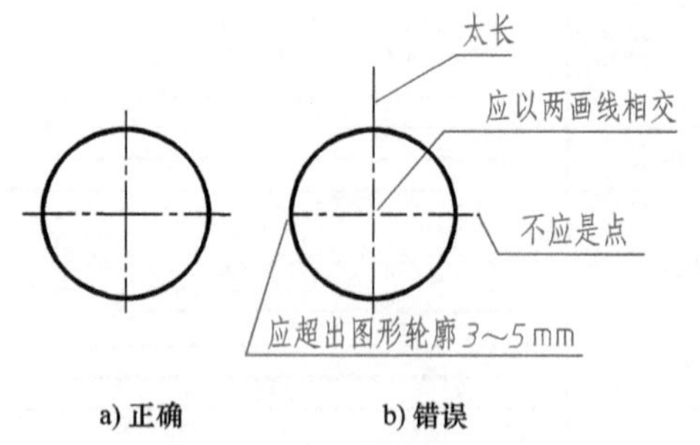

图1-13　点画线画法注意事项

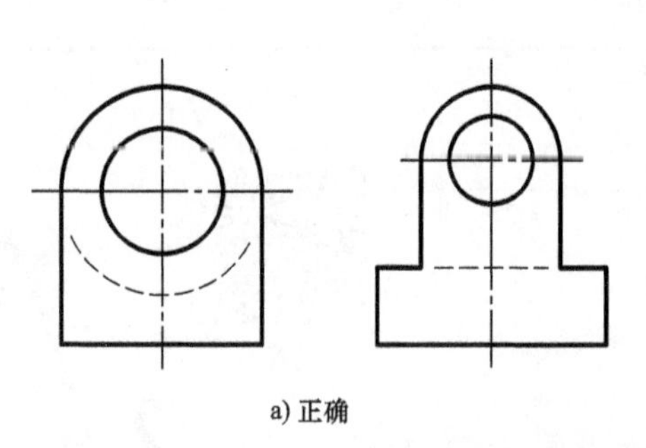

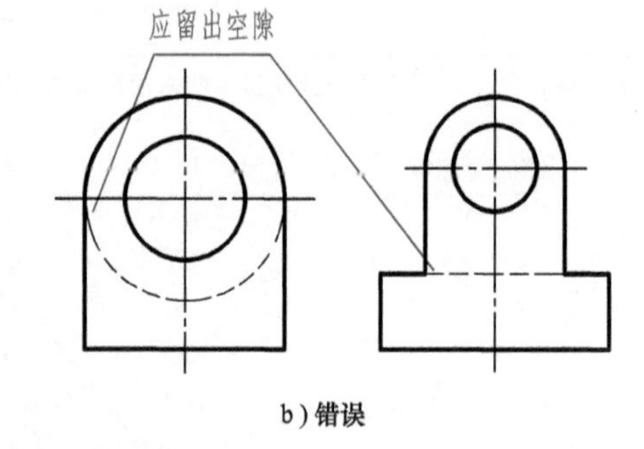

图1-14　虚线是粗实线延长线时的画法

1.1.5　尺寸注法（GB/T 4458.4—2003）

尺寸是机械图样中的一项重要内容，它能够准确反映机件的形状、大小及制造装配过程中的相关要求。在图样上标注尺寸时，必须严格遵守制图标准中有关尺寸注法的规定。

1. 基本规则

1）机件的真实大小应以图样上所注的尺寸数值为依据，与图形的大小及绘图的准确度无关。

2）图样中（包括技术要求和其他说明）的尺寸以毫米（mm）为单位时，不需要标注计量单位的符号或名称；如果采用其他单位，则必须注明相应的计量单位的符号或名称。

3）图样中所标注的尺寸，为该图样所示机件的最后完工尺寸，否则应另加说明。

4）机件的每一尺寸一般只标注一次，并应标注在反映该结构最清晰的图形上。

2. 标注尺寸的符号及缩写词

标注尺寸的符号及缩写词见表1-5，其中各种符号的线宽为$h/10$（h为图样中的字体高度）。

3. 尺寸的组成

图样中的尺寸，一般由尺寸界线、尺寸线和尺寸数字所组成，如图1-15所示。

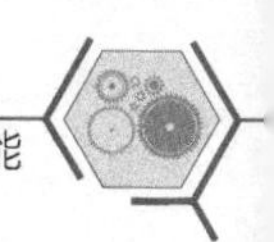

表 1-5　标注尺寸的符号及缩写词

名称	符号或缩写词	名称	符号或缩写词	名称	符号或缩写词
直径	ϕ	厚度	t	深度	↧
半径	R	均布	EQS	沉孔或锪平	⌴
球直径	$S\phi$	45°倒角	C	埋头孔	⌵
球半径	SR	正方形	□	弧长	⌒

(1) 尺寸界线　尺寸界线表示尺寸度量的范围。尺寸界线用细实线绘制，并由图形的轮廓线、轴线或对称中心线处引出。也可利用轮廓线、轴线或对称中心线作为尺寸界线，如图 1-16 所示。

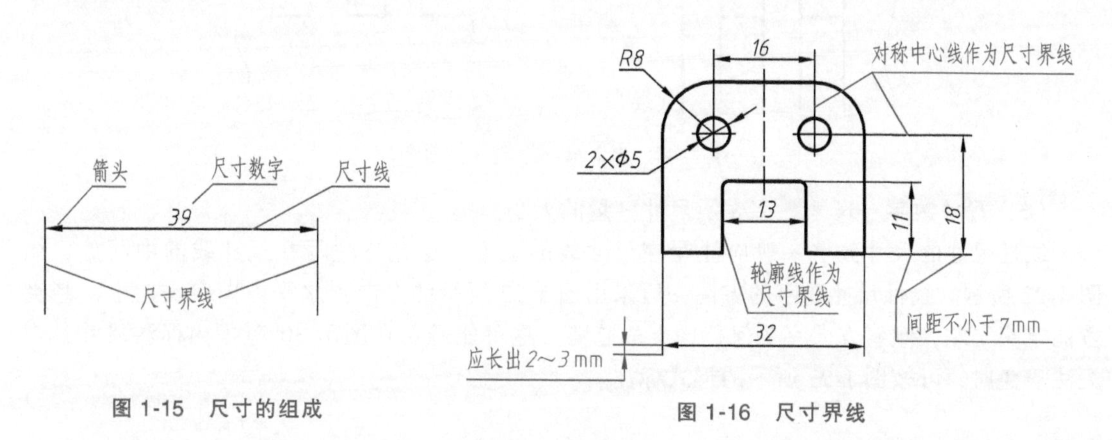

图 1-15　尺寸的组成　　图 1-16　尺寸界线

尺寸界线一般应与尺寸线垂直，必要时才允许倾斜。在光滑过渡处标注尺寸时，应用细实线将轮廓线延长，从它们的交点处引出尺寸界线，如图 1-17 所示。

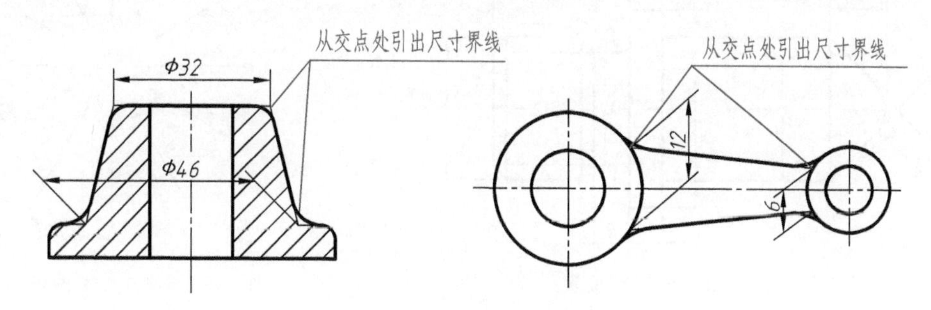

图 1-17　尺寸界线的允许画法

(2) 尺寸线　尺寸线表示尺寸度量的方向。尺寸线用细实线绘制，不能用其他图线代替，一般也不得与其他图线重合或画在其延长线上。尺寸线终端有两种形式，即箭头和斜线，一般同一张图样中只能采用一种尺寸线终端的形式。

1）箭头。在机械图样中，一般采用箭头作为尺寸线的终端，如图 1-18 所示。箭头尖端应与尺寸界线接触，不得超过或留有空隙。在同一张图样中，箭头的大小应一致。

2）斜线。斜线用细实线绘制，其方向和画法如图 1-19 所示。尺寸线的终端采用斜线形式时，尺寸线与尺寸界线必须相互垂直。

在没有足够的位置画箭头时，允许用圆点或斜线代替箭头，如图 1-20 所示。

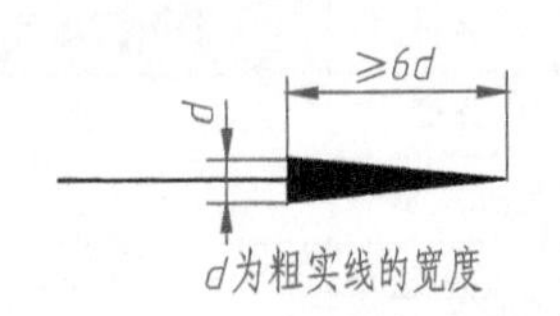

图 1-18　尺寸线终端的箭头

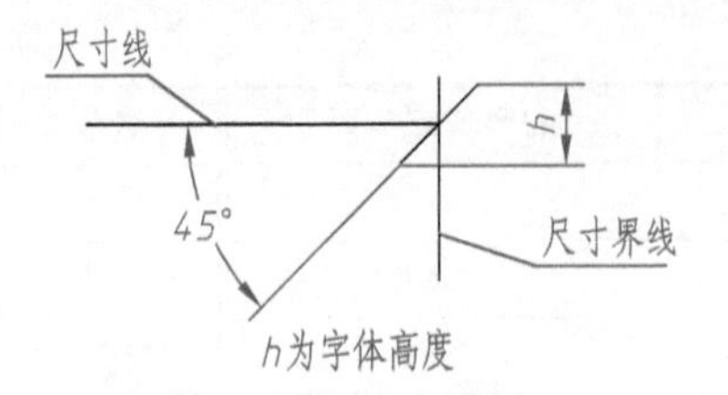

图 1-19　尺寸线终端的斜线

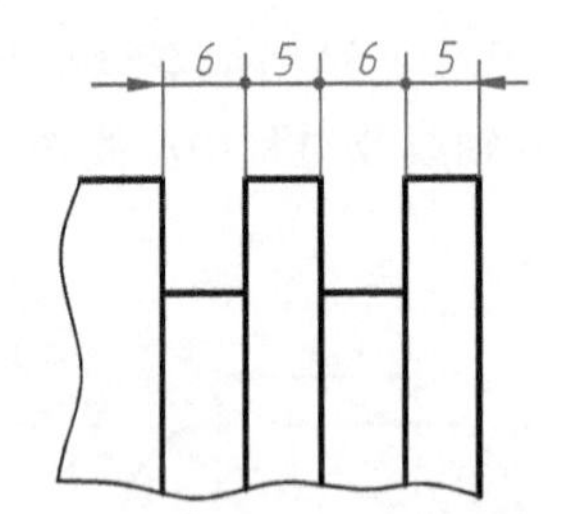

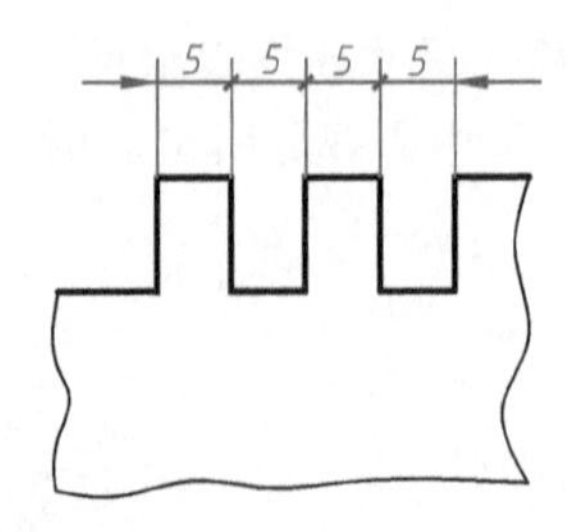

图 1-20　用圆点或斜线代替箭头

(3) 尺寸数字　尺寸数字表示尺寸度量的大小。

线性尺寸的尺寸数字一般应注写在尺寸线的上方，也允许注写在尺寸线的中断处，如图 1-21 所示。线性尺寸数字的方向一般采用图 1-22 所示的方向：水平方向字头向上，竖直方向字头向左，倾斜方向字头保持向上的趋势。尽可能避免在图示 30°范围内标注尺寸，当无法避免时，可按图 1-23 所示的形式标注。

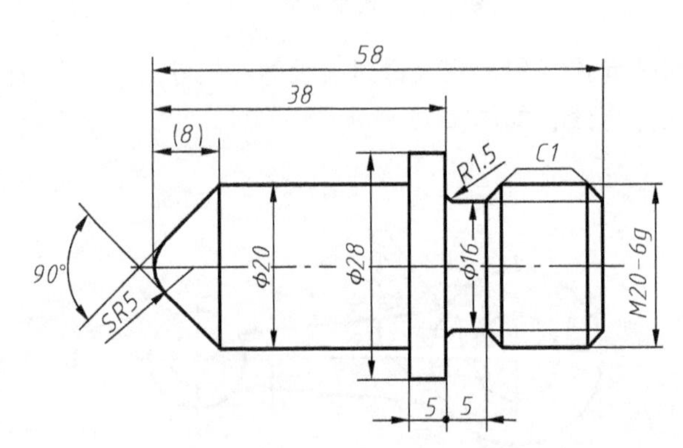

图 1-21　尺寸数字的注写位置

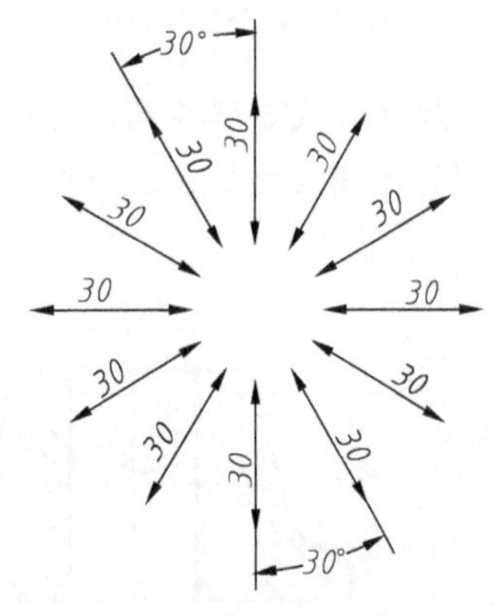

图 1-22　尺寸数字的注写方向

角度的尺寸数字一律写成水平方向，一般注写在尺寸线的中断处，如图 1-24 所示。必要时，也可以注写在尺寸线的上方或外侧（或引出标注），如图 1-25 所示。

尺寸数字不可被任何图线所通过，否则应将该图线断开，如图 1-26 所示。

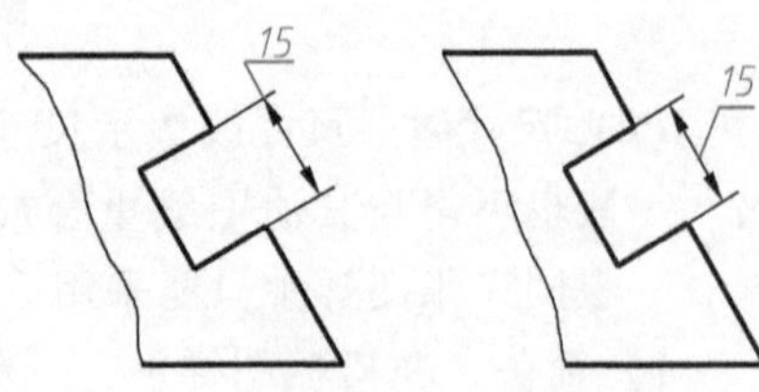

图 1-23　向左倾斜 30°范围内的尺寸数字的注写

4. 各种尺寸的标注

(1) 线性尺寸的标注　标注线性尺寸时，尺寸线必须与所标注的线段平行。串列尺寸箭头对齐，如图 1-27 所示；对于并列尺寸，小尺寸在内，大尺寸在外，如图 1-28 所示。尺寸线之间的间隔不小于 7mm，且间隔应基本保持一致。

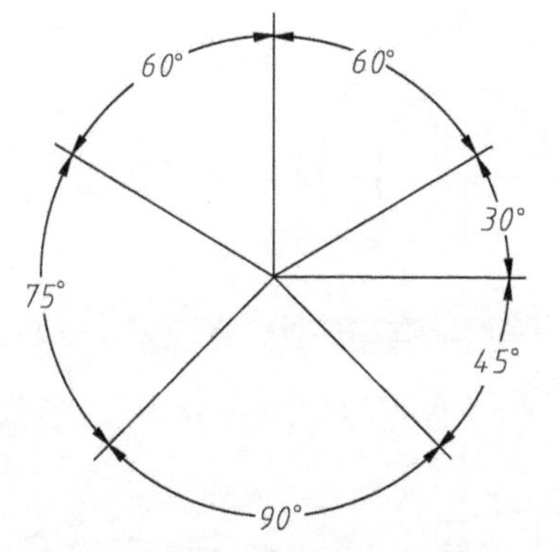

图 1-24　角度的尺寸数字的注写位置（一）

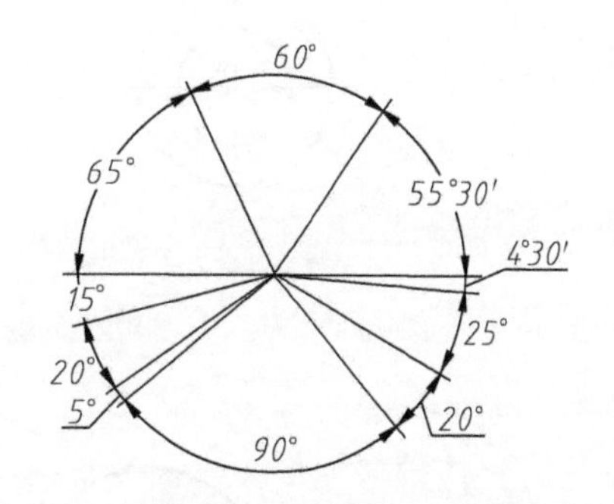

图 1-25　角度的尺寸数字的注写位置（二）

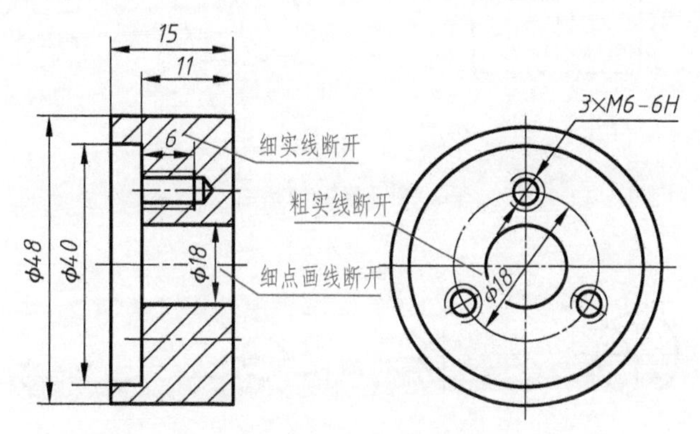

图 1-26　尺寸数字不可被任何图线所通过

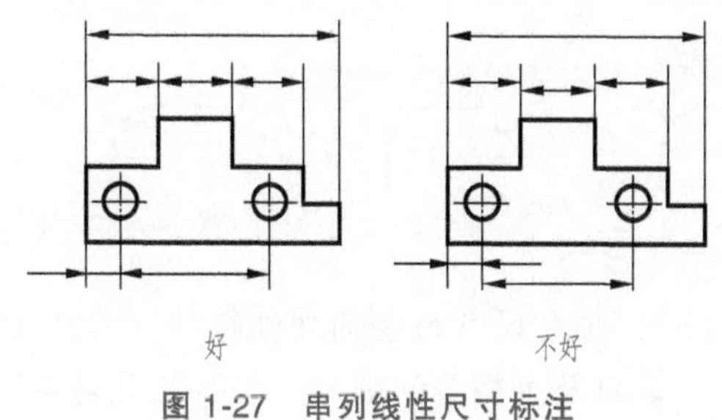

图 1-27　串列线性尺寸标注

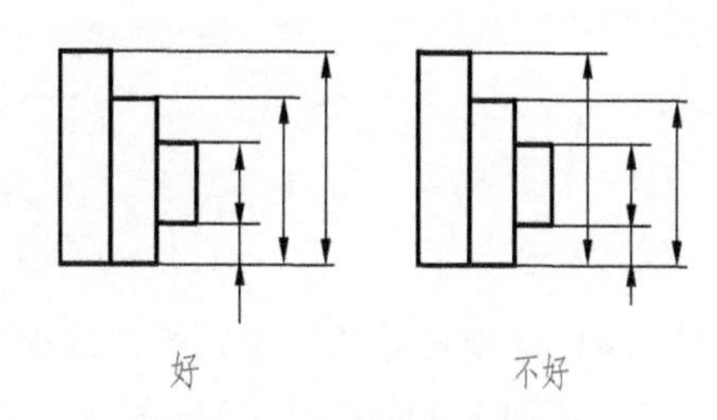

图 1-28　并列线性尺寸标注

（2）直径和半径尺寸的标注　直径和半径的尺寸线终端应画成箭头，尺寸线通过圆心或箭头指向圆心。圆或大于半圆的弧一般标注直径尺寸，并在尺寸数字前加注直径符号“ϕ”，如图 1-29 所示，图 1-29b 中的直径尺寸可以只画一个箭头，尺寸线略超过圆心。小于或等于半圆的弧一般标注半径尺寸，在尺寸数字前加注半径符号“*R*”，如图 1-30 所示。当圆弧的半径过大或在图纸范围内无法标出其圆心位置时，可采用折线的形式标注，如图 1-30c 中的“*R*80”。当不需要标出圆心位置时，尺寸线只画靠近箭头的一段，如图 1-30d 中的“*SR*64”。

图 1-31 所示为小圆直径的标注方法。图 1-32 所示为小圆弧半径的标注方法。

（3）角度的标注　标注角度时，尺寸界线径向引出，尺寸线应画成圆弧，其圆心是该角的顶点，如图 1-33 所示。

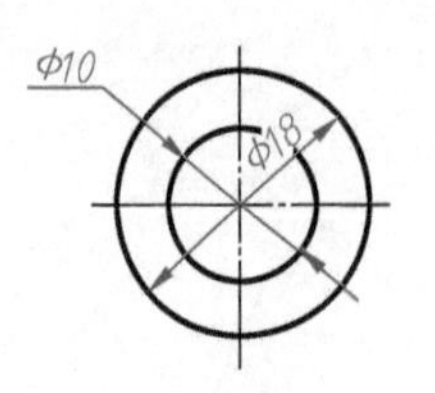

a) 圆标注直径尺寸

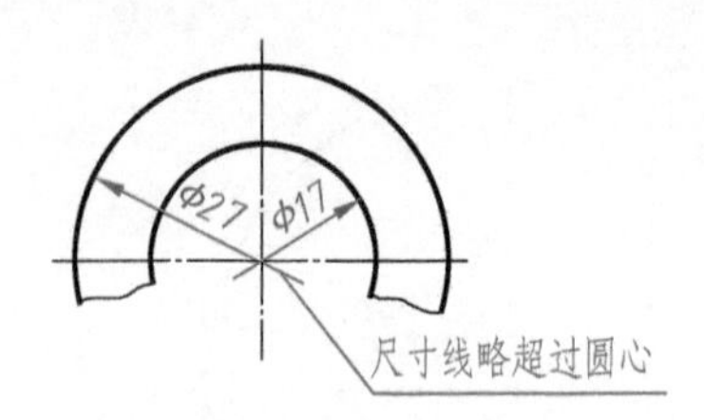

b) 大于半圆的弧标注直径尺寸

图 1-29　直径的标注

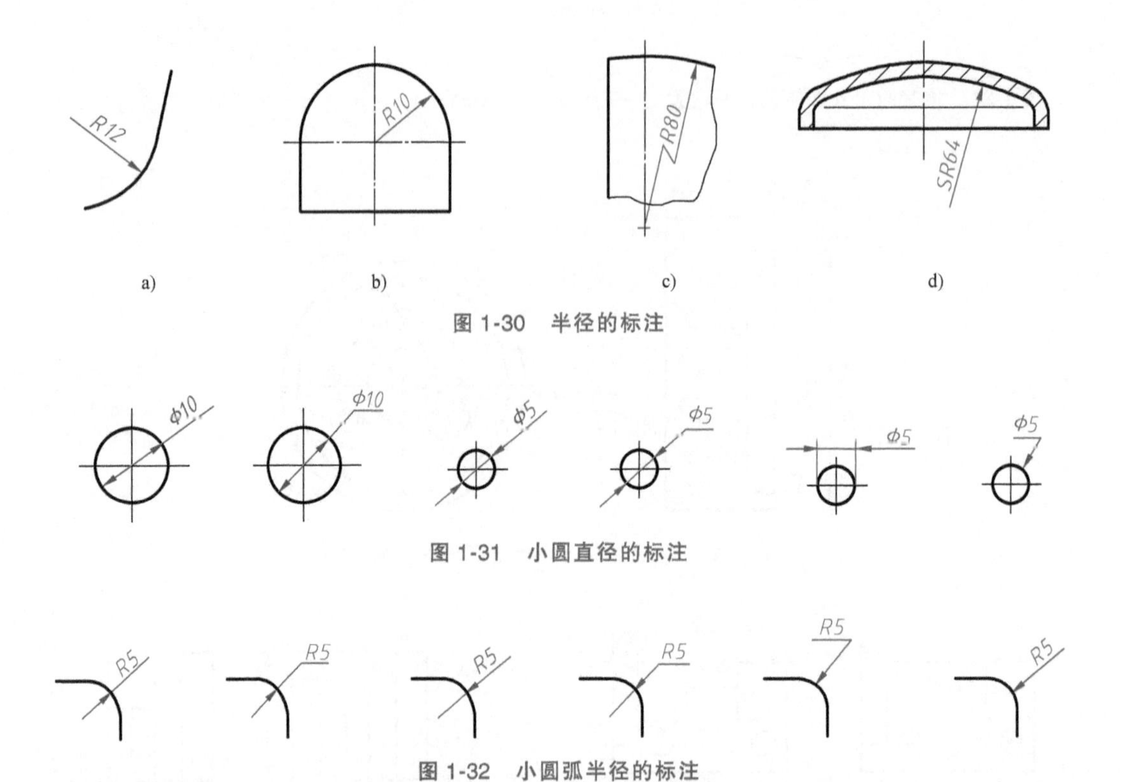

图 1-30　半径的标注

图 1-31　小圆直径的标注

图 1-32　小圆弧半径的标注

（4）球面尺寸的标注　标注球面的半径或直径时，应在尺寸数字前加注符号“*SR*”或“*Sϕ*”，如图 1-30d 和图 1-34a 所示。对于轴、螺杆、铆钉及手柄等的端部，在不致引起误解的情况下，可省略符号“*S*”，如图 1-34b 所示。

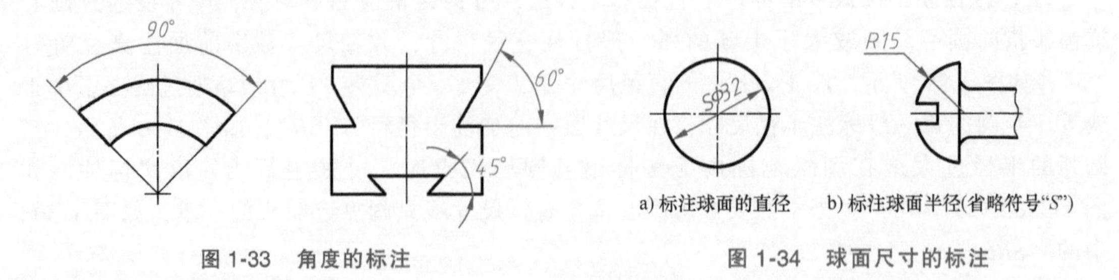

a) 标注球面的直径　b) 标注球面半径(省略符号“*S*”)

图 1-33　角度的标注

图 1-34　球面尺寸的标注

（5）弦长和弧长的标注　标注弦长时，其尺寸界线应平行于该弦的垂直平分线，如图 1-35 所示。标注弧长时，应在尺寸数字左方加注符号“⌒”，且弧长的尺寸界线应平行于

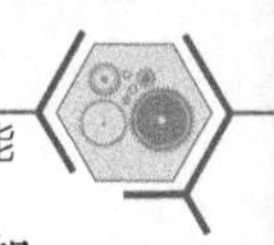

该弧所对圆心角的角平分线，如图 1-36a 所示。当弧度较大时，尺寸界线可沿径向引出，如图 1-36b 所示。

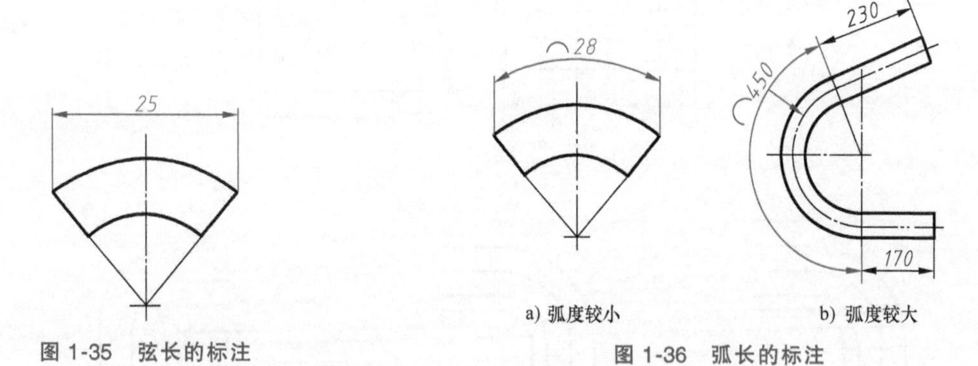

图 1-35　弦长的标注

图 1-36　弧长的标注

（6）参考尺寸的标注　标注参考尺寸时，应将尺寸数字加上圆括弧，如图 1-37 所示。

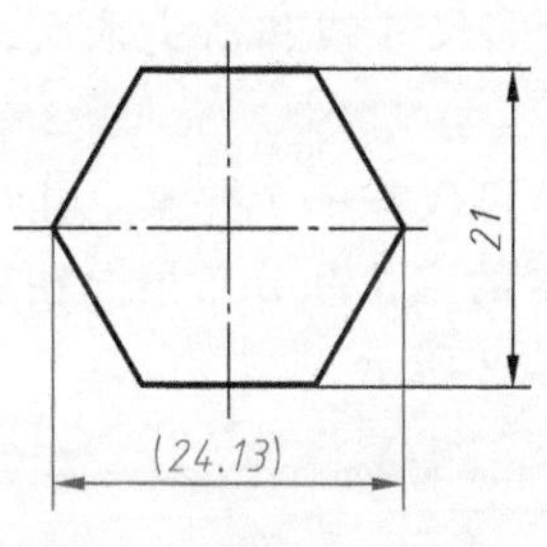

图 1-37　参考尺寸的标注

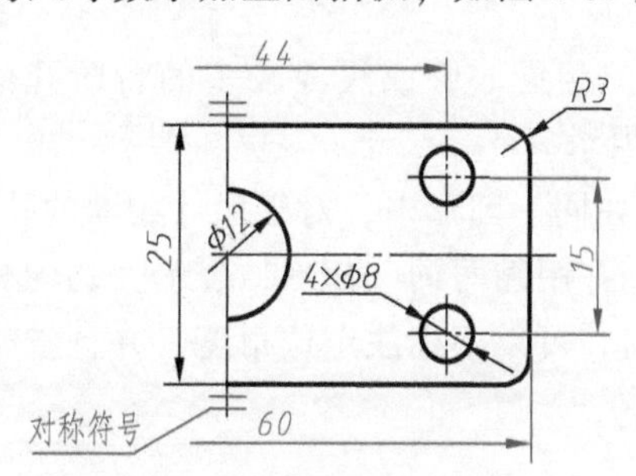

图 1-38　对称机件图形的标注

（7）对称图形的标注　对于对称图形，应把尺寸标注为对称分布，如图 1-38 中的“15”。当对称机件的图形只画出一半或略大于一半时，尺寸线应略超过对称中心线或断裂边界线，此时仅在尺寸线的一端画出箭头，如图 1-38 中的“44”“60”“ϕ12”。

5. 简化标注

1）标注尺寸时，可采用带箭头的指引线，如图 1-39a 所示；也可以采用不带箭头的指引线，如图 1-39b 所示。

2）从同一基准出发的尺寸可以按照图 1-40 所示的形式标注。

3）一组同心圆弧或圆心位于一条直线上的多个不同心圆弧的尺寸，可用共用的尺寸线和箭头依次表示，如图 1-41 所示。

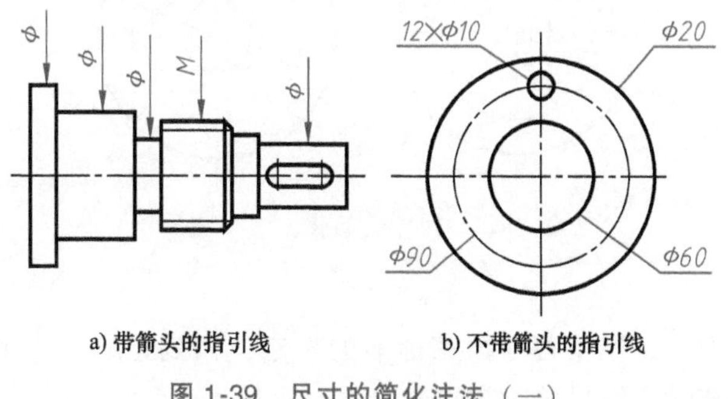

a) 带箭头的指引线　　b) 不带箭头的指引线

图 1-39　尺寸的简化注法（一）

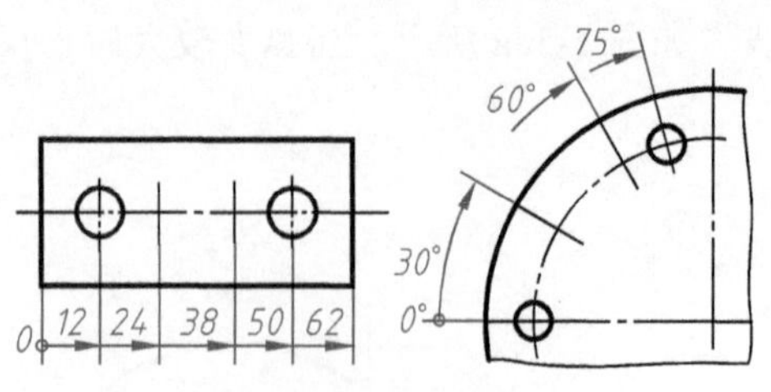

图 1-40　尺寸的简化注法（二）

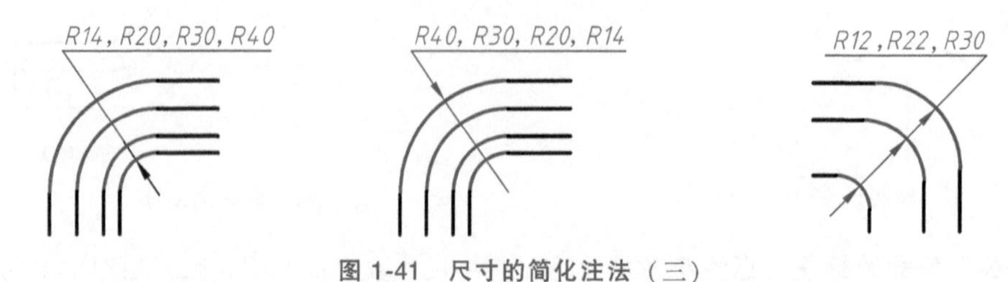

图 1-41　尺寸的简化注法（三）

4）一组同心圆或尺寸较多的台阶孔的尺寸，可用共用的尺寸线和箭头依次表示，如图 1-42 所示。

5）在同一图形中，对于尺寸相同的孔、槽等成组要素，可仅在一个要素上注出其尺寸和数量，并用缩写词“EQS”表示“均匀分布”。当组成要素的定位和分布情况在图形中已经明确时，可以不标注定位角度，并且省略“EQS”，如图 1-43 所示。

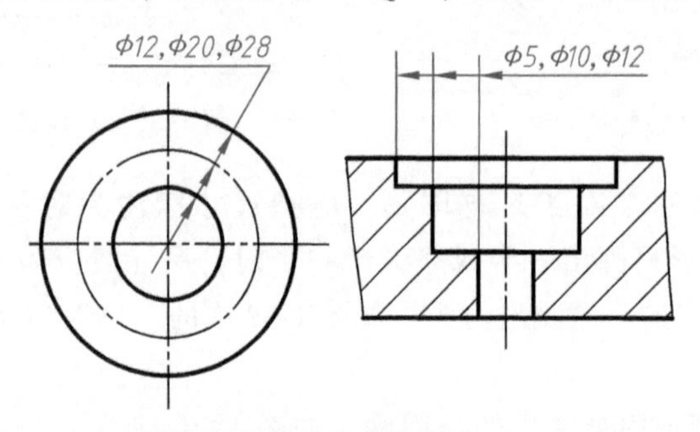

图 1-42　尺寸的简化注法（四）

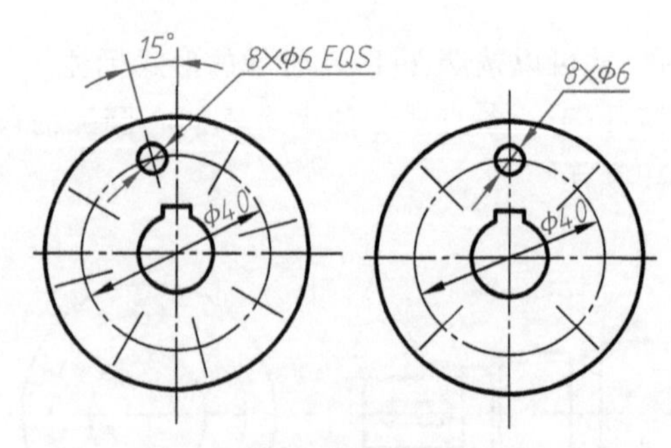

图 1-43　尺寸的简化注法（五）

6. 标注举例

标注尺寸要认真细致，严格遵守国家标准的规定，做到正确、完整、清晰。图 1-44 所示的标注举例列举了初学标注尺寸时常犯的错误，应尽量避免。

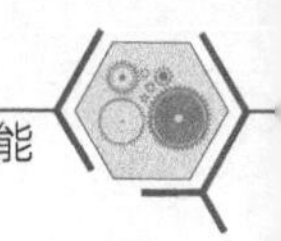

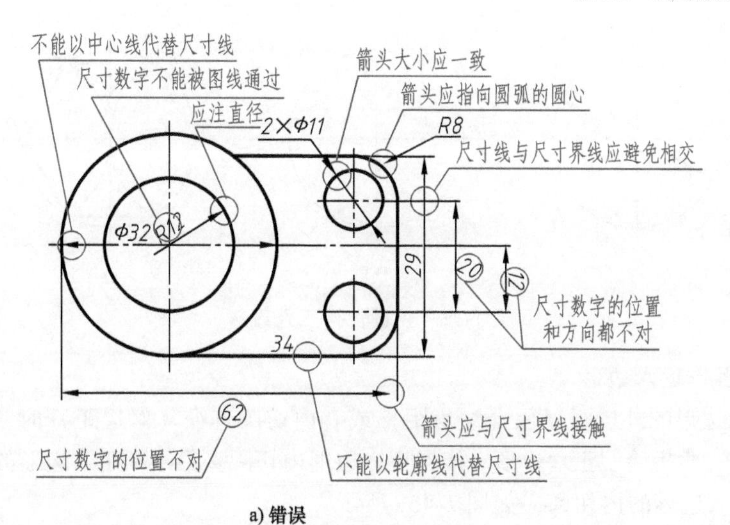

a) 错误

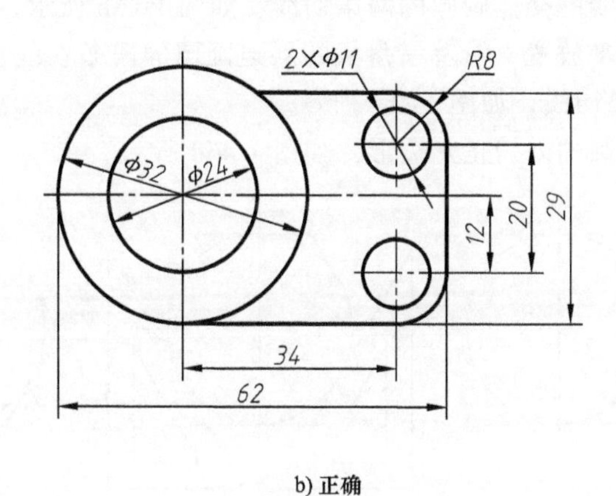

b) 正确

图 1-44 标注举例

1.2 几何作图

机件的轮廓基本上都是由直线、圆弧和其他平面曲线组成的几何图形。熟悉和掌握常见几何图形的作图方法，将有助于提高工程技术人员手工绘图的速度和质量。

1.2.1 正六边形

1. 用圆规作正六边形

当已知正六边形的外接圆直径（对角距）时，可以用圆规作为工具，通过六等分圆周的方式做出正六边形，作图步骤如下：

1）绘制正六边形的外接圆，如图 1-45a 所示。

2）分别以外接圆与对称中心线的交点 *A*、*D* 为圆心，以外接圆的半径为半径作圆弧，交圆周于点 *B*、*F*、*C*、*E*，点 *A*、*B*、*C*、*D*、*E*、*F* 就是这个圆周的六个等分点，如图 1-45b 所示。

3）依次连接点 *A*、*B*、*C*、*D*、*E*、*F*，即得圆的内接正六边形，如图 1-45c 所示。

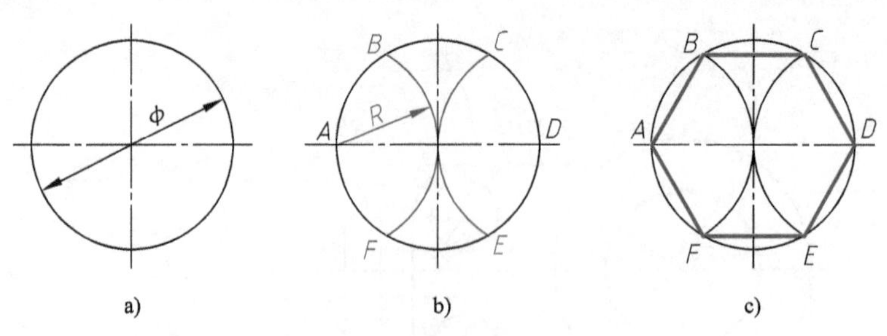

图 1-45　用圆规作正六边形

2. 用三角板作正六边形

当已知正六边形的外接圆直径（对角距）或者内切圆直径（对边距）时，可以利用带有30°（60°）角的三角板绘制正六边形。依据正六边形内切圆直径绘制正六边形的步骤如下：

1）绘制正六边形的内切圆，如图 1-46a 所示。

2）通过圆周与对称中心线的交点画圆的两条切线，如图 1-46b 所示。

3）将三角板短直角边水平放置，沿着三角板的斜边画圆的两条切线；翻转三角板，沿着三角板的斜边画圆的另两条切线，如图 1-46c 所示。

4）擦掉多余线段，即得圆的外切正六边形，如图 1-46d 所示。

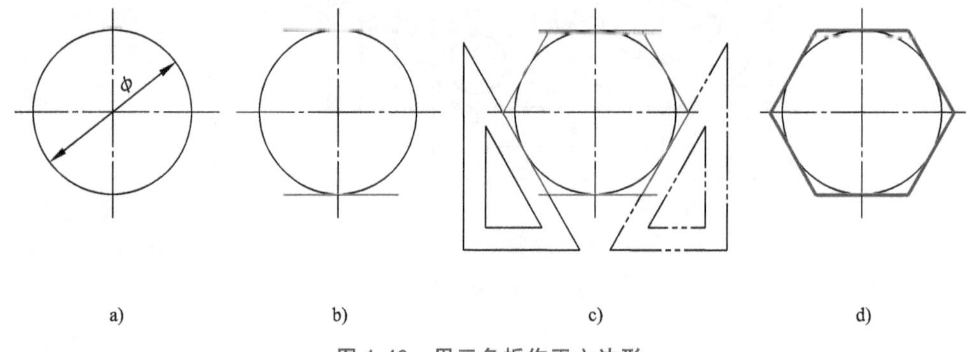

a)　　b)　　c)　　d)

图 1-46　用三角板作正六边形

1.2.2　斜度和锥度

1. 斜度

一条直线（或一个平面）对另一条直线（或另一个平面）的倾斜程度称为斜度。其大小用这两条直线（或两个平面）间夹角的正切来表示，通常把比值化成 1 ∶ n 的形式，如图 1-47 所示。

在机件上标注斜度时，应从倾斜的轮廓线上引出指引线，在基准线上标注斜度符号和比值，如图 1-48a 所示。斜度符号的画法如图 1-48b 所示。标注斜度时，斜度符号的底线应与基准线平行，且符号的尖端方向应与斜面的倾斜方向一致。

有些机件的图样中标注了斜度要求，如图 1-49a 所示。作图步骤如下：

1）如图 1-49b 所示，绘制直线 AB、AC，使 AB 为 5 个单位、BC 为 1 个单位。

2）延长 BA 至点 F，使 BF 为 50mm。过点 F 作 FE 垂直于 BF，且 FE=8mm。过点 E 作 ED 平行于 AC，最后连接 BD，作图完成，结果如图 1-49c 所示。

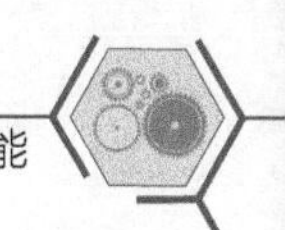

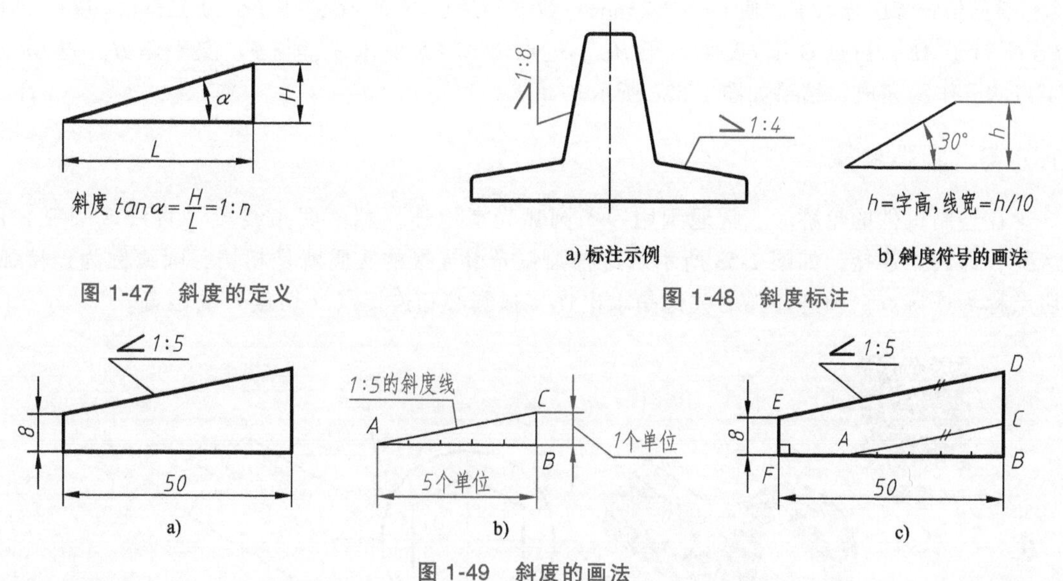

图 1-47　斜度的定义

a) 标注示例　　b) 斜度符号的画法

图 1-48　斜度标注

a)　　b)　　c)

图 1-49　斜度的画法

2. 锥度

正圆锥底圆直径与其高度之比称为锥度。若是正圆锥台，则锥度为两底圆直径之差与其高度之比。通常也把锥度写成 1∶n 的形式，如图 1-50 所示。

锥度的标注如图 1-51a 所示，指引线由圆锥的轮廓线引出，基准线应与圆锥的轴线平行，锥度符号的尖端指向锥度的小头方向。锥度符号的画法如图 1-51b 所示。

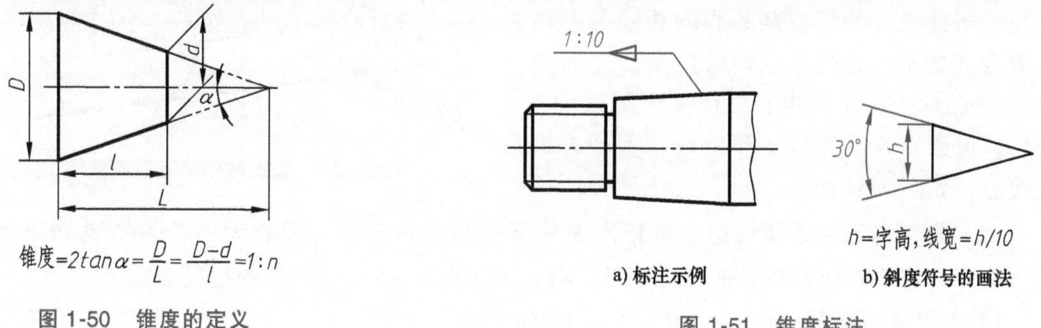

图 1-50　锥度的定义

a) 标注示例　　b) 斜度符号的画法

图 1-51　锥度标注

图 1-52a 中明确标注了锥度，其作图步骤如下：

1）如图 1-52b 所示，绘制直线 AB、CD，其中 AB 为 1 个单位（AC、CB 分别为 0.5 个单位），CD 为 5 个单位。

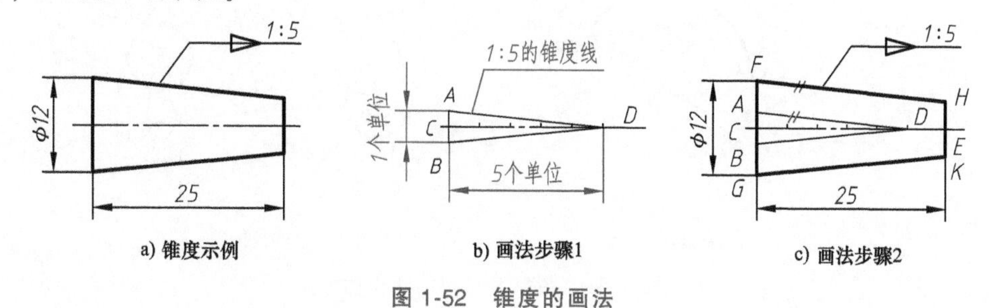

a) 锥度示例　　b) 画法步骤1　　c) 画法步骤2

图 1-52　锥度的画法

2）延长 CD 至点 E，使 CE 为 25mm；延长 AB 至点 F、G，使 FG 为 12mm。过点 F 作 FH 平行于 AD，过点 G 作 GK 平行于 BD。过点 E 作 CE 的垂线，与 FH 交于点 H，与 GK 交于点 K，作图完成，结果如图 1-52c 所示。

1.2.3　圆弧连接

在绘制机件的轮廓时，常遇到用一条圆弧光滑地连接相邻两条线段（直线或圆弧）的情况，即圆弧连接，如图 1-53 所示。这种圆弧光滑连接的实质就是相切，圆弧称为连接弧，切点称为连接点。画连接弧的关键是求出连接弧圆心和连接点（切点）的位置。

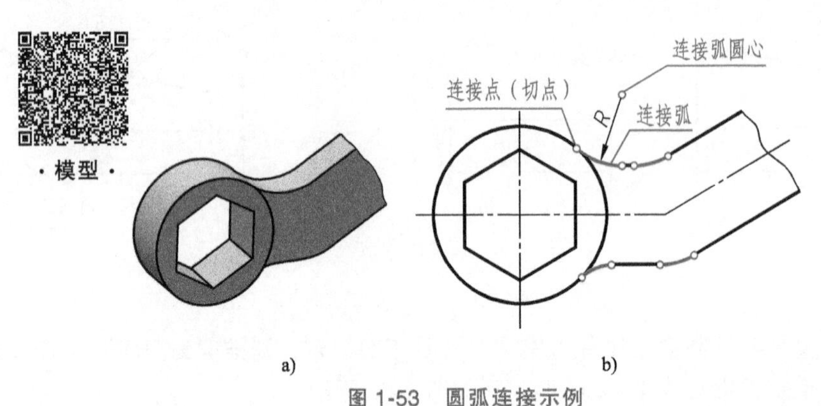

图 1-53　圆弧连接示例

1. 圆弧连接的基本作图原理

（1）圆弧与已知直线相切　半径为 R 的圆弧与已知直线 L 相切，其圆心的轨迹是距离直线 L 为 R 的平行直线 L_1。即以直线 L_1 上任意一点为圆心 O，以 R 为半径画圆弧，圆弧均与 L 相切。由圆心 O 向直线 L 作垂线，垂足 K 即为连接点，如图 1-54 所示。

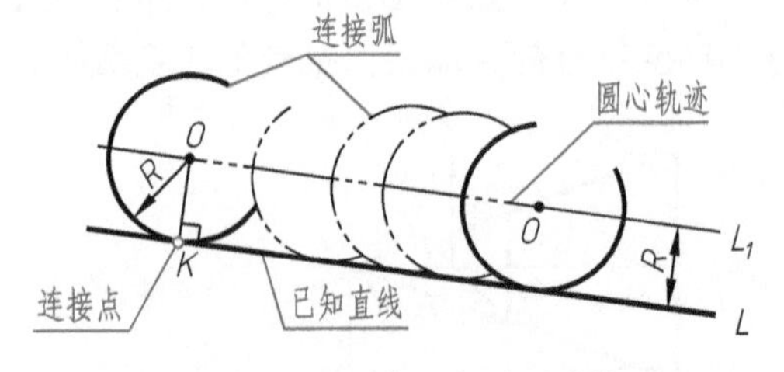

图 1-54　圆弧与已知直线相切

（2）圆弧与已知圆弧相切　半径为 R 的圆弧与已知圆弧（圆心为 O_1、半径为 R_1）相切，其圆心的轨迹是已知圆弧的同心圆，同心圆的半径 R_2 根据相切的情况而定。

1）两圆弧外切时，$R_2=R_1+R$，如图 1-55a 所示。

2）两圆弧内切时，$R_2=|R_1-R|$，如图 1-55b 所示。

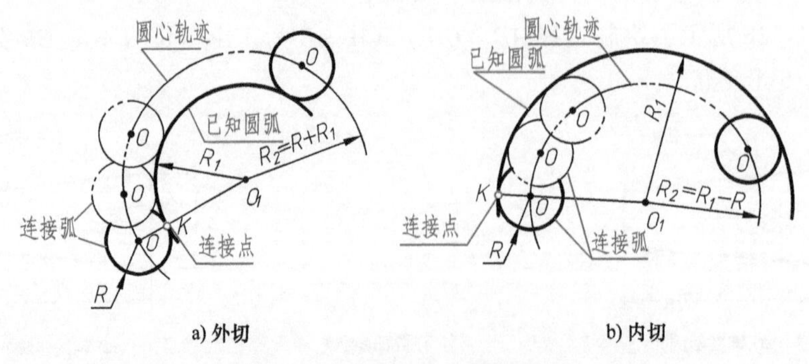

图 1-55　圆弧与已知圆弧相切

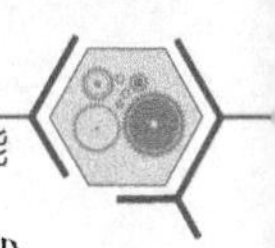

即以同心圆上任意一点为圆心 O，以 R 为半径画圆弧，圆弧与已知圆弧相切。连心线 OO_1（或 OO_1 的延长线）与已知圆弧的交点 K 即为连接点。

2. 圆弧连接的作图步骤

用圆弧连接两条直线、连接一条直线和一条圆弧、连接两条圆弧的作图步骤见表 1-6。

表 1-6　圆弧连接的作图步骤

作图要求	步骤(1)	步骤(2)	步骤(3)
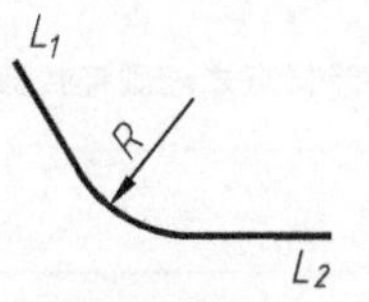 圆弧连接钝角的两边	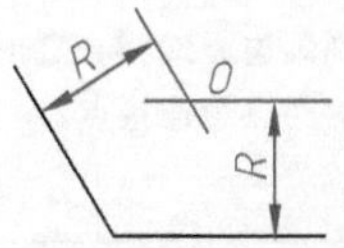 画与已知直线分别相距为 R 的平行线,交点为连接弧的圆心	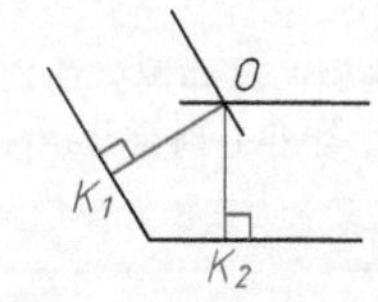 过圆心作已知直线的垂线,垂足为连接点	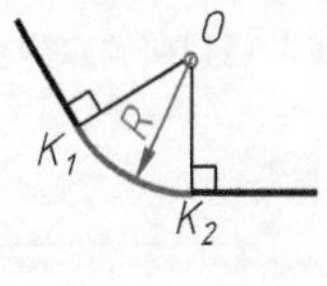 在连接点之间画连接弧
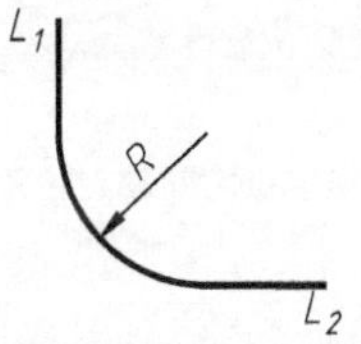 圆弧连接直角的两边	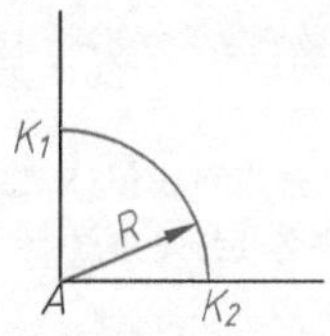 直接用连接弧半径画圆弧,与已知直线的交点为连接点	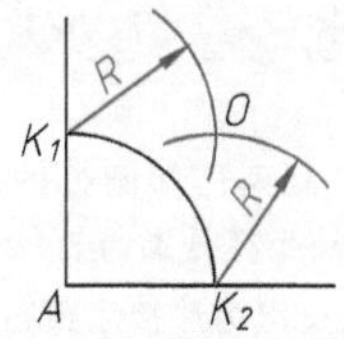 再用连接弧半径画圆弧,交点为连接弧的圆心	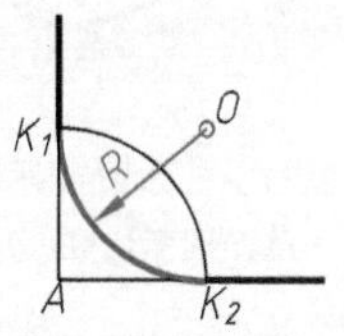 在连接点之间画连接弧
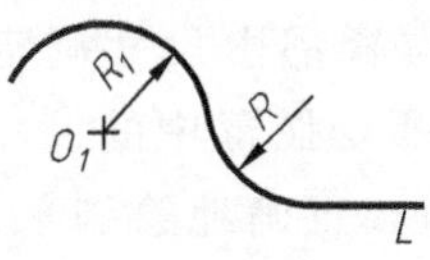 圆弧连接直线和圆弧	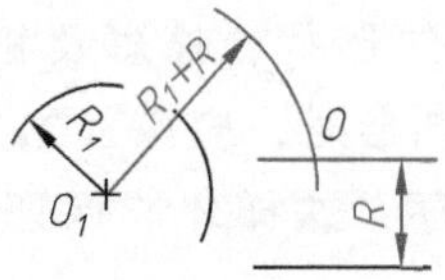 画已知圆弧的同心圆弧,其半径为 R_1+R,画与直线相距为 R 的平行线,交点为连接弧的圆心	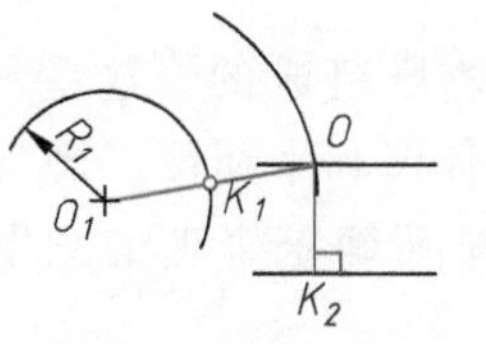 过圆心画直线的垂线,垂足为连接点,画圆弧的连心线,与已知圆弧的交点为连接点	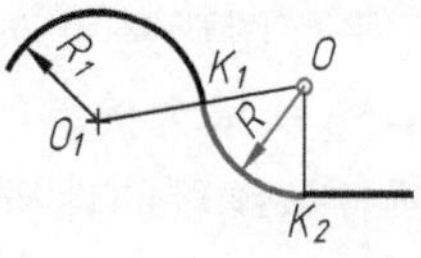 在连接点之间画连接弧
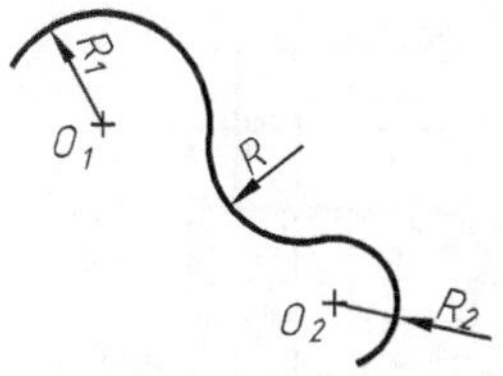 圆弧与已知两圆弧外切	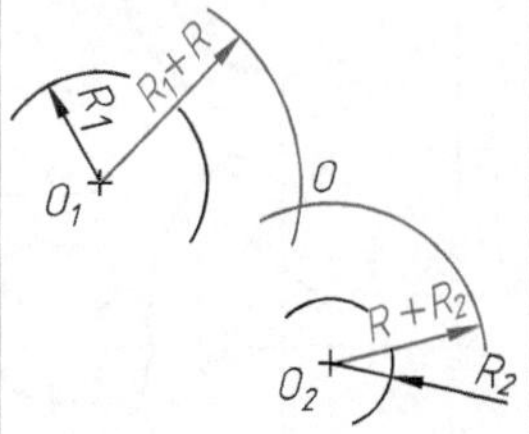 分别画两已知圆弧的同心圆弧,半径分别为 R_1+R、$R+R_2$,交点为连接弧圆心	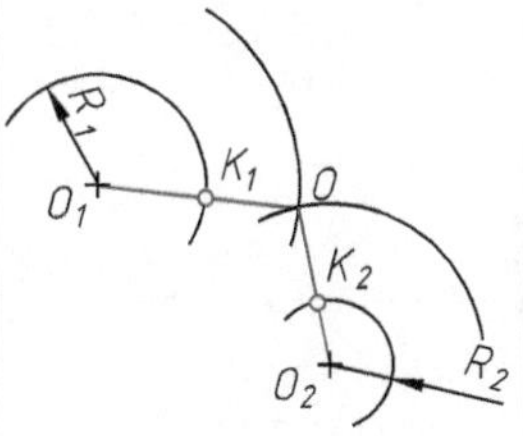 分别画连心线,与已知两圆弧的交点为连接点	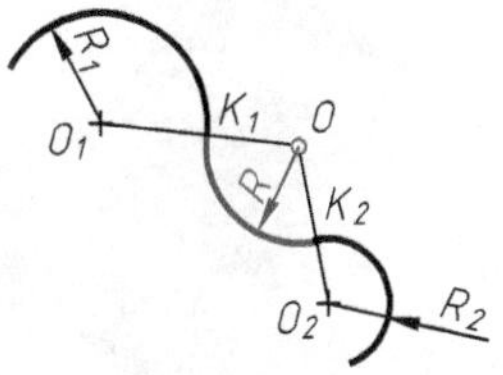 在连接点之间画连接弧

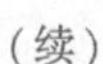

（续）

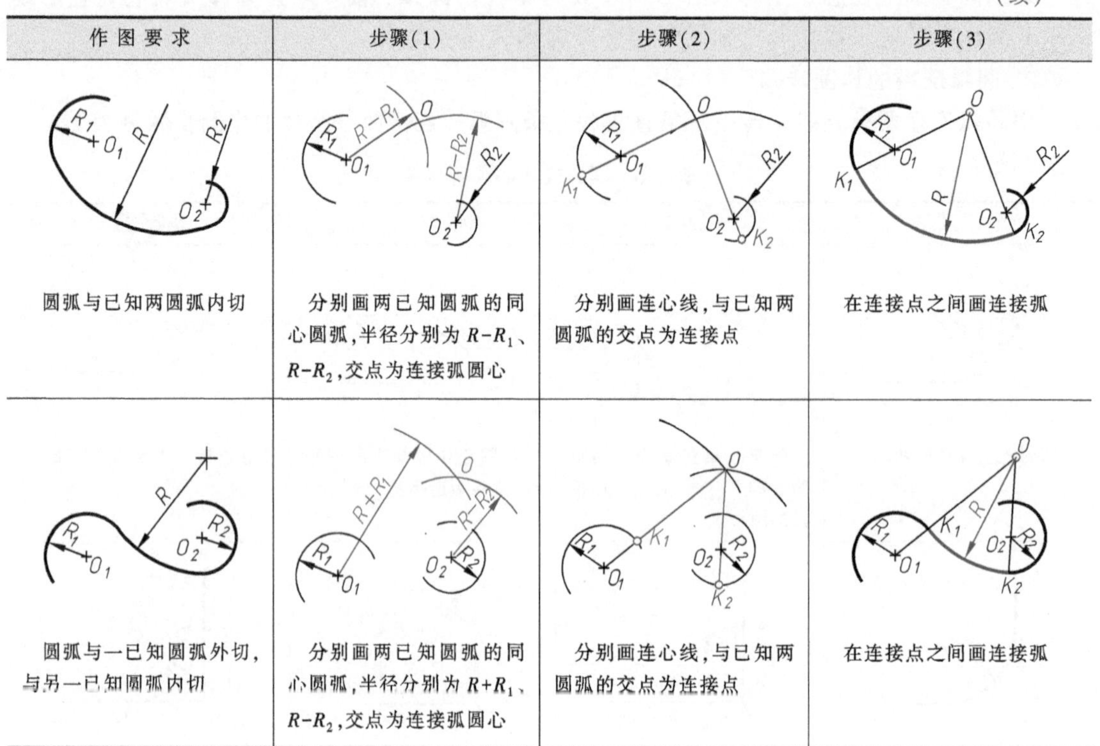

作图要求	步骤(1)	步骤(2)	步骤(3)
圆弧与已知两圆弧内切	分别画两已知圆弧的同心圆弧，半径分别为 $R-R_1$、$R-R_2$，交点为连接弧圆心	分别画连心线，与已知两圆弧的交点为连接点	在连接点之间画连接弧
圆弧与一已知圆弧外切，与另一已知圆弧内切	分别画两已知圆弧的同心圆弧，半径分别为 $R+R_1$、$R-R_2$，交点为连接弧圆心	分别画连心线，与已知两圆弧的交点为连接点	在连接点之间画连接弧

1.3　平面图形的尺寸及画法

平面图形是由许多线段组成的，这些线段的形状、长短及相对位置都由尺寸确定。图 1-56 所示为拨叉的立体图和平面图。画平面图形时，应该首先分析平面图形中的尺寸，判断各条线段的性质，进而确定合理的画图顺序，这样才能保证快速、正确地绘制平面图形。

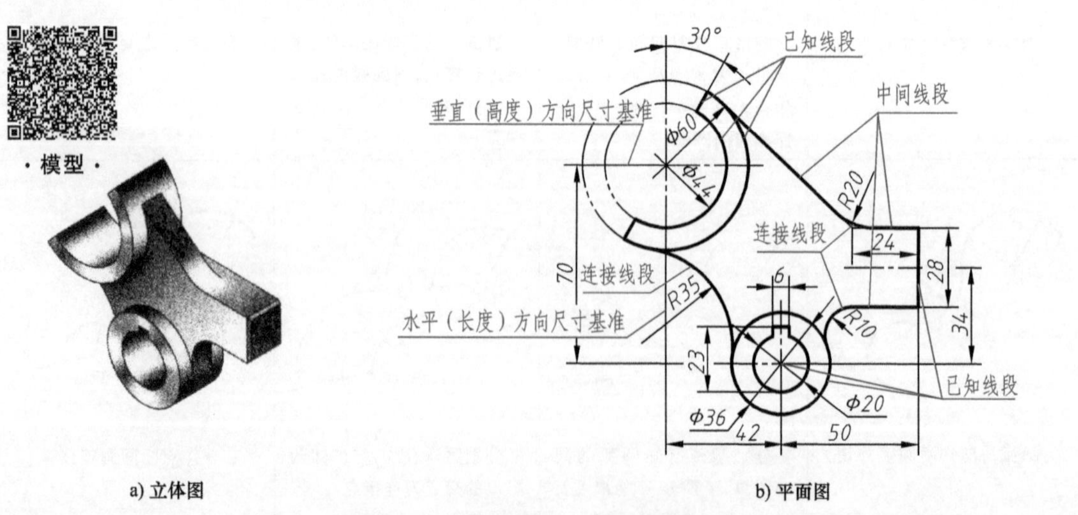

a) 立体图　　b) 平面图

图 1-56　平面图形的尺寸和线段分析

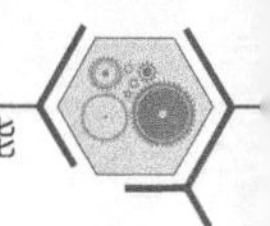

1.3.1 平面图形的尺寸分析

按照所起的作用不同，平面图形中的尺寸可以分为定形尺寸和定位尺寸两类。

1. 定形尺寸

定形尺寸是指确定平面图形中各几何元素（各种线段）形状大小的尺寸。通常标注的是直线段的长度，圆的直径或圆弧的半径等，如图 1-56 中的尺寸 ϕ44mm、ϕ60mm、ϕ36mm、ϕ20mm、R35mm、6mm、28mm 等。

2. 定位尺寸

定位尺寸是指确定图形中各几何元素（各种线段或线框）之间相对位置的尺寸，如图 1-56 中的尺寸 70mm、42mm、50mm、34mm、24mm、23mm、30°等。

在图形中标注定位尺寸时，应首先确定标注的起点，这个起点称为尺寸基准。对于平面图形，应有水平（长度）方向和垂直（高度）方向的基准。尺寸基准通常是图形中的对称中心线、比较长的直轮廓边线等。图 1-56 所示图形中，水平方向和垂直方向的尺寸基准分别为 ϕ44mm、ϕ60mm 圆的垂直中心线和水平中心线。

需要指出，平面图形中有的尺寸既可以是定形尺寸，又可以是定位尺寸。如图 1-56 中的尺寸 28mm，它既可确定所标注直线段的长度（属于定形尺寸），又是图中斜线段右下端点垂直方向的定位尺寸。图 1-56 中的尺寸 6mm 也属于这类尺寸。

1.3.2 平面图形的线段分析

根据图形中给出的各线段的定形尺寸和定位尺寸是否齐全，将线段分为已知线段、中间线段和连接线段三种。

1. 已知线段

定形尺寸和定位尺寸齐全的线段称为已知线段。对于直线段，如果已知其长度和两个端点的定位尺寸，则该直线段是一条已知线段。对于圆（弧），如果已知其半径尺寸及圆心的水平和垂直两个方向的定位尺寸，则该圆（弧）是一条已知线段。例如，图 1-56 中的 28mm 线段，ϕ20mm、ϕ36mm 圆，ϕ44mm、ϕ60mm 圆弧都是已知线段。对于图中的已知线段，根据给出的尺寸可直接画出。

2. 中间线段

圆弧通常都有定形尺寸，若仅有一个方向的圆心定位尺寸，则该圆弧是一条中间线段。对于直线段，如果有起点位置和线段的方向而没有具体长度，则该直线段是一条中间线段，如图 1-56 中的斜线段。对于图中的中间线段，要根据该线段与相邻线段的关系才能画出。

3. 连接线段

对于圆弧，如果仅有定形尺寸而没有圆心定位尺寸，则该圆弧是一条连接线段，即连接弧，如图 1-56 中的 R35mm、R20mm、R10mm 等。对于直线段，通常两圆弧的公切线就是连接线段。连接线段只有在相邻线段已经画出时，才能用几何作图的方法画出。

在平面图形中，当含有上述三种线段时，应该首先画出已知线段，然后画中间线段，最后画出连接线段。

1.3.3　平面图形的作图步骤

1. 绘图准备

准备绘图工具、用具，分析平面图形的尺寸和线段，确定绘图比例和图纸幅面，固定图纸，并画出图框线和标题栏，如图 1-57a 所示。

2. 绘制底稿

1）画出基准线，要保证图形匀称地布置在图框内的空白区域，如图 1-57b 所示。

2）根据平面图形中各线段的性质，按照已知线段、中间线段和连接线段的顺序画图，如图 1-57c、d、e 所示。注意：作图过程中，各图线要画得尽量轻、细、准，并保持图面整洁。

3. 检查描深图线

画完图形底稿后，要校对图形，改正错误，擦去辅助作图线。用稍硬铅芯铅笔描深细实线，用软铅芯铅笔描深粗实线。描深图线时应注意：要先描粗线，后描细线；先描圆或圆弧，再描直线；先描水平线，再描垂直线，最后描斜线。同时要注意线型应符合国家标准要求，圆弧连接要光滑，图面要整洁。

4. 标注尺寸，填写标题栏

先画出尺寸界线、尺寸线，再统一用模板画箭头，填写尺寸数字。尺寸标注要一次性完成，不再加深。最后填写标题栏里的内容，结果如图 1-57f 所示。

a) 画图框线和标题栏

70
34
42
50
标题栏

b) 画基准线

图 1-57　拨叉平面图的作图步骤

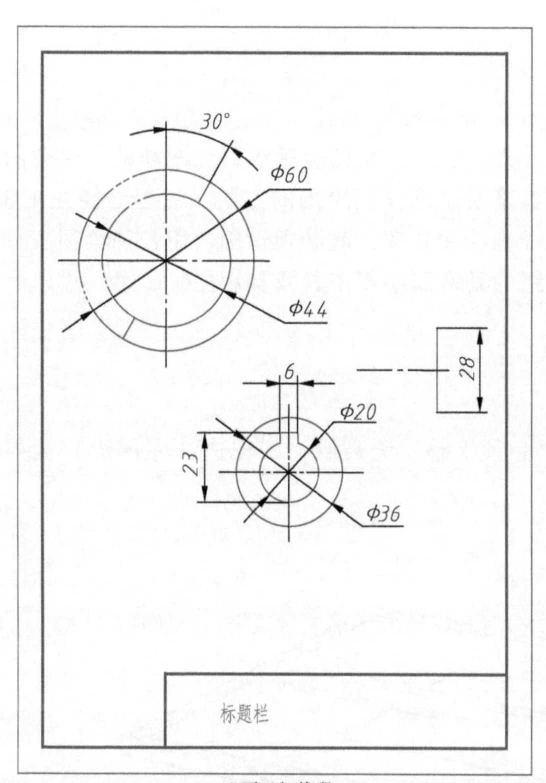

c) 画已知线段

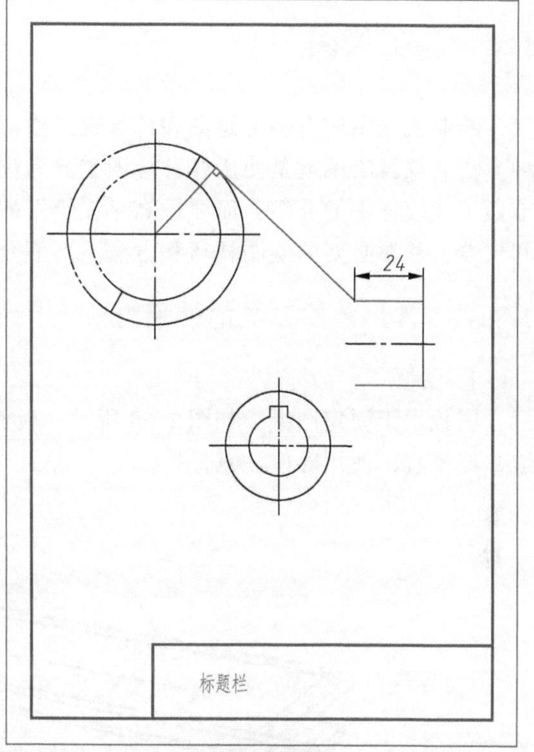

d) 画中间线段

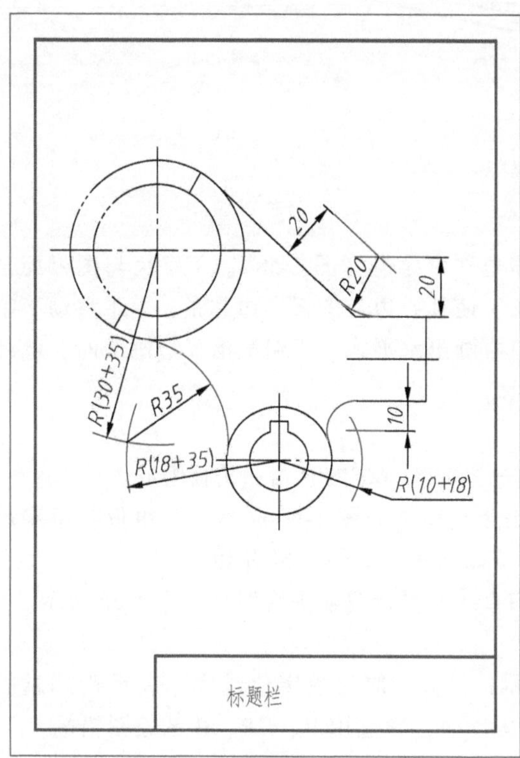

e) 画连接线段

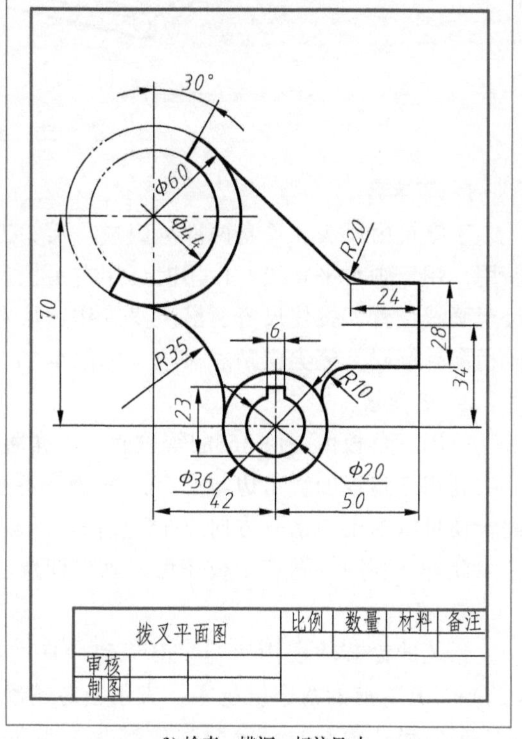

f) 检查、描深、标注尺寸

图 1-57　拨叉平面图的作图步骤（续）

1.4 手工绘图

绘制机械图样有手工绘图和计算机绘图两种方式。手工绘图包括仪器绘图和徒手绘图两种方法。仪器绘图就是使用各种绘图工具和仪器来绘制图样。绘图的方法和过程已经在1.3节做了比较详细的介绍，而要提高手工绘图的准确性和效率，就必须正确使用各种绘图工具和仪器，掌握必要的绘图技巧和方法。下面介绍的是常用绘图工具及其用法。

1.4.1 常用绘图工具的使用方法

1. 图板

图板用于固定图纸，如图1-58所示。板面必须平整、无裂纹，工作边（左侧边）为导边，应平直，使用时应注意保护。

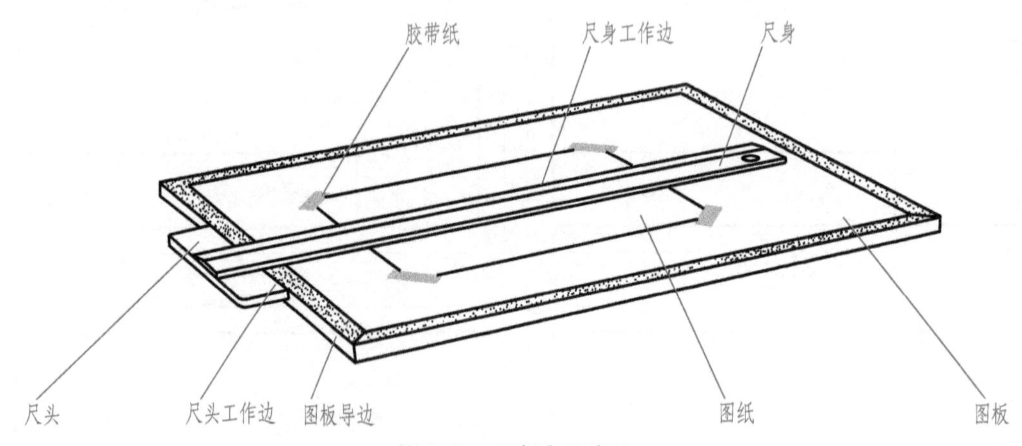

图1-58 图板和丁字尺

2. 丁字尺

丁字尺由尺头和尺身两部分组成，尺头工作边称为导边（图1-58）。丁字尺与图板配合使用，用于画水平直线。使用时，用左手扶尺头，使其导边与图板导边靠紧，上下移动丁字尺至画线位置，按住尺身，沿尺身工作边从左向右画出水平线。用铅笔沿尺边画线时，笔杆应稍向外倾斜，笔尖应贴靠尺边，如图1-59所示。

3. 三角板

一副三角板由一块45°的等腰直角三角板和一块30°、60°的直角三角板组成。

利用三角板的直角边与丁字尺配合，可画出竖直线，如图1-60所示。三角板与丁字尺配合还可以画出与水平方向成15°整倍数的角度或倾斜线，如图1-61所示。

此外，利用一副三角板还可以画出任意已知直线的平行线或垂直线，如图1-62所示。

4. 铅笔

铅笔的铅芯软硬用字母“B”和“H”表示，“B”前的数字值越大，表示铅芯越软（黑）；“H”前的数字值越大，表示铅芯越硬。画图时，常选用B、HB、H的绘图铅笔。

通常铅芯较硬的铅笔磨削成锥状，铅芯较软的铅笔磨削成四棱柱状，如图1-63所示。锥状铅芯的铅笔常用于写字、画底稿和加深细线；四棱柱状铅芯的铅笔主要用于加深粗线。

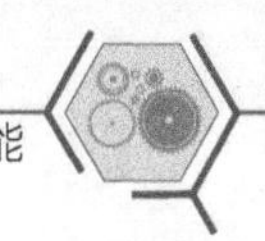

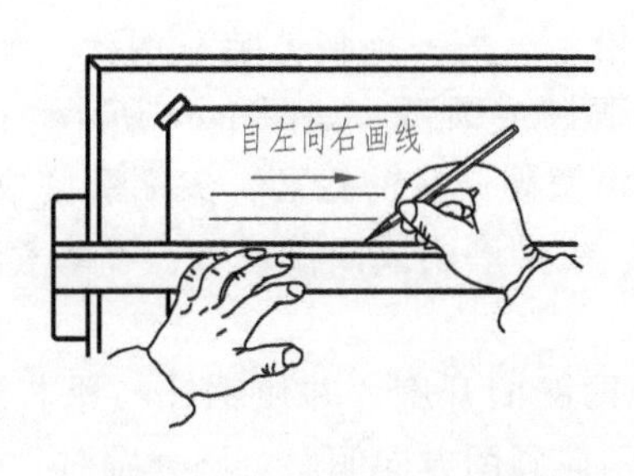

图 1-59　用丁字尺画水平线

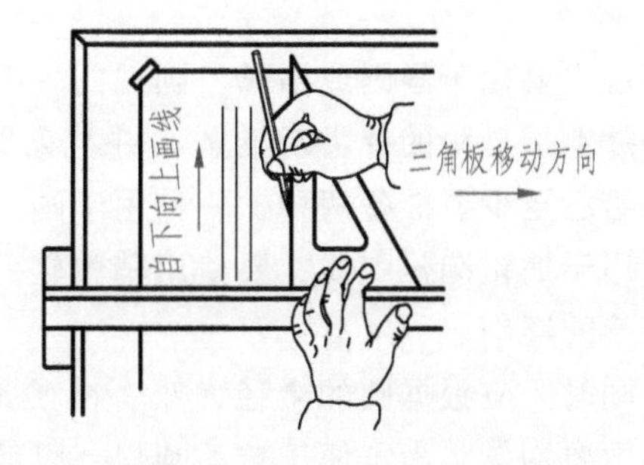

图 1-60　用丁字尺、三角板画垂直线

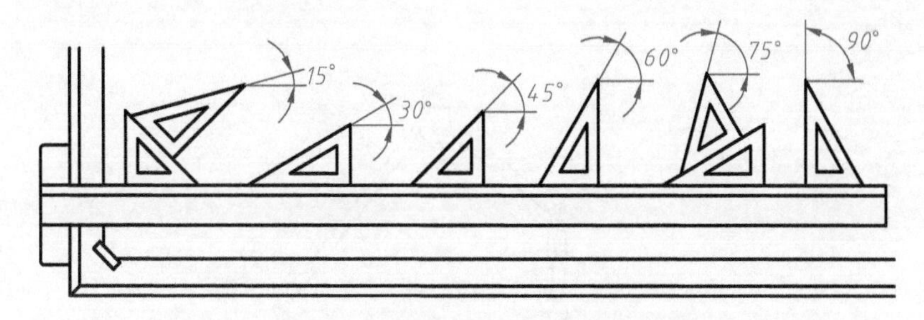

图 1-61　画与水平方向成 15°整倍数角度的线段

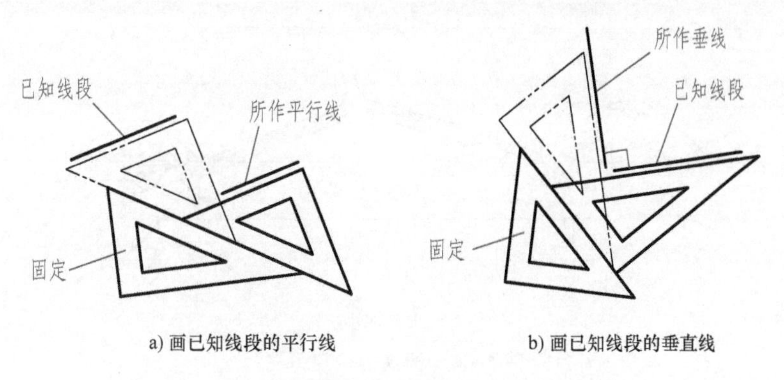

a) 画已知线段的平行线　　b) 画已知线段的垂直线

图 1-62　画任意已知直线的平行线或垂直线

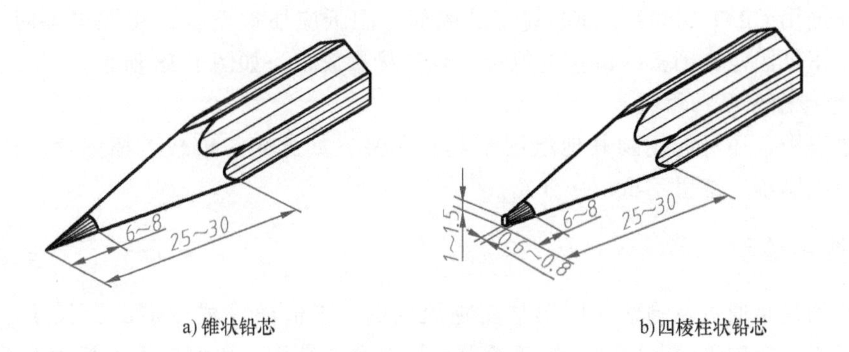

a) 锥状铅芯　　b)四棱柱状铅芯

图 1-63　铅笔的磨削

5. 圆规

圆规主要用于画圆或圆弧。圆规的一条腿上装有铅芯，另一条腿上装有钢针，画图时，应将钢针上带台阶的针尖对准圆心并扎入图板，然后画圆或圆弧，如图 1-64 所示。圆规上安装的铅芯至少要准备两种：一种用于画底稿，使用稍微硬一些的铅芯，尖端磨削成锥状；另一种用于加粗圆弧图线，要使用稍微软一些的铅芯，尖端磨削成四棱柱状，可参考图 1-63 所示铅笔的磨削。

画圆时，应根据圆的半径大小，准确地调节圆规两腿的开度，并使钢针与铅芯近乎平行，用力要均匀。为了便于转动圆规，可使圆规两腿稍向画图方向倾斜。画大圆时，可利用加长杆，将其接到圆规腿上。

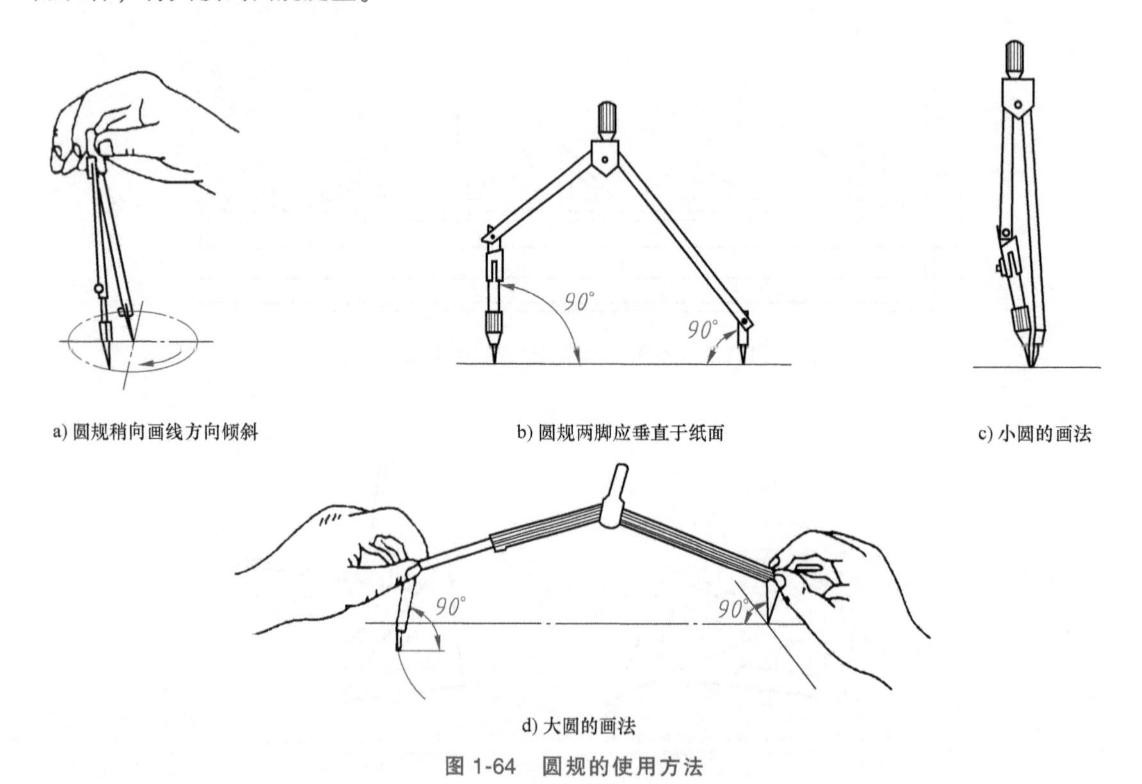

a) 圆规稍向画线方向倾斜　b) 圆规两脚应垂直于纸面　c) 小圆的画法

d) 大圆的画法

图 1-64　圆规的使用方法

6. 图纸

图纸应选用 GB/T 14689—2008 规定的幅面。图纸应质地坚实，用橡皮擦时不易起毛。用胶带纸将图纸固定在图板的偏左上位置，且应尽量放正，如图 1-58 所示。

7. 其他绘图工具和用品

绘图过程中，还可能用到其他绘图工具和用品，如分规、模板、擦图片、比例尺、小刀、橡皮、毛刷等，这里不再一一介绍。

1.4.2　徒手绘图

徒手绘图是指通过目测估计图形与实物的比例，不借助（或少借助）尺子、圆规等绘图工具，只用铅笔徒手绘制图样，徒手绘制的图又称为草图。绘制草图在机器测绘、设计方案讨论和技术交流中应用广泛，是一项重要的基本技能。因此，作为工程技术人员，必须具

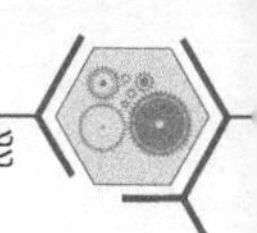

备一定的徒手绘图能力。

绘制草图同样要求做到内容完整、图形正确、图线清晰、比例匀称、字体工整、尺寸准确，同时绘图速度要快。

初学徒手绘图时，最好在方格纸上进行，以便控制图线的平直和图形的大小。经过一定的训练后，最后达到能够在空白图纸上画出比例匀称、图面工整的草图。

徒手绘图时，运笔力求自然，能看清笔尖前进的方向，并随时留意线段的终点，以便控制图线。在画各种图线时，手腕要悬空，小拇指接触纸面，捏笔的手指距笔尖约35mm。草图图纸不固定，为了顺手，可随时将图纸转动适当的角度。

1. 直线的画法

图形中的直线应尽量与方格线重合。将笔放在起点处，而眼睛要盯住终点，用力要均匀，尽量做到匀速运笔并一气完成，切忌一小段、一小段地描绘。画垂直线时，自上而下运笔；画水平线时，以顺手为原则；画斜线时，可斜放图纸，对于特殊角度的斜线，可根据斜线的斜率，按近似比值画出，如图1-65所示。

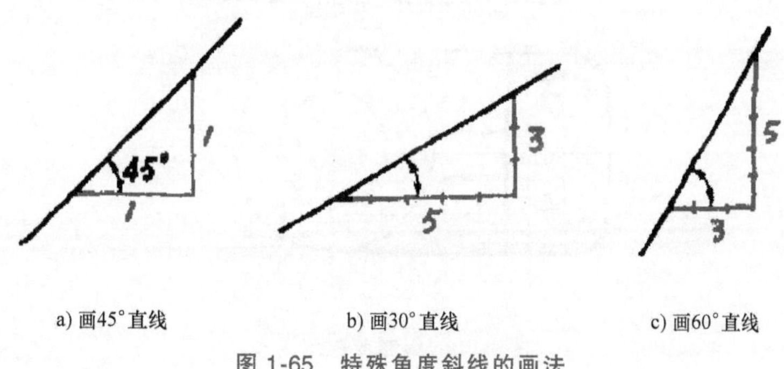

图1-65 特殊角度斜线的画法

2. 椭圆、圆的画法

画椭圆时，可先根据长、短轴的长度，定出四个端点，然后画图，并注意图形的对称性，如图1-66所示。

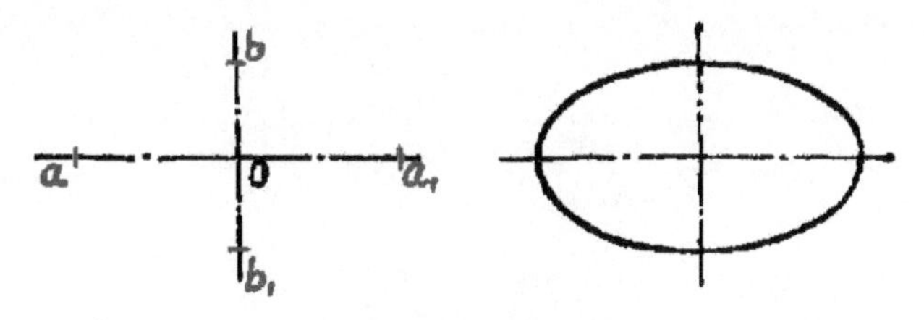

图1-66 椭圆的画法

画小圆时，先画出对称中心线，在中心线上定出半径的四个端点，然后将这四个端点连接成圆。如图1-67a所示。

画大圆时，除在对称中心线上定出四点外，还可过圆心画两条45°的斜线，再取四个点，然后将这八个点连接成圆，如图1-67b、c所示。

3. 草图示例

图1-68所示为在方格纸上绘制草图的示例。绘图时，圆的中心线或其他直线应尽可能参照方格纸上的线条，大小也可按方格纸的格数来控制。

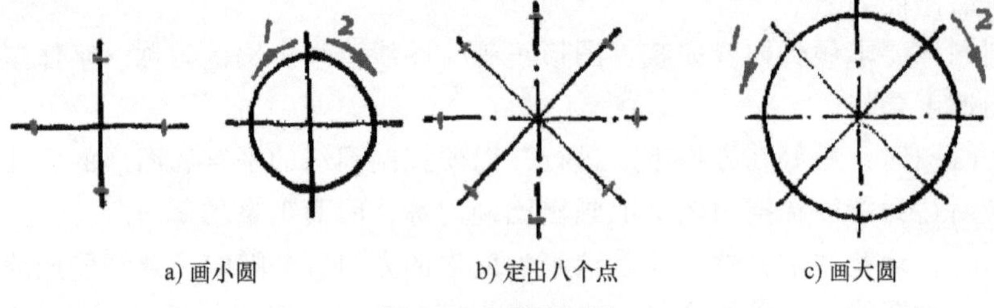

a) 画小圆　b) 定出八个点　c) 画大圆

图 1-67　圆的画法

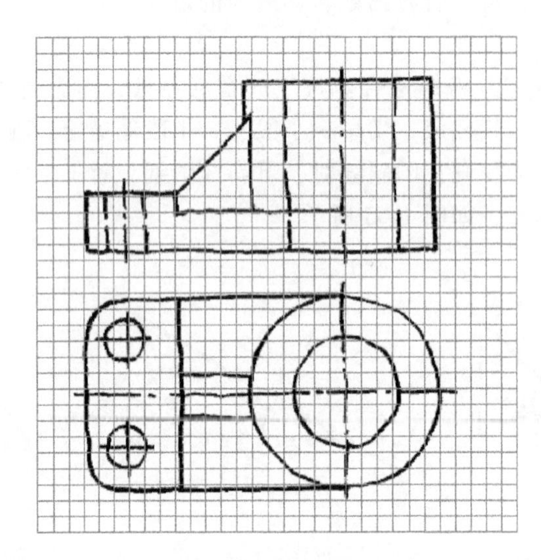

图 1-68　绘制草图示例

第2章

投影基础

机械图样是按照一定的投影法绘制而成的，本章介绍投影法的基础知识。

2.1　投影法的基本知识

2.1.1　投影法的概念

在自然界中，物体被光线照射后，会在预设的表面（如墙壁、地面和幕布等）上产生影子，这是自然界中的投影现象（图 2-1）。物体的影子是一个图形，它在一定程度上反映了物体的轮廓特点。人们把这种自然界中的投影现象进行科学抽象，以实现用图形表达物体形状的目的。

在工程图学中，把照射物体的光线、观察物体的视线等想象为通过物体上各点的射线，称为**投射线**。用投射线通过物体，向选定的面投射，并在该面上得到图形的方法称为**投影法**，得到的图形称为物体的**投影**（**投影图**），得到投影的面称为**投影面**，如图 2-2 所示。

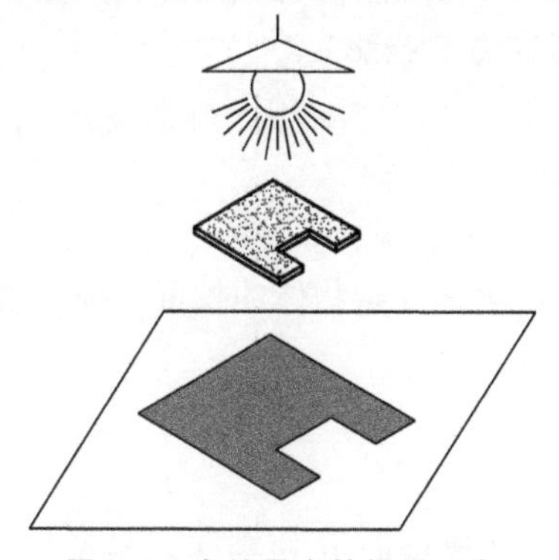

图 2-1　自然界中的投影现象

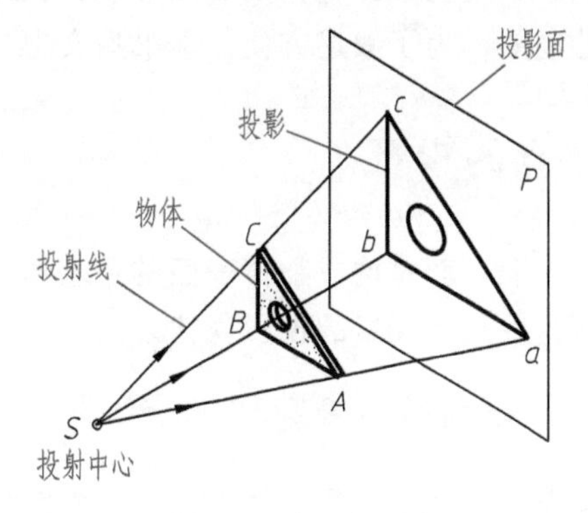

图 2-2　中心投影法

2.1.2　投影法的种类

根据获得物体投影时，投射线是相交还是平行，投影法分为两类：中心投影法和平行投影法。

1. 中心投影法

投射线汇交一点（该点称为**投射中心**）的投影法，称为**中心投影法**。在中心投影法中，改变投影面、物体、投射中心之间的距离，物体的投影大小会发生变化，如图 2-2 所示。工程上常用中心投影法绘制建筑物的**透视图**，其立体感强，符合人们的视觉习惯。但是，中心投影法作图复杂、度量性差，所得图形也不能反映物体的真实大小，所以不适合绘制机械图样。

2. 平行投影法

投射线相互平行的投影法（投射中心位于无限远处），称为**平行投影法**。根据投射线与投影面垂直与否，平行投影法又分为以下两种：

1）**正投影法**。投射线与投影面相垂直的平行投影法称为正投影法。采用正投影法所得的图形称为**正投影**，如图 2-3 所示。

2）**斜投影法**。投射线与投影面相倾斜的平行投影法称为斜投影法。采用斜投影法所得的图形称为**斜投影**，如图 2-4 所示。

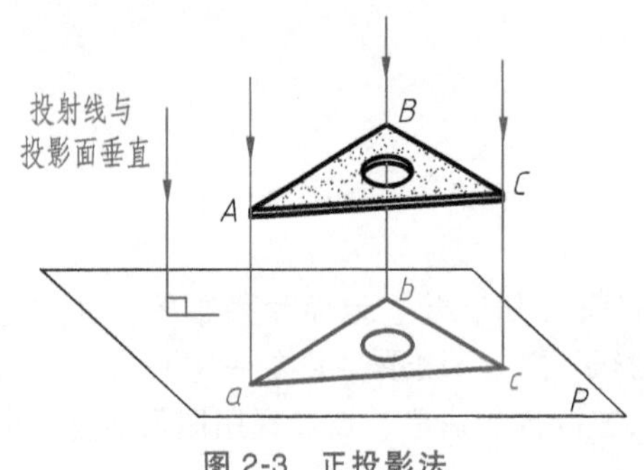

图 2-3　正投影法

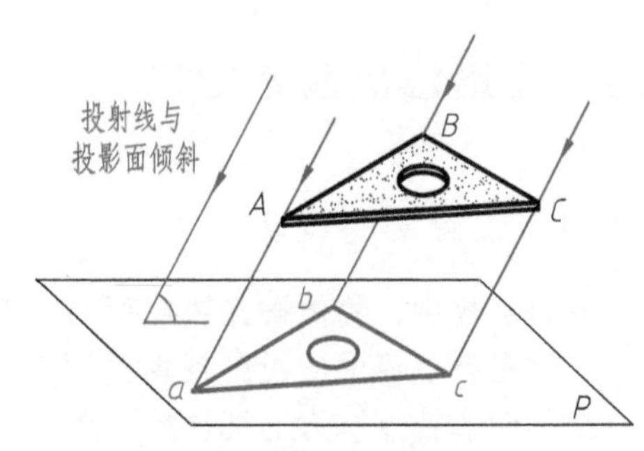

图 2-4　斜投影法

在平行投影法中，由于所有的投射线都相互平行，改变物体与投影面间的距离，物体投影的大小和形状都不发生变化；而且物体上原来平行的线，其投影仍然是平行的。尤其是正投影法，其度量性好，作图更加方便，在工程中得到了广泛的应用。机械图样就是根据正投影法绘制的。为了叙述方便，本书后文把“正投影”简称为“投影”。

2.2　点的投影

点、线、面是构成物体表面的最基本的几何元素，在学习复杂物体的投影之前，首先必须掌握这些几何元素的投影规律。

2.2.1　点的两面投影

如图 2-5 所示，有一个空间点 A 和投影面 H，过点 A 向投影面 H 作垂线，垂足为 a，那么，a 就是点 A 在 H 面上的投影。空间点 A 在 H 面上的投影是唯一的，因为过点 A 向 H 面作垂线，垂足只有一个；但是，反过来讲，如果已知点 A 在投影面 H 上的投影 a，却不能唯一地确定点 A 的空间位置，这是由于过点 a 的 H 面的垂线上所有各点（如点 A 和 A_1 等）的投影都位于点 a 处（图 2-5）。可见，由点的一个投影不能确定点的空间位置。

1. 两投影面体系

如图 2-6 所示，设置两个相互垂直的投影面，组成两投影面体系。竖直放置的投影面称为正立投影面（简称正面），用 V 表示；水平放置的投影面称为水平投影面（简称水平面），

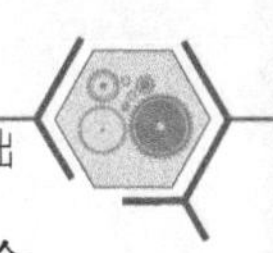

用 H 表示。V 面和 H 面的交线称为投影轴 X。V 面和 H 面将空间分成了Ⅰ、Ⅱ、Ⅲ、Ⅳ四个分角，并按逆时针的顺序来划分这四个分角。

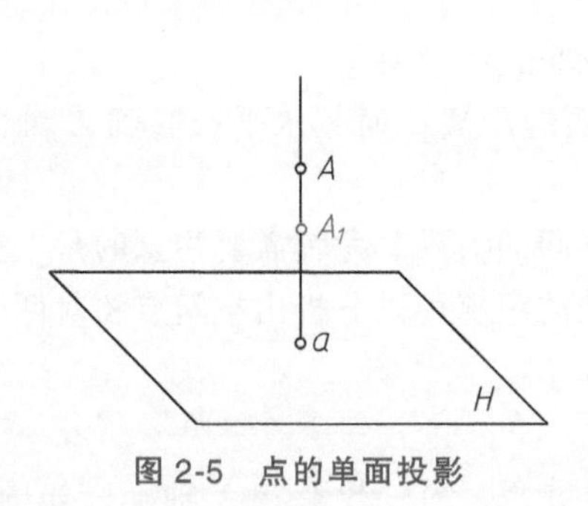

图 2-5　点的单面投影

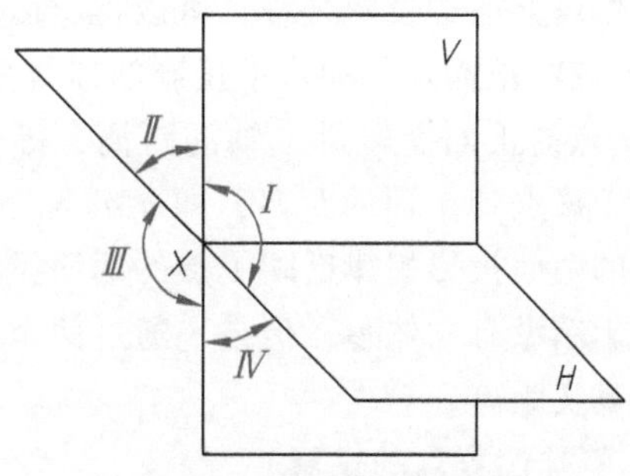

图 2-6　两投影面体系

2. 点的两面投影

目前，在我国技术制图领域，仍然优先采用第一角画法绘制技术图样。因此，本书着重介绍第一角中的投影。

注意： 空间点通常用大写字母表示，如 A、B、C…；空间点在水平面 H 上的投影称为点的水平投影，用小写字母如 a、b、c…表示；空间点在正面 V 上的投影称为点的正面投影，用小写字母加撇如 a'、b'、c'…表示。

在第Ⅰ分角里取一点 A，由点 A 分别向 H 面和 V 面投影作垂线，其垂足分别为 a 和 a'，a 就是点 A 的水平投影，a'就是点 A 的正面投影，如图 2-7a 所示。由 a 和 a'分别向 X 轴作垂线，交 X 轴于同一点 a_X。

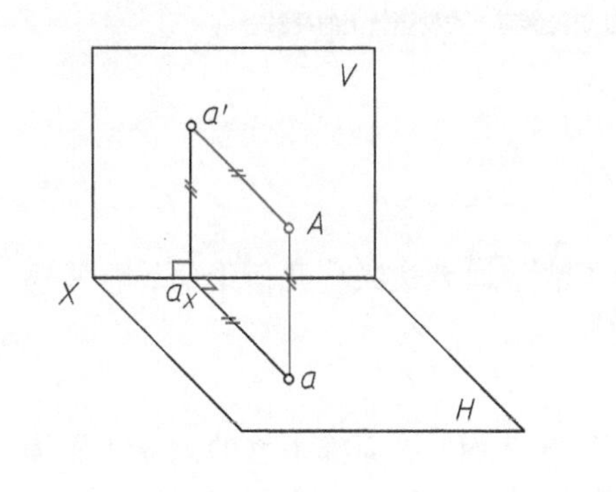

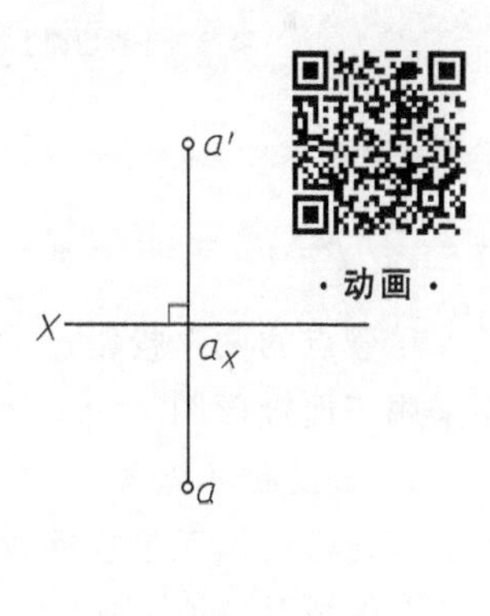

a) 点的两面投影(立体图)　b) H面绕X轴向下旋转90°与V面重合　c) 点的两面投影图

图 2-7　点的两面投影

如前文所述，空间点的一个投影是不能确定点的空间位置的。那么，如果知道空间点的两个投影，是否能确定点的空间位置呢？事实上，过 a 和 a'分别作 H 面和 V 面的垂线，其交点 A 是唯一的。由此可见，已知空间点的两个投影即可确定该点的空间位置。

为了把两个投影画在同一张图纸上，需要把互相垂直的两个投影面展开在同一平面上。按照投影面展开的国家标准规定：V 面不动，将 H 面绕 X 轴向下旋转 90°，与 V 面重合成一平面，这样就可得到点 A 的两面投影图，如图 2-7b 所示。投影面可以认为是无边界的，因此，在投影图上不必画出它们的边框，也不标记 H 和 V，如图 2-7c 所示。由图 2-7c 可见，

点 A 的正面投影 a' 与水平投影 a 上下完全对正，投影连线 aa' 与 X 轴相交于 a_X。

3. 点的两面投影规律

根据以上点的投影过程，可以得出以下投影规律：

1）点的正面投影和水平投影的连线垂直于 X 轴，即 $a'a \perp X$ 轴。

2）点的正面投影到 X 轴的距离，等于该点到 H 面的距离；而其水平投影到 X 轴的距离，等于该点到 V 面的距离，即 $\boldsymbol{a'a_X=Aa}$，$\boldsymbol{aa_X=Aa'}$。

点的两面投影规律反映了点的两面投影、空间点之间的关系。尤其需要注意的是，虽然两面投影图没有立体感，但是，通过两个投影与投影轴的距离可以分析出空间点相对两个投影面的真实距离。

4. 特殊位置点的投影

1）点处于投影面上：点的一个投影与空间点本身重合，另一投影在 X 轴上，如图 2-8 中的 B、C 两点。

2）点处于投影轴上：点和它的两个投影都重合于 X 轴上，如图 2-8 中的 D 点。

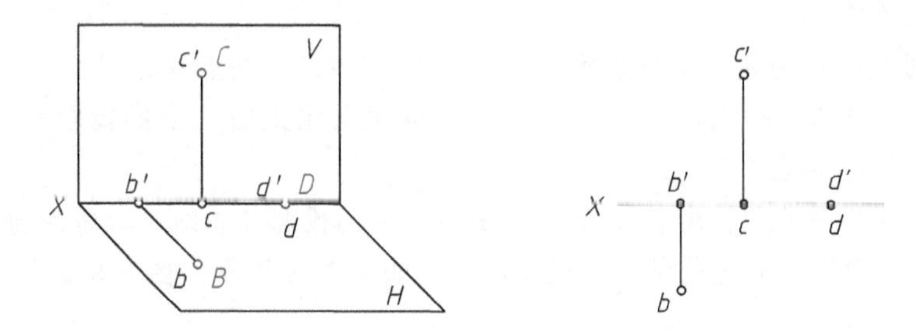

a) 点处于投影面上或投影轴上的投影(立体图)　　b) 点处于投影面上或投影轴上的投影图

图 2-8　特殊位置点的投影

2.2.2　点的三面投影

尽管点的两个投影已能确定该点的空间位置，但为了清楚地表达某些几何形体，常常需要采用三面投影图。

1. 三投影面体系

三投影面体系是在两投影面体系的基础上，加上一个与 H 面、V 面都垂直的侧立投影面 W（简称侧面）所组成的。V 面和 H 面的交线为 OX 投影轴，H 面和 W 面的交线为 OY 投影轴，V 面和 W 面的交线为 OZ 投影轴。三个投影轴互相垂直相交于原点 O，如图 2-9 所示。

2. 点的三面投影

如图 2-10 所示，空间点 A 在 H 面和 V 面上的投影分别为 a 和 a'。自点 A 向 W 面作垂线，其垂足 a'' 为点 A 的侧面投影。由正面投影 a' 和侧面投影 a'' 分别向 Z 轴作垂线，交于同一点 a_Z，由水平投影 a 和侧面投影 a'' 分别向 Y 轴作垂线，交于同一点 a_Y。那么，以上述垂足、各个投影、原点 O 和空间点 A 为顶点，构成了一个每个面都是矩形的六面体。在这个六面体上，对边平行且相等。

绘图时，仍需把三个投影面展开在一个平面上。展开方法是：V 面不动，H 面和 W 面沿 Y 轴分开，将 H 面绕 OX 轴向下旋转 90°与 V 面重合，将 W 面绕 OZ 轴向右旋转 90°与 V 面重

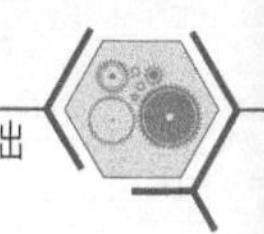

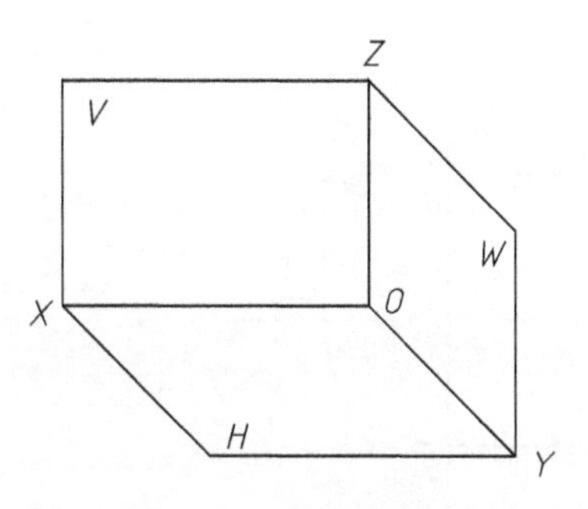

图 2-9　三投影面体系

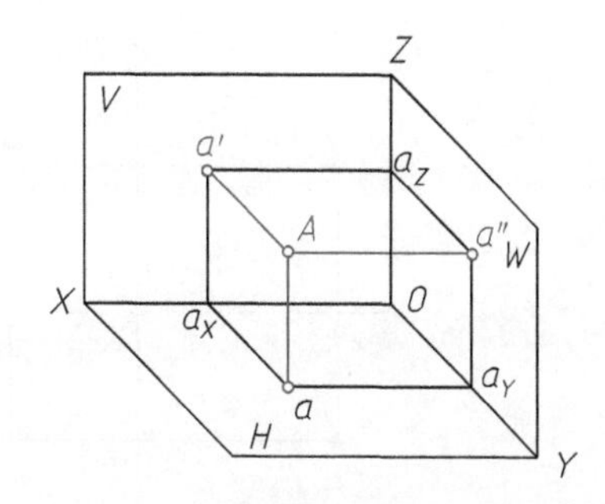

图 2-10　三投影面体系中点的投影

合。随 H 面旋转的 OY 轴用 OY_H 表示，随 W 面旋转的 OY 轴用 OY_W 表示。a_Y 点也随着 Y 轴一分为二，在 H 面上的写作 a_{YH}，在 W 面上的写作 a_{YW}，如图 2-11a 所示。去掉投影面的边框后，即可得点 A 的三面投影图，如图 2-11b 所示。

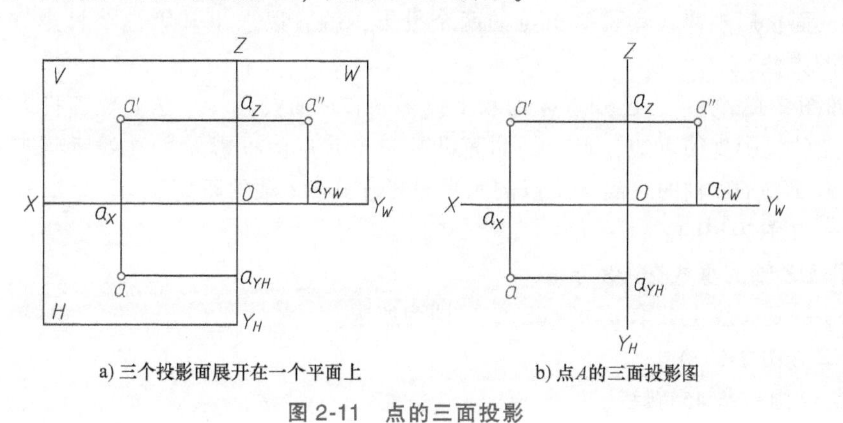

a) 三个投影面展开在一个平面上　　b) 点A的三面投影图

图 2-11　点的三面投影

·动画·

3. 点的三面投影规律

基于点的两面投影规律，总结点的三面投影规律如下：

1）点的正面投影和水平投影的连线垂直于 OX 轴，即 $\boldsymbol{aa' \perp OX}$。

2）点的正面投影和侧面投影的连线垂直于 OZ 轴，即 $\boldsymbol{a'a'' \perp OZ}$。

3）点的正面投影到 OX 轴的距离与点的侧面投影到 OY_W 轴的距离相等，都反映点 A 到 H 面的距离，即 $\boldsymbol{a'a_X = a''a_{YW} = Aa}$。

4）点的正面投影到 OZ 轴的距离与点的水平投影到 OY_H 轴的距离相等，都反映点 A 到 W 面的距离，即 $\boldsymbol{a'a_Z = aa_{YH} = Aa''}$。

5）点的水平投影到 OX 轴的距离与点的侧面投影到 OZ 轴的距离相等，都反映点 A 到 V 面的距离，即 $\boldsymbol{aa_X = a''a_Z = Aa'}$。

在投影图中，为了度量 $\boldsymbol{aa_X = a''a_Z}$ 的关系，可画一条过原点 O 的 45°斜线，过水平投影 a 画水平线，过侧面投影 a''画竖直线相交于斜线上，如图 2-12a 所示。也可以原点 O 为圆心画圆弧，把水平投影和侧面投影连起来，如图 2-12b 所示。

同样的道理，点的三面投影规律反映了点的三面投影、空间点之间的关系。虽然三面投影图没有立体感，但是，通过三个投影与投影轴的距离就可以分析出空间点相对三个投影面的真实距离。

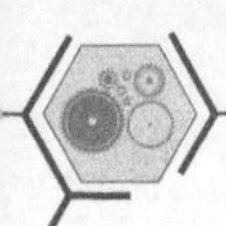

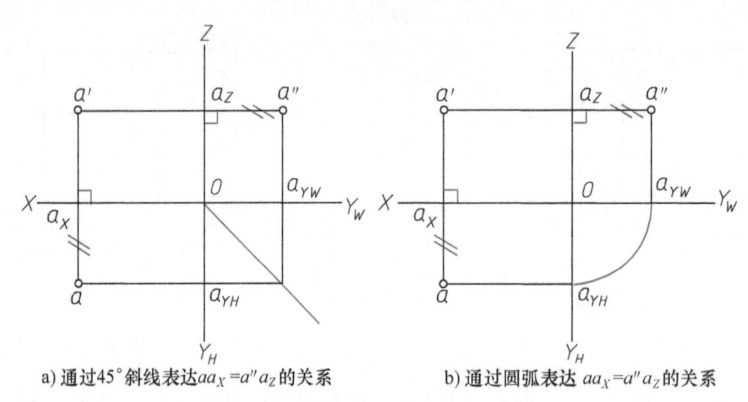

a) 通过45°斜线表达$aa_X=a''a_Z$的关系　b) 通过圆弧表达 $aa_X=a''a_Z$的关系

图 2-12　点的三面投影规律

4. 根据点的两个投影求其第三个投影

根据点的三面投影规律，只要给出点的两个投影，就可以求出其第三个投影（即“知二求三”的作图方法）。

例 2-1　如图 2-13a 所示，已知点 A 的水平投影 a 和正面投影 a'，求其侧面投影。

分析：由点的投影规律可知，点 A 的侧面投影 a''与其正面投影 a'的连线垂直于 OZ 轴，且点的侧面投影 a''到 OZ 轴的距离等于点的水平投影 a 到 OX 轴的距离。

作图方法一（图 2-13b）：

1）过 a'作 OZ 轴的垂线交 OZ 于 a_Z。

2）在 $a'a_Z$ 的延长线上截取 $a_Za''=aa_X$，a''即为所求。

作图方法二（图 2-13c）：

1）过原点 O 画一条 45°斜线。

2）过 a 画水平线与 45°斜线相交于 e，由 e 向上画垂线。

3）过 a'画水平线，与由 e 向上所画垂线相交于 a''，a''即为所求。

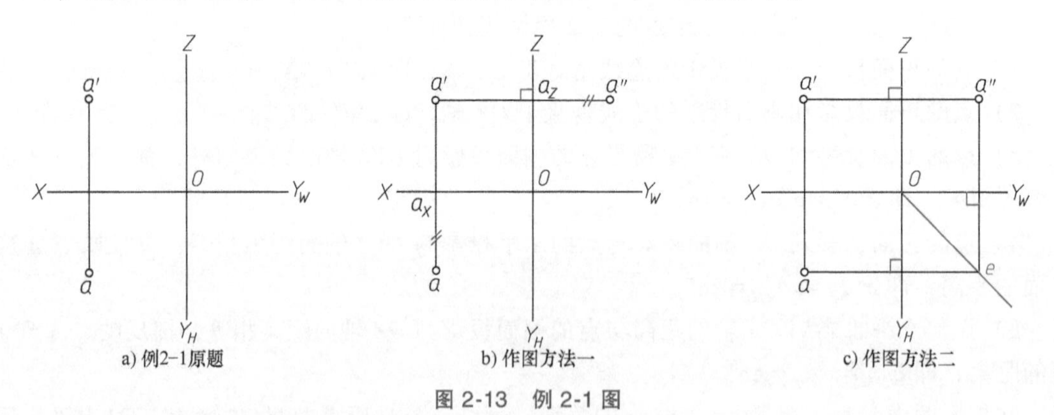

a) 例2-1原题　b) 作图方法一　c) 作图方法二

图 2-13　例 2-1 图

例 2-2　如图 2-14a 所示，已知点 A 的正面投影 a'和侧面投影 a''，求其水平投影。

作图方法一（图 2-14b）：

1）过 a'作 OX 轴的垂线交 OX 于 a_X。

2）在 $a'a_X$ 的延长线上截取 $a_Xa=a_Za''$，a 即为所求。

作图方法二（图 2-14c）：

1）过 a''画垂线与 OY_W 轴相交于 a_{YW}。

2）以原点 O 为圆心、Oa_{YW} 为半径画圆弧，与 OY_H 轴相交于 a_{YH}，由 a_{YH} 向左画水平线。

3）过 a'作 OX 轴的垂线，与由 a_{YH} 向左画的水平线相交于 a，a 即为所求。

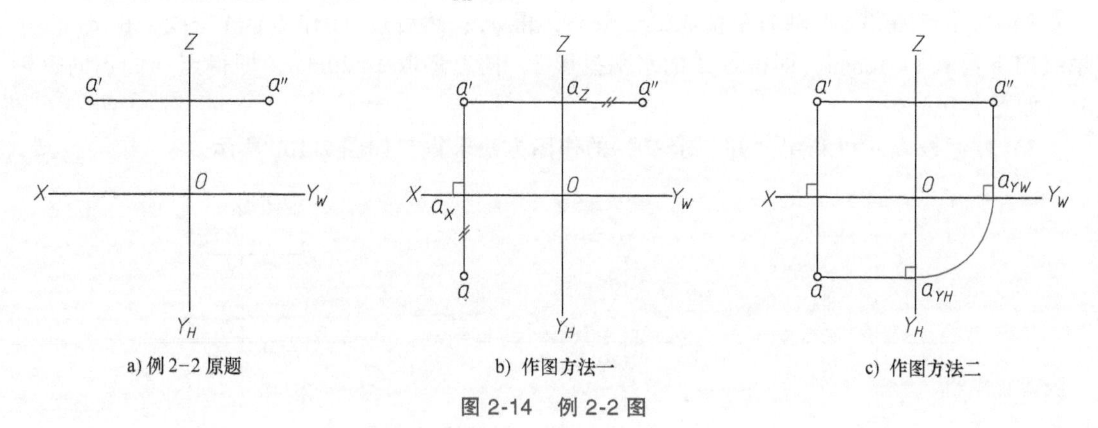

图 2-14　例 2-2 图

2.2.3　点的投影与直角坐标的关系

如果把投影轴 OX、OY、OZ 看作三个坐标轴，原点 O 为坐标原点，那么，V 面就是坐标面 OXZ，H 面为坐标面 OXY，W 面为坐标面 OYZ，则三投影面体系就是一个空间直角坐标系，如图 2-15a 所示。设空间点 A 的三个直角坐标分别为 x、y、z，则点 A 到投影面的距离可表示为：

$$\begin{cases} Aa''=x(\text{点的 } x \text{ 坐标等于点到 } W \text{ 面的距离}) \\ Aa'=y(\text{点的 } y \text{ 坐标等于点到 } V \text{ 面的距离}) \\ Aa=z(\text{点的 } z \text{ 坐标等于点到 } H \text{ 面的距离}) \end{cases}$$

如图 2-15b 所示，点 A 的三个投影的坐标分别为：$a(x,y)$，$a'(x,z)$，$a''(y,z)$。

可见，空间点的位置可由该点的坐标（x，y，z）确定。而且因为点的每一个投影都含有两个坐标，任意两个投影就包含了点的三个坐标，所以，依据点的两面投影就可以完全确定点的空间位置。

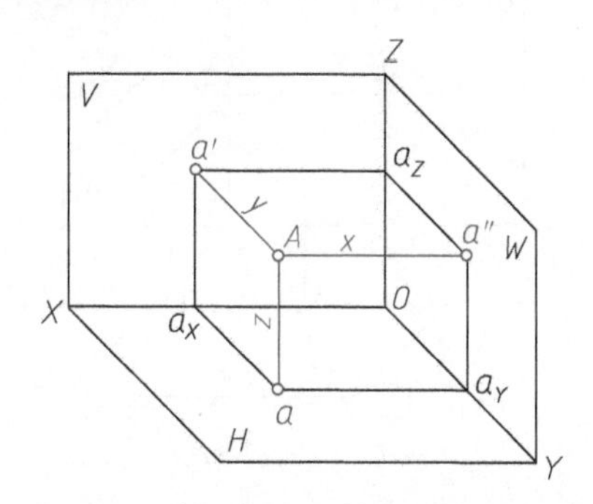

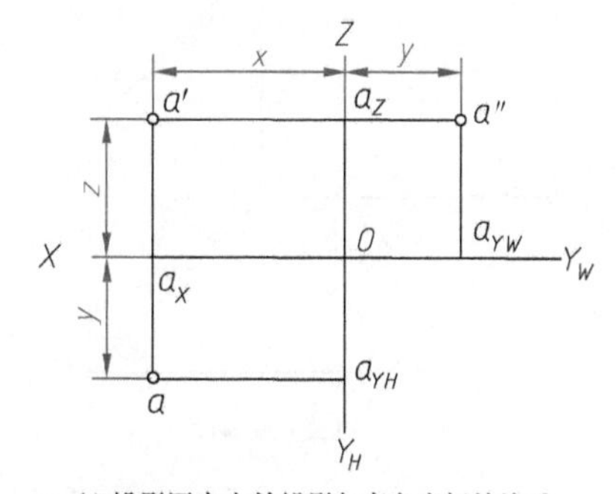

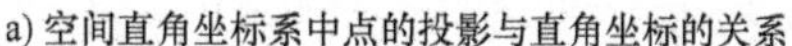

a) 空间直角坐标系中点的投影与直角坐标的关系　　b) 投影图中点的投影与直角坐标的关系

图 2-15　点的投影与直角坐标的关系

例 2-3　已知点 A 的坐标为（15，10，20），求作其三面投影图。

分析：由点 A 的三个坐标值可知，点 A 到 W 面的距离为 15mm，到 V 面的距离为 10mm，

到 H 面的距离为 20mm。根据点的三面投影与其三个坐标的关系以及点的投影规律，可求得点 A 的三个投影。作图过程如下：

1）画出投影轴，并标出相应的符号，如图 2-16a 所示。

2）从原点 O 沿 OX 轴向左量取 $x=15$mm，得 a_X；然后过 a_X 作 OX 的垂线，由 a_X 沿该垂线向下量取 $y=10$mm，即得点 A 的水平投影 a；向上量取 $z=20$mm，即得点 A 的正面投影 a'，如图 2-16b 所示。

3）侧面投影 a''可利用“知二求三”的作图方法求得，如图 2-16c 所示。

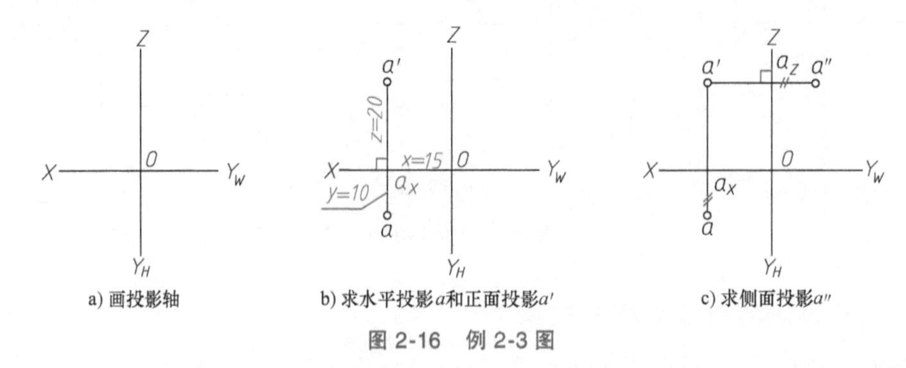

a) 画投影轴　　b) 求水平投影a和正面投影a'　　c) 求侧面投影a''

图 2-16　例 2-3 图

例 2-4　在所给出的三投影面体系中，画出空间点 A（20，15，16）的三面投影及其空间位置。

作图过程如下：

1）分别在 OX、OY、OZ 轴上量取 $Oa_X=x=20$mm，$Oa_Y=y=15$mm，$Oa_Z=z=16$mm。然后，分别过 a_X 和 a_Y 作 OY 轴和 OX 轴的平行线，其交点即为点 A 的水平投影 a；过 a_X 和 a_Z 作 OZ 轴和 OX 轴的平行线，其交点即为正面投影 a'；过 a_Y 和 a_Z 作 OZ 轴和 OY 轴的平行线，其交点即为侧面投影 a''，如图 2-17a 所示。

2）分别过 a、a'和 a''作 OZ、OY 和 OX 轴的平行线，这三条直线必交于一点，该点即为点 A 的空间位置，如图 2-17b 所示。

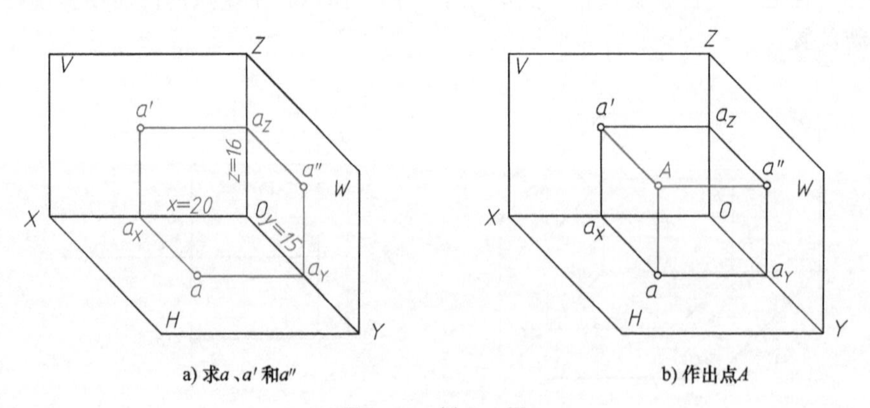

a) 求a、a'和a''　　b) 作出点A

图 2-17　例 2-4 图

2.2.4　空间两点的相对位置

空间两点的相对位置是指两点间的上下、左右、前后关系。通过比较空间两点坐标值的

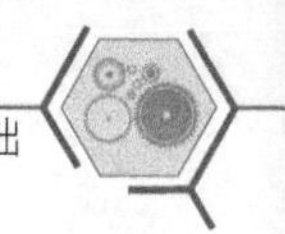

大小，可以判断两点的相对位置。

1）两点的左右位置通过 x 坐标来判断：x 坐标值大者在左。

2）两点的前后位置通过 y 坐标来判断：y 坐标值大者在前。

3）两点的上下位置通过 z 坐标来判断：z 坐标值大者在上。

因为点的两面或三面投影也能反映点的三个坐标，所以也就可以根据点的投影来判断空间两点的相对位置：根据点的正面投影或水平投影，判断空间两点的左右相对位置；根据点的水平面投影或侧面投影，判断空间两点的前后相对位置；根据点的正面投影或侧面投影，判断空间两点的上下相对位置。

图 2-18a 所示为 A、B 两点的投影图，由图 2-18a 可以看出：$x_A<x_B$，$y_A<y_B$，$z_A>z_B$，所以，点 A 位于点 B 的右、后、上方，点 B 位于点 A 的左、前、下方，空间位置如图 2-18b 所示。

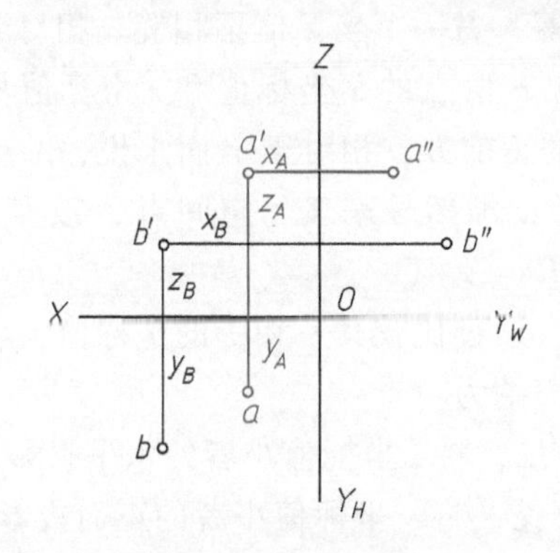

a) A、B两点的投影图

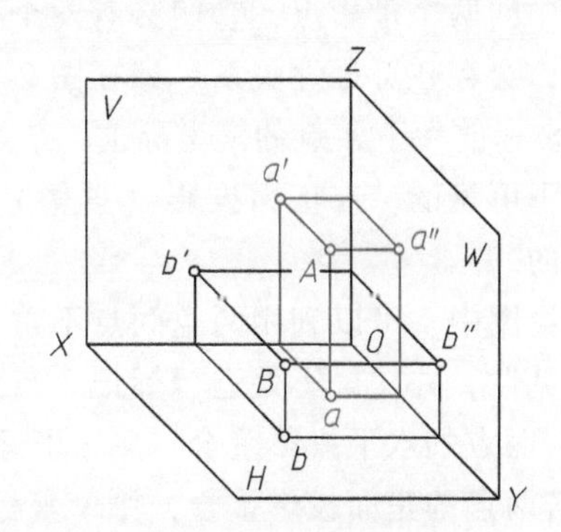

b) A、B两点的空间位置

图 2-18　两点的相对位置

例 2-5　已知空间点 A 的三面投影如图 2-19a 所示，另一空间点 B 在 A 点上方 10mm、右方 8mm、后方 5mm 处，求作点 B 的三面投影图。

分析：点 B 在点 A 的上方 10mm，说明点 B 的 z 坐标值比点 A 的 z 坐标值大 10mm；点 B 在点 A 的右方 8mm，说明点 B 的 x 坐标值比点 A 的 x 坐标值小 8mm；点 B 在点 A 的后方 5mm，说明点 B 的 y 坐标值比点 A 的 y 坐标值小 5mm。可以根据两点之间的坐标值差，作点 B 的三面投影。

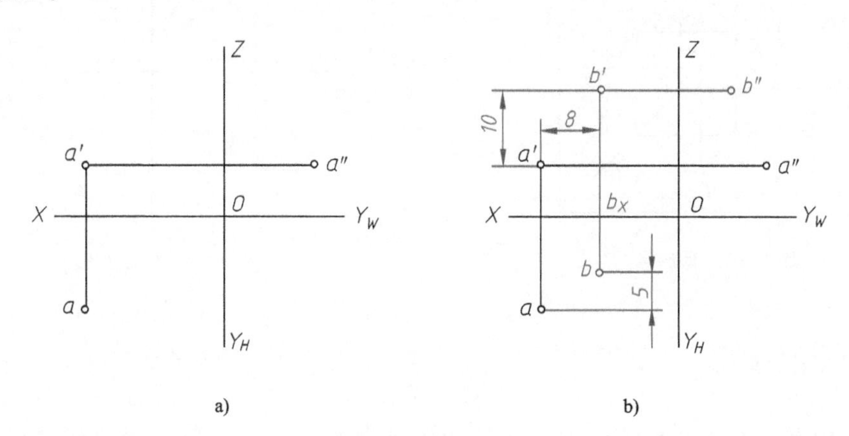

图 2-19　例 2-5 图

作图过程（图 2-19b）如下：

1）沿 OX 轴向右量取 $\Delta x_{AB}=8\text{mm}$，得 b_X。

2）过 b_X 作 OX 轴的垂线，向上超过 a'的 z 坐标值 $\Delta z_{AB}=10\text{mm}$，得到正面投影 b'；向下距离 a 的 y 坐标值 $\Delta y_{AB}=5\text{mm}$，得到水平投影 b。

3）根据 b 和 b'作侧面投影 b''。

2.2.5 重影点及其可见性

当空间两点位于一个投影面的同一条投射线上时，它们在该投影面上的投影重合成一个点，称为**重影**，这两个空间点称为该投影面的**重影点**。在图 2-20 中，由于 A、B 两点位于 V 面的同一条投射线上，因此，它们的正面投影 a'和 b'重影，A、B 两点为 V 面的重影点。

空间中的两个重影点，它们必有两个坐标值相等，另一个坐标值不相等。相对于有重影的投影面，会存在可见性关系。如在图 2-20 中，A、B 两点的 x 坐标值和 z 坐标值相同，而 B 点的 y 坐标值大于 A 点的 y 坐标值，B 点在 A 点的正前方，相对于 V 面来说，A 点被 B 点遮挡，是不可见的。在正面投影（重影）中，要将 a'加括号来表示空间点 A 被点 B 遮挡，是不可见的。

在投影图中，可以利用两空间点不重合的投影，通过比较其不相等的坐标值大小来判断两者的可见性，并在重影处进行标记。具体方法可归纳为：

1）若两点的水平投影重合，则 z 坐标值大者可见，将 z 坐标值小者的水平投影加括号。

2）若两点的正面投影重合，则 y 坐标值大者可见，将 y 坐标值小者的正面投影加括号。

3）若两点的侧面投影重合，则 x 坐标值大者可见，将 x 坐标值小者的侧面投影加括号。

例 2-6 空间两点 C、D 的投影图如图 2-21 所示，判断两点的相对位置。

分析：如图 2-21 所示，两点的水平投影 c、d 重合为一点，正面投影（侧面投影）中 c'（c''）在 d'（d''）的上方，即 $z_C>z_D$，说明空间点 C 在点 D 的正上方。相对 H 面来说，C 点是可见的，D 点是不可见的，在重影中将 D 点的水平投影加括号，标记为（d）。

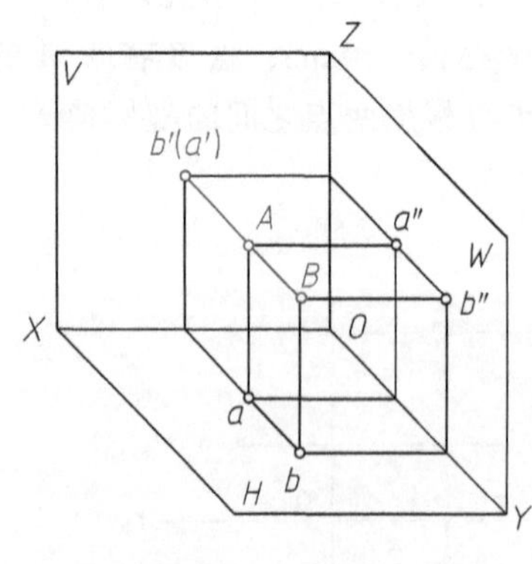

图 2-20 重影点

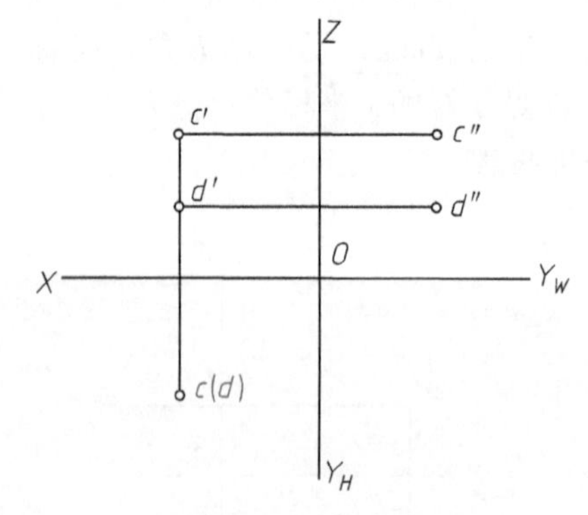

图 2-21 例 2-6 图

2.3 直线的投影

一般情况下，直线的投影仍是直线。当直线与投影面垂直时，直线的投影为一个点，如

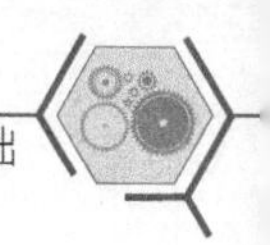

图 2-22a 所示。

画直线的投影图时，一般先画出直线上两点（通常取线段两个端点）的投影图，再把它们的同面投影连起来，如图 2-22b 所示。

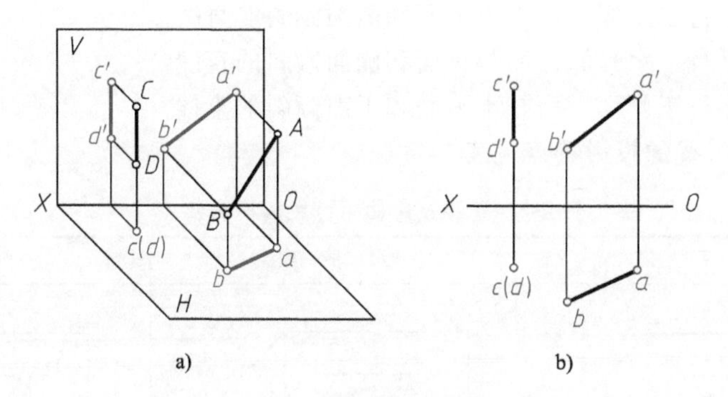

图 2-22　直线的投影

2.3.1　各类位置直线的投影特性

根据直线与投影面的相对位置，直线可分为一般位置直线、投影面平行线和投影面垂直线。后两类直线统称为特殊位置直线。

1. 一般位置直线

与三个投影面都倾斜的直线，称为一般位置直线。例如，图 2-23 中的直线 AB 即为一般位置直线。它对 H 面的倾角为 α，对 V 面的倾角为 β，对 W 面的倾角为 γ，则有

$$ab = AB\cos\alpha;\quad a'b' = AB\cos\beta;\quad a''b'' = AB\cos\gamma$$

由于 α、β、γ 均大于 0°且小于 90°，所以 ab、$a'b'$、$a''b''$都小于线段 AB 本身的实长。由图 2-23 也可以看出，这些投影与各投影轴的夹角也不反映空间直线 AB 对各投影面的真实倾角。由此可知，一般位置直线的投影特性为：

1）直线的三面投影均与投影轴倾斜，且小于线段的实长。

2）直线各投影与投影轴的夹角均不反映一般位置直线对投影面的真实倾角。

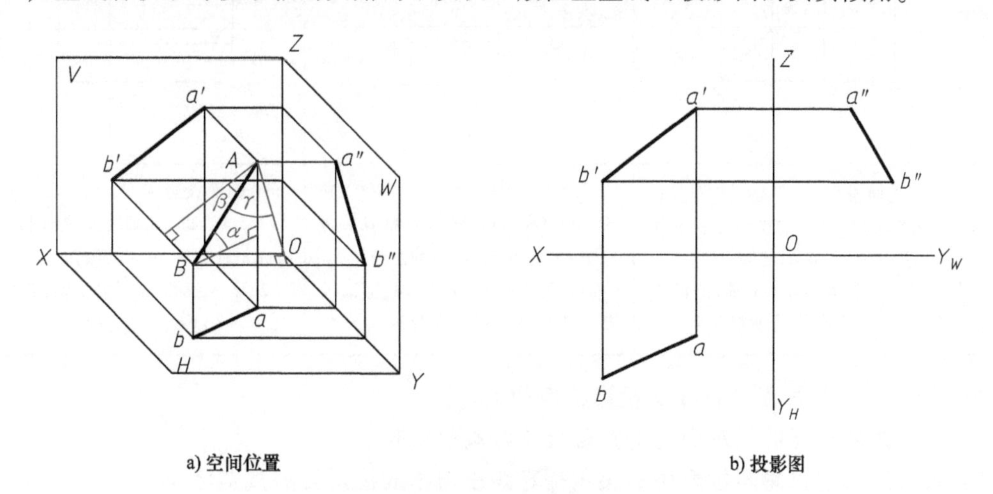

a) 空间位置　　b) 投影图

图 2-23　一般位置直线

2. 投影面平行线

平行于一个投影面，而与另外两个投影面倾斜的直线，称为投影面平行线。投影面平行线有三种位置：正平线、水平线和侧平线。

1） **正平线**：平行于正面，而与水平面和侧面倾斜的直线。

2） **水平线**：平行于水平面，而与正面和侧面倾斜的直线。

3） **侧平线**：平行于侧面，而与水平面和正面倾斜的直线。

各种投影面平行线的投影特点见表 2-1。

表 2-1　各种投影面平行线的投影特点

名称	正　平　线	水　平　线	侧　平　线
实例	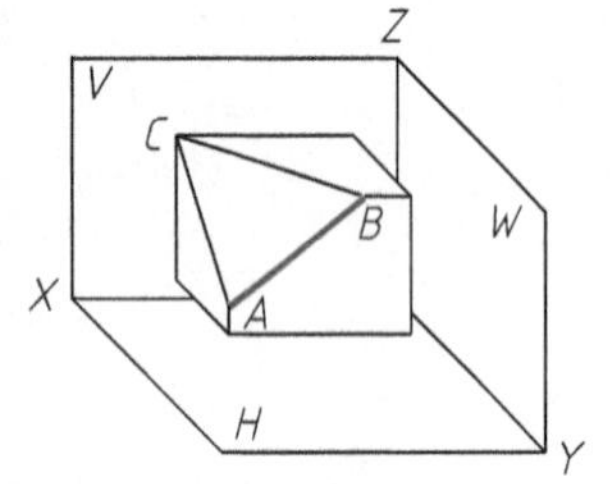	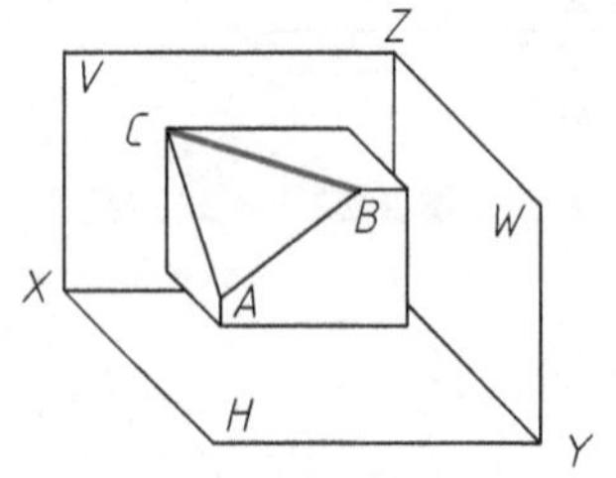	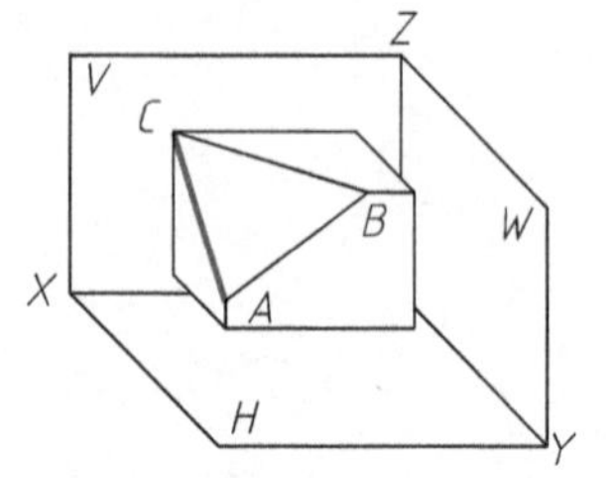
空间位置	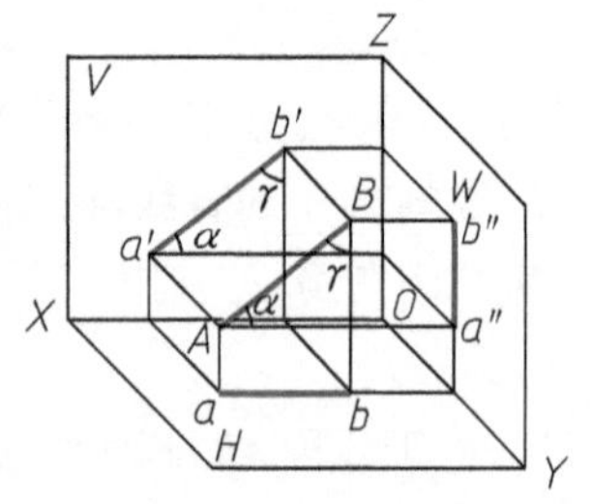	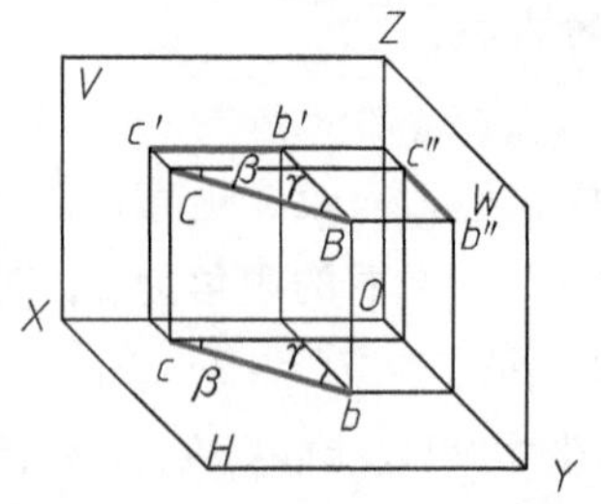	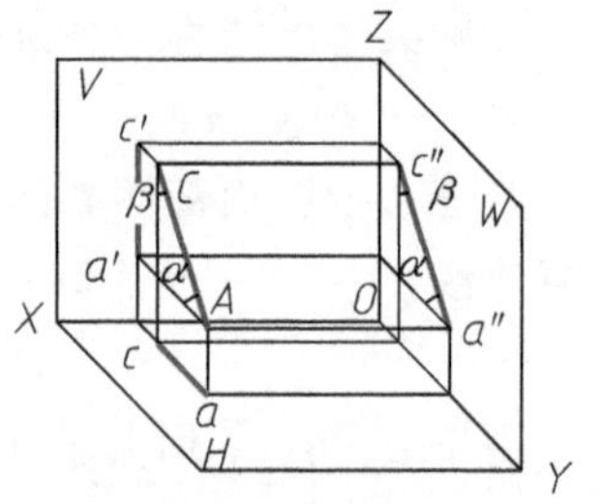
投影图	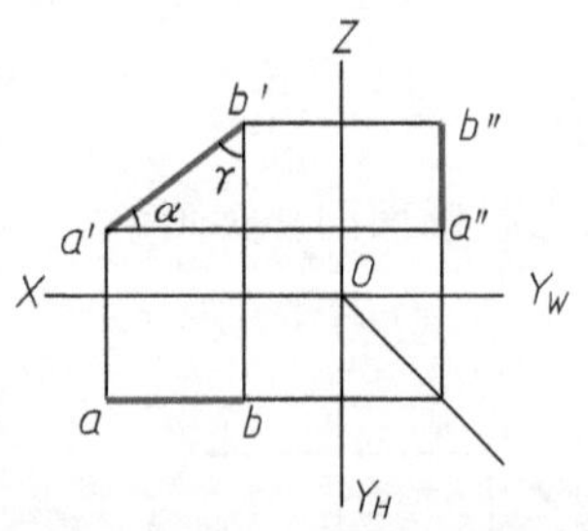	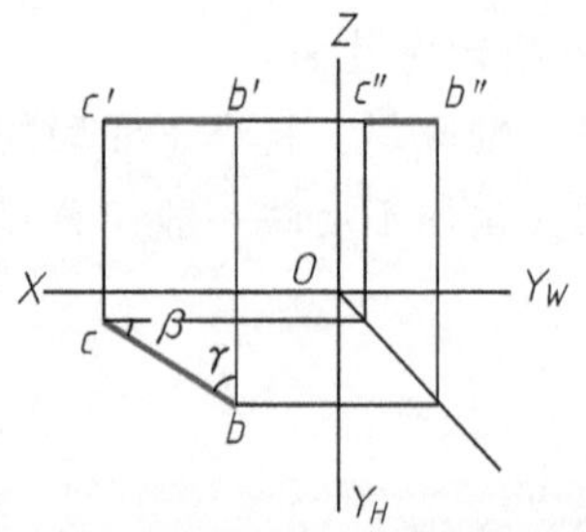	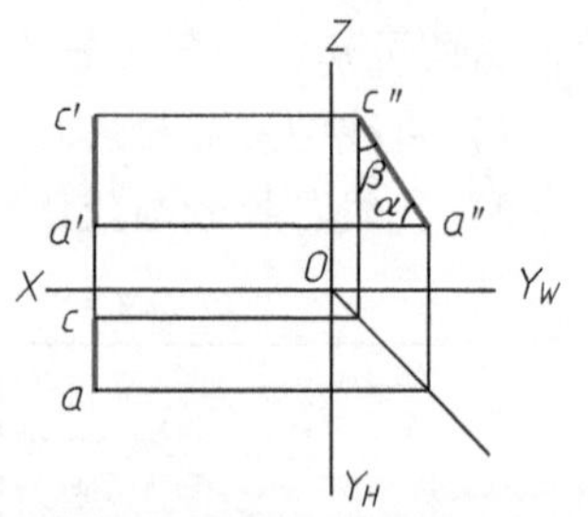
投影特点	1）正面投影 $a'b'=AB$（实长），它与 OX 轴和 OZ 轴的夹角 α 和 γ 等于 AB 对 H 面、W 面的倾角 2）水平投影 $ab//OX$ 轴，侧面投影 $a''b''//OZ$ 轴，且不反映实长	1）水平投影 $cb=CB$（实长），它与 OX 轴和 OY_H 轴的夹角 β 和 γ 等于 CB 对 V 面、W 面的倾角 2）正面投影 $c'b'//OX$ 轴，侧面投影 $c''b''//OY_W$ 轴，且不反映实长	1）侧面投影 $c''a''=CA$（实长），它与 OY_W 轴和 OZ 轴的夹角 α 和 β 等于 CA 对 H 面、V 面的倾角 2）水平投影 $ca//OY_H$ 轴，正面投影 $c'a'//OZ$ 轴，且不反映实长

由表 2-1 可得投影面平行线的投影特性如下：

1） **在直线所平行的投影面上的投影反映线段的实长。**

2） **反映实长的投影与投影轴的夹角是直线段与相应投影面的真实倾角。**

3） **另外两个投影面上的投影平行于相应的投影轴，且长度小于实长。**

3. 投影面垂直线

垂直于一个投影面，且与另外两个投影面平行的直线，称为投影面垂直线。投影面垂直线有以下三种位置。

1）**正垂线**：与正面垂直的直线（与 H 面及 W 面平行）。

2）**铅垂线**：与水平面垂直的直线（与 V 面及 W 面平行）。

3）**侧垂线**：与侧面垂直的直线（与 H 面及 V 面平行）。

各种投影面垂直线的投影特点见表 2-2。

表 2-2　各种投影面垂直线的投影特点

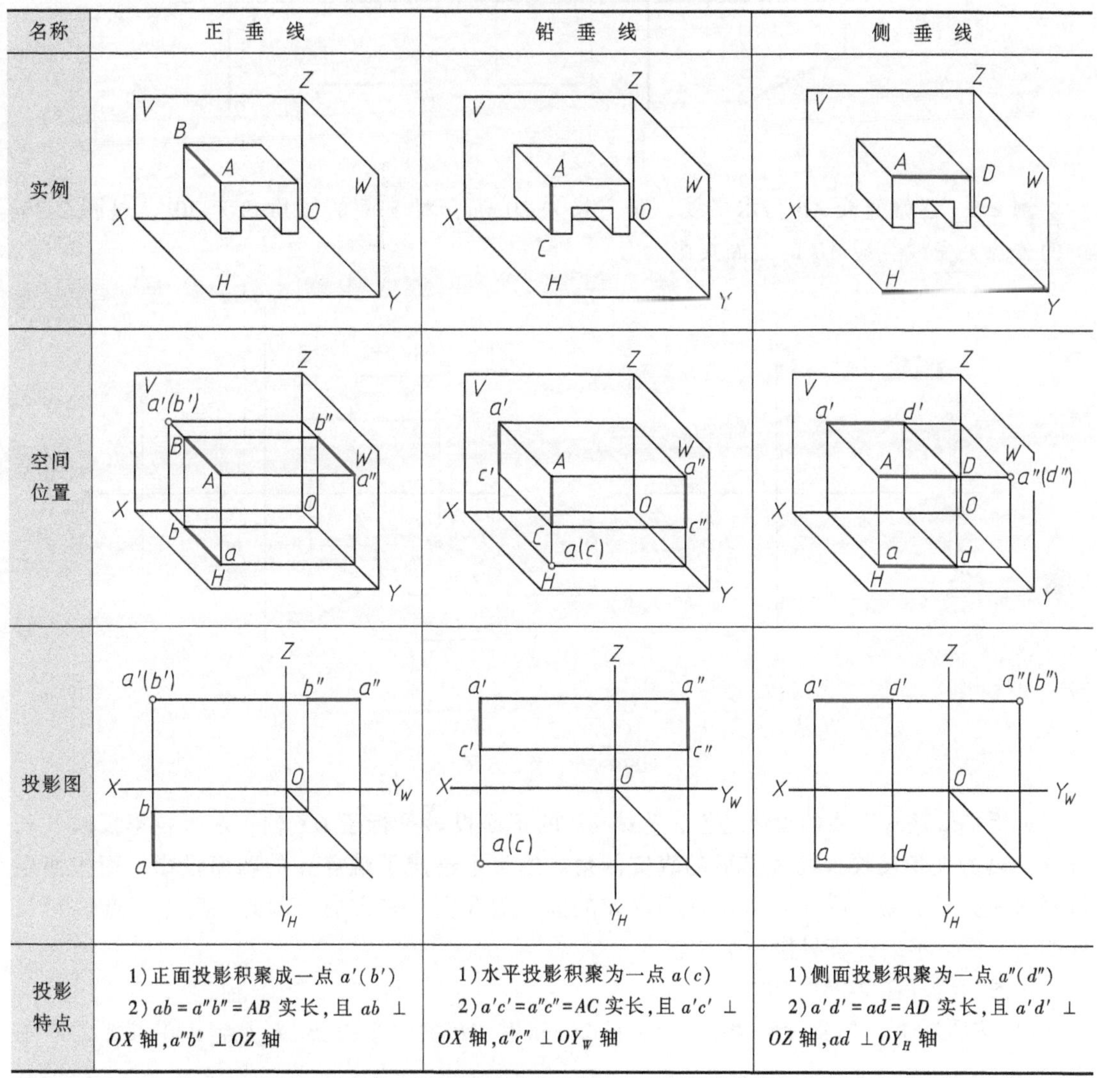

名称	正垂线	铅垂线	侧垂线
实例			
空间位置			
投影图			
投影特点	1)正面投影积聚成一点 $a'(b')$ 2) $ab=a''b''=AB$ 实长，且 $ab \perp OX$ 轴，$a''b'' \perp OZ$ 轴	1)水平投影积聚为一点 $a(c)$ 2) $a'c'=a''c''=AC$ 实长，且 $a'c' \perp OX$ 轴，$a''c'' \perp OY_W$ 轴	1)侧面投影积聚为一点 $a''(d'')$ 2) $a'd'=ad=AD$ 实长，且 $a'd' \perp OZ$ 轴，$ad \perp OY_H$ 轴

由表 2-2 可得投影面垂直线的投影特性如下：

1）**在直线所垂直的投影面上的投影积聚为一点。**

2）**另外两个投影面上的投影垂直于该直线所垂直的投影轴，且反映线段的实长。**

例 2-7　根据图 2-24 所示各直线的两面投影图，判断直线的类型。

分析：依据各类直线的投影特性，通过逆向思考来判断空间直线的位置。由图 2-24 可见，$a'b'$和ab均倾斜于OX轴，可以判断直线AB为一般位置直线；$c'(d')$为一点，可判断CD为正垂线；ef平行于OX轴，而$e'f'$倾斜于OX轴，可以判断EF为正平线；mn和$m'n'$均平行于OX轴，可判断MN为侧垂线；kg和$k'g'$均垂直于OX轴（kg平行于OY_H轴，$k'g'$平行于OZ轴），则可判断KG为侧平线。

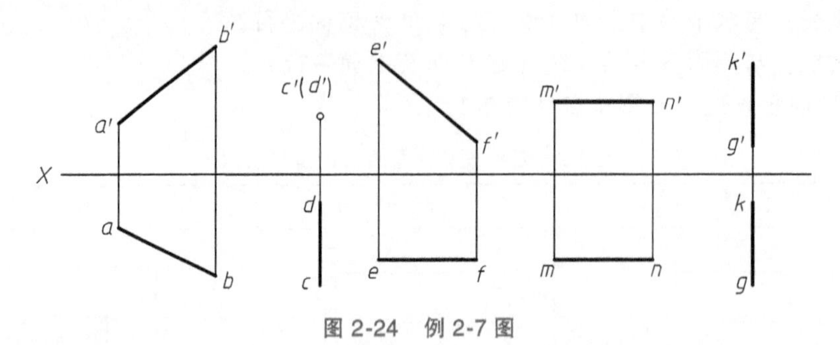

图 2-24 例 2-7 图

例 2-8 已知直线AB为水平线，其实长为20mm，对V面的倾角α为30°，过图 2-25a 中的A点，完成直线AB的三面投影。

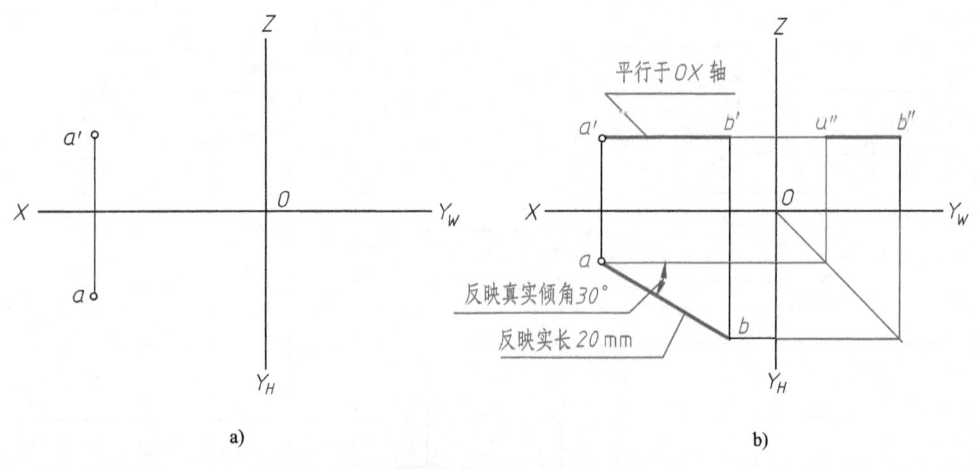

图 2-25 例 2-8 图

分析： 依据水平线的投影特性，直线AB的正面投影平行于OX轴；水平投影反映实长且与X轴的夹角反映直线对V面的真实倾角。题目中给定了端点A的两面投影，而按照题目要求和空间状况，端点B可以在端点A的前、后和左、右方向。因此，理论上点B可以有四个位置，本题解答只作一个位置。

作图过程（图 2-25b）如下：

1）按照对V面的实际倾角30°和实长20mm作AB的水平投影ab（点B在点A的右前方）。

2）过a'作OX轴的平行线，与过b作的投影连线相交得到b'。

3）依据投影规律得到侧面投影$a''b''$。

2.3.2 直线上点的投影

如果点在直线上，则其投影有以下特性：

1）**如果点在直线上，则点的各个投影必在该直线的同面投影上，且符合点的投影规律**。反过来，如果点的各个投影都在直线的同面投影上，则此点一定在直线上。如图 2-26a 所示，点 K 在线段 AB 上，则 k 在 ab 上，k'在 $a'b'$上，k''在 $a''b''$上，且 k、k'、k''符合点的投影规律，如图 2-26b 所示。

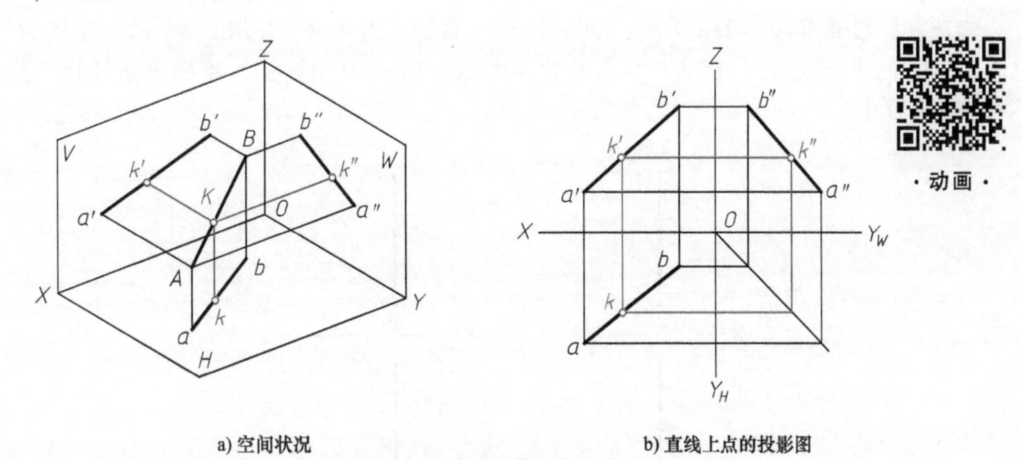

a) 空间状况　　b) 直线上点的投影图

图 2-26　直线上点的投影

2）**直线段上的点分直线段为两条线段，两条线段的长度之比等于点的各投影分同面直线段投影长度之比**（该特性称为点分直线段的**定比性**）。如在图 2-26 中，点 K 将直线 AB 分为 AK 和 KB 两段，则有

$$AK : KB = ak : kb = a'k' : k'b' = a''k'' : k''b''$$

例 2-9　已知点 M 在直线 AB 上，根据图 2-27a，求作点 M 的另两面投影。

分析：因为 M 在直线 AB 上，所以点 M 的另外两面投影一定在 AB 的同面投影上。

作图过程如图 2-27b 所示：

1）首先作 AB 的侧面投影 $a''b''$。

2）过 m'作 OX、OZ 轴的垂线，分别交 ab 、$a''b''$于 m、m''。

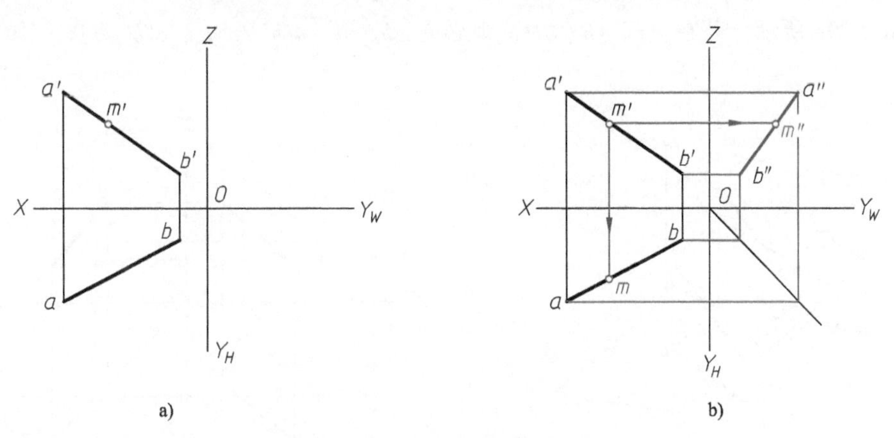

a)　　b)

图 2-27　例 2-9 图

例 2-10　根据点 K 以及直线 CD 的两面投影（图 2-28a），判断点 K 是否在直线 CD 上。

分析：对于一般位置直线，要判断点是否在直线上，只要通过两面投影判断点与直线的

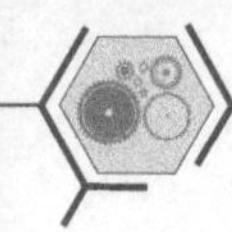

同面投影是否有从属关系、各投影间是否符合投影规律就可以。但是，对于特殊位置直线，则一般要通过三面投影进行判断，尤其是要看直线反映实长的投影与点的投影是否有从属关系。另外，也可以利用定比性来判断点与直线的从属关系。若点 K 在直线 CD 上，则必有 $ck:kd=c'k':k'd'$。

作图判断过程如图 2-28b 所示：自 c' 任作一直线 $c'M=cd$，并取 $c'N=ck$，连接 M、d'，过 N 作 Md' 的平行线 NP，因 NP 不通过 k'，即 $ck:kd \neq c'k':k'd'$，不满足定比性，故点 K 不在直线 CD 上。

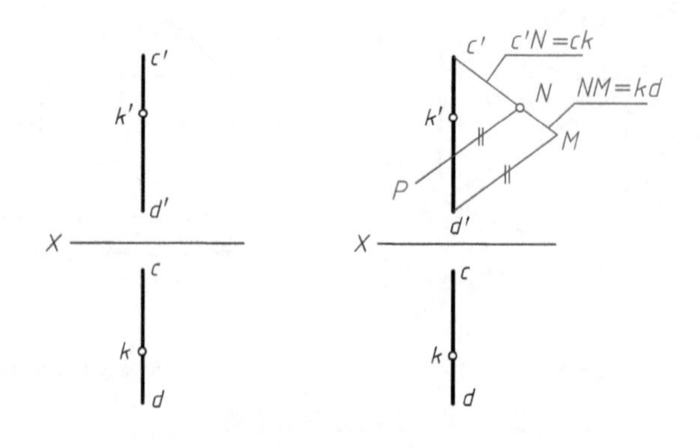

a) 点K和直线CD的两面投影图　　b) 根据定比性作图

图 2-28　例 2-10 图

2.3.3　两直线的相对位置

空间两直线的相对位置有平行、相交和交叉三种情况。前两种为共面直线，后一种为异面直线。

1. 两直线平行

如果空间两直线相互平行，则其三组同面投影必相互平行。反之，若两直线的三组同面投影都相互平行，则这两条直线在空间一定相互平行。

如图 2-29a 所示，若在空间 $AB/\!/CD$，则必有 $ab/\!/cd$、$a'b'/\!/c'd'$、$a''b''/\!/c''b''$，如图 2-29b 所示。

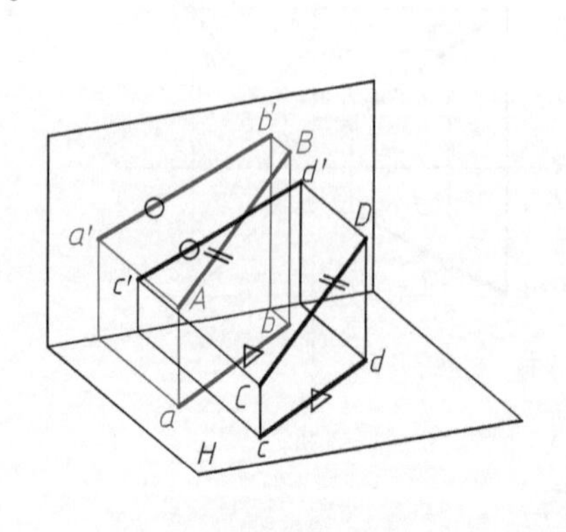

a) 平行两直线的空间状况

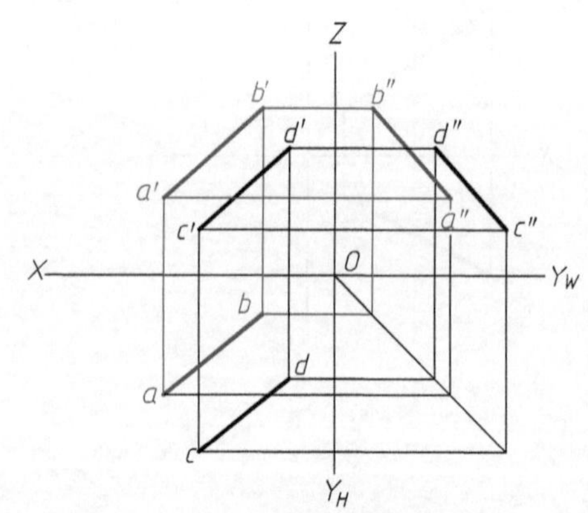

b) 平行两直线的投影图

图 2-29　两直线平行

对于两条一般位置直线，只要其任意两组同面投影相互平行，就可以确定这两条直线在空间是相互平行的。但对于两条同时平行于某一投影面的直线来说，最直观的方法是看它们在所平行的那个投影面上的投影平行与否，以确定这两条直线在空间是否相互平行。如图 2-30 所示，虽然 $ab // cd$、$a'b' // c'd'$，但还不能确定 AB 及 CD 两条直线在空间是相互平行的。因为 AB 及 CD 均为侧平线，由这两条直线的侧面投影来判断，$a''b''$与 $c''d''$不平行，所以 AB 与 CD 在空间不平行。

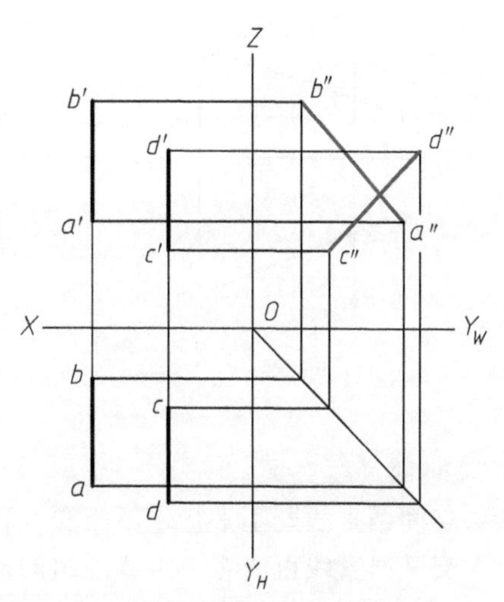

图 2-30　平行于同一投影面的两交叉直线

2. 两直线相交

如果空间两直线相交，则它们的各组同面投影必定相交，且交点的投影必定符合点的投影规律。反之，若两直线的三组同面投影都相交，且交点的投影符合点的投影规律，则这两条直线在空间一定相交。

如图 2-31a 所示，若在空间 AB、CD 相交，则 ab 与 cd、$a'b'$与 $c'd'$、$a''b''$与 $c''b''$必定都各自相交，且它们的交点符合点的投影规律，如图 2-31b 所示。

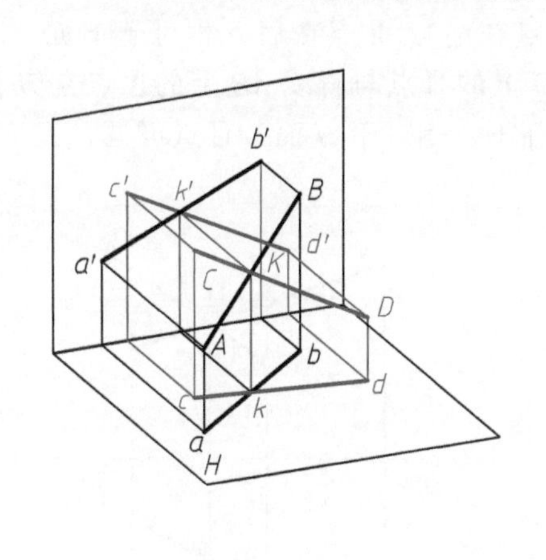

a) 相交两直线的空间状况

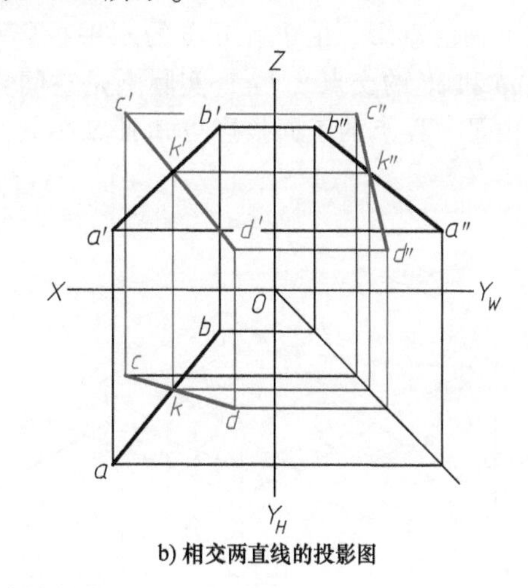

b) 相交两直线的投影图

图 2-31　两直线相交

对于两条一般位置直线来说，只要其任意两组同面投影的交点符合投影规律，就可确定这两条直线在空间是相交的。

例 2-11　已知空间一点 C 和直线 AB 的两面投影，如图 2-32a 所示，要求过 C 点作一条与直线 AB 相交的直线，完成该直线的两面投影。

分析：过直线外一点作该直线的交线，可以得到无数条，只要确定交点在直线 AB 上即可。

作图步骤如下：

1）在 $a'b'$、ab 上取 d'、d，确保 $d'd$ 连线垂直于 OX 轴，如图 2-32b 所示。

2）连接 $c'd'$、cd，完成作图，如图 2-32c 所示。

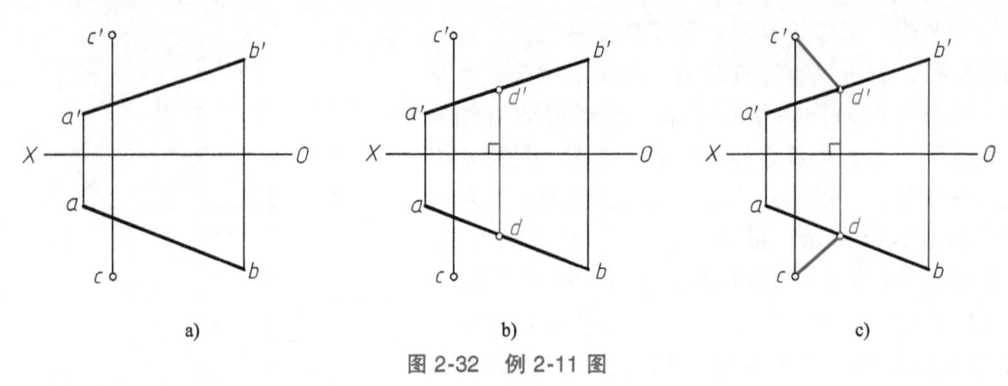

图 2-32　例 2-11 图

3. 两直线交叉

空间两直线既不平行也不相交，称为两直线交叉。

交叉两直线可能有一组或两组同面投影互相平行，但三组同面投影不可能都互相平行。图 2-30 所示为有两组同面投影互相平行的情形。

交叉两直线的同面投影，可能有一组、两组或三组同面投影相交，但这些交点的投影一定不符合点的投影规律。图 2-33 所示为三组同面投影都相交的情形。实际上，交叉两直线同面投影的交点是空间两直线上的两点在该投影面的重影。

由图 2-33 可看出，$a'b'$和 $c'd'$的交点 1′(2′) 实际上是直线 AB 上的Ⅰ点与直线 CD 上的Ⅱ点在 V 面的重影。由Ⅰ、Ⅱ点的水平投影可知Ⅰ点在前，Ⅱ点在后，相对于 V 面，Ⅰ点可见。ab 和 cd 的交点 3（4）实际上是空间直线 CD 上的Ⅲ点与直线 AB 上的Ⅳ点在 H 面的重影。由Ⅲ、Ⅳ点的正面投影可知Ⅲ点在上，Ⅳ点在下，相对于 H 面，Ⅲ点可见。

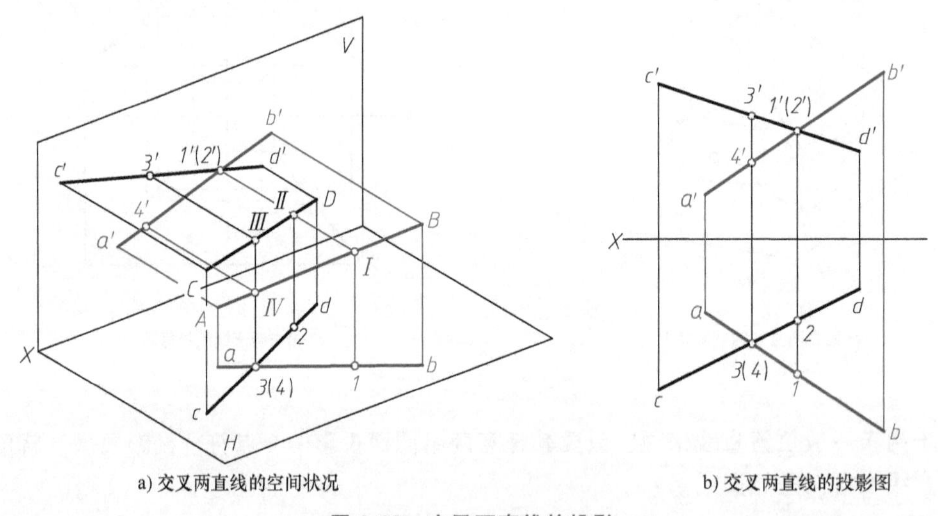

a) 交叉两直线的空间状况　　b) 交叉两直线的投影图

图 2-33　交叉两直线的投影

2.4　平面的投影

2.4.1　平面的几何元素表示法

由初等几何学可知，不在同一直线上的三点可以确定一个平面，一条直线和直线外的一

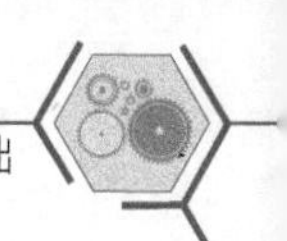

点、相交两直线、平行两直线以及任意平面图形（如三角形、平行四边形、多边形和圆等）都可以确定一个平面。因此在投影图中，平面可以用图 2-34 中任何一组几何元素的投影来表示。其中最常用的是用平面图形的投影来表示平面。

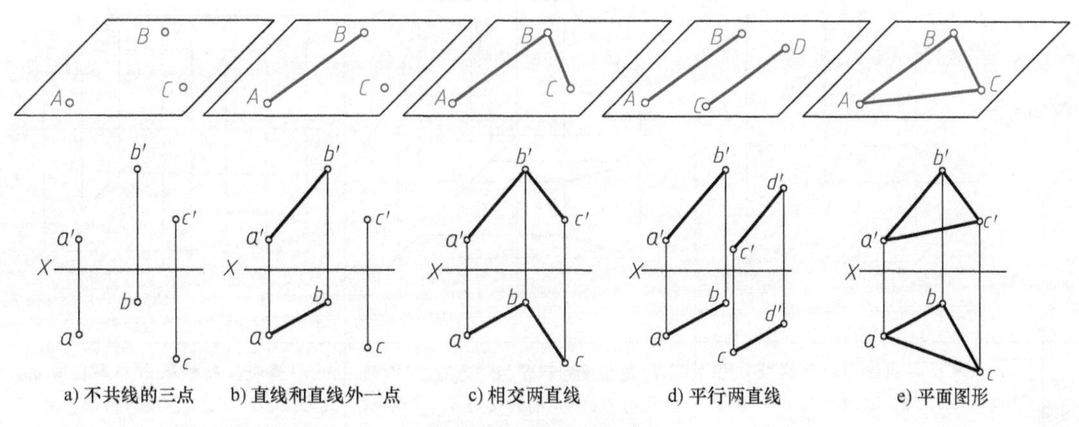

a) 不共线的三点　b) 直线和直线外一点　c) 相交两直线　d) 平行两直线　e) 平面图形

图 2-34　平面的表示法

2.4.2　各种位置平面的投影特性

根据平面在三投影面体系中的位置，可把空间平面分为三类：投影面垂直面、投影面平行面和一般位置平面。前两类平面又统称为特殊位置平面。

1. 投影面垂直面

垂直于一个投影面而与另外两个投影面倾斜的平面，称为投影面垂直面。投影面垂直面分为以下三种。

1）**铅垂面**：垂直于 *H* 面，而与 *V* 面和 *W* 面倾斜的平面。

2）**正垂面**：垂直于 *V* 面，而与 *H* 面和 *W* 面倾斜的平面。

3）**侧垂面**：垂直于 *W* 面，而与 *H* 面和 *V* 面倾斜的平面。

各种投影面垂直面的投影特点见表 2-3。

表 2-3　各种投影面垂直面的投影特点

名称	铅 垂 面	正 垂 面	侧 垂 面
空间位置	V, Z, X, H, Y, W, s′, S, s″, s	V, Z, X, H, Y, W, p′, P, p″, O, p	V, Z, X, H, Y, W, q′, Q, q″, q

（续）

名称	铅　垂　面	正　垂　面	侧　垂　面
投影图	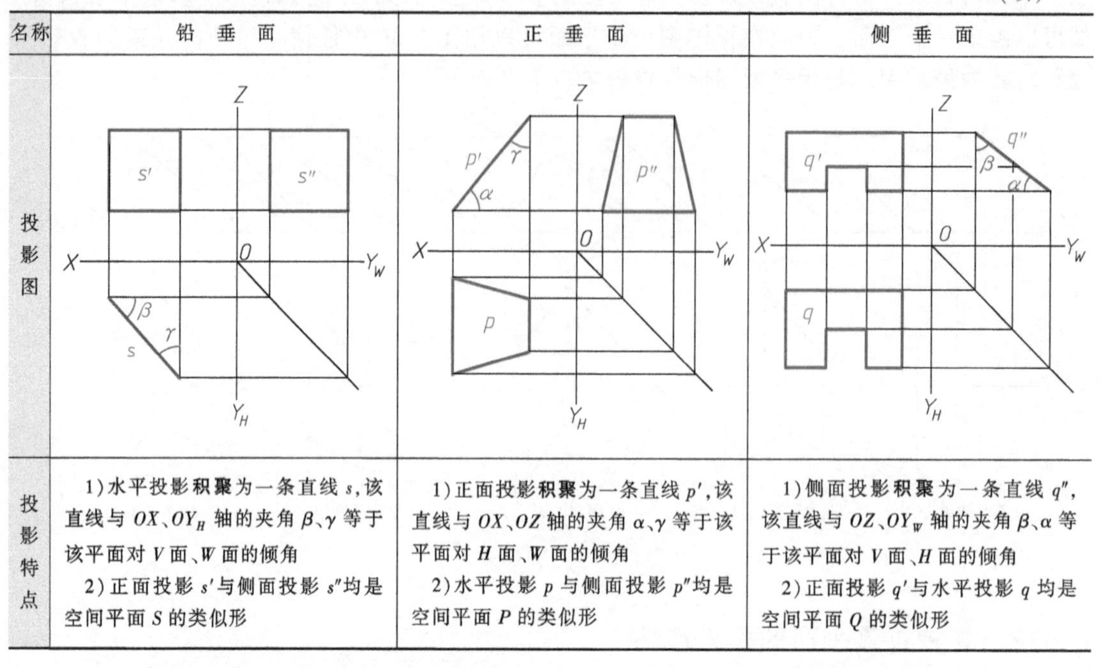		
投影特点	1）水平投影积聚为一条直线 s，该直线与 OX、OY_H 轴的夹角 β、γ 等于该平面对 V 面、W 面的倾角 2）正面投影 s' 与侧面投影 s'' 均是空间平面 S 的类似形	1）正面投影积聚为一条直线 p'，该直线与 OX、OZ 轴的夹角 α、γ 等于该平面对 H 面、W 面的倾角 2）水平投影 p 与侧面投影 p'' 均是空间平面 P 的类似形	1）侧面投影积聚为一条直线 q''，该直线与 OZ、OY_W 轴的夹角 β、α 等于该平面对 V 面、H 面的倾角 2）正面投影 q' 与水平投影 q 均是空间平面 Q 的类似形

由表 2-3 可得投影面垂直面的投影特性如下：

1）**平面在它所垂直的投影面上积聚成倾斜于投影轴的直线段，该线段与投影轴的夹角就是平面对另外两个投影面的倾角。**

2）**另外两个投影面上的投影为平面图形的类似形。**

2. 投影面平行面

平行于一个投影面的平面称为投影面平行面。投影面平行面也分为以下三种。

1）**正平面**：平行于 V 面的平面。

2）**水平面**：平行于 H 面的平面。

3）**侧平面**：平行于 W 面的平面。

各种投影面平行面的投影特点见表 2-4。

表 2-4　各种投影面平行面的投影特点

名称	正　平　面	水　平　面	侧　平　面
空间位置	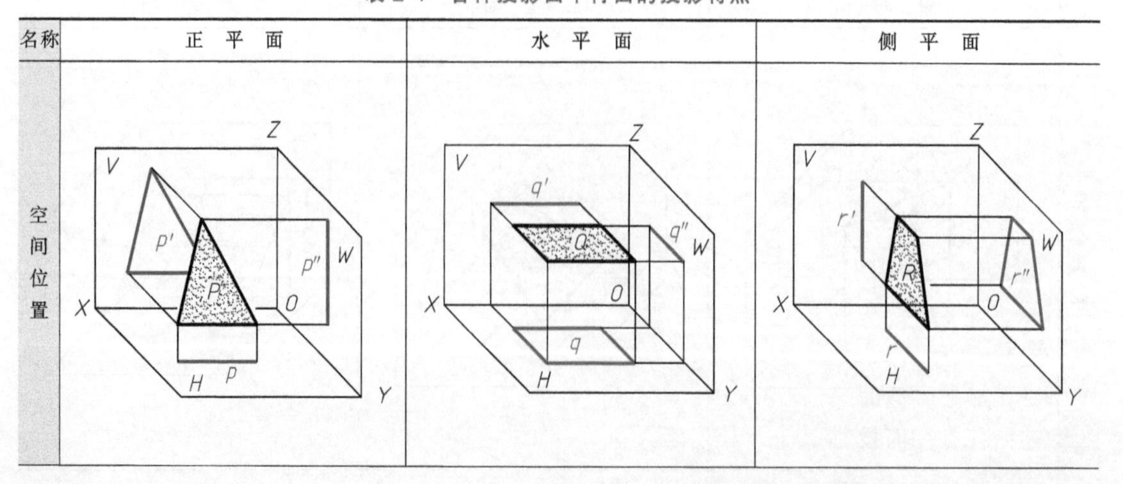		

（续）

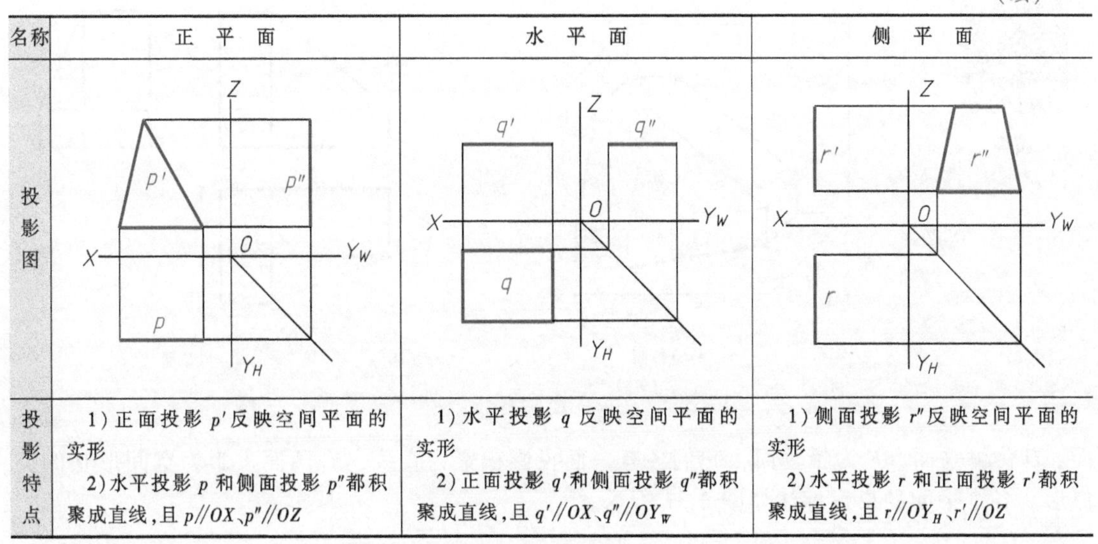

名称	正　平　面	水　平　面	侧　平　面
投影图			
投影特点	1）正面投影 p' 反映空间平面的实形 2）水平投影 p 和侧面投影 p'' 都积聚成直线，且 $p//OX$、$p''//OZ$	1）水平投影 q 反映空间平面的实形 2）正面投影 q' 和侧面投影 q'' 都积聚成直线，且 $q'//OX$、$q''//OY_W$	1）侧面投影 r'' 反映空间平面的实形 2）水平投影 r 和正面投影 r' 都积聚成直线，且 $r//OY_H$、$r'//OZ$

由表 2-4 可得投影面平行面的投影特性如下：

1） **平面在它所平行的投影面上的投影反映实形。**

2） **平面的其他两个投影都积聚成直线，且分别平行于与该平面平行的两投影轴。**

3. 一般位置平面

一般位置平面和三个投影面既不平行也不垂直，即平面均倾斜于投影面，如图 2-35a 所示。故一般位置平面的每个投影既无积聚性，也不反映平面的实形和倾角。因此在投影图上，一般位置平面的三面投影均是面积缩小了的平面，如图 2-35b 所示。

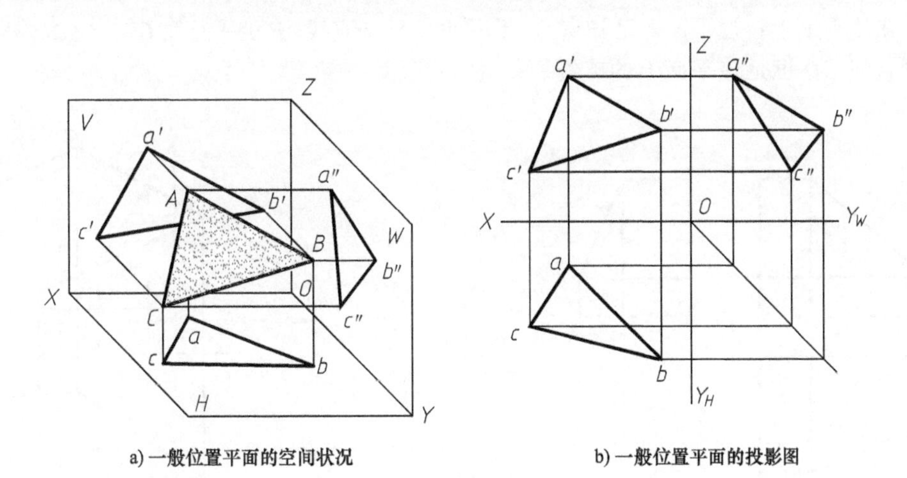

a) 一般位置平面的空间状况　　b) 一般位置平面的投影图

图 2-35　一般位置平面的投影

例 2-12　根据图 2-36 所示物体的立体图和三面投影图（省略投影轴），指出各个平面属于哪一类平面，并在投影图中标出各个平面的投影。

分析： 由物体的立体图和三面投影图可以看出：平面 G 相对于三个投影面均倾斜，其三面投影都是类似的三角形，平面 G 为一般位置平面。A 为侧平面、C 为水平面、E 为正平面，它们各有一面投影反映平面的实形，有两面投影积聚为平行于投影轴的直线。B 为正垂

·模型·

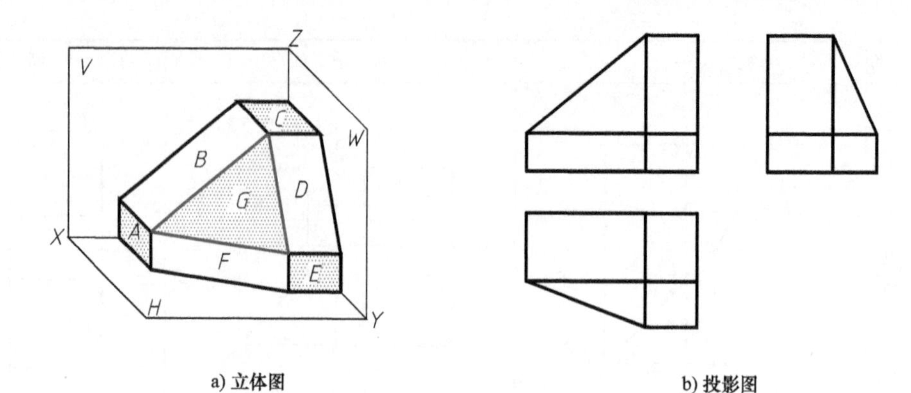

a) 立体图　　b) 投影图

图 2-36　例 2-12 题图

面、*D* 为侧垂面、*F* 为铅垂面，它们各有一面投影积聚为直线，有两面投影为空间形状的类似形。各个平面的投影标注如图 2-37 所示。

2.4.3　平面上的直线和点

1. 直线在平面上的几何条件

满足下列条件之一的直线即为平面上的直线：

1）**通过平面上两已知点。**

2）**通过平面上一已知点且平行于该平面上的任一直线。**

根据上述条件，可以在平面上求作直线。如图 2-38 所示，在平面（由相交两直线 *AB*、*AC* 所确定）的 *AB*、*AC* 两直线上，分别取点 *E*、*F*，作其两面投影 *e*、*e′* 和 *f*、*f′*，连接 *ef*、*e′f′*，则 *EF* 必在该平面上；过平面上已知点 *C*，作平面上已知直线 *AB* 的平行线 *CD*，使 *cd*//*ab*、*c′d′*//*a′b′*，则直线 *CD* 也是该平面上的直线。

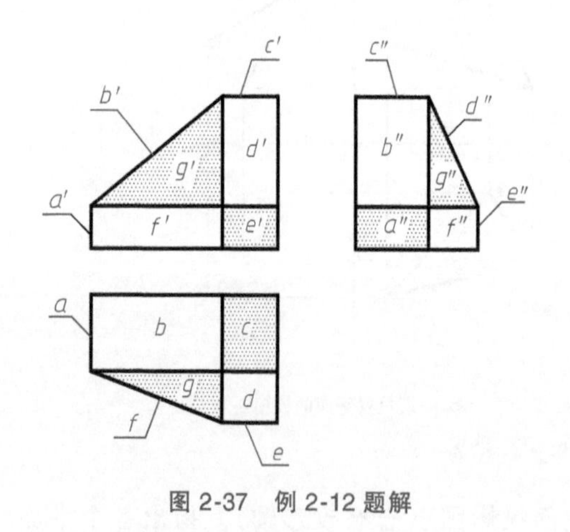

图 2-37　例 2-12 题解

图 2-38　在平面上求作直线的方法

2. 在平面上取点

若点在平面中的任一直线上，则此点一定在该平面上。因此在平面上取点时，一般先在平面上作一条辅助直线，然后再从辅助直线上取点。

例 2-13　如图 2-39a 所示，已知△*ABC* 上一点 *K* 的正面投影 *k′*，求作它的水平投影 *k*。

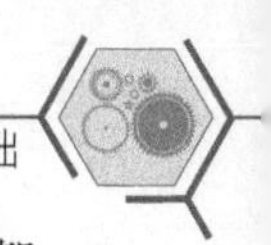

分析：因为点 K 在平面上，所以过点 K 在平面上作一条辅助线，则点 K 的两个投影都应该在辅助线的同面投影上。

作图过程（图 2-39b）如下：

1）连接 $a'k'$ 并延长，交 $b'c'$ 于 d'。

2）过 d' 作 OX 轴的垂线，与 bc 交于 d，连接 ad。

3）过 k' 作 OX 轴的垂线，与 ad 交于 k，则 k 即为所求。

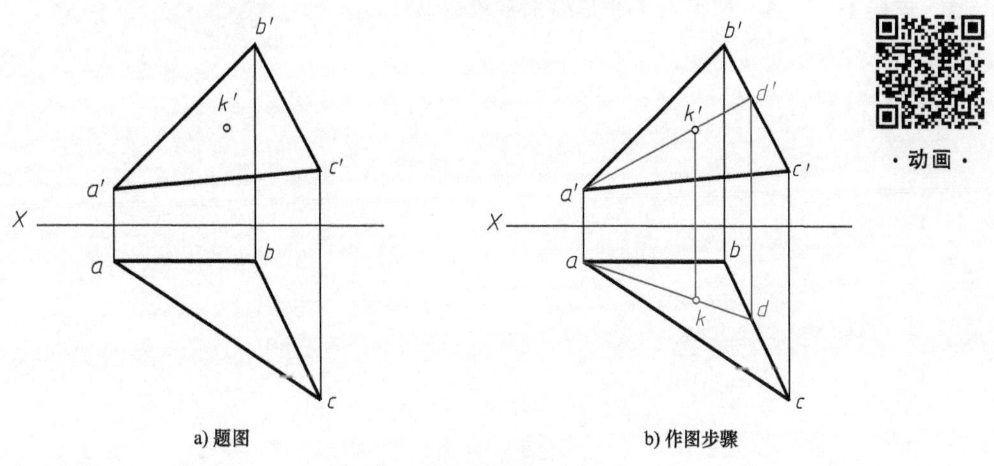

a) 题图　　b) 作图步骤

图 2-39　例 2-13 图

例 2-14　在△ABC 内有一个小△ⅠⅡⅢ，已知投影情况如图 2-40a 所示，且 $1'2'//a'b'$。完成小△ⅠⅡⅢ的水平投影。

分析：△ⅠⅡⅢ在△ABC 上，则△ⅠⅡⅢ的每条边均在△ABC 上，延长△ⅠⅡⅢ的每条边至△ABC 的边线，可得到一些交点，通过这些交点的投影可以确定△ⅠⅡⅢ各边的水平投影。同时，注意到 $1'2'//a'b'$，可见ⅠⅡ与 AB 平行，则可以利用其同面投影也平行的特点求解水平投影。

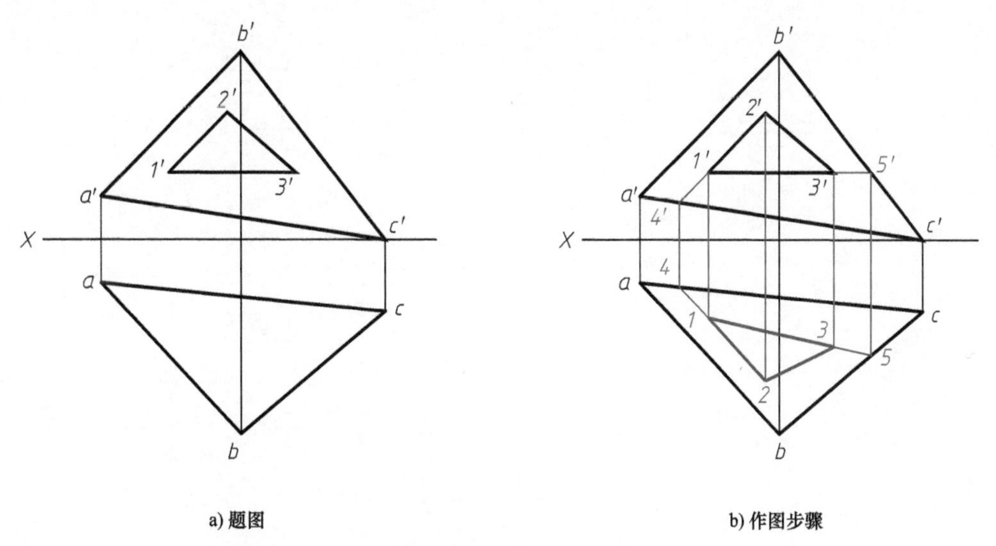

a) 题图　　b) 作图步骤

图 2-40　例 2-14 图

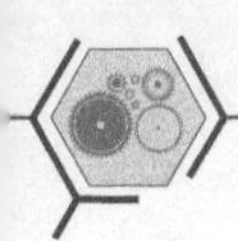

作图过程（图2-40b）如下：

1）延长$1'2'$，交$a'c'$于$4'$，过$4'$作OX轴的垂线，交ac于4。

2）过4作ab的平行线，分别过$1'$、$2'$作OX轴的垂线，与所作ab平行线的交点为1、2。

3）延长$1'3'$，交$b'c'$于$5'$，过$5'$作OX轴的垂线，交bc于5。

4）连接1、5，过$3'$作OX轴的垂线，与1、5连线的交点即为3。

5）连接1、2、3，即得△ⅠⅡⅢ的水平投影。

第3章 基本立体及其表面交线的投影

棱柱、圆柱、圆锥、圆球等几何体是组成机件的基本立体，如图 3-1a 所示。有些简单机件可以看成是用平面截切基本立体而形成的，如图 3-1b 所示。也有些简单机件可以看成是由两个及以上的基本立体相贯而成，如图 3-1c 所示。要绘制这些立体的投影图，首先应能够绘制基本立体的投影图，同时应能够分析和绘制立体表面产生的交线的投影。

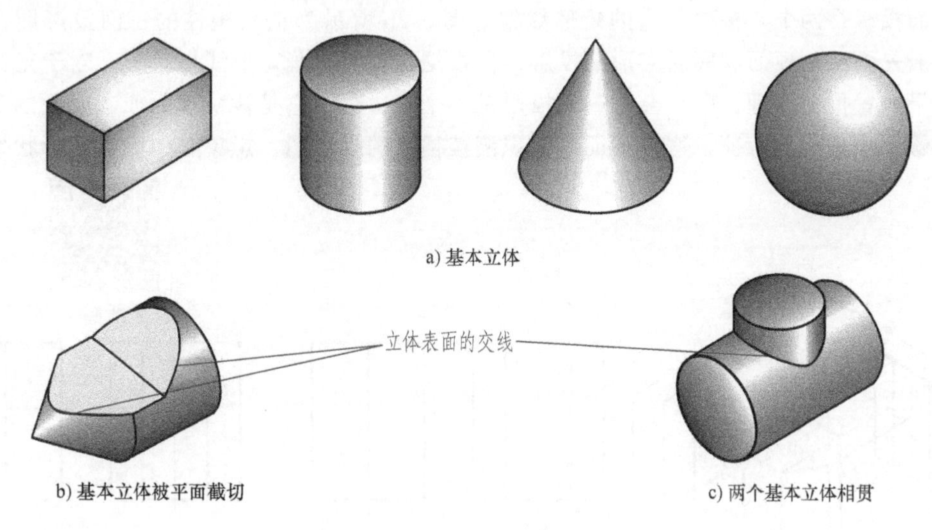

图 3-1　基本立体及其表面的交线

3.1　基本立体的投影

基本立体分为平面立体和曲面立体。表面都是平面的基本立体，称为**平面立体**，如棱柱、棱锥。表面是曲面或曲面与平面的基本立体，称为**曲面立体**。曲面可分为规则曲面和不规则曲面两类。规则曲面可看作是由一条线按一定的规律运动所形成的，运动的线称为**母线**，而曲面上任一位置的母线称为**素线**。母线绕轴线旋转形成回转曲面，由回转曲面构成的圆柱、圆锥、圆球和圆环等立体称为**回转体**。

绘制基本立体的正投影时，要尽量使立体的主要表面、棱线、素线处于与投影面平行或垂直的位置。另外，一般省略投影轴。

3.1.1　平面立体及其表面上点的投影

平面立体的表面由若干个多边形组成。画平面立体的投影图，就是画其表面多边形的投影，即画其棱线、边线和顶点的投影。若棱线、边线可见，则将其投影画成实线；若棱线、边线不可见，则将其投影画成虚线。

1. 棱柱

（1）棱柱的投影　图 3-2a 所示为一个正六棱柱的空间位置和投影。这个正六棱柱的顶面和底面都是水平面，它们的边线分别是四条水平线和两条侧垂线。棱面是四个铅垂面和两个正平面。棱线是六条铅垂线。

正六棱柱顶面和底面的水平投影反映正六边形的实形（底面被顶面完全遮挡），正面投影和侧面投影积聚为直线。前后两个正平面棱面的正面投影反映实形（后棱面被完全遮挡），侧面投影和水平投影具有积聚性；四个铅垂面棱面的水平投影积聚为直线，正面投影和侧面投影为类似矩形。六条棱线的水平投影均积聚为点，正面投影和侧面投影平行于 OZ 轴，且反映实长。

总体上看，正六棱柱的水平投影是一个**正六边形**，正面投影是三个与棱柱等高的**矩形线框**，侧面投影是两个与棱柱等高的**矩形线框**。图 3-2b 所示为正六棱柱的三面投影图。画图时，一般先画反映顶面和底面实形的投影，再根据投影关系画矩形线框投影。对于正棱柱来说，如果放置位置合理，则总会有一面投影是一个多边形，它是棱柱顶面或者底面的实形投影，能够反映棱边数特征，这个特征对于识读棱柱体的投影图、想象立体的空间形状也是非常重要的。

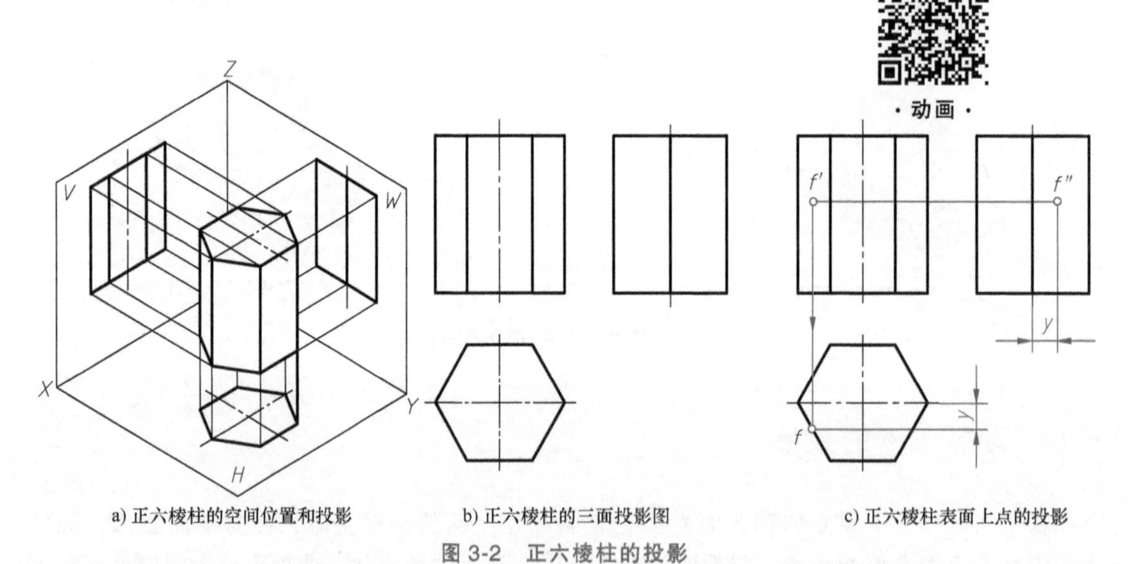

a) 正六棱柱的空间位置和投影　　b) 正六棱柱的三面投影图　　c) 正六棱柱表面上点的投影

图 3-2　正六棱柱的投影

（2）棱柱表面上点的投影　棱柱的表面都是平面，点若位于棱柱的表面上，则可以根据在平面上取点的方法求作点的投影。但是，需要判断点的投影的可见性：如果点所在表面的投影可见，则点的同面投影也可见；反之，则不可见。对于不可见点的投影，需要加圆括号表示。

例 3-1　如图 3-2c 所示，已知正六棱柱表面上点 F 的正面投影 f'，求作 F 的水平投影和侧面投影。

分析：根据已给出的f'的位置和可见性，可以判断点F位于六棱柱左前方的棱面上。由于这个棱面为铅垂面，它的水平投影积聚为直线（六边形的左前边），所以水平投影f一定在这条直线上。作出f后，再根据点的投影规律，作出f''。最后注意判断可见性。

作图步骤如下：

1）由f'向下作投影连线（图中省略了投影轴），与水平投影中六边形左前边的交点即为f。

2）根据点的投影规律，由f、f'作出f''（这里选择六棱柱前后对称面作为参考，通过量取y尺寸来确定f''）。

3）点F在棱柱左侧棱面上，所以f''是可见的。

2. 棱锥

（1）棱锥的投影　图3-3a所示为一个三棱锥的空间位置和投影。这个三棱锥的底面ABC是水平面，后棱面SBC是侧垂面，两个前棱面SAB、SAC是一般位置平面；而棱线SB、SC均为一般位置直线，棱线SA为侧平线。

三棱锥底面的水平投影反映实形，但被三个棱面的水平投影遮挡而不可见，正面投影和侧面投影均积聚为一条直线。后棱面的侧面投影积聚为斜线，正面投影（不可见）和水平投影为类似三角形。左、右两个前棱面的三面投影均为类似三角形。三条棱线的三面投影均无积聚性，其中前棱线SA的侧面投影反映实长。

总体上看，三棱锥的每一面投影中都有若干三角形。图3-3b所示为三棱锥的三面投影图。画棱锥的投影图时，一般先画其底面的投影，然后画出锥顶的投影，再连出棱线的投影。棱锥的投影中必然含有若干三角形，在识读此类立体的投影图时，要注意观察这个特点。

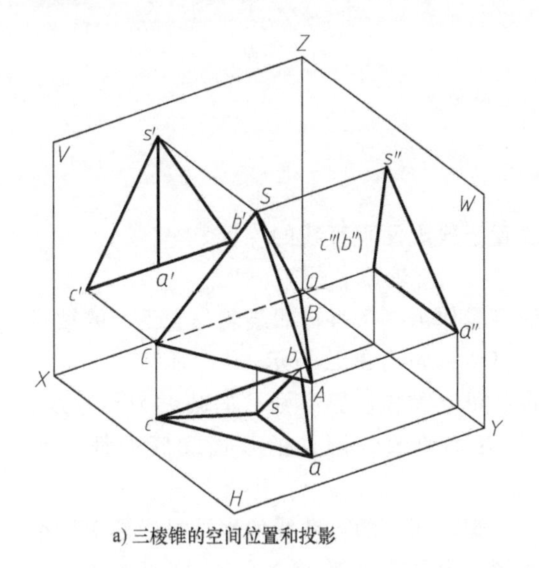

a) 三棱锥的空间位置和投影

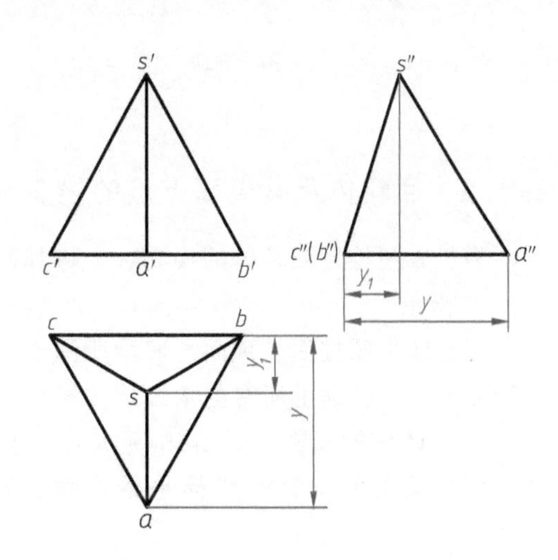

b) 三棱锥的三面投影图

图3-3　棱锥的投影

（2）棱锥表面上点的投影　三棱锥的表面中既有特殊位置平面，也有一般位置平面。位于特殊位置平面上的点的投影，可以利用点所在平面的积聚投影直接作图求得；位于一般位置平面上的点的投影，可以通过在平面上作辅助线的方法求得。

例 3-2　如图 3-4a 所示，已知三棱锥表面上点 *M* 的正面投影 *m′*，求作它的水平投影和侧面投影。

分析：由于 *m′*可见，故可断定点 *M* 在左前侧棱面上。可以先在棱面上过点作一条辅助线，求出辅助直线的投影，再从辅助直线的投影上求出点的投影。

作图过程（图 3-4b）如下：

1）过 *s′*与 *m′*作一直线与底边 *c′a′*交于 *k′*；过 *k′*向下作投影连线，与底边 *ca* 相交于 *k*，过 *s* 和 *k* 作一直线 *sk*；由 *k* 和 *k′*得 *k″*，过 *s″*与 *k″*作一直线 *s″k″* 。这一步是求过点 *M* 的辅助直线 *SMK* 的投影。

2）过 *m′*向下作投影连线与直线 *sk* 相交，得交点 *m*，*m* 即为点 *M* 的水平投影。过 *m′*向右作投影连线与 *s″k″*交于 *m″*，*m″*即为点 *M* 的侧面投影。这一步是从辅助直线 *SMK* 的投影上求作点 *M* 的另两面投影。

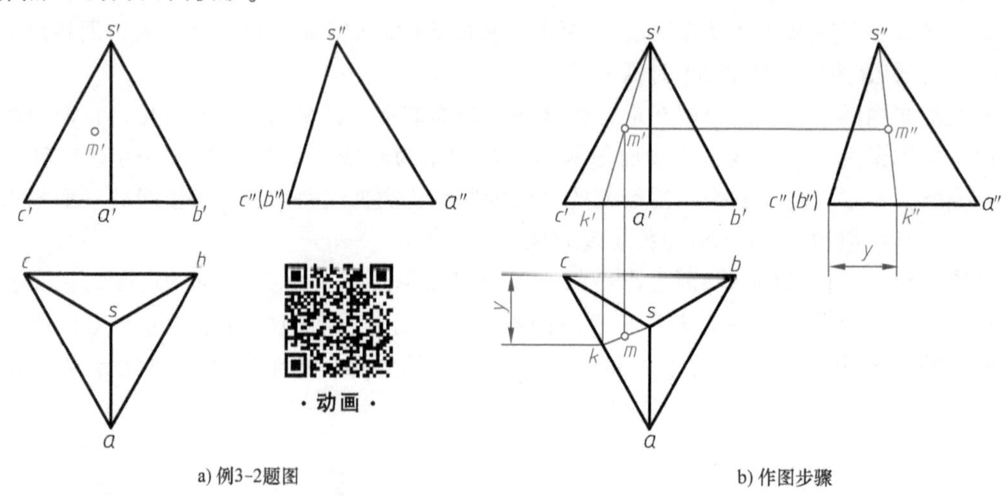

a) 例3-2题图　　b) 作图步骤

图 3-4　棱锥表面上点的投影

3.1.2　回转体及其表面上点的投影

为了方便绘制回转体的投影，常将其回转轴线置于投影面垂直线的位置。

1. 圆柱

圆柱体由圆柱面、顶面、底面所围成，圆柱面可看作由一条直母线绕着与它平行的轴线旋转而成，圆柱面上所有的素线均为平行于轴线的直线，如图 3-5a 所示。

（1）圆柱的投影　图 3-5b 所示为一个圆柱的空间位置和投影。圆柱的轴线为铅垂线，亦即圆柱面上的所有素线都是铅垂线，圆柱面与 *H* 面垂直。圆柱的顶面和底面都是水平面。

圆柱面的水平投影有积聚性，积聚成一个圆周，圆柱面上的点和线的水平投影都重合在这个圆周上。圆柱的顶面、底面的水平投影反映实形，也是这个圆。

圆柱的正面投影是一个矩形，上、下两直线段是圆柱顶面和底面的正面积聚性投影。左、右两轮廓线是圆柱面上最左、最右素线的正面投影。向正面投射时，圆柱面上的最左、最右素线将圆柱面分为前后两半，前一半圆柱面的正面投影可见，后一半不可见，所以圆柱面的最左、最右素线是向正面投射时圆柱面可见性的分界线，通常称其为**轮廓素线或者转向轮廓线**。

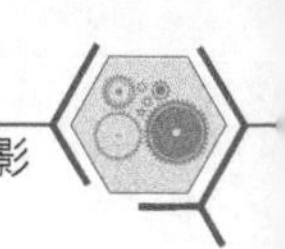

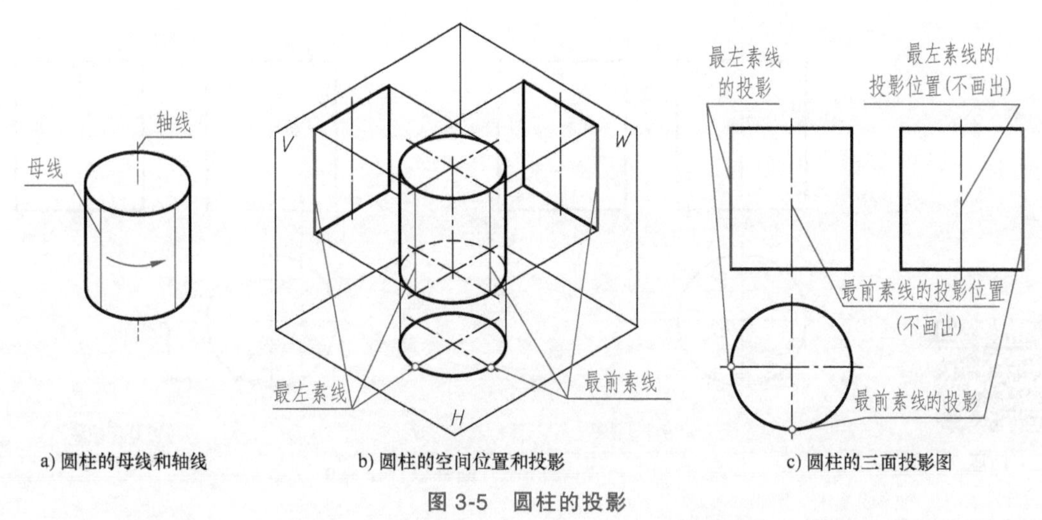

图 3-5　圆柱的投影

圆柱的侧面投影也是矩形。与正面投影不同的是，矩形的两侧轮廓线是圆柱面上最前、最后素线的侧面投影。圆柱面的最前、最后素线是圆柱面向侧面投射时可见性的分界线，即轮廓素线。

注意：在向正面投射时，圆柱面的最前、最后素线不是圆柱面可见性的分界线，它们的投影与轴线的位置重合，不需要画出；同理，在向侧面投射时，圆柱面的最左、最右素线的投影也不必画出。

图 3-5c 所示为圆柱的三面投影图。画圆柱的三面投影图时，必须要先画出圆形投影的中心对称线和回转轴线的投影，然后再根据圆柱的直径、高度及投影规律，画出圆形投影和两个矩形投影。

(2) 圆柱面上点的投影　圆柱上的所有表面都有积聚性投影，在圆柱表面上作点的投影时，要首先利用有积聚性的投影作图。

例 3-3　如图 3-6a 所示，已知圆柱面上 A、B 两点的正面投影 a'、b'，求作它们的水平投影和侧面投影。

分析：由 a'的位置可知，点 A 在圆柱的最左素线上，可以根据点 A 和这条素线的从属关系作其投影。由 b'的位置和可见性可知，点 B 在前半圆柱面上，可以先利用圆柱面有积聚性的水平投影，作点 B 的水平投影，然后根据投影规律作侧面投影。

作图步骤（图 3-6b）如下：

1）由 a'向下作投影连线，与圆柱面的水平投影相交，交点为点 A 的为水平投影 a；由 a'向右作投影连线，与圆柱侧面投影中的轴线相交，交点为点 A 的侧面投影 a''。

2）由 b'向下作投影连线，与水平投影中的左前圆周相交，交点为点 B 的水平投影 b；由 b'向右作投影连线，根据点的投影规律（水平投影中的 y 与侧面投影中的 y 相等）确定点 B 的侧面投影 b''，因为点 B 在左边的圆柱面上，所以 b''是可见的。

2. 圆锥

圆锥体由圆锥面、底面围成。圆锥面可看作由一条直母线绕着与它相交的轴线旋转而成，所以圆锥面上所有的素线均为与轴线相交于锥顶的直线。同时，直母线上任意一点的运动轨迹均为一个圆周，这个圆周称为**纬圆**。可见，圆锥面上的纬圆均与底面平行，圆心在轴

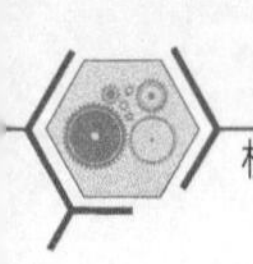

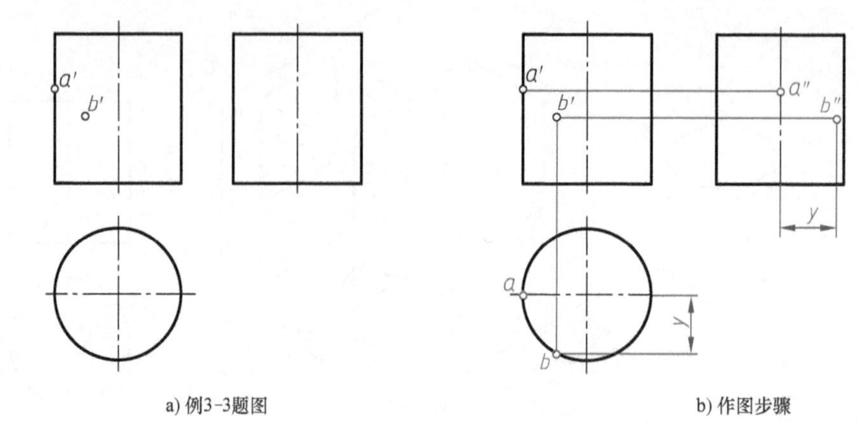

a) 例3-3题图 b) 作图步骤

· 动画 ·

图 3-6 圆柱表面上点的投影

线上且直径不同，如图 3-7a 所示。

(1) 圆锥的投影 图 3-7b 所示为一个圆锥的空间位置和投影，圆锥的轴线为铅垂线，底面是水平面。

圆锥面的水平投影为一个圆；圆锥底面的水平投影反映实形，也是这个圆，但是被圆锥面的投影遮挡而不可见。

圆锥的正面投影和侧面投影均为等腰三角形。三角形底边是底面的积聚性投影。正面投影中，三角形的两腰是圆锥最左、最右轮廓素线的正面投影；侧面投影中，三角形的两腰是圆锥最前、最后轮廓素线的侧面投影。最左、最右轮廓素线的侧面投影与轴线位置重合，不画出；最前、最后轮廓素线的正面投影与轴线位置重合，也不画出。

图 3-7c 所示为圆锥的三面投影图。画投影图时，也必须先画出圆的对称中心线及回转轴线的投影，然后再画圆形和三角形投影。

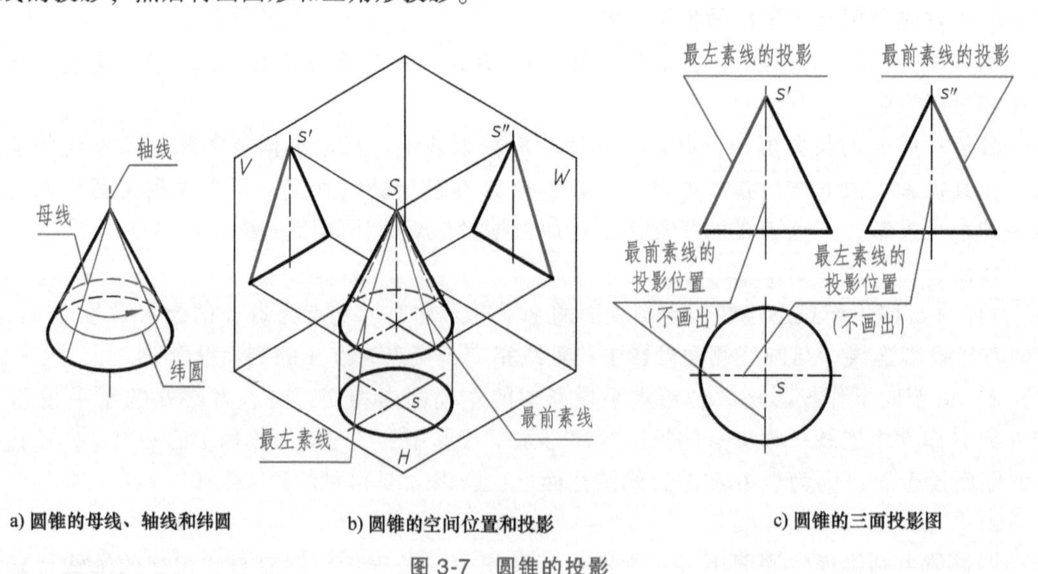

a) 圆锥的母线、轴线和纬圆 b) 圆锥的空间位置和投影 c) 圆锥的三面投影图

图 3-7 圆锥的投影

(2) 圆锥面上点的投影 如果点在圆锥面上，就一定在圆锥面的某条素线或者某个纬圆上。所以在圆锥面上作点的投影时，需要利用圆锥面上的素线或者纬圆的投影，称为**辅助**

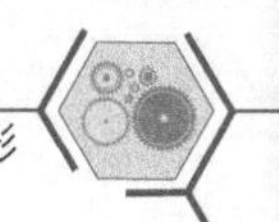

素线法或辅助圆法。

例 3-4　如图 3-8 所示，已知圆锥面上点 A 的正面投影 a'，求作它的水平投影和侧面投影。

分析：根据 a'的可见性和位置，可以确定点 A 位于左前圆锥面上。辅助素线法是在圆锥面上通过点 A 作一条辅助素线，先求作辅助素线的投影，再从辅助素线的投影上求作点 A 的投影。辅助圆法是在圆锥面上通过点 A 作一个纬圆，先求作这个辅助圆的投影，再从辅助圆的投影上求作点 A 的投影。

1）**辅助素线法**。作图过程如图 3-8a 所示，步骤如下：

① 连接 s'、a'并延长，与底圆的正面投影相交于 b'。由 b'向下作投影连线，与底圆水平投影的左前圆周相交于 b，再根据投影关系在底圆的侧面投影上作出 b''。分别连接 s、b 和 s''、b''。SB 就是过点 A 且在圆锥表面上的一条辅助素线，sb、$s'b'$、$s''b''$是其三面投影。

② 由 a'向下、向右作投影连线，分别在 sb、$s''b''$上得到 a、a''。由于圆锥面的水平投影是可见的，因此 a 也可见；又因点 A 在左半圆锥面上，所以 a''也可见。

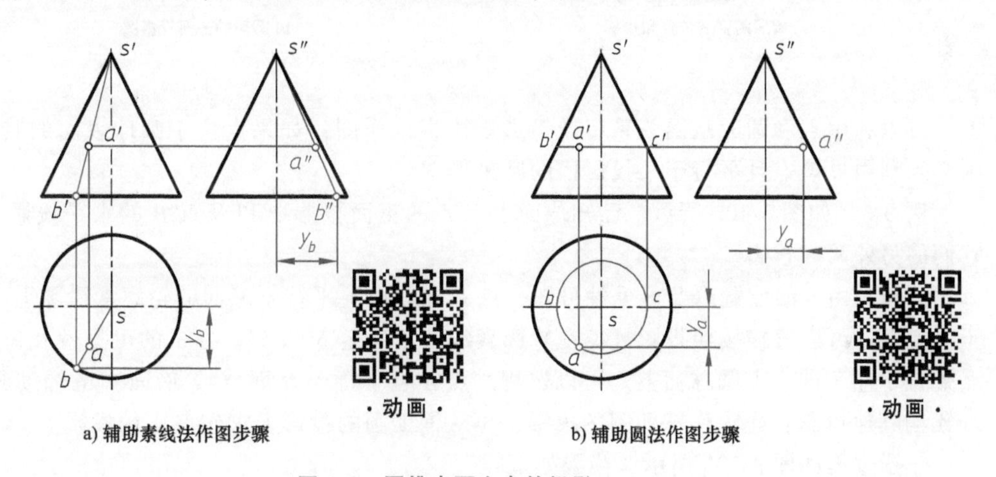

a) 辅助素线法作图步骤　　b) 辅助圆法作图步骤

图 3-8　圆锥表面上点的投影

2）**辅助圆法**。本题中，纬圆的正面、侧面投影是与轴线垂直的直线，水平投影是圆。作图过程如图 3-8b 所示，其步骤如下：

① 过 a'作轴线的垂线，交两侧轮廓于 b'、c'，即为过点 A 的纬圆的正面投影；以 $b'c'$为直径在水平投影中画圆，即为纬圆的水平投影。纬圆的侧面投影也是直线。

② 由 a'向下作投影连线，在水平投影中得到 a。

③ 由 a'、a 得到 a''。可见性的判断在辅助线法中已阐述，此处不再重复。

3. 圆球

圆球是由球面围成的，球面可看作是圆以其直径为轴线旋转而成的。理论上讲，在圆球表面上可以作出无数个圆。

（1）圆球的投影　如图 3-9 所示，圆球的三面投影都是与圆球直径相等的圆：

1）圆球正面投影的轮廓线是球面上平行于 V 面的轮廓素线圆的投影。

2）圆球水平投影的轮廓线是球面上平行于 H 面的轮廓素线圆的投影。

3）圆球侧面投影的轮廓线是球面上平行于 W 面的轮廓素线圆的投影。

（2）圆球表面上点的投影　作圆球表面上点的投影时，如果点位于球面的轮廓素线圆

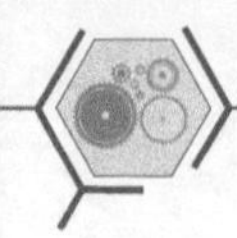

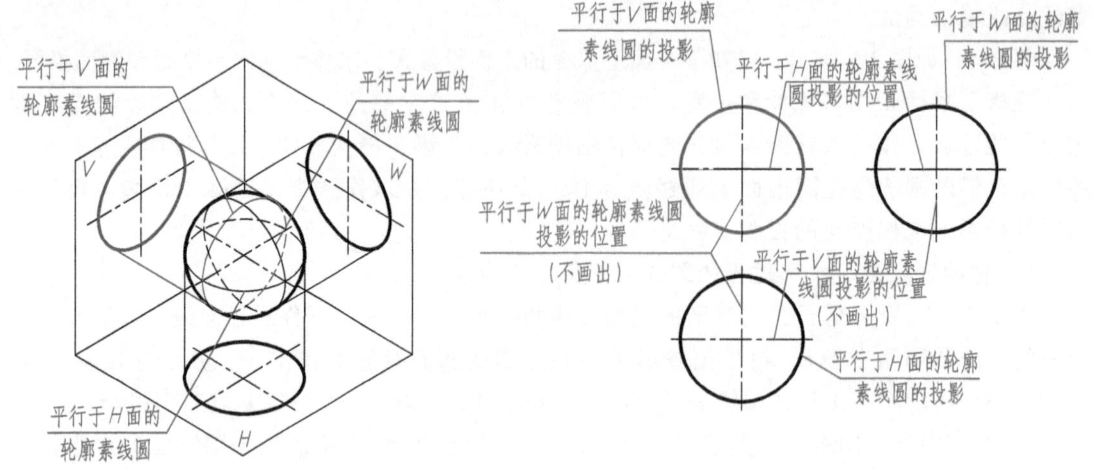

a）圆球的空间位置和投影　　b）圆球的三面投影图

图 3-9　圆球的投影

上，可以利用点和圆的从属关系以及投影规律直接作图；如果点位于圆球表面的其他位置，则必须利用过该点且平行于某投影面的圆来作图。

例 3-5　如图 3-10a 所示，已知球面上点 A 的正面投影 a' 以及点 B 的水平投影 b，求作它们的另外两面投影。

分析：由 b 的位置以及可见性可知，点 B 在球面上平行于 V 面的轮廓素线圆上，而且位于左上部，可以直接按照投影规律在轮廓素线圆上确定 b' 和 b''。由 a' 的可见性及位置可知，点 A 位于左、前、上圆球面上。可以选用过点 A 且平行于 H 面（或 W 面）的辅助圆来求作点 A 的其他投影：先求作辅助圆的投影，再从辅助圆的投影上求作点 A 的投影。

作图过程如图 3-10b 所示，步骤如下：

1）求作 b' 和 b''。由 b 向上作投影连线，与平行于 V 面的轮廓素线圆的正面投影相交于 b'；再由 b' 向右作投影连线，与平行于 V 面的轮廓素线圆的侧面投影相交于 b''，b'' 可见。

2）求作 a 和 a''。过 a' 作水平细实线（平行于 H 面的辅助圆的正面投影），与圆相交的两点间的长度为辅助圆的直径；在水平投影中画出辅助圆的实形投影；由 a' 向下作投影

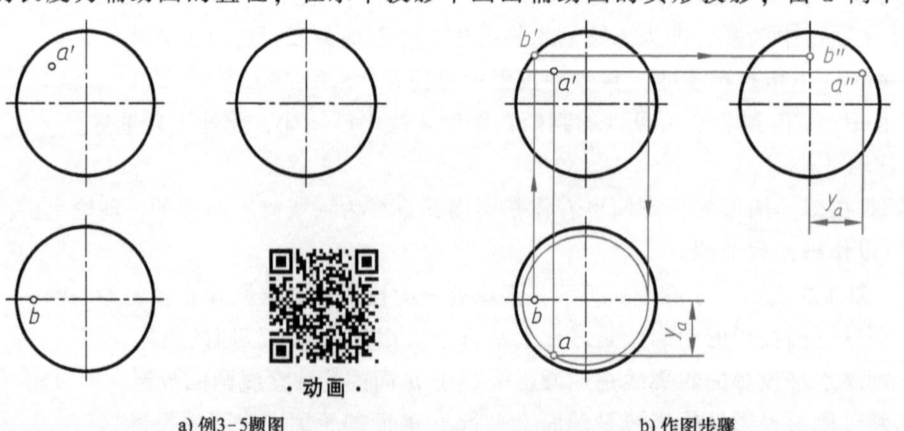

a）例3-5题图　　b）作图步骤

图 3-10　圆球表面上点的投影

连线，与辅助圆实形投影交于 a，注意 a 在前半圆上；由 a'、a 作出 a''，a 和 a''都可见。

4. 圆环

圆环面是由一个圆母线绕着圆平面上不通过圆心的固定轴线回转形成的曲面，如图 3-11a 所示。圆母线的圆心形成的轨迹称为中心圆，圆母线上离轴线最近的点形成的轨迹称为喉圆，圆母线上离轴线最远的点形成的轨迹称为轮廓最大圆。离轴线远的半个圆母线形成外环面，离轴线近的半个圆母线形成内环面。

(1) 圆环的投影　图 3-11b 所示为圆环的投影图，圆环的轴线为铅垂线。

圆环正面投影中的两个圆是最左、最右轮廓素线圆的投影，虚线半圆为内环面的轮廓素线圆的投影，实线半圆为外环面的轮廓素线圆的投影；上、下两条横线是圆环面上最高纬圆和最低纬圆的投影。

圆环侧面投影中的两个圆是最前、最后轮廓素线圆的投影；其他情况与正面投影相同。

圆环水平投影中的两个同心圆是轮廓最大圆和喉圆的投影，细点画线圆是中心圆的投影。

(2) 圆环面上点的投影

例 3-6　如图 3-11b 所示，已知圆环面上点 A 的正面投影 a'，求 a 和 a''。

分析：根据 a'可判断点 A 位于左边下半外环面上，它的水平投影不可见，侧面投影可见。求作圆环面上点的另两面投影时，一般采用**辅助圆法**，即过点 A 在圆环面上作一个垂直于圆环轴线的辅助圆，先作辅助圆的投影，再从辅助圆的投影上求出点的投影。

作图过程如图 3-11b 所示，步骤如下：

1) 过 a'作圆环轴线的垂线，与环面轮廓线交于 $1'$、$2'$。线 $1'2'$是过点 A 在圆环面上所作垂直于圆环轴线的辅助圆的正面投影。

2) 以 $1'$和 $2'$之间的距离为直径，以点 O 为圆心画圆，该圆就是辅助圆的水平投影，在圆周上作出 a。

3) 由 a'、a 作出 a''。

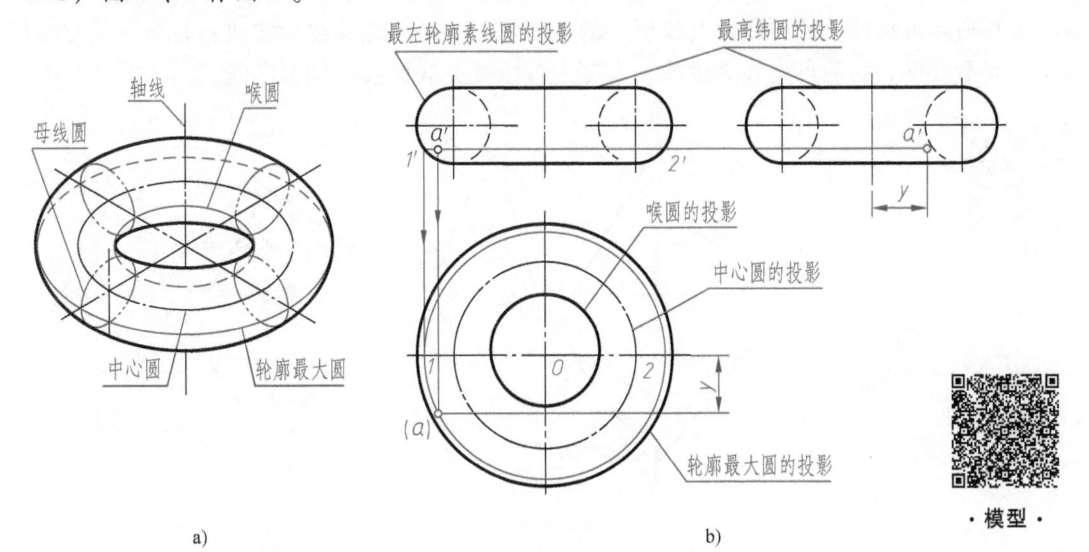

图 3-11　圆环及其表面上点的投影

3.2 立体的截交线

立体被平面截断后形成的形体称为**截断体**。用于截断的平面称为**截平面**，截平面与立体表面的交线称为**截交线**。截交线所围成的封闭平面称为**截断面**，如图3-12所示。

截交线具有以下基本性质：

(1) 共有性 截交线是截平面与立体表面的共有线。

(2) 封闭性 由于立体表面是封闭的，故截交线一定是封闭的平面曲（折）线。

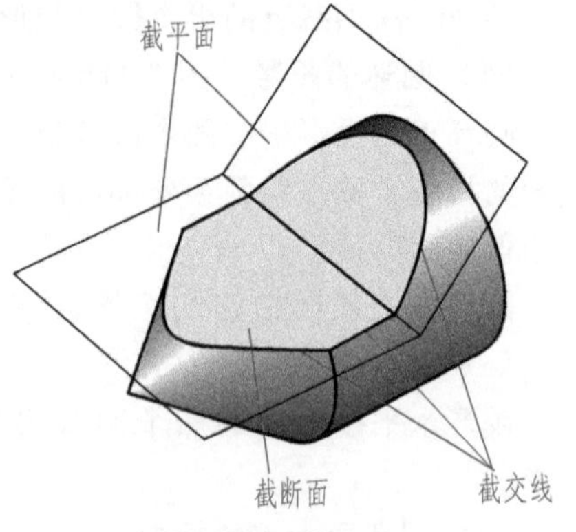

图3-12 截交线

3.2.1 平面立体的截交线

平面立体的截交线是封闭的平面多边形，此多边形的各条边为截平面与平面立体表面的交线，多边形的各个顶点为截平面与平面立体上某些棱线、边线的交点。因此，求平面立体截交线的实质就是求截平面与平面立体表面的交线，即求截平面与平面立体上某些棱线、边线的交点。

1. 平面与棱锥相交

例3-7 如图3-13a、b所示，完成正垂面截切三棱锥的投影图。

分析： 截平面（截断面）为正垂面，其正面投影具有积聚性，故截交线的正面投影重合于截断面的积聚性投影上，需要求出其水平投影与侧面投影。截交线的各个端点是棱线与截平面的交点，作出这些交点的投影后连线，即可得到截交线的投影。作图步骤如下：

1）求交点。如图3-13c所示，截平面与三条棱线的交点的正面投影为1′、2′、3′，在相应棱线上求得水平投影点1、2、3和侧面投影点1″、2″、3″。

2）连线。依次连接水平投影点1、2、3和侧面投影点1″、2″、3″。在连接每一条线之前，要判别其可见性。若该段截交线所在的表面可见，则两点连线为实线；若该段截交线所在的表面不可见，则两点连线为虚线。本题中各段截交线的投影均为实线。

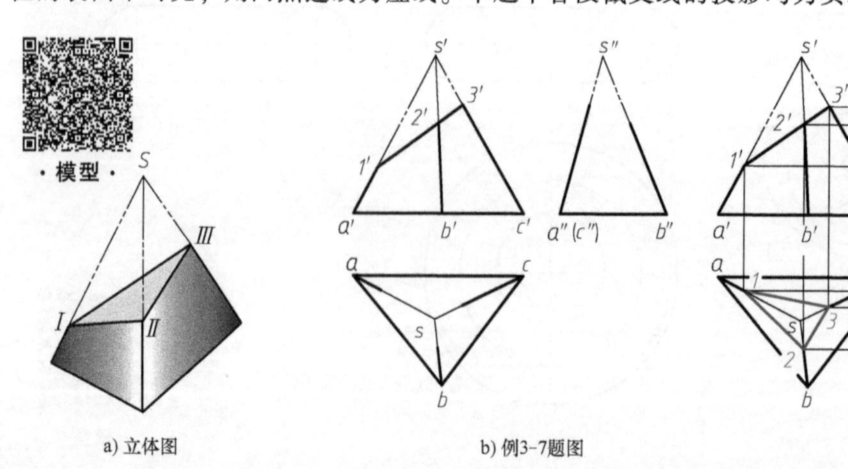

a) 立体图 b) 例3-7题图 c) 作图步骤

图3-13 三棱锥的截交线画法

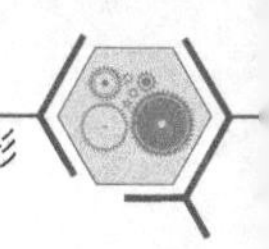

2. 平面与棱柱相交

例 3-8　已知切口六棱柱及其正面投影和水平投影，如图 3-14a、b 所示，求作其侧面投影。

分析： 由图 3-14a、b 可知，该竖直放置的六棱柱上有两个截断面。截断面 *ABCI* 为侧平面，截断面 *CDEFGHI* 为正垂面。截断面 *ABCI* 为矩形，其正面投影和水平投影为积聚投影，侧面投影反映实形；截断面 *CDEFGHI* 为七边形，其正面投影为积聚投影，水平投影和侧面投影是七边形的类似形。作图时要利用棱柱各表面、棱线、边线及截断面有积聚性的投影，来确定截交线的同面投影，然后根据投影规律求作其他投影。具体作图步骤如下：

1）画出完整的六棱柱侧面投影。

2）求截交线各端点的侧面投影。标记出截断面 *ABCI* 和 *CDEFGHI* 各端点的正面投影和水平投影，再根据投影规律作出各端点的侧面投影，并进行标记（作图熟练后，可不作标记），如图 3-14c 所示。确定侧面投影和水平投影之间在 *Y* 方向上相等的尺寸关系时，可以借助 45°辅助线。

3）连线。按照各截断面端点的排列顺序，依次连接侧面投影中各端点的投影点。注意连接两截断面之间交线 *IC* 的侧面投影。

4）整理全图。删掉被截去的棱线和轮廓，补充不可见棱线的投影，完善线型，结果如图 3-14d 所示。

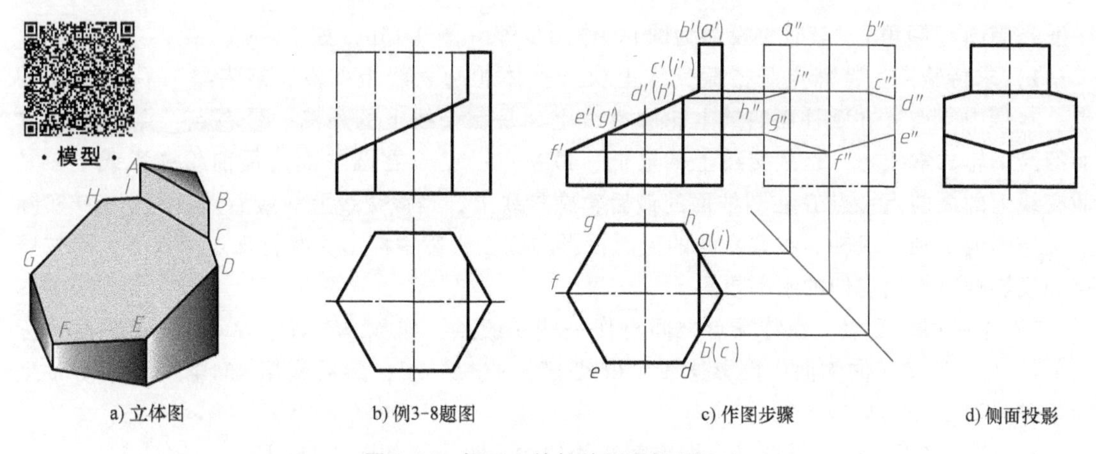

图 3-14　切口六棱柱的侧面投影画法

3.2.2　回转体的截交线

回转体截交线的形状取决于回转体的表面性质及截平面相对于回转体的位置。回转体的截交线一般为封闭的平面曲线，特殊情况下为平面多边形。如果截交线的投影为曲线，一般先作出截交线上一系列点的投影，再依次光滑连接各投影点。如果截交线的投影为直线或者圆，则作图相对简便。

1. 圆柱体的截交线

根据截平面与圆柱轴线的相对位置，圆柱面上的截交线有三种情况，见表 3-1。

例 3-9　如图 3-15a 所示，圆柱被正垂面所截，求作截交线的水平投影。

分析： 因为截平面（截断面）为正垂面，故截交线的正面投影为斜线（与截断面的积聚投影重合）；截交线的侧面投影为圆（与圆柱面的侧面积聚投影重合）；截交线的水平投影

表 3-1　平面与圆柱的截交线

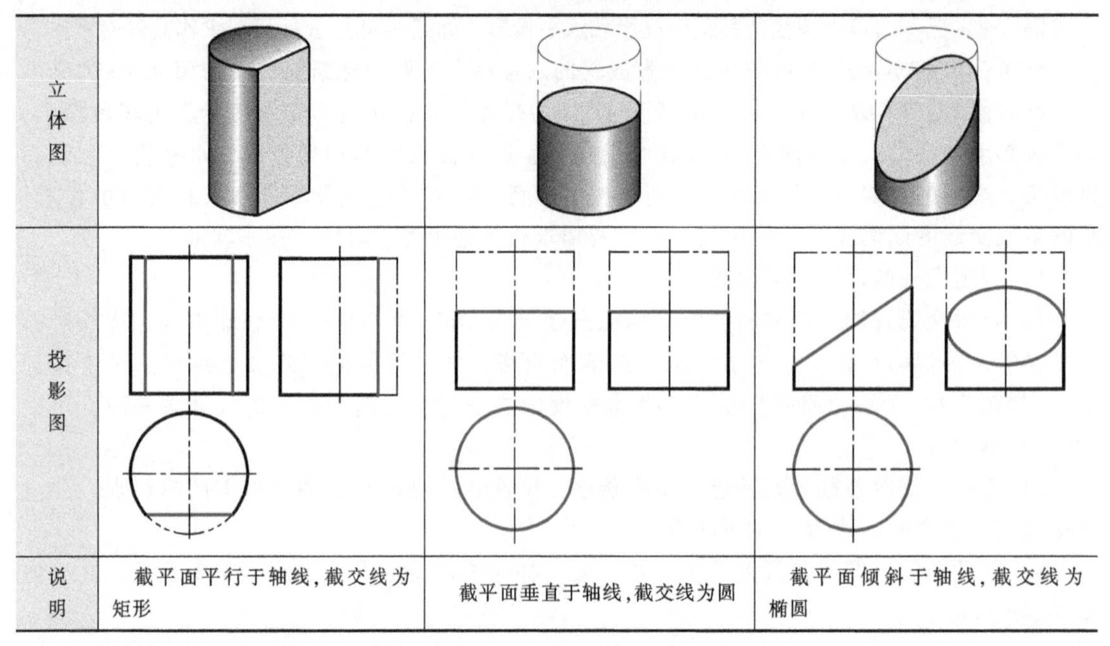

立体图			
投影图			
说明	截平面平行于轴线，截交线为矩形	截平面垂直于轴线，截交线为圆	截平面倾斜于轴线，截交线为椭圆

一般是椭圆（倾角为45°时，投影为圆）。作图步骤（图 3-15b）如下：

1）求特殊点。特殊点是指截交线上位于立体轮廓素线上的点，或者具有特殊性质的点。本例中，点 A 在圆柱面的最上轮廓素线上，是截交线上的最高、最右点；点 B 在圆柱面的最下轮廓素线上，是截交线上的最低、最左点；点 C 在圆柱面的最前轮廓素线上，是截交线上的最前点；点 D 在圆柱面的最后轮廓素线上，是截交线上的最后点；AB、CD 实际上是椭圆的长轴、短轴。在截交线的正面投影和侧面投影中标出这些特殊点的投影，再按照点的投影规律作出它们的水平投影。

2）求一般位置点。在特殊点之间再作一些一般点，如 G、E、F、H。具体步骤是：标出 g'、e'、h'、f'，向侧面作投影连线，得到 g''、e''、h''、f''，然后利用45°辅助线或者 y 坐标相等得到 g、e、h、f。

3）依次光滑连接各投影点，即得截交线的水平投影，如图 3-15c 所示。

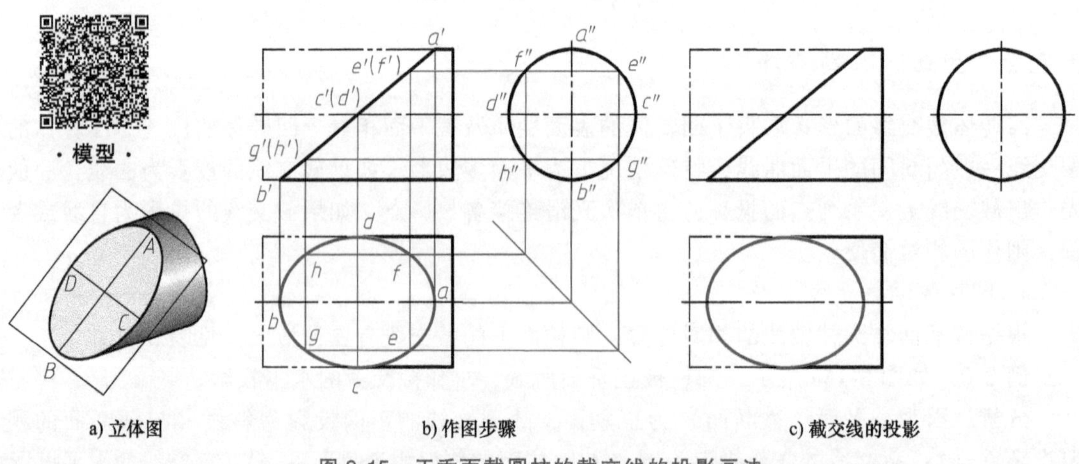

a) 立体图　　b) 作图步骤　　c) 截交线的投影

图 3-15　正垂面截圆柱的截交线的投影画法

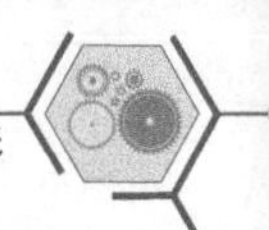

例 3-10　已知正面投影和部分水平投影，完成图 3-16a 所示切口、开槽圆柱的水平投影和侧面投影。

分析：该圆柱被水平面与侧平面切去了左、右上角；被水平面与两个侧平面在中下部挖出了通槽。圆柱面上的截断面均为投影面平行面，其投影具有积聚性或者实形性，作截断面的投影，截交线的投影自然就得到了。作图步骤（图 3-16b）如下：

1）绘制完整圆柱的侧面投影。

2）根据立体的正面投影，在水平投影中画出侧平面 *A*（右侧对称）的积聚投影，注意下方侧平面的水平投影不可见。左侧水平面 *B*（右侧对称）的实形投影可自然得到。通槽底面的水平投影不可见。

3）根据各截断面的正面投影和水平投影，依据投影规律画侧面投影。注意：通槽底面的侧面投影积聚，被左侧剩余圆柱面遮挡的部分不可见；可见与不可见部分的分界点在通槽两侧面与圆柱面的交线上，即图 3-16 中的点 *C*。

4）去掉多余的轮廓线。圆柱下方切了通槽，侧面投影中该位置上圆柱的最前、最后轮廓素线就不存在了。整理完成的三面投影图如图 3-16c 所示。

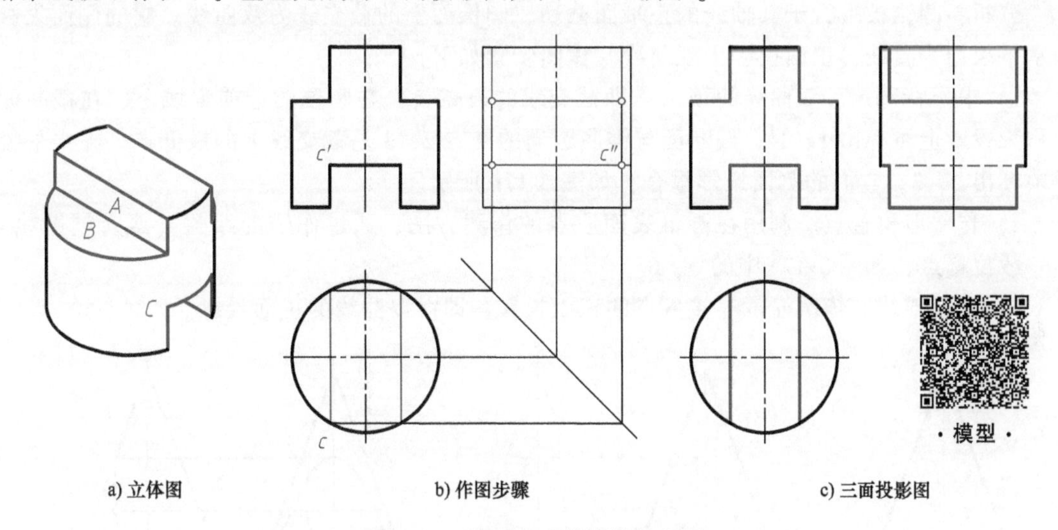

a) 立体图　　b) 作图步骤　　c) 三面投影图

图 3-16　切口、开槽圆柱的投影

2. 圆锥的截交线

当截平面与圆锥的相对位置不同时，圆锥面上的截交线有五种不同形状，见表 3-2。

表 3-2　平面与圆锥的截交线

立体图					

（续）

投影图	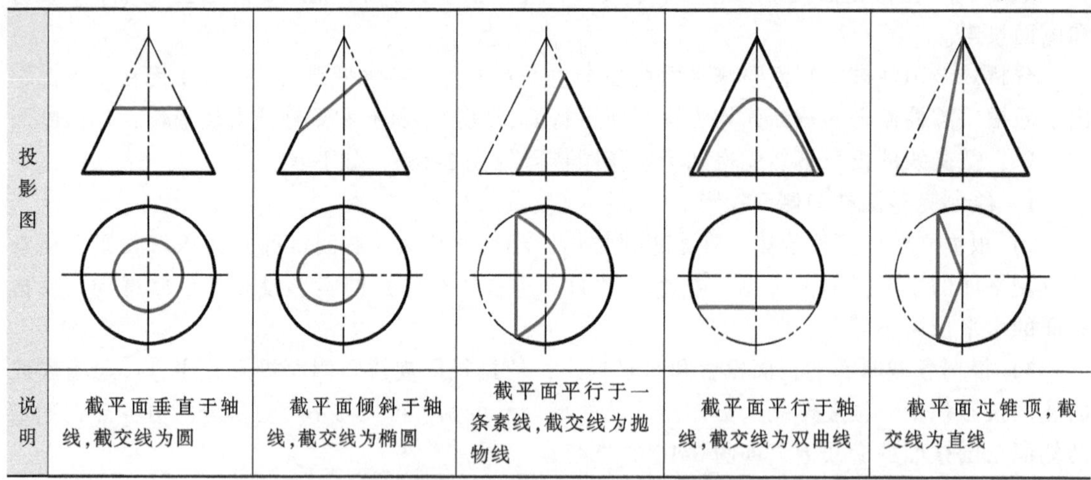				
说明	截平面垂直于轴线，截交线为圆	截平面倾斜于轴线，截交线为椭圆	截平面平行于一条素线，截交线为抛物线	截平面平行于轴线，截交线为双曲线	截平面过锥顶，截交线为直线

例 3-11　如图 3-17a 所示，完成圆锥被正平面截切的正面投影和侧面投影。

分析：圆锥被平行于其轴线的正平面截切，圆锥面上的截交线为双曲线。它的侧面投影和水平投影为直线，正面投影为双曲线。作图步骤如下：

1）求作特殊点。双曲线的顶点（即截交线的最高点）在圆锥的最前素线上，在截断面的积聚投影上可标出 1、1′；截断面与锥底圆周的交点 2、3 是截交线上的最低点，在水平投影中标出 2、3，它们的侧面投影重合，如图 3-17b 所示。

2）作一般位置点。利用在圆锥表面取点的作图方法，通过作辅助纬圆（或者辅助线）作一般位置点，如图 3-17c 中的 5、6。

3）光滑连线。依次光滑连接各点的正面投影，即得双曲线的正面投影。

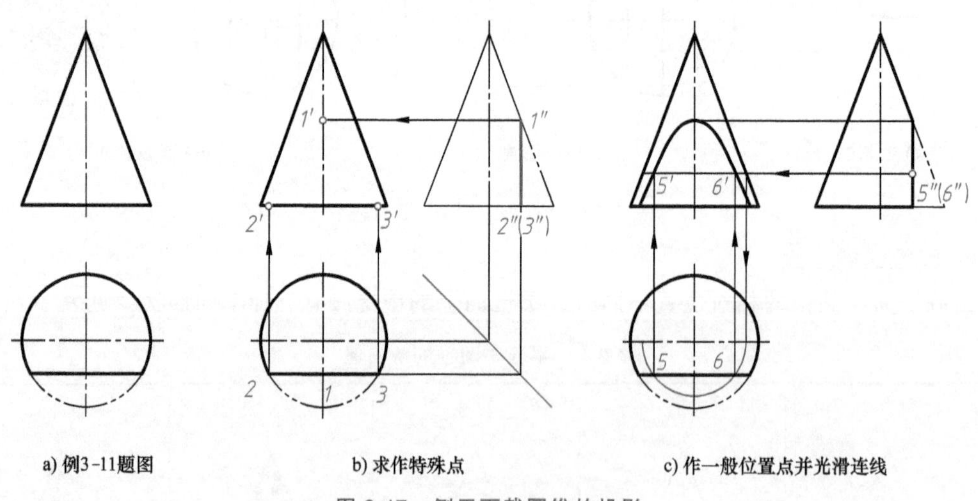

图 3-17　侧平面截圆锥的投影

例 3-12　如图 3-18 所示，求作被正垂面截切顶部的圆锥的水平投影与侧面投影。

分析：圆锥被正垂面斜切顶部，截交线为椭圆，其水平投影和侧面投影一般仍为椭圆。作图步骤如下：

1）求作特殊点。该例题的特殊点有两类：一类是椭圆的长、短轴端点；另一类是圆锥

轮廓素线上的点，应分别作出。

① 椭圆长轴端点为 A、B，其正面投影是截平面的积聚性投影与圆锥最右、最左轮廓素线的交点 a'、b'，由 a'、b'作出 a、b 和 a''、b''；短轴端点 C、D 的投影 c'、d'为线段 $a'b'$的中点，过 C、D 作水平面截圆锥得到一个辅助圆，作辅助圆的水平投影，从该投影上得到 c、d，再由 c、d 和 c'、d'得到 c''、d''。

② 对于圆锥最前、最后轮廓素线上的点 E、F，先确定其正面投影 e'、f'，由 e'、f'得到 e''、f''，再得到 e、f，如图 3-18a 所示。

2）求作一般位置点。为了准确地作出截交线，在特殊点间作若干一般位置点，如图 3-18b 中的 1、1′、1″，2、2′、2″，3、3′、3″，4、4′、4″，求作这些点时可以用辅助圆法，如图 3-18b 所示。

3）依次光滑连接各投影点，并判别可见性。由于截断面可见，故截交线的水平投影与侧面投影均可见。

4）完成轮廓线的投影。侧面投影未被切去部分的轮廓素线画到 e''、f''，如图 3-18c 所示。

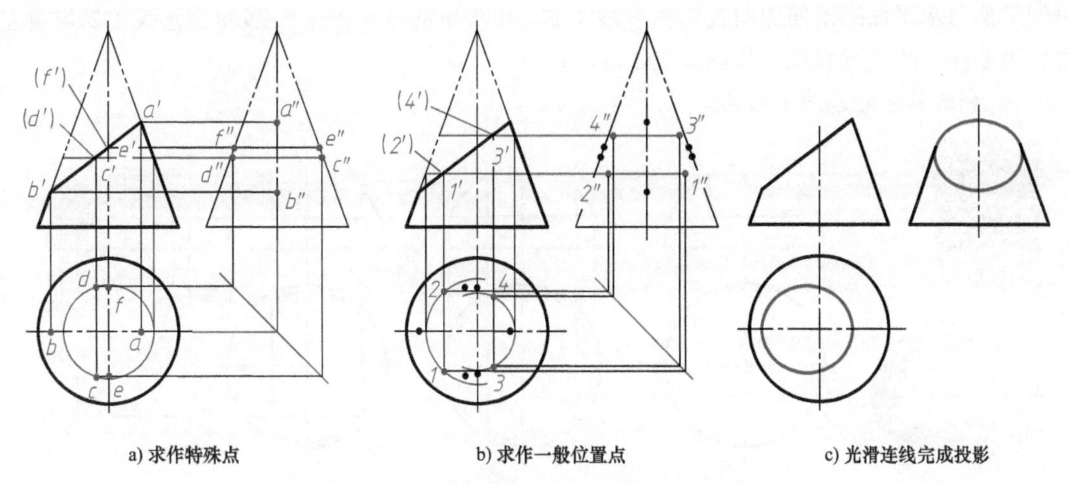

a) 求作特殊点　　b) 求作一般位置点　　c) 光滑连线完成投影

图 3-18　截头圆锥的水平投影与侧面投影

3. 圆球的截交线

任何位置的截平面截切圆球时，截交线都是圆。当截平面平行于某一投影面时，截交线在该投影面上的投影为圆，在另外两投影面上的投影为直线；当截平面为投影面垂直面时，截交线在该面上的投影为直线，而另外两投影为椭圆，如图 3-19 所示。显然，绘制被截圆球的投影时，应尽可能将球体上的截断面置于投影面平行面的位置。

例 3-13　开槽半圆球如图 3-20a、b 所示，补全它的水平投影和侧面投影。

分析：半圆球顶部的通槽是由两个侧平面和一个水平面切割形成的。侧平面与球面的交线在侧面投影中为圆弧，在水平投影中积聚为直线；水平面与球面的交线在水平投影中为两段圆弧，其侧面投影为两段直线。作图步骤如下：

1）作通槽的水平投影。以 $a'b'$为直径画水平面与球面截交线的水平投影（前、后两段圆弧）；两个侧平面的水平投影为两条直线，如图 3-20c 所示。

2）作通槽的侧面投影。分别以 $c'd'$和 $e'f'$为半径，以 o''为圆心，画两侧平面与球面截

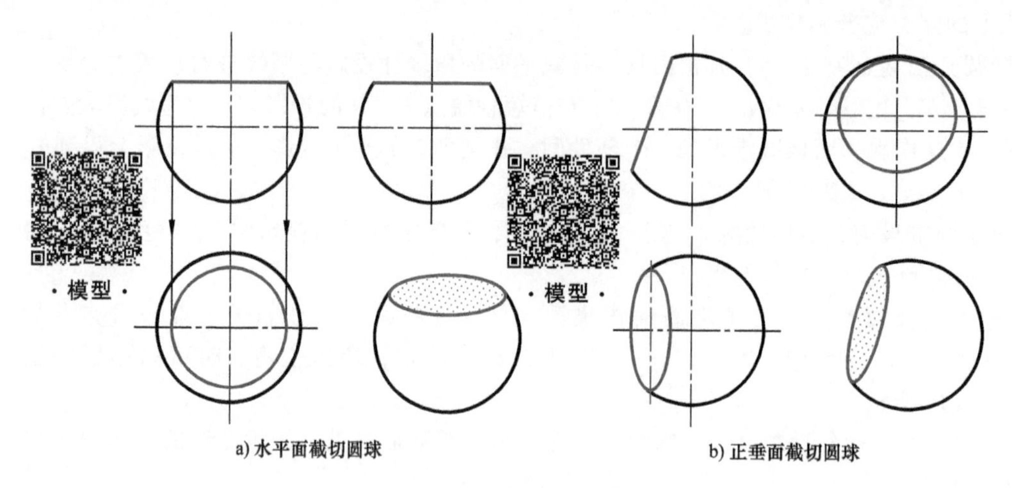

a) 水平面截切圆球　　b) 正垂面截切圆球

图 3-19　圆球的截交线

交线的侧面投影圆弧 $\overset{\frown}{1''2''}$ 和圆弧 $\overset{\frown}{3''4''}$。右边侧平面与水平面交线的侧面投影为直线 3″4″，左边侧平面与水平面交线的侧面投影为直线 1″2″。由于直线 3″4″的中间部分及直线 1″2″均被左边球面遮住，故画成虚线，如图 3-20d 所示。

3）完成其余轮廓线的投影。

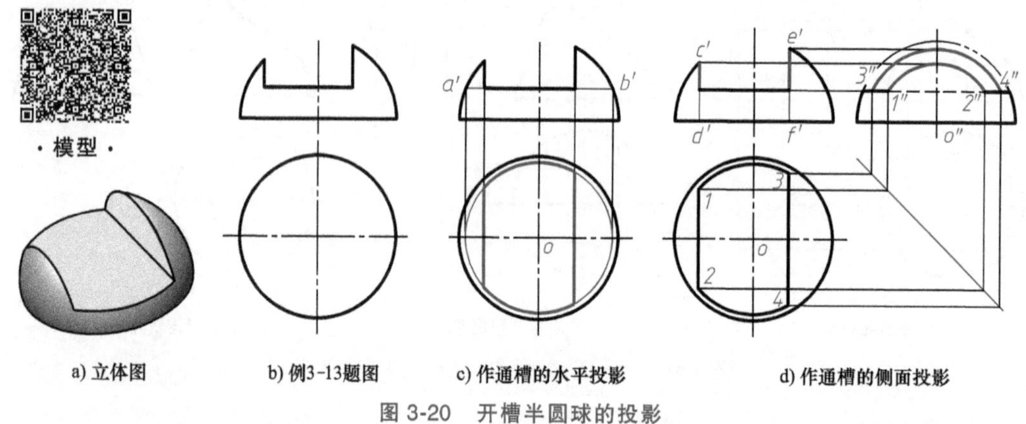

a) 立体图　b) 例3-13题图　c) 作通槽的水平投影　d) 作通槽的侧面投影

图 3-20　开槽半圆球的投影

4. 同轴回转体的截交线

求作同轴回转体的截交线之前，必须先弄清它由哪些回转体组成，截平面的位置及其相对回转体的位置，以及截平面与各回转体的截交线的形状和接合点。然后分别求出截平面与各被截回转体的截交线，并在接合点处将它们连接起来。

例 3-14　如图 3-21a、b 所示，已知组合回转体的正面投影，求作其水平投影和侧面投影。

分析：该形体是同轴的圆锥与圆柱相组合，左上部被一水平面和一正垂面截切后形成的。水平截平面截切圆锥面及圆柱面，截交线是双曲线和两条平行直线；正垂截平面仅截切圆柱面，交线为椭圆弧。三种截交线分别在圆柱、圆锥分界线和两截平面的交线处连接起来，接合点为 *B*、*F* 和 *C*、*E*。作图步骤（图 3-21c）如下：

1）作水平截平面截切圆锥面的截交线。正面投影为直线段 *a′b′*；侧面投影为直线段

$b''a''f''$；水平投影为双曲线，a 为其顶点，由 b''及 f''得到 b、f。为保证作图准确，可在双曲线上取一般位置点，先确定 1′、2′，再用辅助圆法确定 1″、2″，而后确定 1、2，最后依次光滑连接各投影点得双曲线。

2）作水平截平面截切圆柱面的截交线。截交线是两条平行直线，正面投影为直线段 $b'c'$，侧面投影积聚为点 b''、f''，水平投影为两条平行直线 bc 和 fe。

3）作正垂截平面截切圆柱面的截交线。正面投影为直线段 $c'd'$；侧面投影为圆弧 $\overset{\frown}{c''d''e''}$，与圆柱面的积聚投影部分重合；水平投影为椭圆弧，$d$ 为最右点，由 d'对应作出，c、e 为椭圆弧最左点，也是与水平面截切圆柱所产生的截交线的接合点。为保证作图准确，可在椭圆弧上取一般位置点，先确定 3′、4′，再确定 3″、4″，而后确定 3、4，最后依次光滑连接各投影点得椭圆弧。

4）作两截平面的交线，即连接 c、e。

5）作圆锥、圆柱分界线的水平投影。b、f 间用虚线连接，前后两段用粗实线连接。

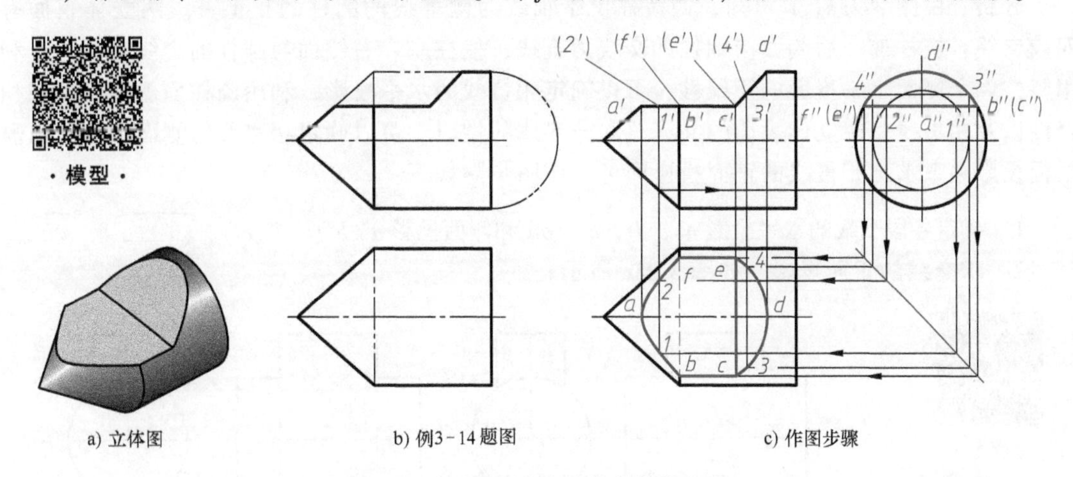

a) 立体图　　b) 例3-14题图　　c) 作图步骤

图 3-21　平面与组合回转体的截交线

3.3　立体的相贯线

两立体相交合并后形成的形体称为**相贯体**。两立体表面产生的交线称为**相贯线**，如图 3-22 所示。相贯线有以下性质。

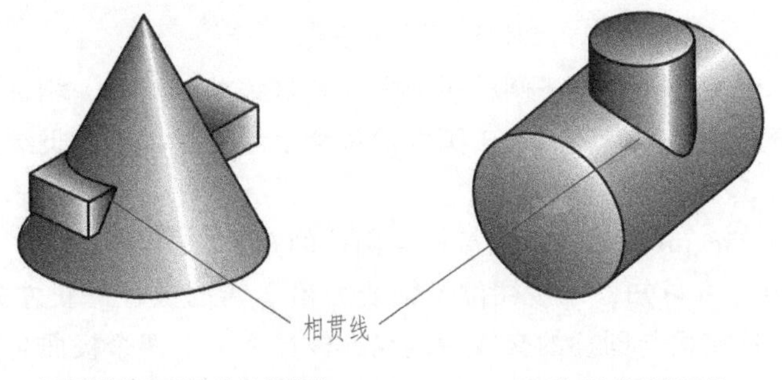

a) 平面立体与回转体的相贯线　　b) 两回转体的相贯线

图 3-22　相贯线

1）**共有性**：相贯线是两立体表面的分界线和共有线，是两立体表面共有点的集合。求相贯线，也就是求两相交立体表面的共有点。

2）**封闭性**：相贯线一般是封闭的空间折线或曲线，在特殊情况下是平面曲线或直线。

当相交两立体的表面性质、大小及相互位置不同时，相贯线的形状也会发生变化。本节主要从平面立体和常见回转体相贯、两常见回转体相贯两个方面来介绍相贯线投影的一般画法。

3.3.1　平面立体与回转体的相贯线

平面立体与回转体的相贯线由若干平面曲线或直线组成，每一平面曲线或直线可以认为是平面立体相应的棱面与回转体表面产生的截交线。所以求平面立体与回转体的相贯线，可以归结为求截交线的问题。

例 3-15　如图 3-23a、b 所示，求四棱柱与圆柱的相贯线。

分析：由图 3-23a、b 可知，四棱柱位于轴线为侧垂线的圆柱的正上方。两立体表面有四段交线：棱柱前、后侧面与圆柱的交线为直线；棱柱左、右侧面与圆柱的交线为圆弧。利用棱柱四个侧面水平投影的积聚性，可以确定相贯线的水平投影；利用圆柱面侧面投影的积聚性以及相贯线是两立体表面的共有线和分界线的性质，可以确定相贯线的侧面投影。只需根据投影关系求出相贯线的正面投影即可。作图步骤如下：

1）确定各段交线的水平投影 ab、dc、bc、ad 和侧面投影 $a''(b'')$、$d''(c'')$、$\overset{\frown}{(b'')(c'')}$、$\overset{\frown}{a''d''}$。

2）求交线的正面投影，如图 3-23c 所示。

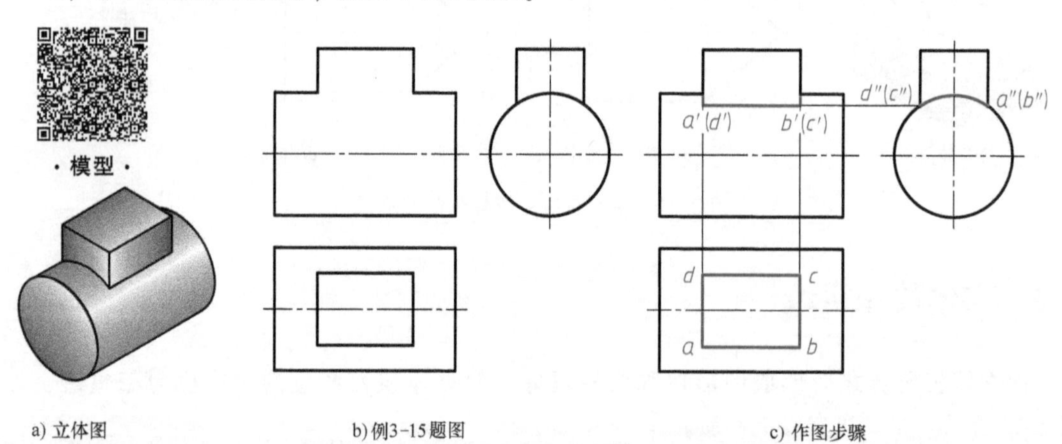

a) 立体图　　b) 例3-15题图　　c) 作图步骤

图 3-23　四棱柱位于圆柱的正上方的相贯线

需要注意的是：因为四棱柱位于圆柱正上方，相贯线前后对称，相贯线正面投影的前半部分与后半部分重合。如果四棱柱相对于圆柱的位置发生变化，则相贯线正面投影的可见性就会有所变化，如图 3-24 所示。

例 3-16　如图 3-25a、b 所示，求六棱柱与圆柱的相贯线。

分析：由图 3-25a、b 可知，六棱柱位于轴线为铅垂线的圆柱的正左方。两立体表面有六段交线：棱柱前、后棱面与圆柱的交线为直线；棱柱上、下四个棱面与圆柱的交线为椭圆弧。相贯线的侧面投影与六棱柱的侧面积聚性投影重合；相贯线的水平投影落在圆柱面的水平的积聚性投影上（由棱柱前、后棱面水平投影限定的一段圆弧）。只需根据投影关系求出

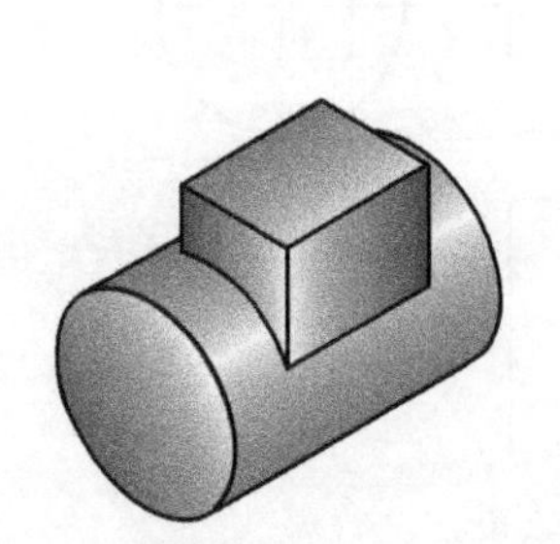

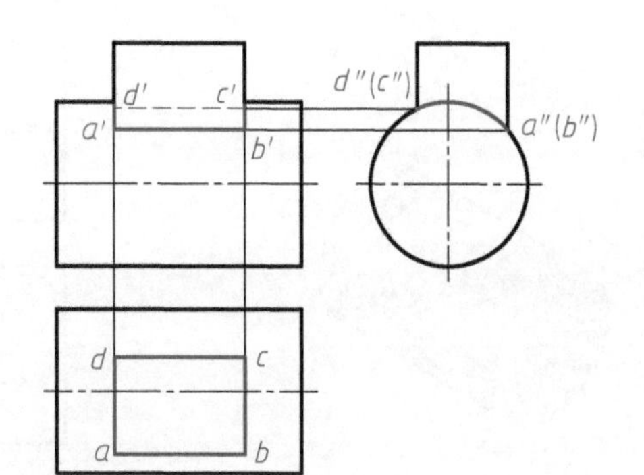

图 3-24　四棱柱位于圆柱上偏前的相贯线

相贯线的正面投影即可。作图步骤（图 3-25c）如下：

1）求特殊点，即求六棱柱的棱线与圆柱面的交点的正面投影。由 a''、f''、b''、e''、c''、d''及 $b(a)$、$c(d)$、$e(f)$ 求得 $a'(f')$、$b'(e')$ 和 c'、d'。

2）求作一般位置点。作相贯线上若干个中间点的投影，以确定曲线投影的弯曲方向。在侧面投影上取点 $2''$、$1''$、$3''$、$4''$，利用 45°辅助线或者 y 坐标相等，确定水平投影 2(1)、3(4)，再由投影关系求出其正面投影 $2'(3')$ 和 $1'(4')$。

3）以直线连接 $b'a'$和 $(e')(f')$（棱柱前、后侧面与圆柱的交线为直线且 $e'f'$不可见），再依次光滑连接 $c'2'$、b'和 $d'1'$、a'（$c'3'e'$和 $d'4'f'$不可见），即得相贯线的正面投影。

由于六棱柱位于圆柱正左方，相贯线前后对称，因此相贯线正面投影的前半部分与后半部分重合。

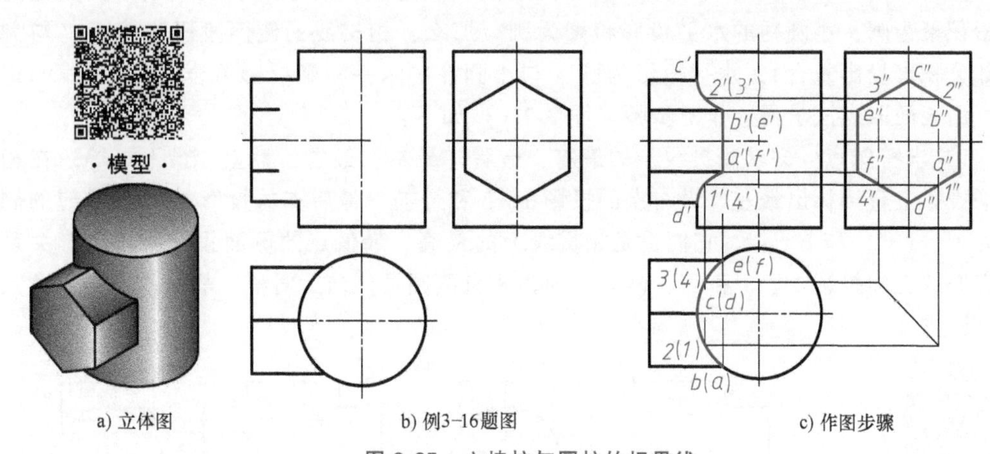

a) 立体图　　b) 例3-16题图　　c) 作图步骤

图 3-25　六棱柱与圆柱的相贯线

如果是在圆柱上开出多边形孔洞，则圆柱表面上的交线就是截交线。例如，在圆柱上开一个方孔（图 3-26a），其投影图如图 3-26b 所示，圆柱表面上的截交线与例 3-15 中的相贯线是一样的。两个立体的区别在于开孔立体内部有不可见的线、面，相贯立体内部合并为一体，外部表面以相贯线为界线各自独立。

3.3.2　回转体的相贯线

两回转体相交，相贯线一般为封闭的空间曲线，特殊情况下为平面曲线。求回转体相贯

·模型·

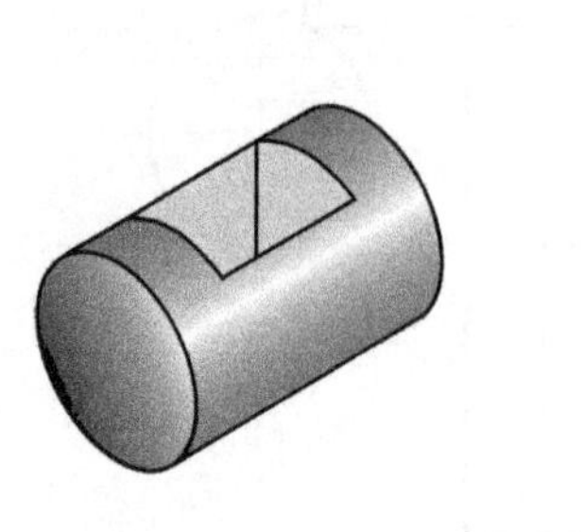

a) 立体图

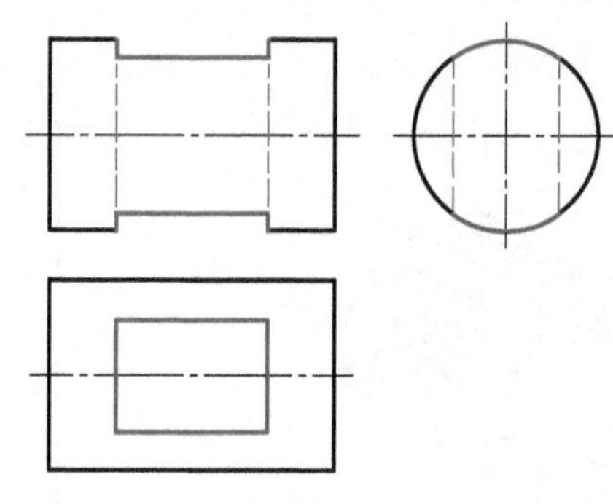

b) 投影图

图 3-26　圆柱上开方孔的相贯线

线的一般作法：求出两相贯立体表面的一系列共有点，然后光滑连接各点。下面介绍几种常见回转体的相贯线求法。

1. 圆柱与圆柱正交

(1) 表面取点法求作相贯线　两圆柱正交（轴线垂直相交），且圆柱轴线为投影面垂直线时，在该投影面上，圆柱面的投影具有积聚性，相贯线的同面投影就落在圆柱面这个有积聚性的投影上。因此，可以首先确定相贯线的两面投影，在这些已经确定的投影上取一些点，再利用投影关系作这些点的第三面投影并光滑连接，就可得到相贯线的第三面投影。这就是表面取点法。

例 3-17　如图 3-27 所示，求作两正交圆柱的相贯线。

分析：由图 3-27a、b 可知，大、小圆柱的轴线分别为侧垂线和铅垂线，大圆柱的侧面投影积聚为圆，小圆柱的水平投影积聚为圆。那么，相贯线的侧面投影为圆弧（与大圆柱的部分积聚投影重合），水平投影为圆（与小圆柱的水平积聚投影重合）。相贯线的正面投影可用表面取点法求得，作图步骤（图 3-27c）如下：

1）求特殊点，即求相贯线上的最前、最后、最左、最右、最上、最下点等。在相贯线水平投影上直接标出最左、最右点的投影 1、3 和最前、最后点的投影 2、4；对应的侧面投影为 1″、(3″) 和 2″、4″，它们也是相贯线上的最高、最低点的侧面投影；按投影关系可得出它们的正面投影 1′、3′和 2′、(4′)。因为相贯两圆柱体前后对称，故最前、最后两点的正面投影重合。

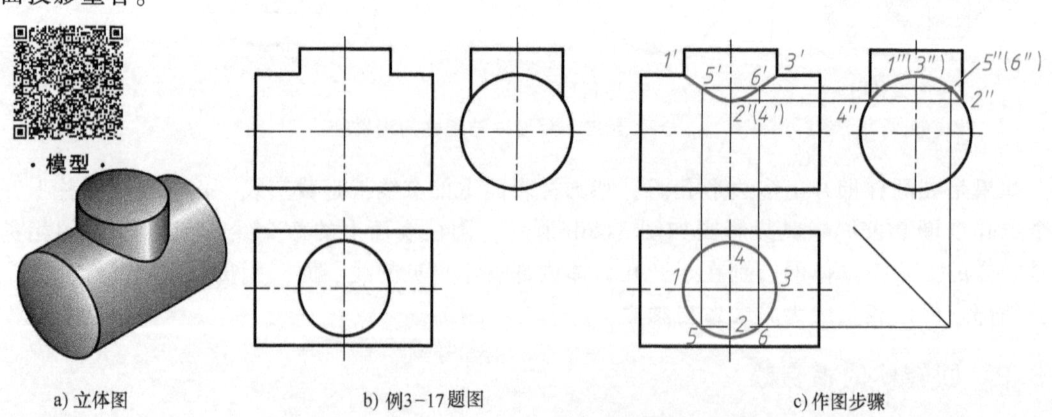

a) 立体图　　b) 例3-17题图　　c) 作图步骤

图 3-27　圆柱与圆柱正交

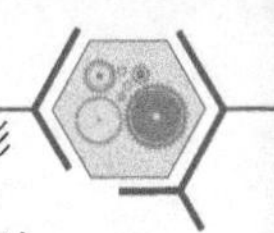

2）求作一般位置点。在水平投影上取点5、6，其侧面投影为5″、(6″)，再求出其正面投影5′和6′。

3）依次光滑连接1′、5′、2′(4′)、6′、3′各点，即得相贯线的正面投影。

（2）两圆柱轴线垂直相交时相贯线投影的近似画法　当两个正交圆柱的直径相差较大且不要求精确地画出相贯线时，允许近似地以圆弧来代替相贯线，此时该圆弧的圆心必须在小圆柱的轴线上，而圆弧半径应等于大圆柱的半径，如图3-28所示。

（3）相贯线的形状与弯曲方向　随着两正交圆柱直径大小的相对变化，其相贯线的形状、弯曲方向也发生变化。如图3-29a所示，圆柱D与竖直方向的A、B、C三个圆柱正交，它们的直径有以下关系：$D_A<D_D$，$D_B=D_D$，$D_C>D_D$。由图3-29a可见，当两个圆柱直径不同时，相贯线为封闭的空间曲线，而且围绕小圆柱面一圈；当两个圆柱直径相同时，相贯线是两个椭圆，而且垂直于两圆柱轴线所确定的平面。由图3-29b所示的投影图可知，当两个圆柱直径不同时，在与两圆柱轴线同时平行的投影面上，相贯线的投影是弯曲的，其弯曲的趋势总是凹向小圆柱轴线，凸向大圆柱轴线；而当两个圆柱直径相同时，在与两圆柱轴线同时平行的投影面上，相贯线的投影为两相交直线。

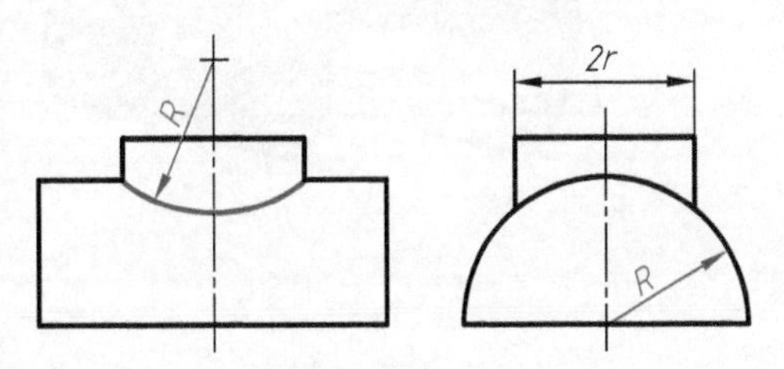

图3-28　轴线正交圆柱体的相贯线投影的近似画法

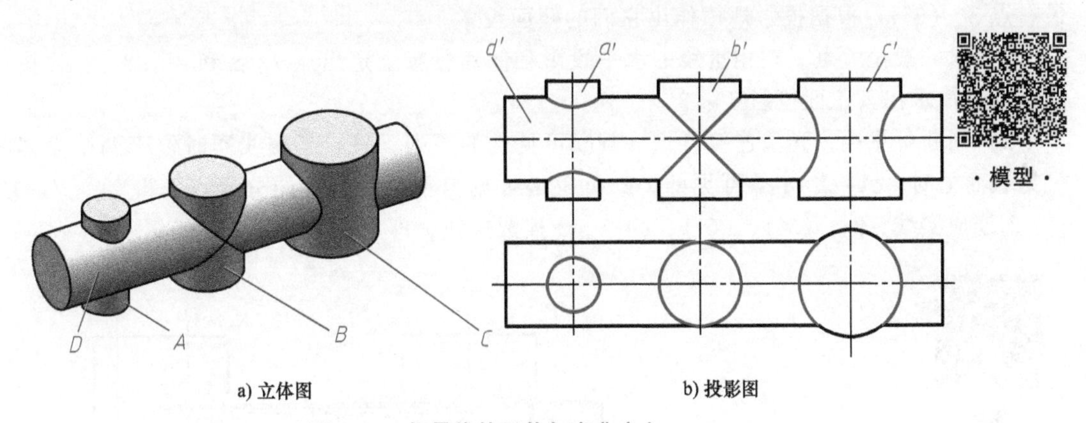

a) 立体图　　b) 投影图

图3-29　相贯线的形状与弯曲方向

（4）内相贯线的画法　图3-30a所示的立体，是在两个正交圆柱内贯穿两个正交圆柱孔，即在圆筒上开圆孔。在圆柱外表面上产生的交线称为外相贯线，在圆柱内表面上产生的交线称为内相贯线。内相贯线与外相贯线投影的画法是相同的，只是内相贯线在圆柱内表面上，是看不到的，即在两内圆柱面都没有积聚性的方向上的投影要画成细虚线，如图3-30b所示。在精度要求不高时，内、外相贯线都可以采用近似画法。

2. 两圆柱垂直偏交

当两圆柱轴线垂直交叉且均为某投影面垂直线时，相贯线的投影也可用表面取点法求得。

例3-18　如图3-31所示，求作两垂直偏交圆柱的相贯线。

分析：由图3-31可见，两圆柱轴线分别为铅垂线和侧垂线，因此，相贯线的水平投影

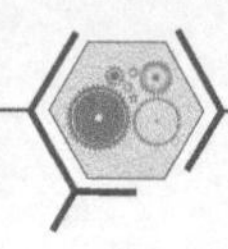

·模型·

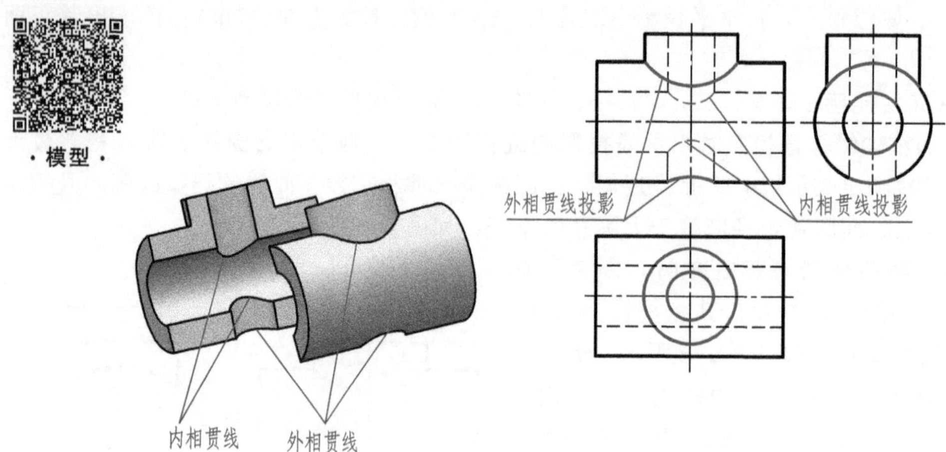

a) 立体图　　　　b) 投影图

图 3-30　圆筒上开圆孔的内、外相贯线

与小圆柱面的水平积聚投影重合，相贯线的侧面投影与大圆柱面的部分积聚投影重合，只需求出相贯线的正面投影即可。作图步骤（图 3-31b）如下：

1）求特殊位置点。在相贯线的水平投影和侧面投影中标出各特殊点的投影（特殊点均在特殊素线上），包括最前点 1、1″；最后点 6、6″；最高点 4、4″及 5、(5″)；最左点 2、2″；最右点 3、(3″)。根据投影规律作出它们的侧面投影。

2）求一般位置点。在相贯线的水平投影和侧面投影上定出点 7、8 和 7″ (8″)，再按点的投影规律求出其正面投影 7′、8′。

3）判断可见性，光滑连接各点。判断可见性的原则：只有当交线同时位于两个立体的可见表面上时，其投影才是可见的。2′和 3′是可见与不可见部分的分界点。将 2′、7′、1′、8′、3′连成实线，3′、(5′)、(6′)、(4′)、2′连成虚线，即为相贯线的正面投影。

·模型·

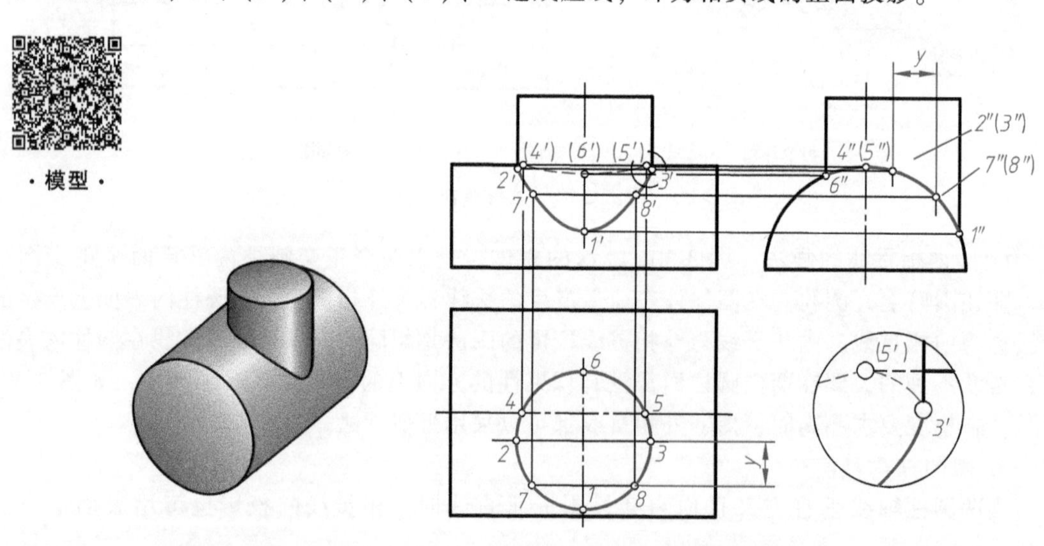

a) 立体图　　　　b) 投影图

图 3-31　两圆柱垂直偏交的相贯线

垂直偏交两圆柱的相贯线形状和投影会随着两圆柱相对位置的变化而变化，为简化作图，在不致引起误解的情况下，相贯线可以采用图 3-32 所示的简化画法，即用圆弧、直线来代替非圆曲线。

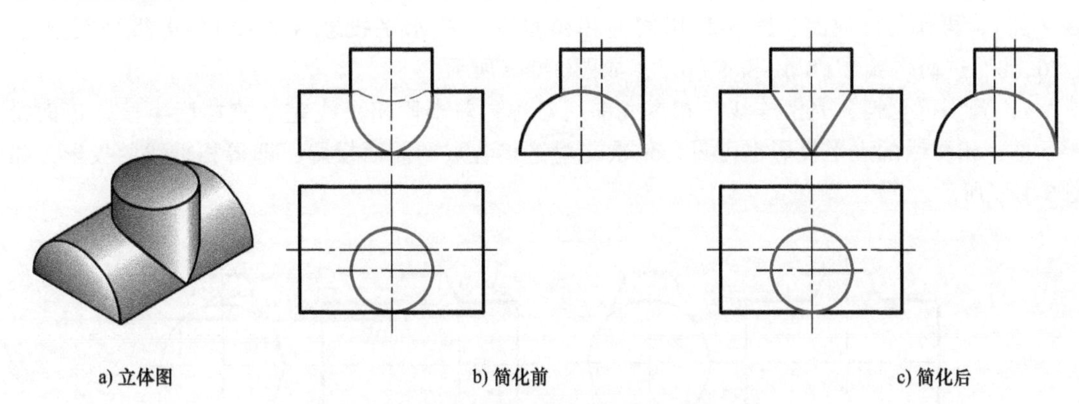

a) 立体图　　b) 简化前　　c) 简化后

图 3-32　两垂直偏交圆柱相贯线的简化画法

3. 圆柱与圆锥正交

圆柱与圆锥正交时，通常采用**辅助平面法**作相贯线上一系列点的投影。辅助平面法是基于三面共点原理。如图 3-33 所示，圆柱与圆锥台正交，作一水平面 P，平面 P 与圆锥台的截交线（圆）和平面 P 与圆柱面的截交线（两平行直线）相交，交点Ⅱ、Ⅳ、Ⅵ、Ⅷ既在平面 P 上，也在圆锥面和圆柱面上，即为三面共有的点，则这些点一定也是相贯线上的点。用来截切两相交立体的平面 P，称为辅助平面。

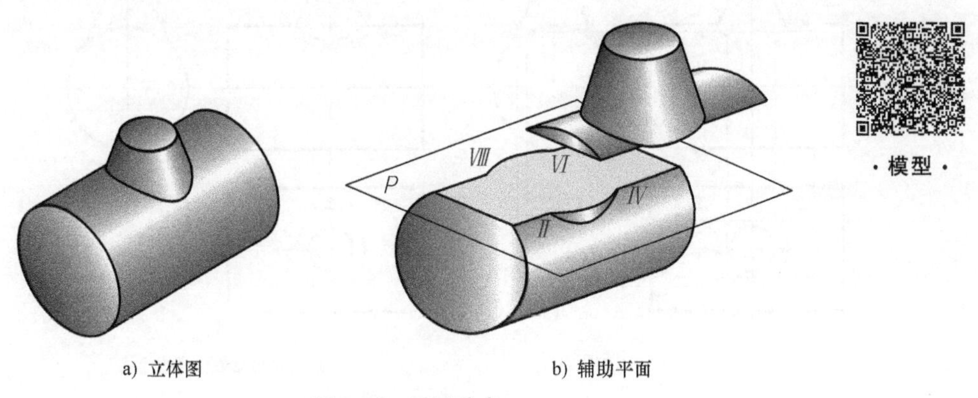

·模型·

a) 立体图　　b) 辅助平面

图 3-33　三面共点

为了方便、准确地作图，辅助平面应该选择特殊位置平面，通常是投影面平行面，并应使辅助平面与两立体表面交线的投影是简单易画的图形（直线或圆）。

例 3-19　如图 3-34a 所示，圆锥台与圆柱轴线正交，求作相贯线的投影。

分析： 投影图所表示的立体如图 3-33a 所示。由于两立体的轴线垂直相交，相贯线是一条前后、左右对称的封闭空间曲线，其侧面投影重合在圆柱的侧面积聚性投影上（圆弧），需要作其水平投影和正面投影。作图步骤如下：

1）作特殊点。根据侧面投影 1″、3″、(5″)、7″可作出正面投影 1′、3′、5′、(7′）和水平投影 1、3、5、7，如图 3-34b 所示。其中点Ⅰ、Ⅴ是相贯线上的最左、最右（也是最高）

点，点Ⅲ、Ⅶ是相贯线上的最前、最后（也是最低）点。

2）作一般位置点。在最高点和最低点之间作辅助平面 P（水平面），与圆柱面的交线为两平行直线，它们的交点Ⅱ、Ⅳ、Ⅵ、Ⅷ即为相贯线上的点。先作与圆锥面交线的水平投影（圆），再作与圆柱面交线（利用侧面积聚投影）的水平投影（直线），可得到交点2、4、6、8，进而得到2′(8′）和4′(6′)，如图3-34c所示。

3）判别可见性，光滑连线。相贯线前后对称，前半段相贯线完全遮挡后半段，正面投影可见；相贯线的水平投影也可见。依次光滑连接各点的同面投影，即得相贯线的投影，如图3-34d所示。

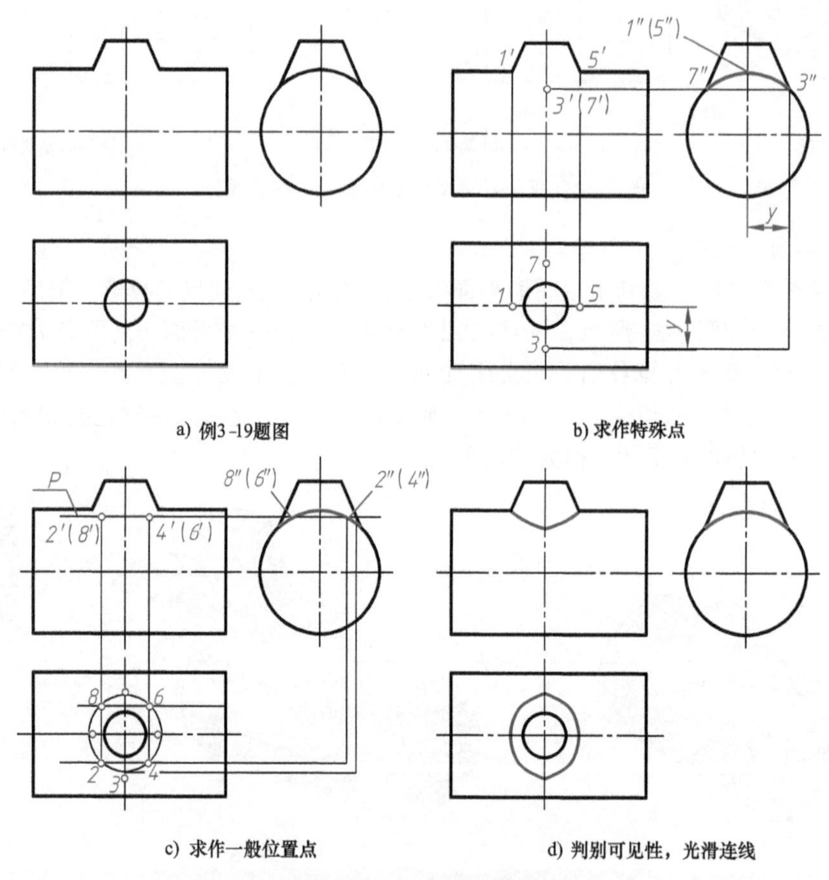

a) 例3-19题图　b) 求作特殊点　c) 求作一般位置点　d) 判别可见性，光滑连线

图3-34　圆锥台与圆柱轴线正交时的相贯线

圆柱与圆锥正交，其相贯线的变化趋势如图3-35所示。

4. 相贯线的特殊情况

在一般情况下，两回转体相交，相贯线为空间曲线。但在下列特殊情况下，相贯线为平面曲线：

1）两个同轴回转体相交，相贯线为垂直于轴线的圆。在轴线所平行的投影面上，相贯线的投影为直线；在轴线所垂直的投影面上，投影为圆，如图3-36所示。

2）两圆柱或圆柱与圆锥轴线相交且公切于同一球面时，其相贯线为两个相交椭圆。在与它们的轴线都平行的投影面上，相贯线的投影为两条相交直线，如图3-37所示。

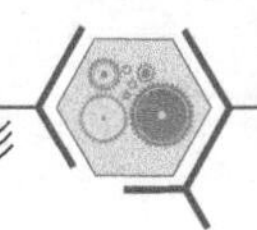

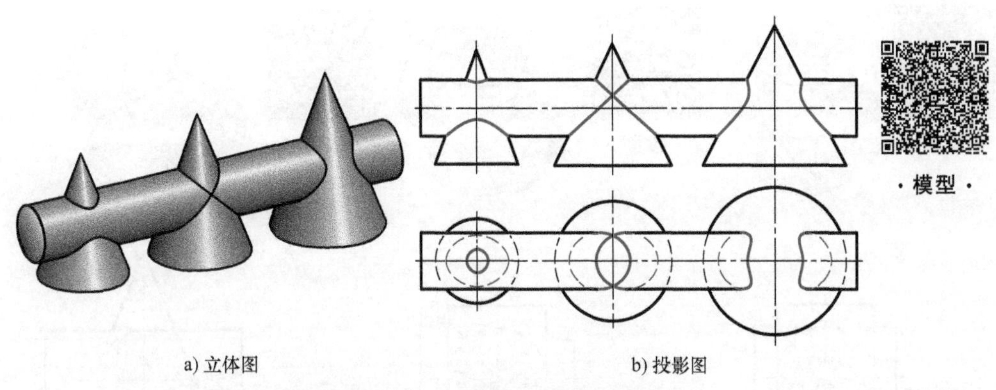

a) 立体图　　b) 投影图

图 3-35　圆柱与圆锥正交时相贯线的变化情况

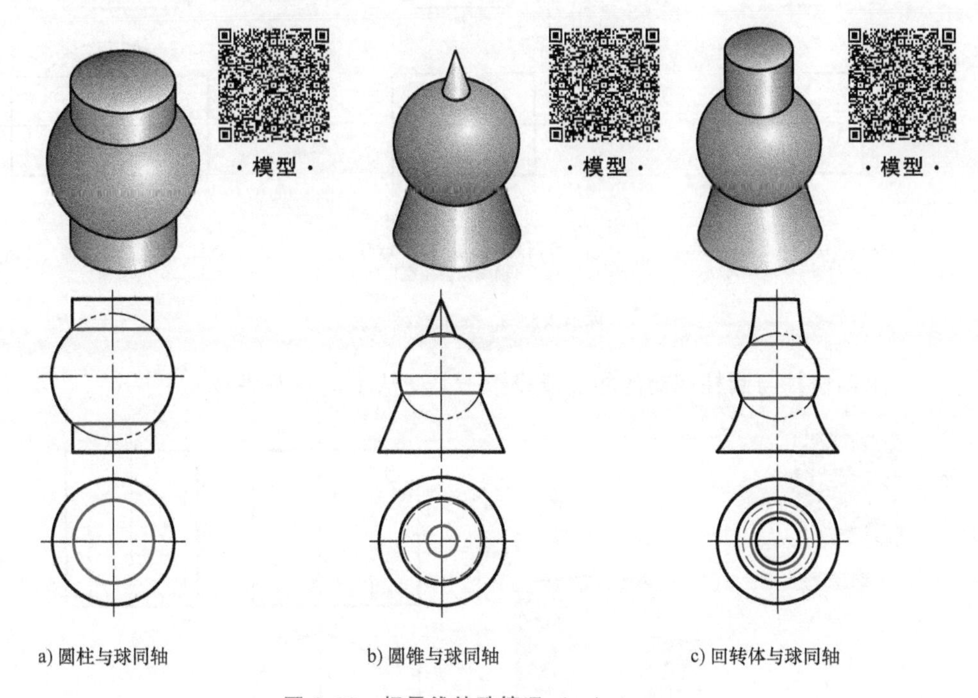

a) 圆柱与球同轴　　b) 圆锥与球同轴　　c) 回转体与球同轴

图 3-36　相贯线特殊情况（一）

3.3.3　组合相贯线

一些较为复杂的立体，往往可以看成是由几个立体经叠加或挖切组合而成的，这样就会在立体的表面上产生多段相贯线，即组合相贯线。对于组合相贯线，一般是按两两立体相交分别进行分析和绘制，而且要注意各段相贯线的衔接。

例 3-20　如图 3-38 所示，求圆柱与拱形柱的相贯线。

分析：如图 3-38a 所示，将拱形柱分为上、下两部分，上半部分为半圆柱，它与圆柱的相贯线为曲线；下半部分为四棱柱，它与圆柱的相贯线为直线，这两部分相贯线在衔接处相切。相贯线的侧面投影和水平投影分别重合于立体表面的积聚投影上。只需作相贯线的正面投影。作图过程（图 3-38b）如下：

1）求半圆柱与圆柱的相贯线投影 1′3′（可采用相贯线的近似画法）。

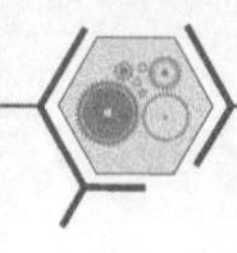

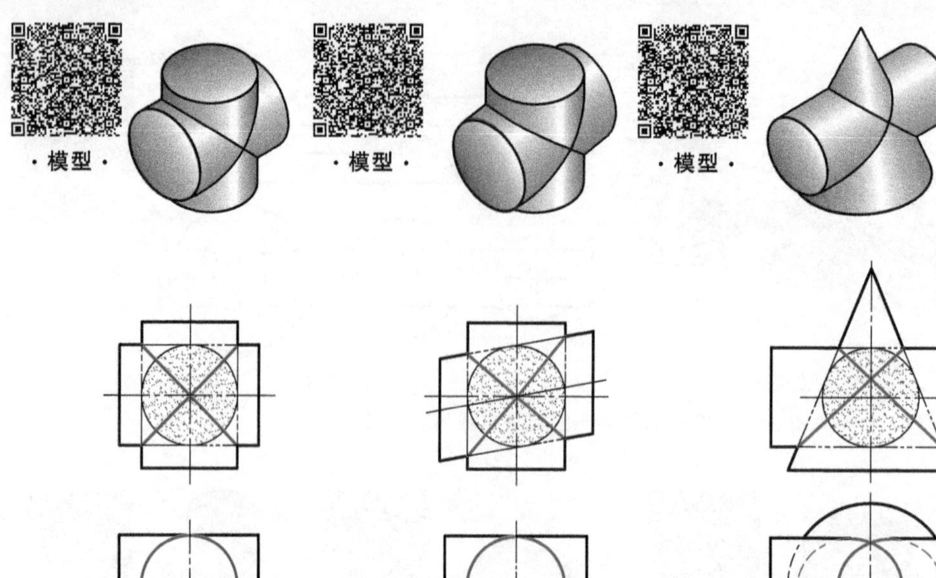

图 3-37 相贯线特殊情况（二）

2）求四棱柱与圆柱相交的相贯线投影 1′4′（从 1′向下画垂线）。

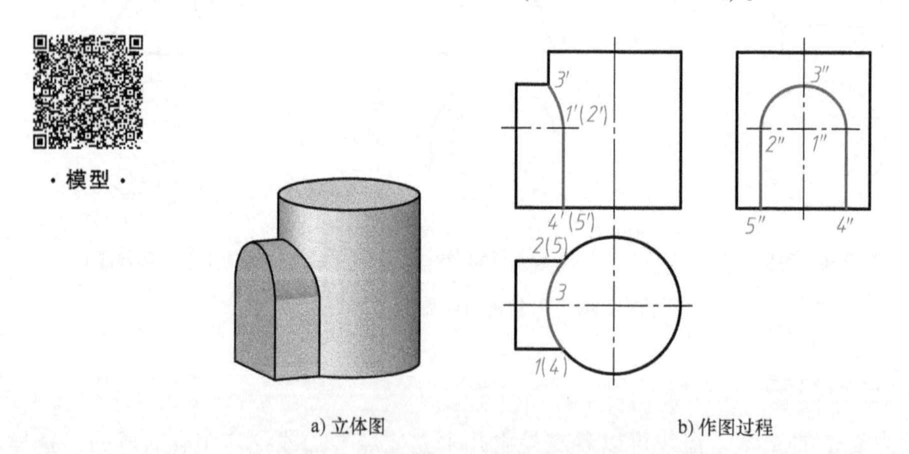

图 3-38 圆柱与拱形柱的相贯线

例 3-21 如图 3-39 所示，求长圆孔与内、外圆柱面的相贯线。

长圆孔可以看成是从立体上取出一个与之正交的长圆柱，而长圆柱是由两个半圆柱和一个四棱柱组成的，因此，相贯线的投影如图 3-39b 所示。

例 3-22 如图 3-40 所示，求立体穿孔后的相贯线。

分析：图 3-40a 所示立体是一个轴线直立的圆柱与一个半球同轴相切，再在其上钻一个轴线水平的圆孔。相贯线的侧面投影与圆孔表面的侧面积聚投影重合。圆孔与直立圆柱的相贯线的水平投影为一段圆弧，与半球的相贯线的水平投影为直线。相贯线的正面投影分为

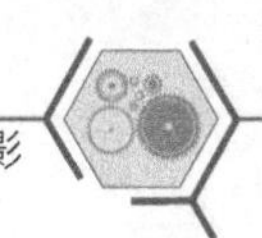

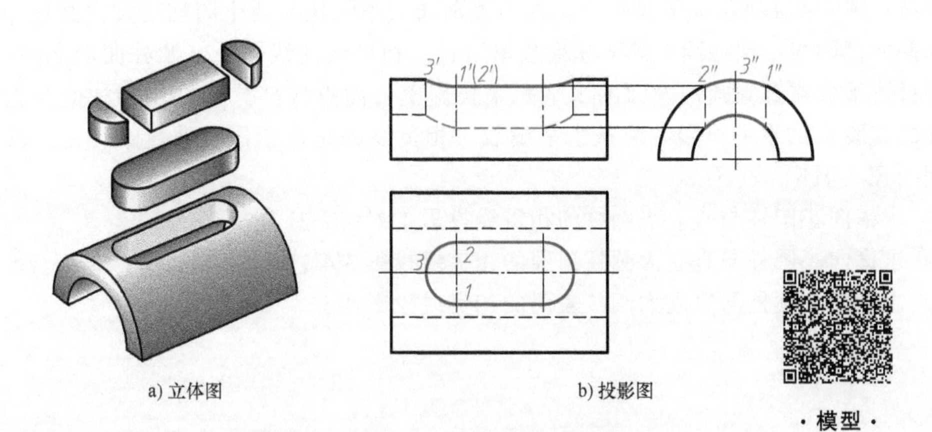

a) 立体图　　b) 投影图

·模型·

图 3-39　长圆孔与内外圆柱面的相贯线

两段：$a'b'$段为半球表面与圆孔表面相交所产生的相贯线的投影，为直线；$b'c'$段为直立圆柱表面与圆孔表面的相贯线的投影，如图 3-40b 所示。

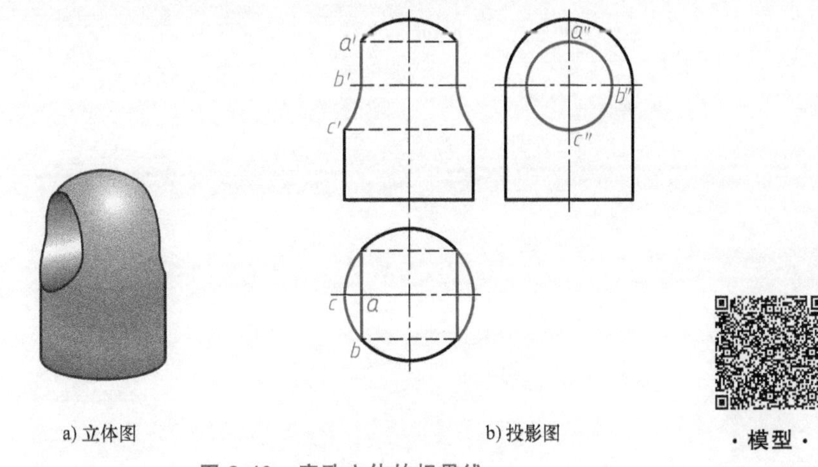

a) 立体图　　b) 投影图

·模型·

图 3-40　穿孔立体的相贯线

例 3-23　如图 3-41 所示，求三个圆柱组合的相贯线。

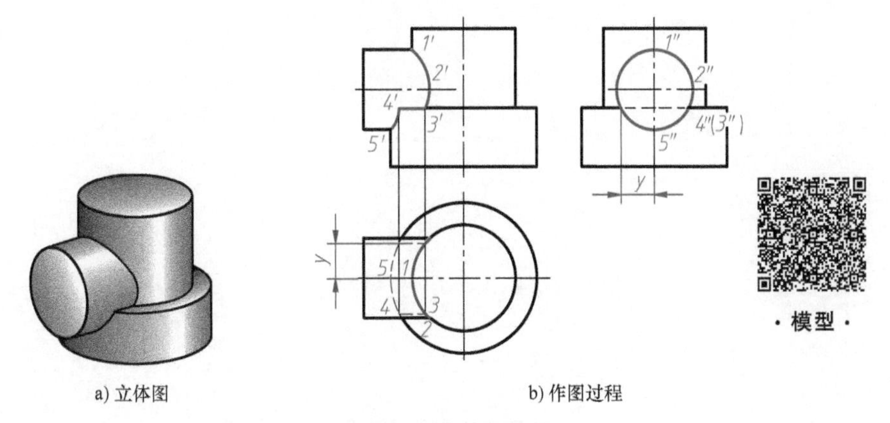

a) 立体图　　b) 作图过程

·模型·

图 3-41　三个圆柱组合的相贯线

分析：图 3-41a 所示立体是一个轴线为侧垂线的小圆柱与两个同轴的直立圆柱相贯。相贯线的侧面投影与小圆柱面的侧面积聚投影重合。相贯线曲线部分（圆柱曲面之间的交线）的水平投影重合在直立圆柱表面的水平积聚投影上，而直线部分（即小圆柱面与直立大圆柱顶面的交线）的水平投影为两条水平虚线。相贯线的正面投影是曲直结合的三段线，作图过程（图 3-41b）如下：

1）求横向小圆柱与直立小圆柱的相贯线投影 1′2′和 2′3′。

2）求横向小圆柱与直立大圆柱顶面的相贯线投影 3′4′。

3）求横向小圆柱与直立大圆柱表面的相贯线投影 4′5′。

第4章

物体的三视图

根据有关标准和规定，用正投影法绘制的物体的图形，称为**视图**。由前向后投射所得的视图为**主视图**，由上向下投射所得的视图为**俯视图**，由左向右投射所得的视图为**左视图**。本章主要介绍物体三视图的投影规律，绘制、识读物体视图，以及标注物体视图尺寸的方法。

4.1 三视图的投影规律

在三投影面体系中，物体的三视图如图 4-1 所示，按投影面的展开方法（*V* 面不动，*W* 面向右翻转 90°，*H* 面向下翻转 90°），物体的三视图如图 4-2 所示，三个视图之间有以下对应关系。

1. 位置关系

以主视图为准，俯视图配置在它的正下方，左视图配置在它的正右方。按此位置配置时，不需要注出视图名称。

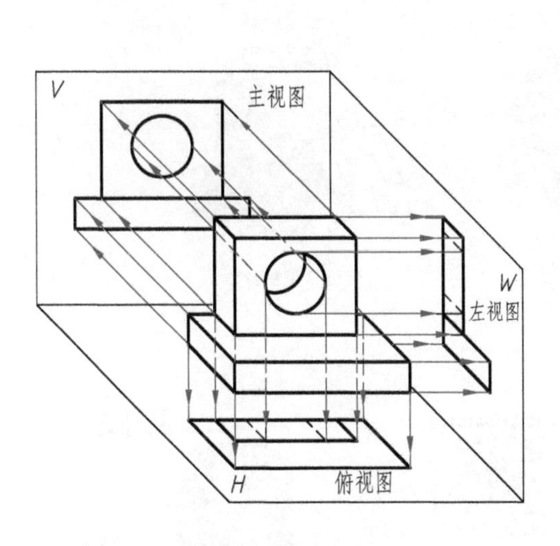

图 4-1 三投影面体系中的物体三视图

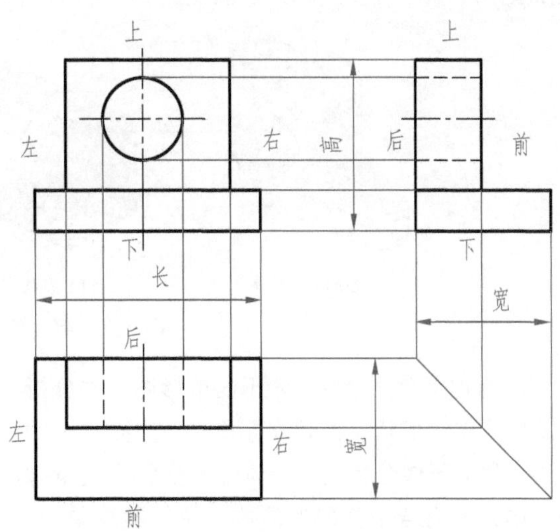

图 4-2 三视图之间的关系

2. 尺寸关系

由图 4-1、图 4-2 可以看出，主视图能反映出物体的长度和高度，俯视图能反映物体的长度和宽度，左视图能反映物体的高度和宽度。对于同一个物体，主视图、俯视图反映的物体长度是一样的；主视图、左视图反映的物体高度是一样的；俯视图、左视图反映的物体宽度是一样的。因此，为了便于记忆，把物体三视图之间的尺寸关系总结为：**主、俯视图长对正，主、左视图高平齐，俯、左视图宽相等**。或者简单记忆为：**长对正、高平齐、宽相等**。图 4-2 中的细实线清楚地表明了三视图之间的这种投影规律。

需要注意的是，上述物体三视图之间的尺寸关系对于物体的整体如此，对于物体的局部也是如此，绘图和识图时都要严格遵守。

3. 方位关系

物体在空间中有上、下、左、右、前、后六个方位。由图 4-2 可以看出，物体的每个视图只能反映物体在空间的四个方位：主视图反映物体的上、下和左、右方位；俯视图反映物体的左、右和前、后方位；左视图反映物体的上、下和前、后方位。应特别注意，在俯、左视图中，靠近主视图的一边是物体的后面，远离主视图的一边是物体的前面。

4.2　物体三视图的画法

要快速、正确地绘制物体的三视图，首先要清楚物体的结构特点和表面关系。

4.2.1　组合体的形体分析

任何复杂的物体，从形体组成的角度来分析，都可以看成是由若干简单形体按照一定的方式组合而成的，因此，可以称这样的物体为**组合体**。组合体的组合方式有叠加、切割和综合三种，如图 4-3 所示。第 3 章所介绍的截断体就属于切割型组合体，相贯体就属于叠加型组合体。而大多数物体中既有叠加又有切割，是综合型组合体。图 4-3a 所示物体就是一个叠加型组合体，它可以看成是由图 4-4 所示的四个简单形体叠加而成的。

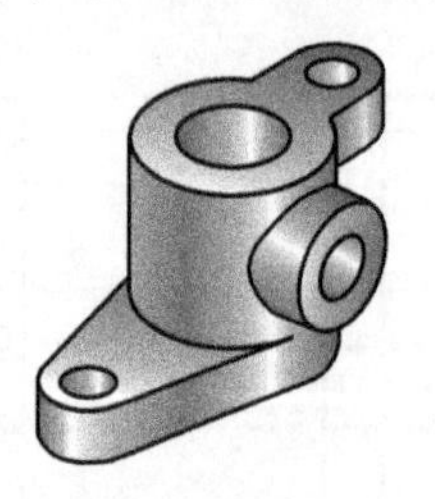
a) 叠加型组合体

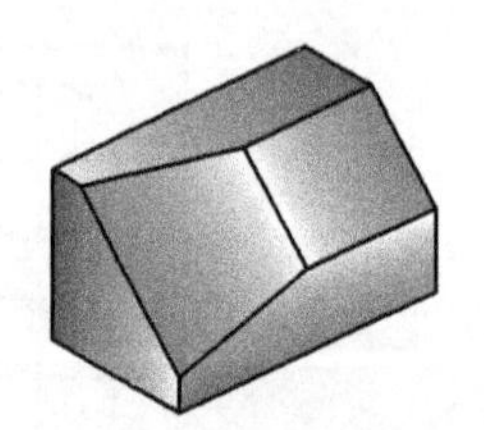
b) 切割型组合体

c) 综合型组合体

图 4-3　组合体的组合方式

假想把组合体分解为若干简单形体，并分析各简单形体的形状、相对位置及表面连接方式的方法，称为**形体分析法**。形体分析法就是把复杂的形体分解为若干简单的形体，使问题简单化，这种方法是绘图、看图和标注尺寸的基本方法。

· 动画 ·

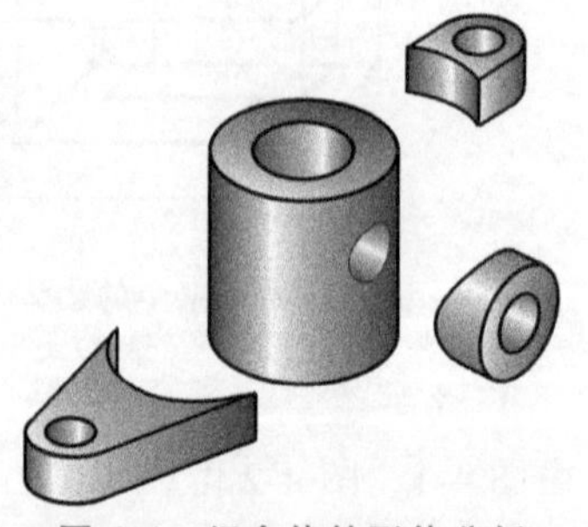
图 4-4　组合体的形体分析

4.2.2　组合体表面连接方式

组合体中相邻形体表面的位置关系，即表面连接方式有共面、相切和相交三种情况。

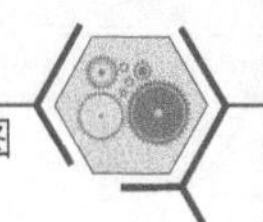

1. 共面

相邻两简单形体表面共面是指它们的表面处在一个平面上，即两表面平齐。共面时，两表面间不得画线，如图 4-5 所示。当两形体表面不共面时，两表面间有分界线（面），在视图中必须画线，如图 4-6 所示。

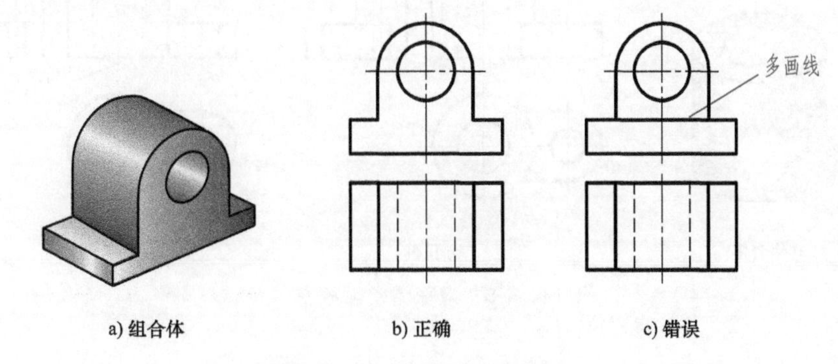

图 4-5　组合体相邻表面共面

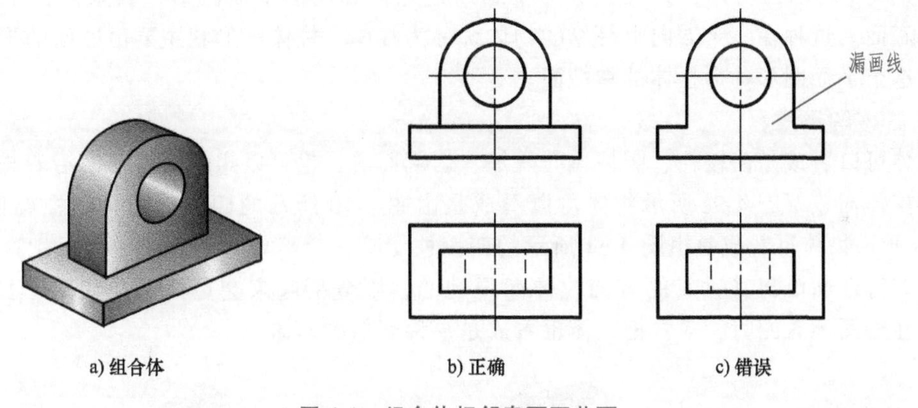

图 4-6　组合体相邻表面不共面

2. 相切

当两简单形体表面相切时（图 4-7a），两相邻表面互相光滑过渡，没有明显的分界线，所以相切处（点 *M* 处）不画线，如图 4-7b 所示。

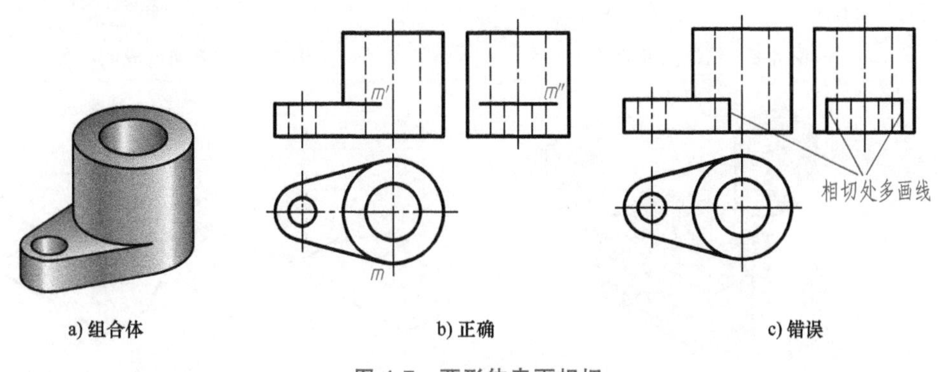

图 4-7　两形体表面相切

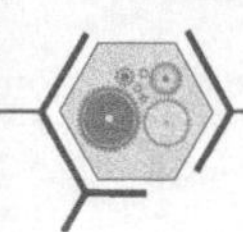

3. 相交

两简单形体表面相交时，必定产生交线，交线必须画出，如图 4-8b 所示。交线的投影按第 3 章介绍过的方法绘制。

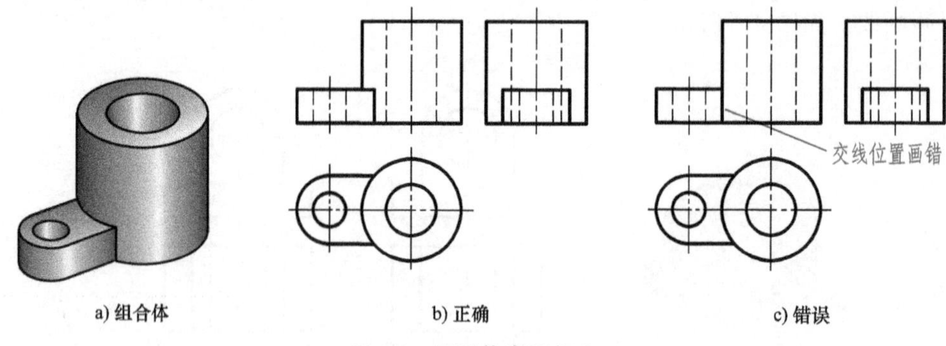

a) 组合体　　b) 正确　　c) 错误

图 4-8　两形体表面相交

4.2.3　柱体的三视图

如图 4-9 所示的物体，其上、下两个底面是完全相同的平面图形，其余侧面都垂直于上、下底面。这种在一个方向上等厚的物体统称为**柱体**。柱体的形状主要由底面的平面图形确定，这个平面图形称为柱体的**特征面**。

1. 柱体的形成

柱体可以看成是由棱柱、圆柱单向叠加、切割而成，也可以想象为特征面沿着与其垂直的方向拉伸而成。图 4-9a 所示物体可以看成是由图 4-10 所示的四棱柱和半圆柱叠加而成；图 4-9b 所示物体可看成是由图 4-11 所示的四棱柱切除三个简单立体而成。如果把这些物体看成是其特征面沿与其垂直的方向拉伸而得到的，则分析起来会更简单，如图 4-12 所示。因此，在绘图和看图时，常常把柱体也看成是一种简单的形体。

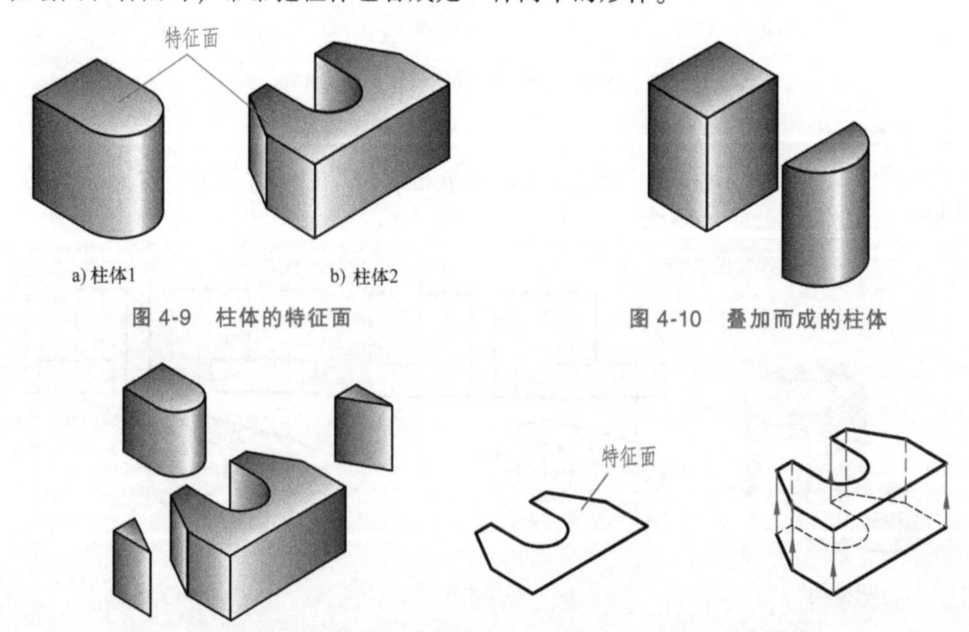

a) 柱体1　　b) 柱体2

图 4-9　柱体的特征面

图 4-10　叠加而成的柱体

图 4-11　切割而成的柱体

图 4-12　特征面拉伸而成的柱体

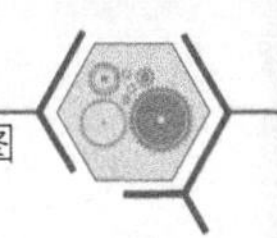

2. 柱体的三视图画法

将柱体平稳放置，使其特征面平行于某一投影面，然后向各个投影面进行投射得到柱体的三视图。图 4-13 所示为几种常见的柱体，它们的三视图如图 4-14 所示。可以看出，柱体三视图的共同特点是：一个视图反映特征面的实形，称其为**特征视图**；另外两个视图均为若干可见与不可见矩形的组合。

看图时，如果一个物体的三视图具有上述特点，就可以认定它是柱体，通过特征视图来想象柱体底面的形状，通过有矩形特点的视图来判断柱体的厚度。

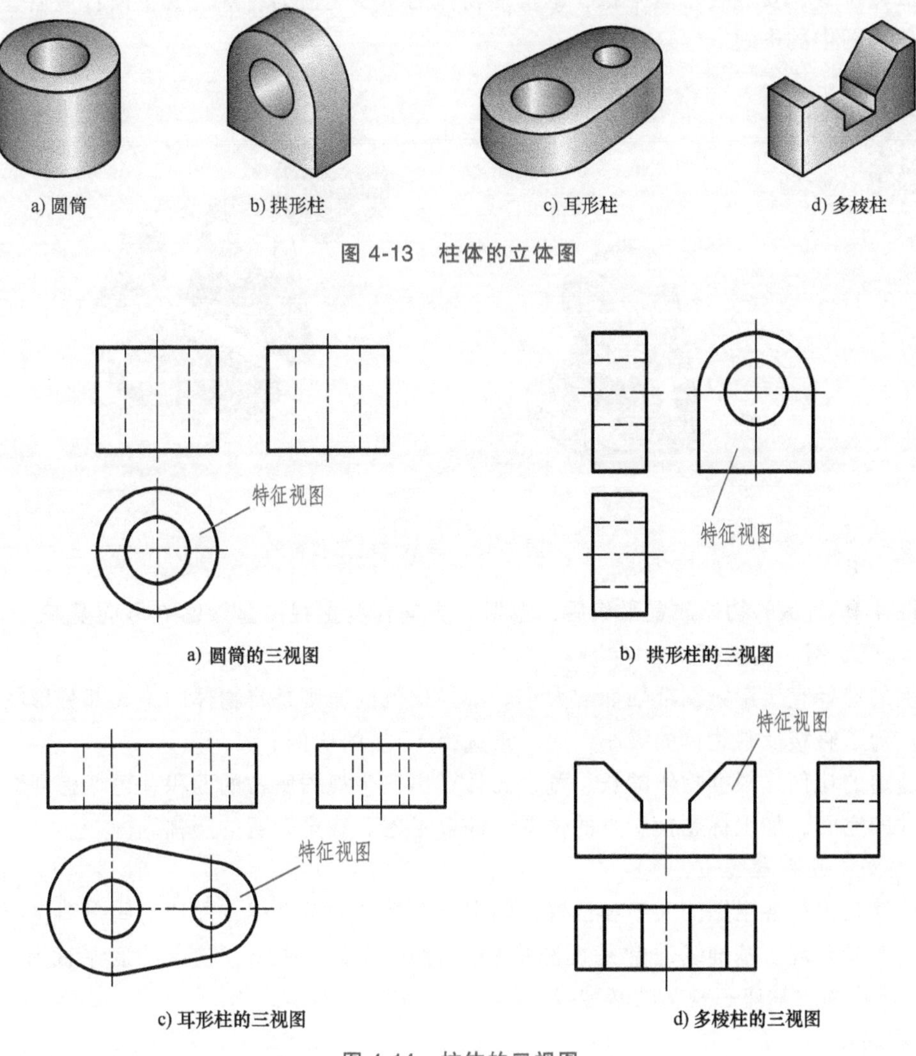

a) 圆筒　b) 拱形柱　c) 耳形柱　d) 多棱柱

图 4-13　柱体的立体图

a) 圆筒的三视图　b) 拱形柱的三视图　c) 耳形柱的三视图　d) 多棱柱的三视图

图 4-14　柱体的三视图

4.2.4　物体三视图的画图步骤

下面以图 4-15a 所示轴承座为例来说明画物体三视图的方法和步骤。

1. 形体分析

首先，要对轴承座进行形体分析，将其分解为若干个简单形体，并确定它们的相互位置和相邻表面间的连接方式。

将轴承座假想分解为图 4-15b 所示的底板、支承板、肋板和圆筒四部分。支承板和肋板叠加在底板上方，肋板在支承板前面；圆筒与支承板、肋板相交；底板、支承板和圆筒三者后面平齐；支承板侧面与圆筒表面相切；整体结构左右对称。

2. 选择主视图

主视图是表达物体形体特征的最主要的视图。选择主视图时，首先应考虑主视图要能较多地表达物体的形体特征，尽量把各组成部分的形状和相对关系表达出来；另外，还要考虑物体的放置位置，安放要自然平稳，尽量使物体的主要表面为特殊位置平面；最后，应尽量减少其他视图中的虚线。

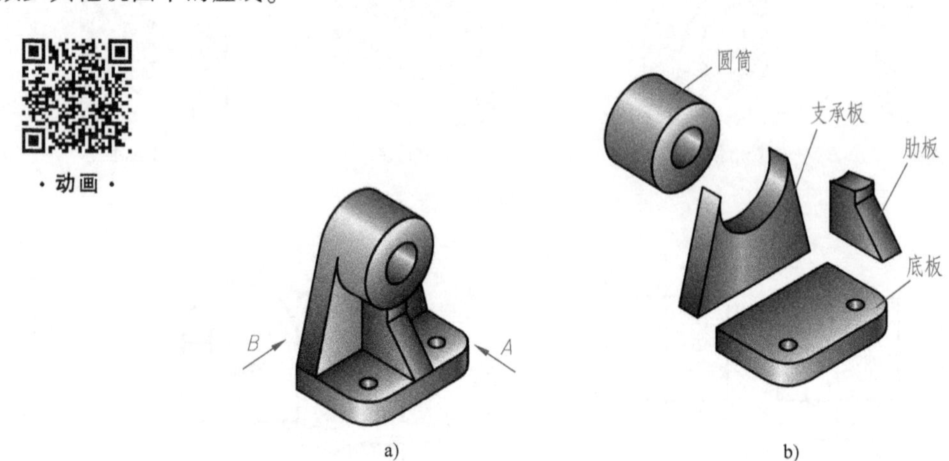

图 4-15　轴承座的形体分析

将图 4-15 所示的物体放置平稳后，选择 *A* 方向作为主视图显然比 *B* 方向要好。

3. 选择比例、定图幅

比例的选择直接影响图纸幅面的大小。选择比例的原则是将物体的绝大部分形状结构表达清楚。为了直接反映物体的大小，应尽量选择 1∶1 的比例。

按选定的比例，根据物体的长、宽、高计算出三个视图所占的面积，再考虑视图间留出标注尺寸的空间，加上标题栏所占的位置，综合考虑后确定合适的图幅。

4. 布图、画基准线

布图就是根据各视图的大小和位置，画出每个视图的基准线，保证这些视图在图纸上间距匀称、布局合理。基准线通常是视图中的对称中心线、轴线、较大的底平面和侧面等。图 4-16a 所示为轴承座三视图的基准线。

5. 画底稿

为了快速、正确地画出组合体的三视图，画底稿时要注意以下问题：

1）按照组合体分解出的组成部分，先画主要部分的三视图，再画次要部分的三视图。避免画完一个完整组合体的视图后，再画另一个完整组合体的视图。绘图过程中，特别要注意各组成部分之间的表面连接方式，及时修正轮廓线。

2）对于每一组成部分，一般应从形状特征明显的视图入手，先画可见部分，后画不可见部分；先画主体，后画细节；先画圆或圆弧，后画直线。

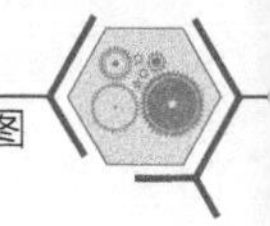

轴承座三视图底稿的绘制过程如图 4-16b～e 所示。

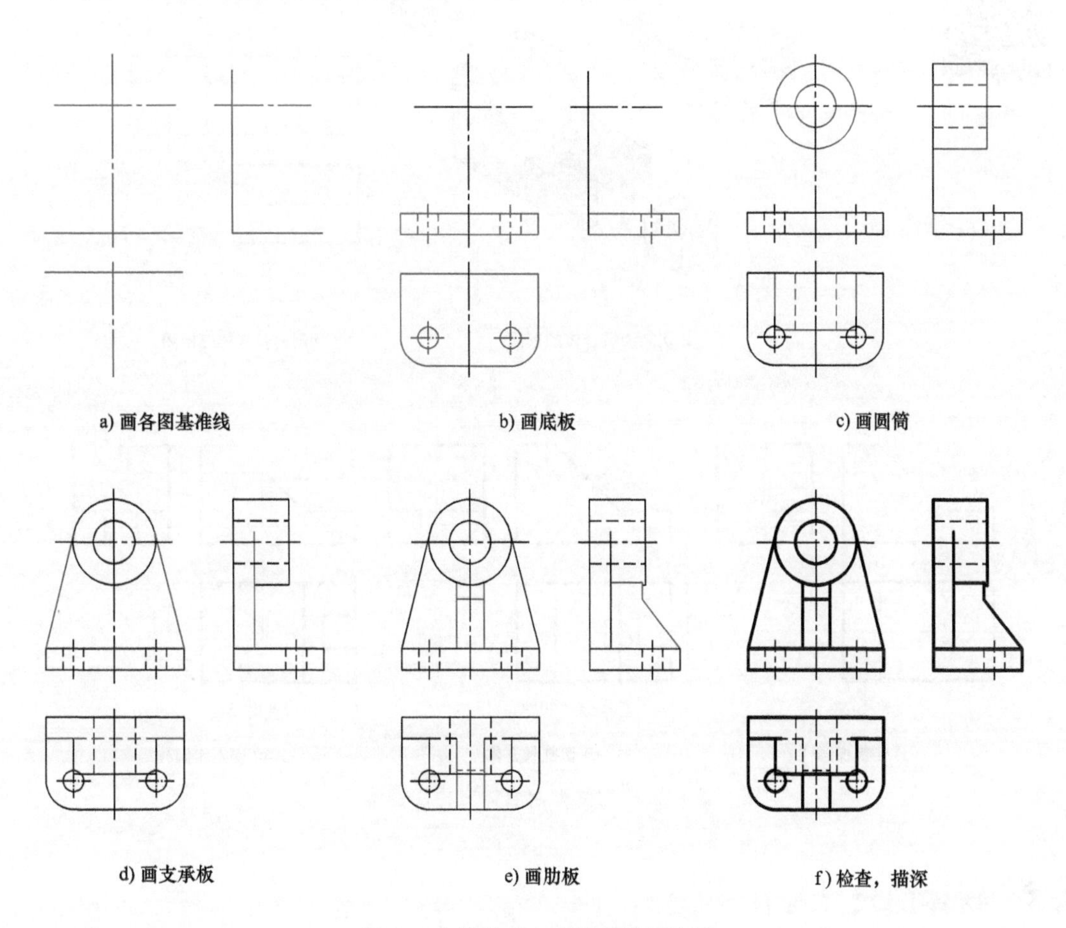

图 4-16　轴承座三视图的绘图步骤

6. 检查、描深

底稿画完后，按形体逐个仔细检查以下内容：投影关系是否正确，有无多余线、漏线；形体间因相切、共面而多余的线段是否擦去；形体间因表面相交产生的交线是否画出。

检查完毕后，按线型标准描深图线，完成全图。

图 4-16f 所示为描深后的轴承座三视图。

7. 填写标题栏

对于切割型组合体，绘制其三视图时，通常先画出原始立体（未被切割之前的立体）的视图，然后从切割面有积聚性的视图入手，画出切割面的积聚投影，再按照投影关系画出其他视图中的投影。图 4-17a 所示物体可以看成是由长方体切去梯形柱、长方体和半圆柱而形成的。绘制视图时，首先画出长方体的三视图，如图 4-17b 所示，然后依次将三部分切下。画切下的每一部分时，要先从切割面有积聚性的投影开始。图 14-17 所示为切割体各部分三视图的绘图过程，绘制过程中，要注意物体轮廓线和表面交线的变化情况。

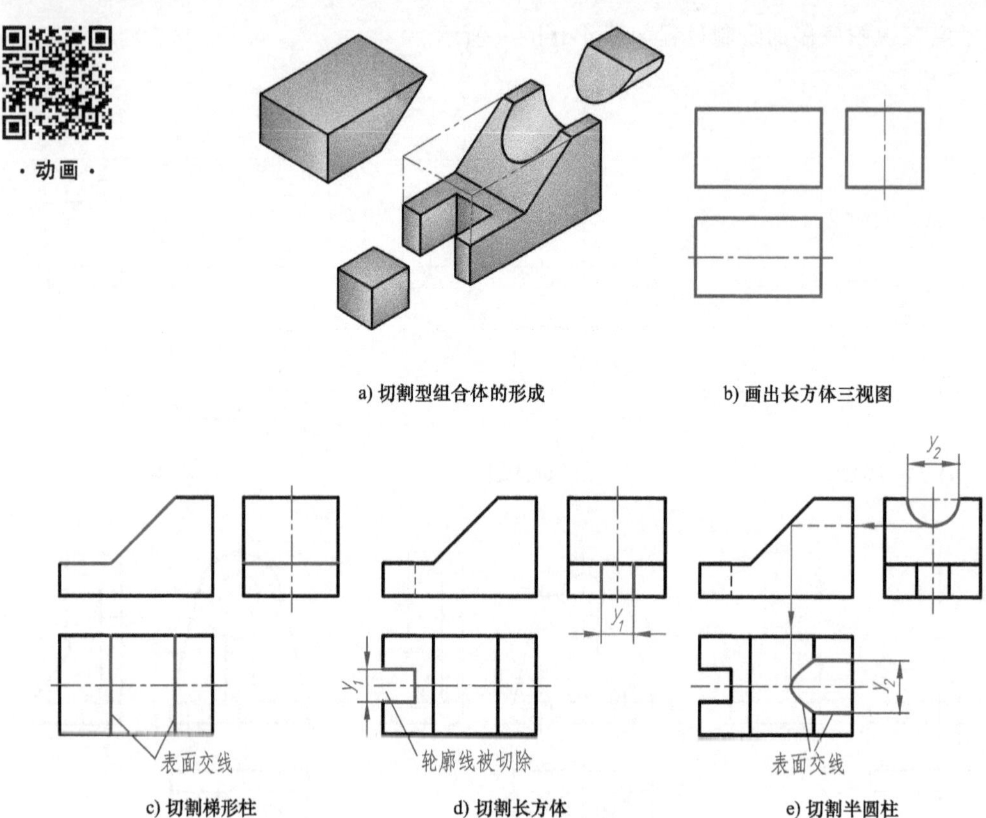

a) 切割型组合体的形成　　b) 画出长方体三视图

c) 切割梯形柱　　d) 切割长方体　　e) 切割半圆柱

图 4-17　切割型组合体三视图画法

4.3　物体的尺寸标注

视图可以表达物体的形状，而物体的大小则应根据视图上所标注的尺寸来确定，因此，正确地标注物体的尺寸非常重要。组合体尺寸标注的基本要求是**正确**、**完整**、**清晰**。正确是指标注的尺寸要符合国家标准中有关尺寸标注的规定，尺寸数字准确，详见第 1 章中的介绍；完整是指标注的尺寸能完全确定物体的形状和大小，尺寸既没有遗漏，也没有重复；清晰是指标注的尺寸布置合理、整齐清楚、便于看图。下面将对尺寸标注的完整性和清晰性要求进行介绍。

4.3.1　尺寸标注的完整性

为将组合体的尺寸标注完整，首先应对组合体进行形体分析，将其分解为若干基本体。然后按顺序标注各基本体的**定形尺寸**和**定位尺寸**，最后标注**总体尺寸**。定形尺寸是表明组合体中各单个形体大小的尺寸，如图 4-18b 中的尺寸；定位尺寸是表明组合体中各形体间相对位置的尺寸，如图 4-18c 中的尺寸；总体尺寸是表明组合体总长、总宽和总高的尺寸。

1. 基本体的尺寸标注

基本体的定形尺寸是组合体尺寸标注的基础。在标注尺寸时，要清楚各基本体的形状，所注尺寸应能够确定基本体的大小和形状，不得遗漏。

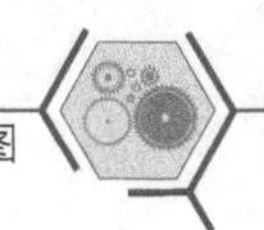

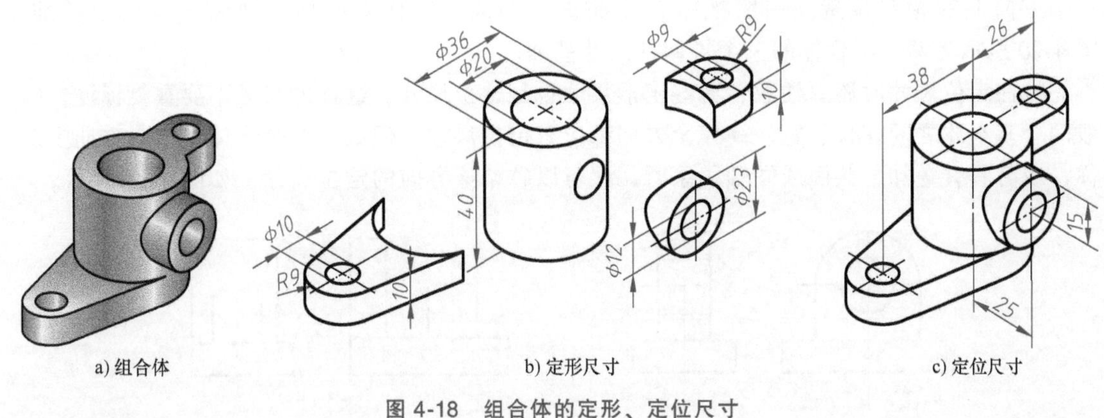

a) 组合体　　b) 定形尺寸　　c) 定位尺寸

图 4-18　组合体的定形、定位尺寸

通常基本体的大小是由其长、宽、高三个方向的尺寸来确定的。图 4-19 所示为常见基本体的尺寸注法。正方形底面的边长可以来用在尺寸数字前加“□”的方式标注，如图 4-19a 所示；如有必要，可在某个尺寸上加括号，用于表示该尺寸是参考尺寸，如图 4-19b 中六棱柱的对角距；棱台的顶面和底面形状尺寸最好标在反映其实形的视图上，如图 4-19c 所示；在圆柱、圆台的非圆视图上标注直径和高度，这样不仅可以确定它们的形状和大小，还可以不画反映圆形的视图，如图 4-19d、e 所示；球也可以只画一个视图，但要在直径或半径符号前加注“*S*”，如图 4-19f 所示；在圆环的视图上，需要标注中心圆和母线圆直径，如图 4-19g 所示。

2. 定位尺寸的标注

标注定位尺寸时，应先确定**尺寸基准**。尺寸基准是指标注尺寸或者测量尺寸的起点。物体具有长、宽、高三个方向的尺寸，每个方向都应有尺寸基准，用于确定物体各组成部分在

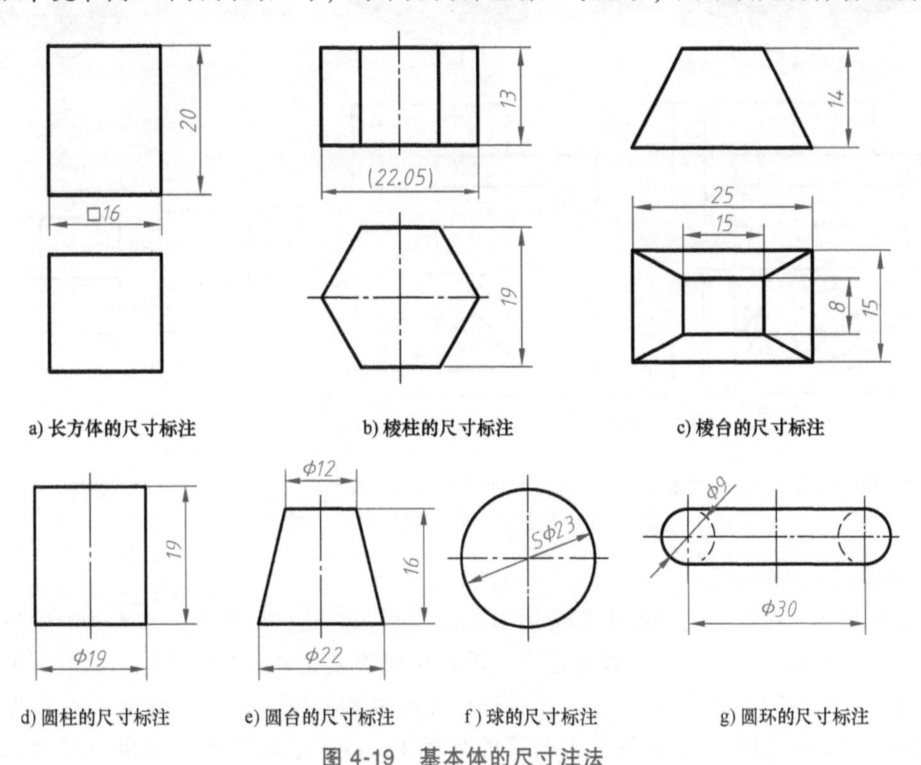

a) 长方体的尺寸标注　　b) 棱柱的尺寸标注　　c) 棱台的尺寸标注

d) 圆柱的尺寸标注　　e) 圆台的尺寸标注　　f) 球的尺寸标注　　g) 圆环的尺寸标注

图 4-19　基本体的尺寸注法

三个方向上的相对位置。一般把组合体的重要端面、对称中心面、轴线作为尺寸基准。图 4-20 所示为两个组合体的三个方向的尺寸基准。

标注定位尺寸时还要注意，有些定形尺寸也是定位尺寸，这样的尺寸不要重复标注。一般两个基本体之间在长、宽、高三个方向都应有定位尺寸，但如果两个形体在某一方向上对称，或者具有叠加、共面或同轴关系时，就可以省略该方向的定位尺寸，如图 4-21 所示。

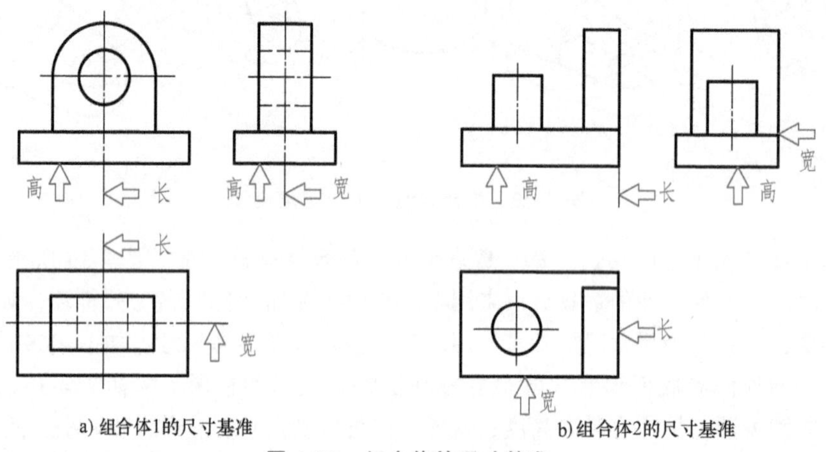

a) 组合体1的尺寸基准　　b) 组合体2的尺寸基准

图 4-20　组合体的尺寸基准

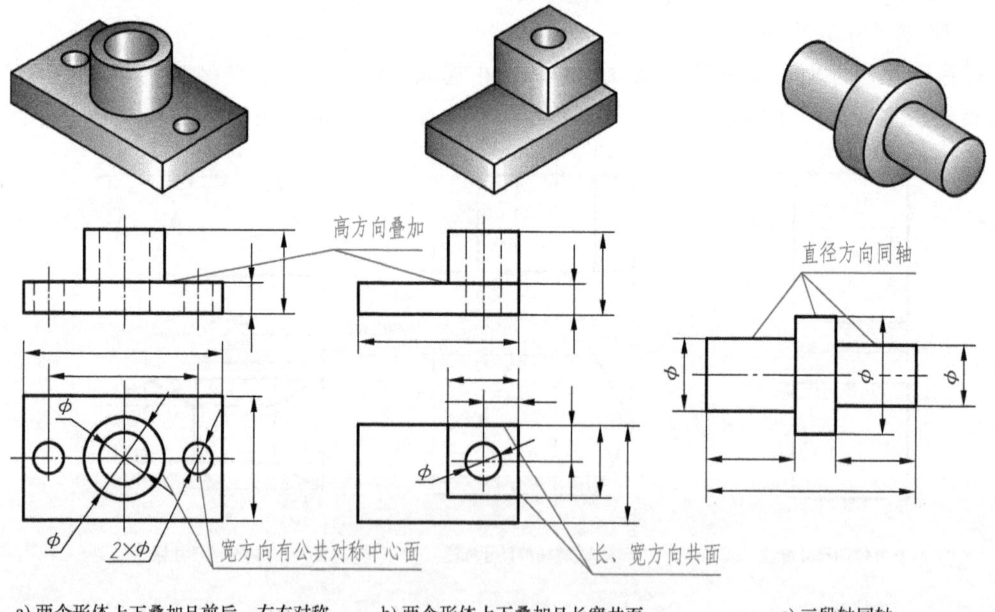

a) 两个形体上下叠加且前后、左右对称　　b) 两个形体上下叠加且长宽共面　　c) 三段轴同轴

图 4-21　省略某一方向定位尺寸的情况

3. 总体尺寸的标注

一般情况下，在物体的视图中都应注出总体尺寸。但是，如果某个基本体的定位尺寸或定形尺寸就是物体的总体尺寸，或者在图上已能比较明显地看出总体尺寸，一般不再另行标注总体尺寸。例如图 4-18 所示物体，其总长尺寸是两端的两个定形尺寸 *R*9mm 与两个定位尺寸 38mm、26mm 的和；总宽就是大圆筒的半径 18mm（定形尺寸）与定位尺寸 25mm 之

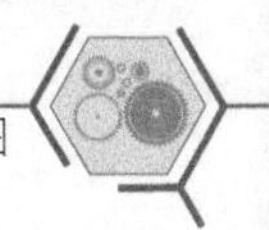

和；总高就是大圆筒的高度 40mm（定形尺寸）。因此，对该物体的三视图进行尺寸标注时，不必再标注总体尺寸。

又如图 4-22 所示物体，当在某个方向上，其一端或两端是回转结构时，这个方向的总体尺寸是不能直接注出的，需要标注的是回转结构的定形尺寸和定位尺寸。

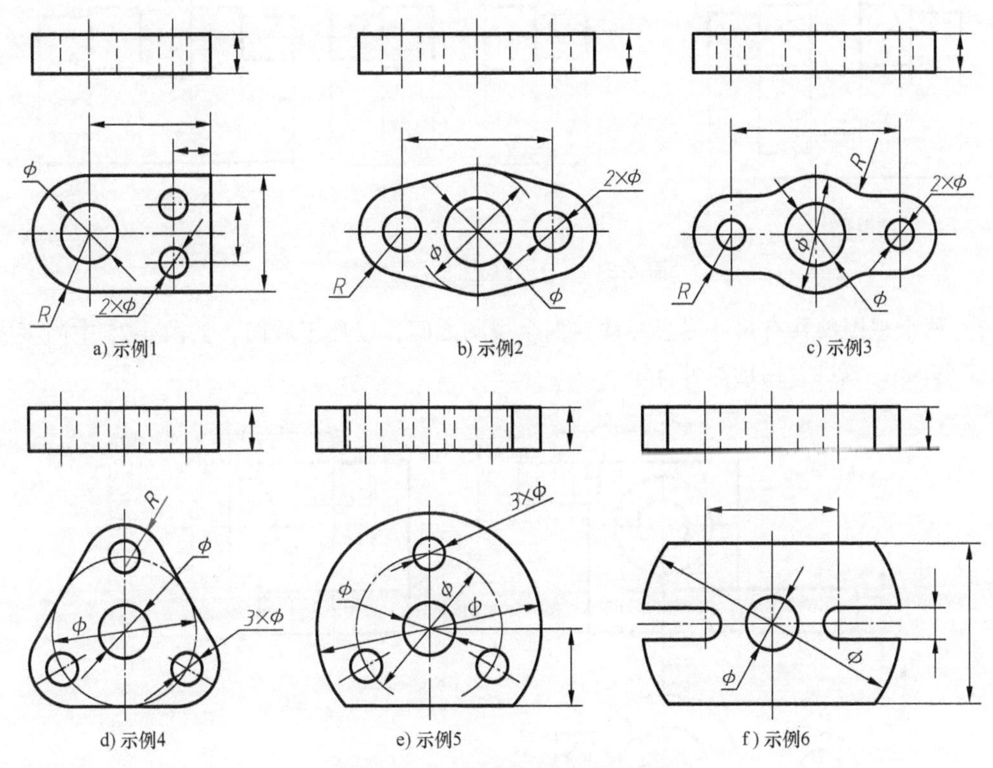

图 4-22　不标注总体尺寸的示例

再如图 4-23 所示物体，由于小圆孔轴线与圆弧轴线既可以重合也可以不重合，此时均要标注出孔的定位尺寸和圆弧的定形尺寸“R”，还要标注出总体尺寸“L”。

4.3.2　尺寸标注的清晰性

要做到尺寸标注清晰，应注意以下问题：

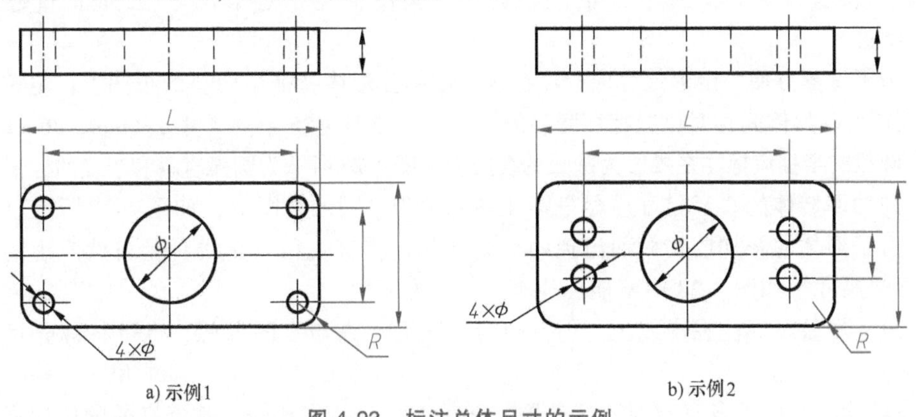

图 4-23　标注总体尺寸的示例

1）尺寸应尽量标注在视图轮廓线外，尽量不影响视图（在不影响图形的清晰性且有足够的位置时，也可把尺寸标注在视图内）。一般将小尺寸布置在内，大尺寸布置在外；一个尺寸的尺寸线和另一个尺寸的尺寸界线尽量不要相交；尺寸线和尺寸线也尽量不要相交。

2）同一方向上连续标注的尺寸应尽量配置在少数几条线上，如图 4-24 所示。

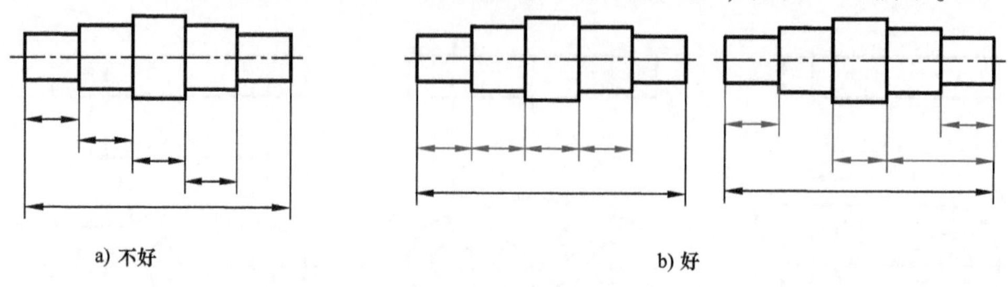

a) 不好　　b) 好

图 4-24　同一方向上的尺寸标注

3）两个视图的共有尺寸尽量标注在两个视图之间，以便于看图，如图 4-25 中高度方向的尺寸 40mm，长度方向的尺寸 38mm。

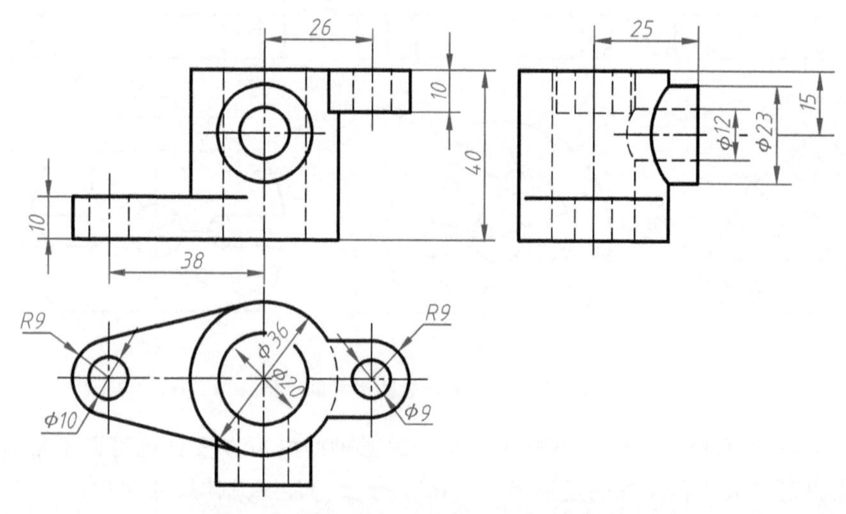

图 4-25　将尺寸标注在特征明显的视图上

4）同一形体的定形、定位尺寸应尽量集中标注在一两个视图上，以便较快地确定基本体的形状和位置，例如，图 4-25 的左视图中，集中标注了定形尺寸 ϕ23mm 和定位尺寸 25mm、15mm。

5）为了看图方便，定形尺寸应标注在显示该部分形体特征最明显的视图上；定位尺寸应尽量标注在反映形体间相对位置特征明显的视图上，如图 4-25 中的尺寸 ϕ36mm、26mm 等。

6）圆弧的半径应标注在投影为圆弧的视图上。图 4-26 所示为圆弧直径和半径的标注示例。

7）同轴回转体的直径尺寸应尽量标注在投影为非圆的视图上，如图 4-27 所示。

8）由于形体的叠加或切割而出现的交线（包括相贯线和截交线）是自然产生的，这些交线不标注尺寸，如图 4-28 中不能标注有“×”的尺寸。

9）尺寸尽量不标注在虚线上。但有时为了图面清晰与看图方便，也可将部分尺寸标注在虚线上。

标注尺寸时，以上各点有时不能兼顾，必须综合分析、比较，选择合适的标注形式。

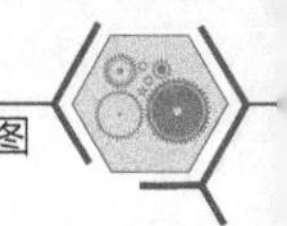

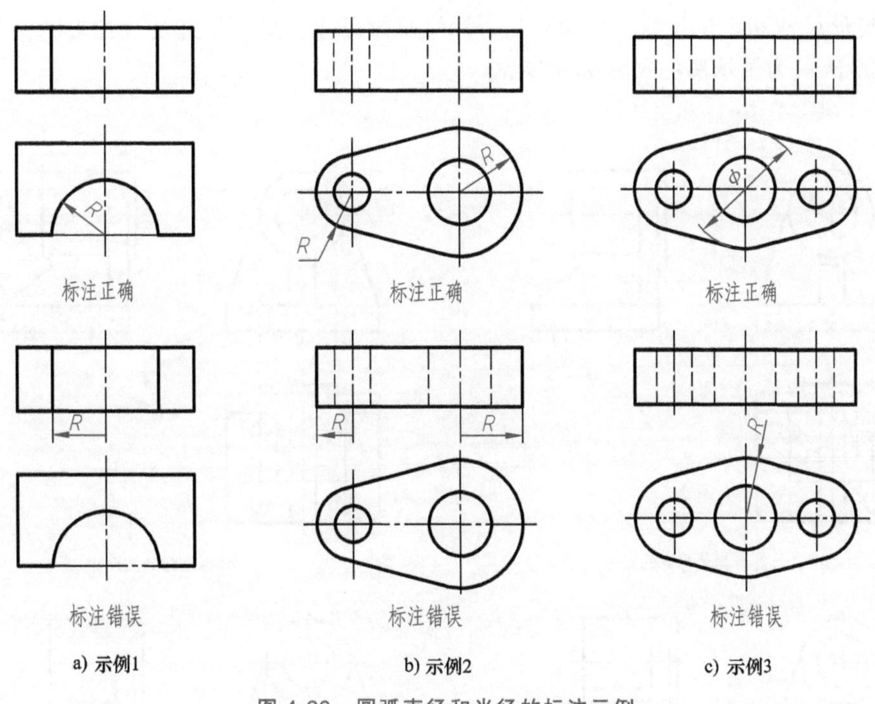

图 4-26　圆弧直径和半径的标注示例

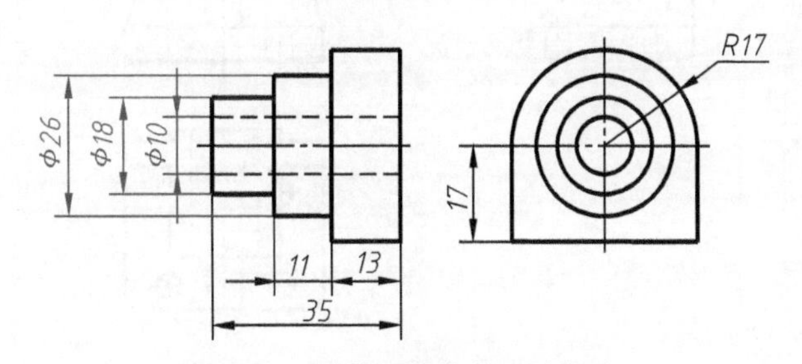

图 4-27　同轴回转体的尺寸标注

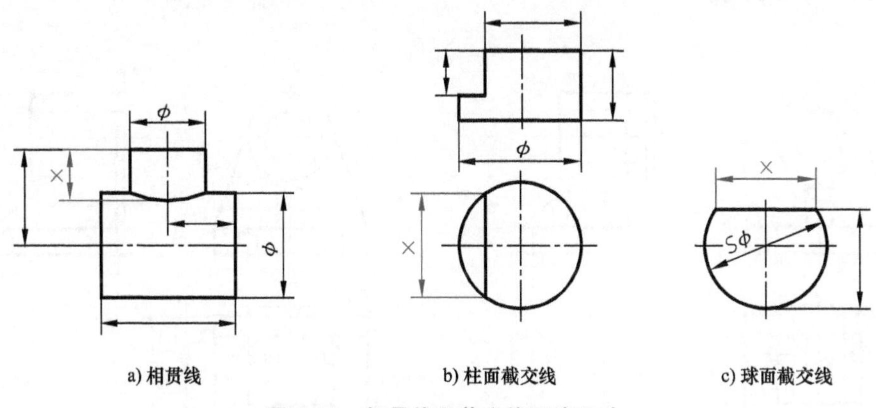

图 4-28　相贯线和截交线不注尺寸

4.3.3　尺寸标注举例

标注物体尺寸时，一般要先对物体进行形体分析，选定三个方向的尺寸基准，标注出每

个形体的定形尺寸和定位尺寸，再确定是否标注总体尺寸，最后检查是否有错误、重复或遗漏。图 4-29 所示为轴承座的尺寸标注步骤。

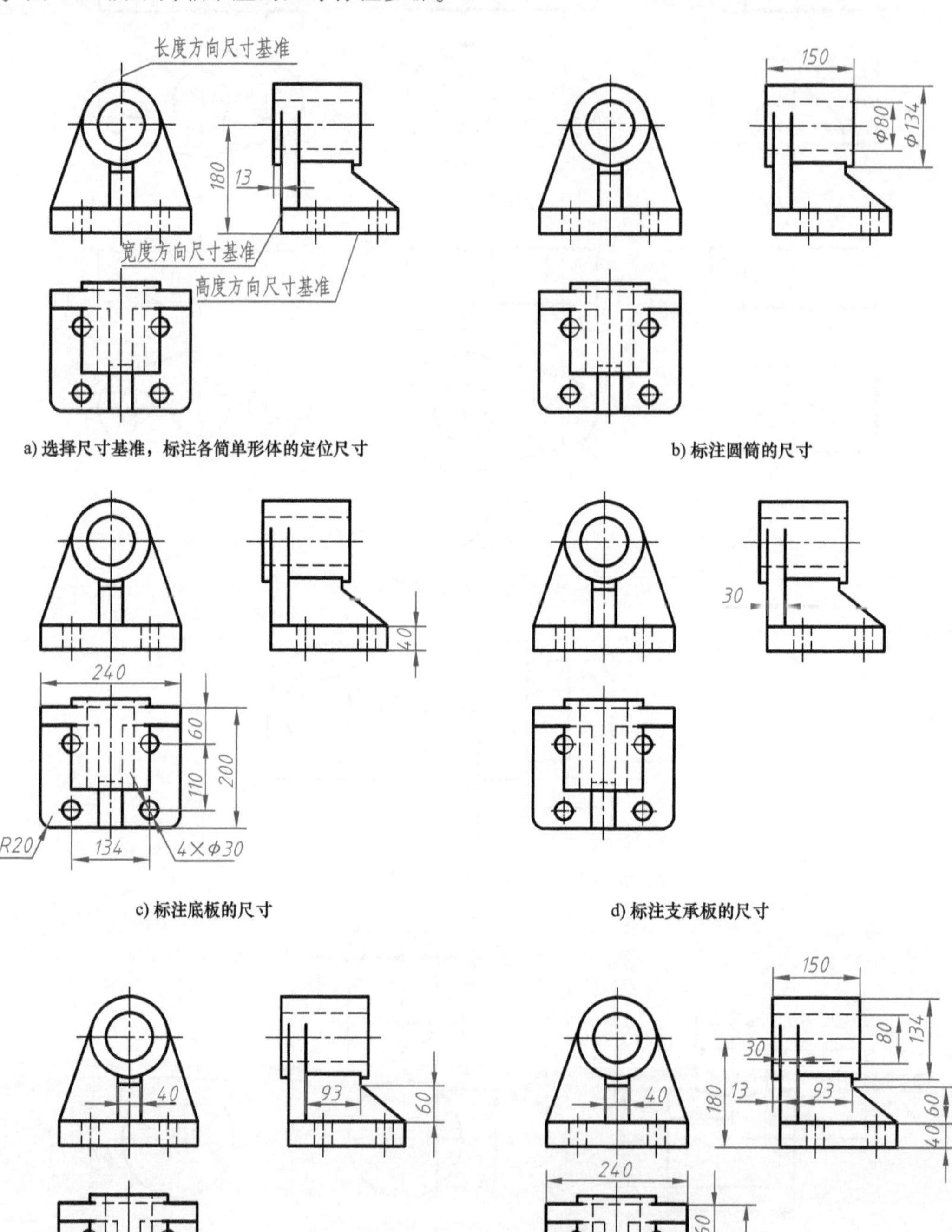

图 4-29　轴承座的尺寸标注

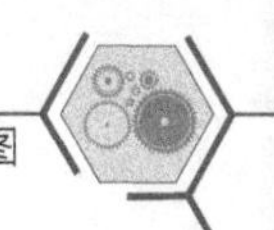

4.4 物体视图的识读方法

绘制视图是将三维物体用正投影法表示成二维视图。而读图（看图）则是根据二维视图，通过分析和判断，将视图还原为三维立体的过程。所以读图是绘制视图的逆过程。为了能正确、快速地识读物体的视图，必须掌握读图的基本要领和方法，还要经过反复的实践练习，以提升读图能力。

4.4.1 读图的基本要领

1. 明确视图中线框和图线的含义

物体的视图是由各种图线和线框组成的，要正确识读视图，就必须明确视图中图线和线框的含义。

(1) 图线的含义　视图中任何一条粗实线或虚线，分别属于以下三种情况中的一种：有积聚性的平面或曲面的投影；两面交线的投影；曲面的轮廓素线的投影。

以图 4-30 中的左视图为例，图线 1″是圆柱面的轮廓素线的投影，图线 2″是有积聚性的平面的投影，图线 3″是两面交线的投影。

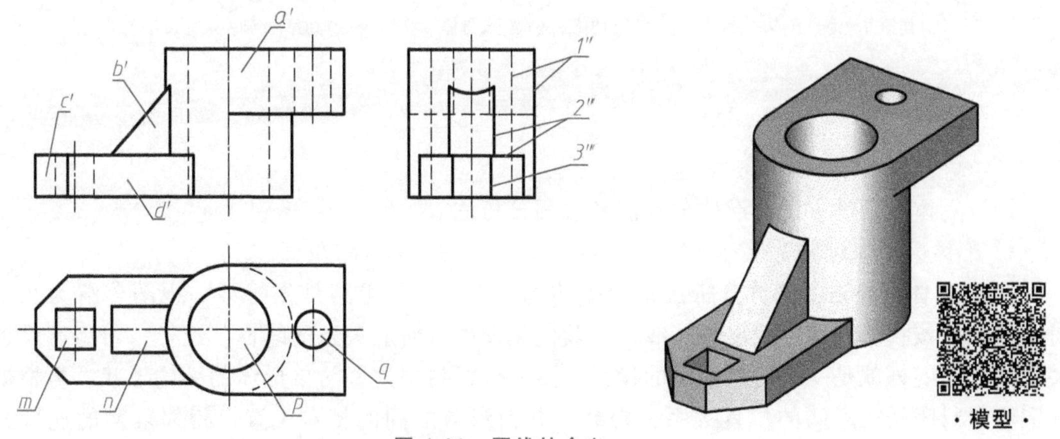

图 4-30　图线的含义

(2) 线框的含义　视图中的封闭线框（由粗实线、虚线或粗实线与虚线围成）是物体上不与相应投影面垂直的一个表面的投影或孔的投影。这个面可能是平面、曲面或平面与曲面相切形成的组合面；可能是外表面，也可能是内表面。

以图 4-30 所示主视图中的几个粗实线框为例，线框 b'、c'、d'是平面的投影；线框 a'的下部是曲面的投影，上部是平面与曲面相切所形成的连续表面的投影。

(3) 线框的相对位置关系　视图中相邻的线框表示同向错位表面或斜交表面的投影，其相对位置需要对照其他视图来判别。若线框中套有线框，则里边的线框表示凸起的表面、凹陷的表面或孔的内表面的投影。

在图 4-30 所示主视图中，相邻线框 c'、d'是两相交表面的投影，而 b'、d'是前后错位表面的投影。在图 4-30 所示俯视图中，线框 m、p、q 是孔的投影，线框 n 是凸起的肋板的投影。

2. 几个视图联系起来看，并且要遵循投影规律

一个视图只反映物体的一个方向的形状，仅仅通过一个或两个视图有时不能准确地表达物体的空间形状。看图时，必须将几个视图联系起来，按照投影规律进行对照、分析、判断、构思，这样才能正确地想象出物体的真实形状。

例如，图 4-31 所示为三个物体的视图，它们的主、俯视图均相同，通过对照左视图，才能确定它们表达的是三个不同的物体。

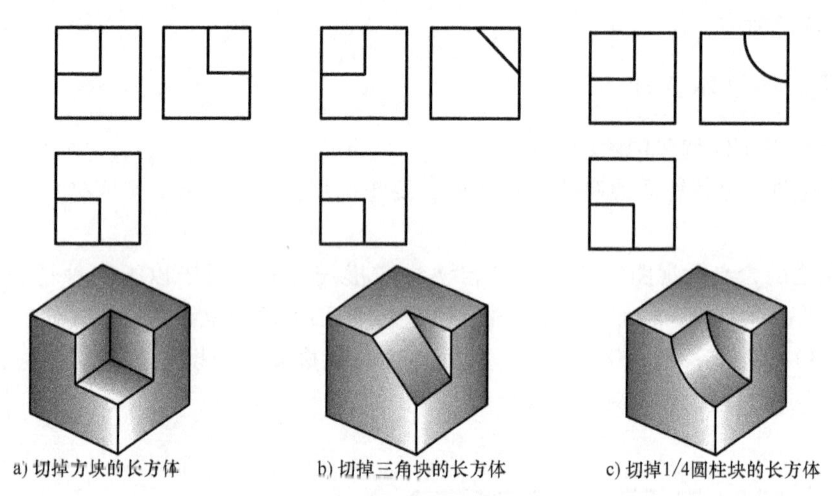

图 4-31 三个视图相联系起来看图

4.4.2 读图的基本方法

识读物体视图的方法有形体分析法和线面分析法。

1. 形体分析法读图

(1) 形体分析法 **形体分析法**是读图的基本方法，其思路是先将某一视图分解为几个封闭线框，按投影规律，找出这些线框在其他视图中有对应关系的线框。这样，每组有投影关系的封闭线框就是一个简单形体的投影。然后分析想象这些简单形体的结构形状，再根据视图中各封闭线框之间的位置关系，判断各几何形体之间的相对位置、相邻表面的连接方式，最终想象出物体的整体形状。

下面以识读图 4-32 所示的组合体三视图为例，说明用形体分析法读图的一般步骤。

1）按投影，分线框。从反映组合体整体形状特征较多的主视图开始，将其分为四个封闭线框。由于左、右三角形线框完全一样，仅标出三个线框 1′、2′、3′。按照“长对正、高平齐、宽相等”的投影规律，从俯视图和左视图上分别找出对应的线框 1、2、3 和 1″、2″、3″，如图 4-32a 所示。这样就把复杂的视图分成了几组相对简单的视图。

2）由特征，明形体。从特征视图出发，想象每一组线框所表达的简单立体的具体形状。对于线框 1、1′、1″（图 4-32b），由线框 1′、结合线框 1、1″可知，其表示三角形肋板（图 4-32e 中的Ⅰ）。对于线框 2、2′、2″（图 4-32c），由线框 2′、结合线框 2、2″可知，其表示开半圆槽的四棱柱（图 4-32e 中的Ⅱ）。对于线框 3、3′、3″（图 4-32d），由线框 3″、结合线框 3、3′可知，其表示开了两个圆柱孔的底板（图 4-32e 中的Ⅲ）。

3）综合想，得整体。由主视图可知，形体Ⅰ、Ⅱ在形体Ⅲ的上方，形体Ⅰ和Ⅱ、Ⅲ具

有公共的对称中心面。由俯视图或左视图可知，形体Ⅰ、Ⅱ、Ⅲ的后面平齐。至此，各简单形体的相对位置确定，从而可得出组合体的整体形状，如图 4-32f 所示。

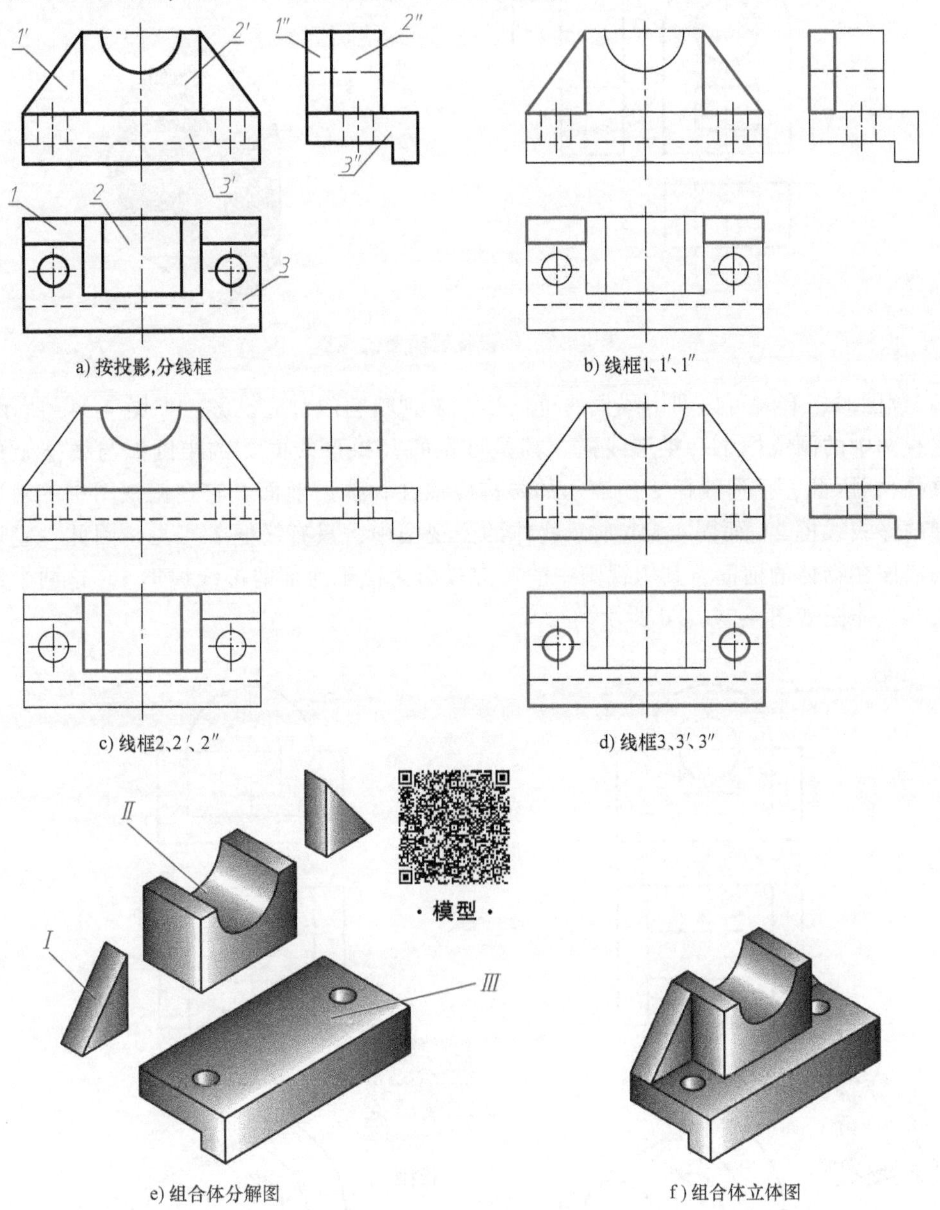

a) 按投影，分线框　b) 线框1、1′、1″

c) 线框2、2′、2″　d) 线框3、3′、3″

e) 组合体分解图　f) 组合体立体图

图 4-32　形体分析法读图

（2）形体分析法读图过程中的注意事项

1）物体上每个组成部分的特征并不一定集中在一个视图上。因此，在划分组合体的各部分时，要善于从反映组成部分形状特征和各部分相对位置特征的视图入手，并将它们联系起来看，这样就能比较快地进行分析了。在图 4-33 所示物体的主视图中，线框 1′、2′表示组合体的两个组成部分的形状特征，但无法确定它们究竟是孔还是凸出的柱体。只有联系左视图中的对应投影才能清楚地反映出来，而俯视图上反映的是不清楚的。本例中，左视图是反映组合体各组成部分相对位置特征较为明显的视图。

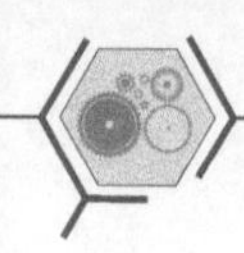

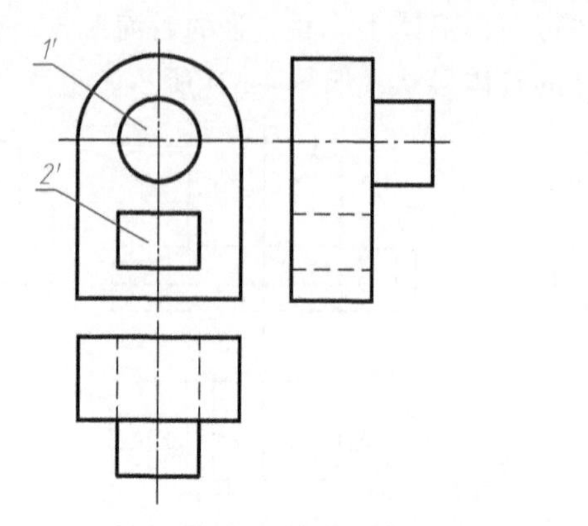

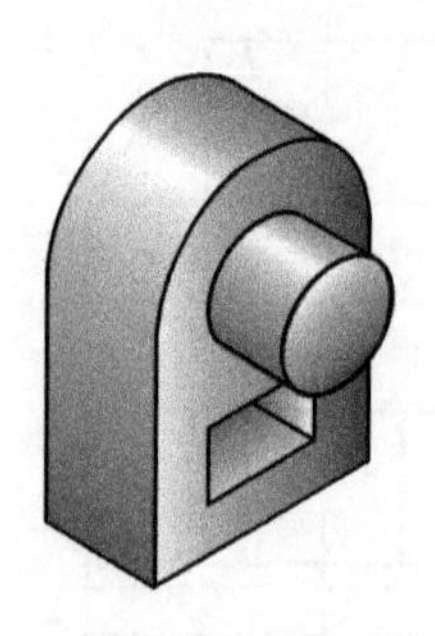

图 4-33　位置特征明显的视图

2）读图时，有时可以利用线框的可见性，来判断它的对应投影。如图 4-34a 所示物体，由于主视图中的圆线框 1′和拱形线框 2′都是可见的（拱形线框 2′的半圆弧与线框 1′的上半圆弧重叠），因此，拱形线框 2′所表示的结构应该在物体的前面，它在俯视图中的对应投影为前部的虚线线框 2。而图 4-34b 所示物体的主视图中，只有线框 1′可见，因此，它所表示的结构应该在物体的前面，其俯视图中的对应投影为位于前部的虚线线框 1。这两个线框都表示孔，立体图如图 4-34c、d 所示。

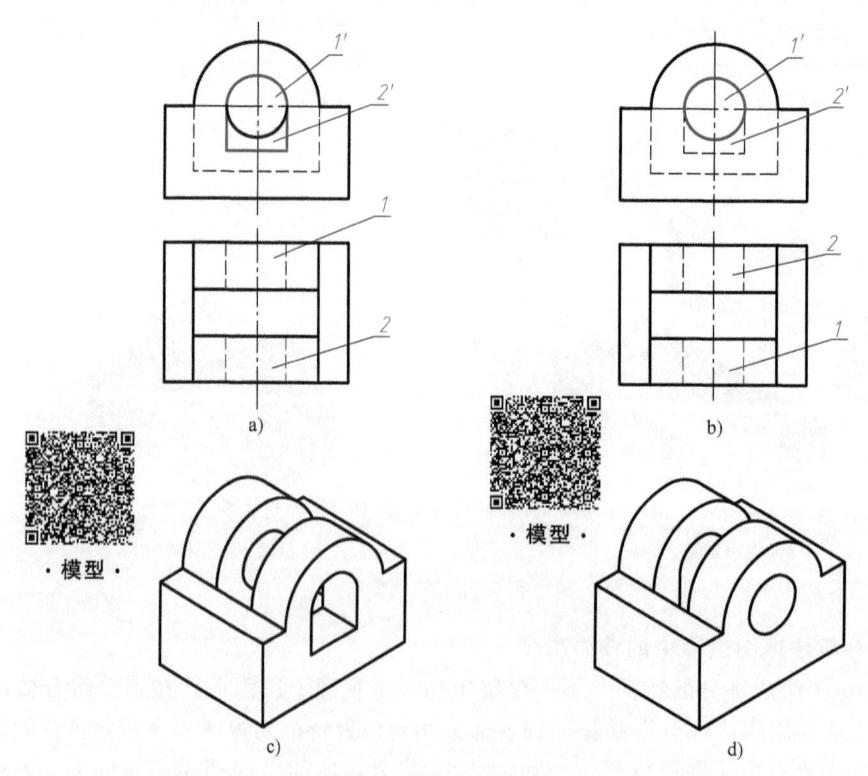

图 4-34　利用线框的可见性判断对应投影

2. 线面分析法读图

对于叠加型组合体的视图，适合用形体分析法来读图。对于切割型组合体的视图，则宜

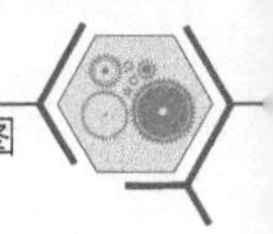

采用线面分析法。

所谓**线面分析法**，就是运用点、线、面的投影特性，来分析视图中线段或线框的实际形状及空间位置，进而想象出物体的表面形状、表面交线，以及面与面之间的相对位置等，最终想象出物体的线面构成、结构形状。

用线面分析法读图时，最关键的是要明确视图中的线框与其他视图中的线段或线框间的投影规律。

在视图中，如果多边形线框与另一视图中的水平或竖直线段符合投影关系，则它表达的是物体上的投影面平行面；如果与另一视图中的斜线段符合投影关系，则它表达的是物体上的一个投影面垂直面；如果与另一视图中的边数相同的多边形符合投影关系，则它表达的可能是投影面垂直面，也可能是一般位置的平面，随其第三面投影为斜直线或同边数多边形而定。

如图4-35所示，主视图中的线框 m' 对应于俯视图中的线段 m、左视图中的线段 m''，所以它表达的是投影面平行面（正平面）。主视图中的线框 p' 对应于俯视图中的线框 p、左视图中的线框 p''（三个线框是类似形），所以它表达的是一般位置的平面。主视图中的线框 q' 对应于俯视图中的线框 q（q' 和 q 是类似形）、左视图中的线段 q''，所以它表达的是投影面垂直面（侧垂面）。

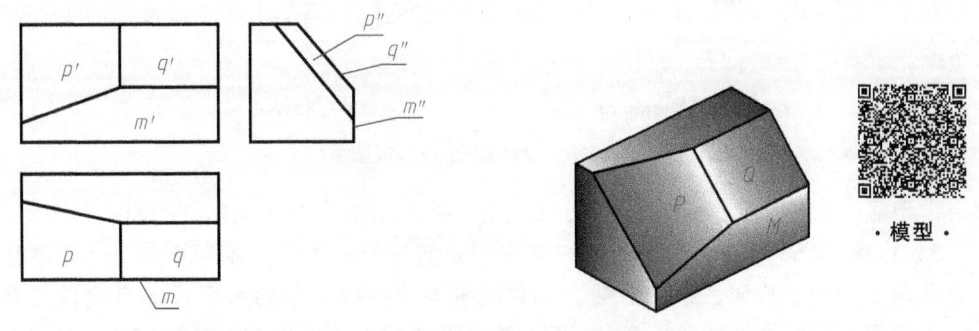

图4-35　视图中线框、线段之间的对应关系

下面以图4-36所示压块为例，说明用线面分析法读图的步骤。

(1) 初步确定切割体的主体形状　根据各视图的投影特征，初步确定切割体被切割前的主体形状。如图4-36a所示，由于压块的三视图轮廓基本上都是矩形，因此可以判断出压块成形前的基本形体是四棱柱（长方体）。

(2) 逐个分析线框的投影　利用投影关系，找出视图中的线框及其各对应投影，逐个分析，想象它们的空间形状和位置，并明确切割部位的结构。

1）由图4-36b可知，俯视图中左端的梯形线框 m（或左视图中的梯形线框 m''）只能与主视图中的斜线 m' 符合投影关系，根据“若线框与另一视图中的斜线段符合投影关系，则它表达的是投影面垂直面”，可判定 M 面是垂直于正面的平面，即长方体的左上角被正垂面 M 切割。

2）由图4-36c可知，主视图中的七边形线框 n'（或左视图中的线框 n''），只能与俯视图中的斜线 n 符合投影关系，根据“如果线框与另一视图中的斜线段符合投影关系，则它表达的是投影面垂直面”，可知 N 面为七边形铅垂面，即长方体的左端前面由铅垂面 N 切割形成七边

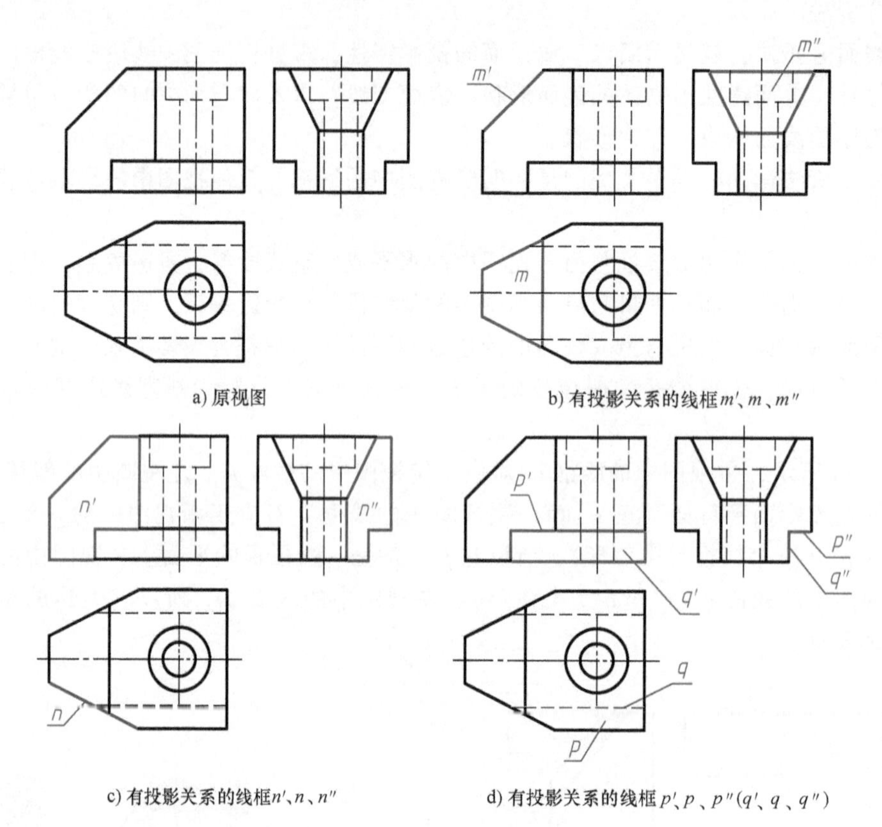

a) 原视图　　b) 有投影关系的线框m'、m、m''

c) 有投影关系的线框n'、n、n''　　d) 有投影关系的线框p'、p、p''(q'、q、q'')

图 4-36　线面分析法读图

形。由于俯、左视图前后对称，因此，长方体的左端后面由与 N 面对称的铅垂面切割。

3）由图 4-36d 可知，主视图中的线框 q' 只能与俯视图中的水平虚线 q（或左视图中的竖直线段 q''）符合投影关系，根据“如果线框与另一视图中的水平或竖直线段符合投影关系，则它表达的是投影面平行面”，可判定 Q 面是正平面。同理，俯视图中的四边形线框 p 只能与主视图中的水平线 p'（或左视图中的水平线段 p''）符合投影关系，可断定 P 面为水平面。结合三个视图，可以看出长方体的前面下方被平面 P 和 Q 切割。由于俯、左视图前后对称，因此，长方体的后面被与 P 和 Q 对称的平面切割。

4）由俯视图中的两同心圆，结合其他视图中有投影关系的虚线，可以看出压块的上方开了阶梯孔。

(3) 综合想象切割体的整体形状　通过以上对各个线框的分析，明确了各表面的空间形状、位置，以及切割体的面与面之间的相对位置等，综合起来，即可想象出切割体的整体形状。

压块的形成过程为：如图 4-37a 所示，在长方体左上方用正垂面切去一角，在长方体左端前、后分别用铅垂面对称切去两个角，在长方体下方前、后分别用水平面和正平面对称切去两小块，最后在长方体上从上到下开阶梯孔。压块的整体形状如图 4-37b、c 所示。

4.4.3　识读物体视图的步骤

识读比较复杂的视图时，一般要把形体分析法和线面分析法结合起来，通常是在形体分

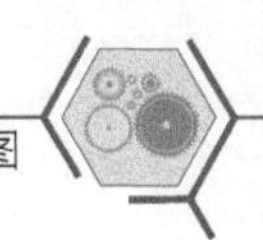

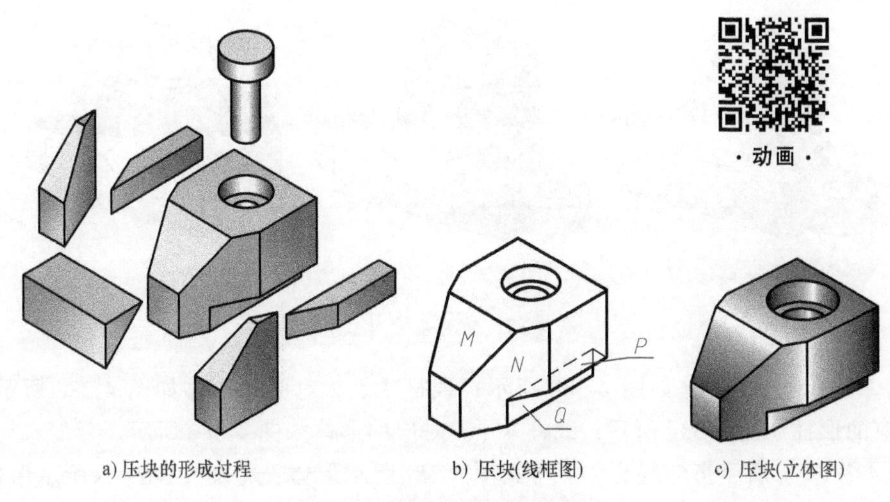

a) 压块的形成过程　　b) 压块(线框图)　　c) 压块(立体图)

图 4-37　线面分析法读图综合

析法的基础上，对不易看懂的局部，还要结合线、面的投影进行分析，想象出其形状。识读物体视图的一般步骤如下：

1）对照投影分部分。从主视图入手，对照其他视图，根据封闭线框将组合体分解成几个部分。

2）想象各部分形体的形状。用形体分析法和线面分析法，根据各部分形体在几个视图中的投影，想象出其具体结构。一般先想象大的、主要的形体或者结构明显的形体，再解决细节问题。

3）综合起来想整体。按视图中各部分形体的相对位置关系，综合起来想象物体的整体形状。

例 4-1　想象图 4-38a 所示物体的形状。

分析　首先将主视图按粗实线分成线框 1′、2′、3′、4′（对称的线框不计），按投影关系在俯视图中找到对应的线框 1、2、3、4、如图 4-38a 所示。

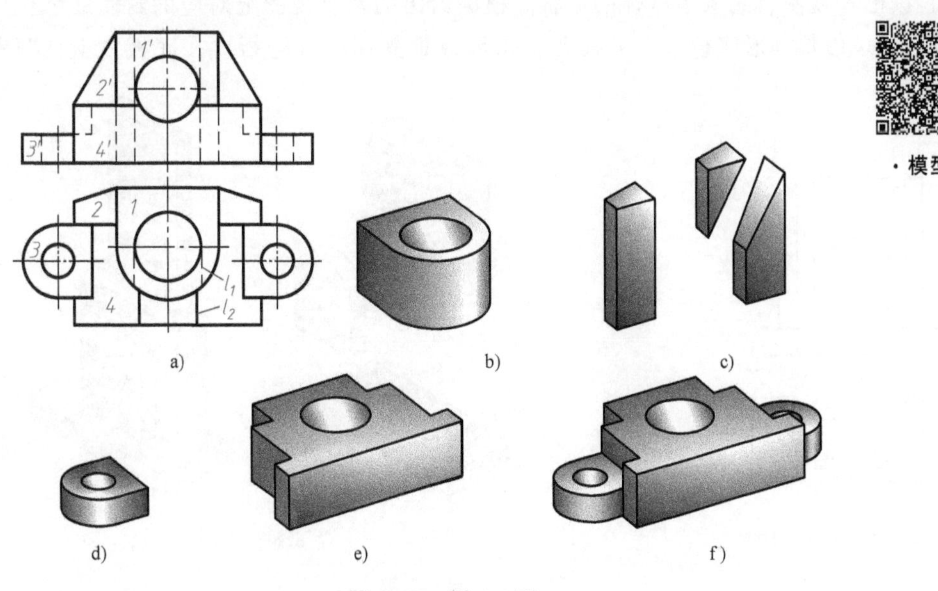

a)　b)　c)　d)　e)　f)

图 4-38　例 4-1 图

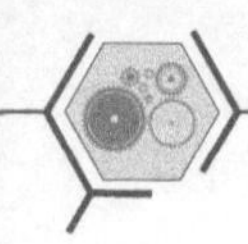

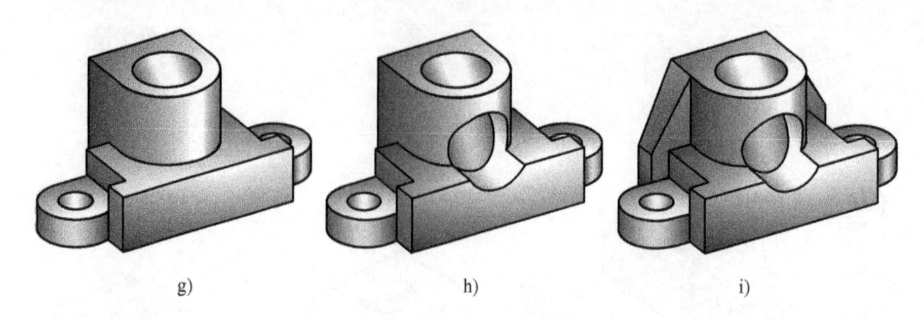

图 4-38 例 4-1 图（续）

线框 1′、1 对应的形体如图 4-38b 所示；线框 2′、2 对应的形体如图 4-38c 所示；线框 3′、3 对应的形体如图 4-38d 所示；线框 4′、4 对应的形体如图 4-38e 所示。

将图 4-38d、e 所示形体组合，可得到图 4-38f 所示形体；将图 4-38f、b 所示形体组合，可得到图 4-38g 所示形体。注意到主视图上的圆与俯视图中的虚线 l_1 及实线 l_2，可知是前后方向的圆孔，可得到图 4-38h 所示形体。将图 4-38c、h 所示形体组合，可得物体的整体形状，如图 4-38i 所示。

4.5 补画视图或视图中的缺线

由已知的两个视图补画所缺的第三个视图，或补画已知三视图中的缺线，是培养和检验读图能力的一种重要方法和手段。通过练习，可以有效地提高画图和读图能力。

补画第三视图或视图中的缺线，首先要看懂已知视图、想象出物体的形状，然后根据物体各组成部分的结构和相互位置关系，依据投影规律画出第三视图或视图中所缺的图线。

1. 补画第三视图

例 4-2 根据图 4-39a 所示两视图，想象组合体的形状，并补画左视图。

1）读已知视图，想象组合体的形状。根据给出的两个视图上对应的封闭线框，可以看出该组合体是由长方形底板Ⅰ、竖板Ⅱ和拱形板Ⅲ叠加后（竖板立在底板之上，两者后面

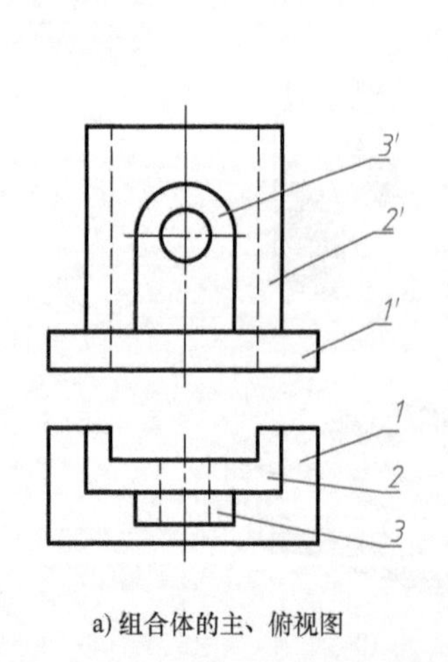

a) 组合体的主、俯视图

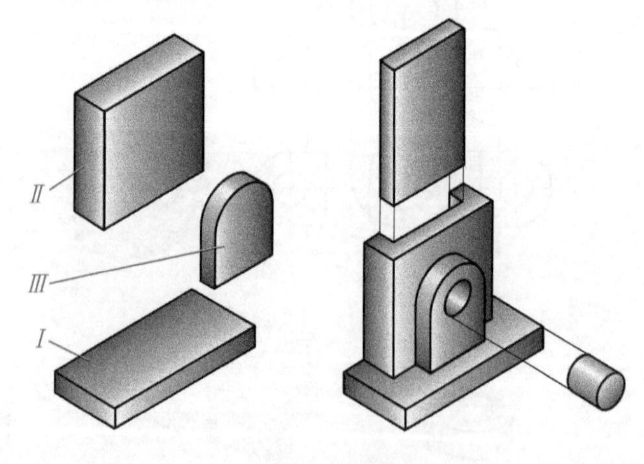

b) 组合体分解图

图 4-39 例 4-2 图

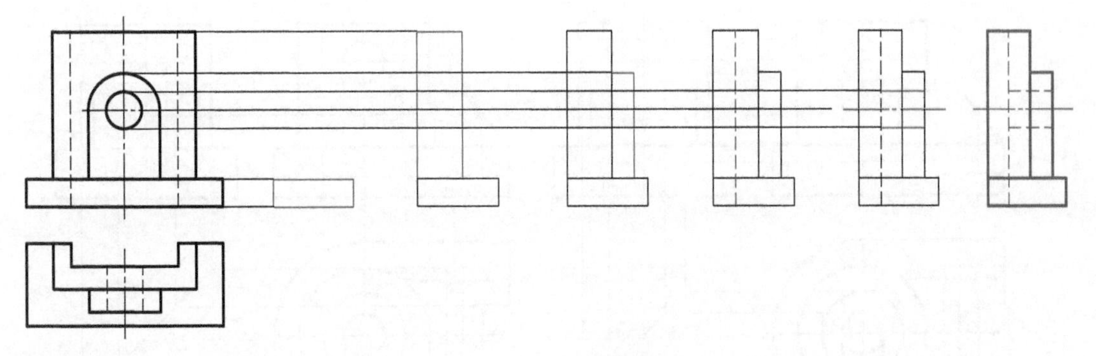

c) 补画过程

图 4-39　例 4-2 图（续）

平齐；拱形板立在底板之上，与竖板前面接触；整体左右对称），切去一个长方形凹槽并钻出一个圆孔而形成的，如图 4-39b 所示。

2）按“长对正、高平齐、宽相等”的规律，分别画出各组成形体的左视图，如图 4-39c 所示。再检查是否有多余的图线或漏画线，无误后加深图线，结果如图 4-39c 中最右侧图所示。

例 4-3　根据图 4-40a 中的主视图和俯视图，补画左视图。

根据主视图中的粗实线封闭线框，可将组合体大致分成三部分：拱形底板、开槽厚肋板、钻孔圆柱体，如图 4-40e 所示。补画左视图的步骤如图 4-40b、c、d 所示。

2. 补画视图中的缺线

例 4-4　根据图 4-41a 所示的三视图，补画所缺图线。

根据已给出的视图特征可以想象，该组合体是由圆柱底板Ⅰ和圆柱Ⅱ叠加后，经切割形成的，如图 4-41b 所示。补画所缺图线的作图步骤如图 4-41c、d、e 所示。

例 4-5　根据图 4-42a 所示的三视图，补全遗漏的图线。

根据已给出的视图特征可以想象，该组合体可分为Ⅰ、Ⅱ上下两部分，如图 4-42b 所示。视图上主要缺少Ⅰ和Ⅱ交线的投影、半圆柱孔的轮廓线投影、切割后产生的截交线的投

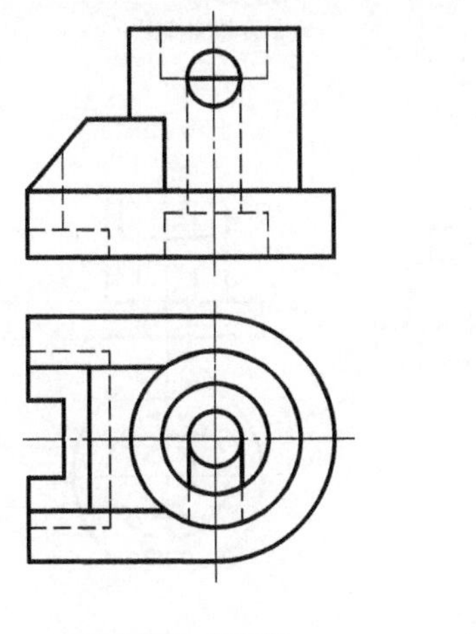

a) 组合体主、俯视图

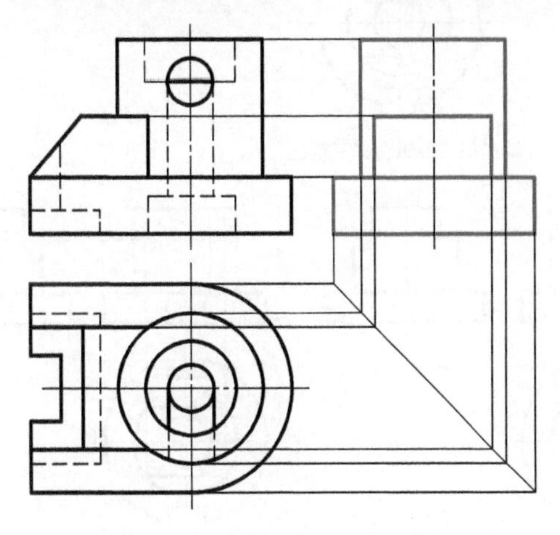

b) 补画主要可见轮廓

图 4-40　例 4-3 图

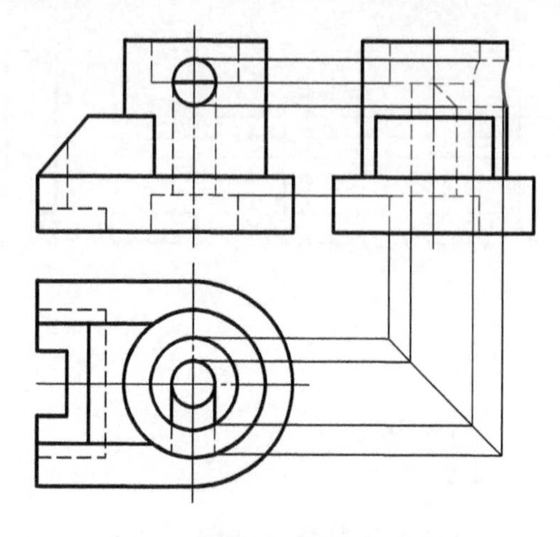

c) 补画虚线、相贯线

d) 补画开槽轮廓，修改加深

·模型·

e) 立体图

图 4-40　例 4-3 图（续）

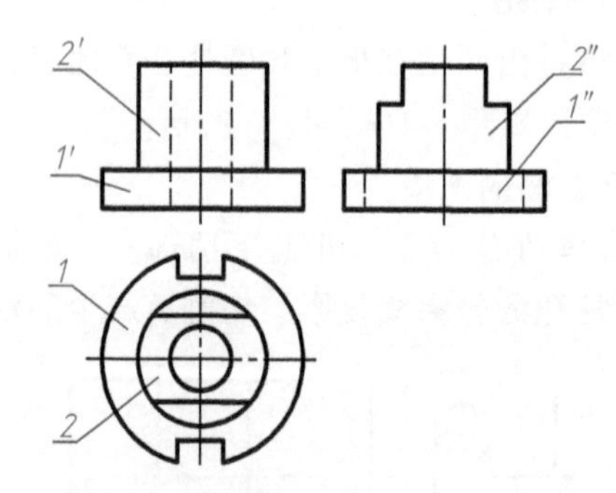

a) 缺少图线的组合体三视图

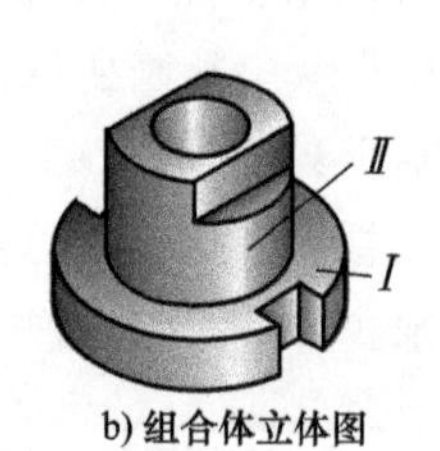

b) 组合体立体图

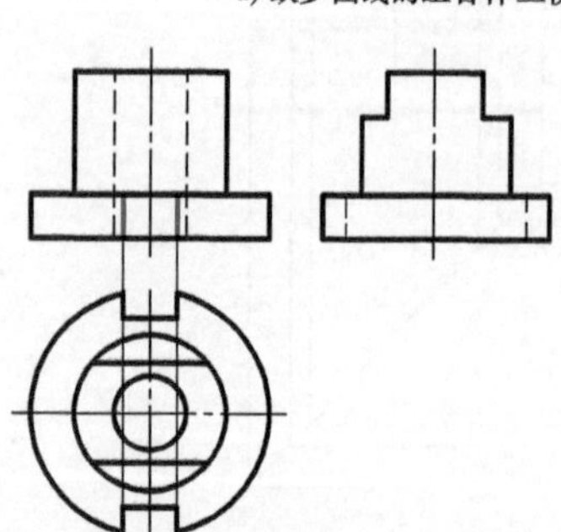

c) 补画底板槽口图线

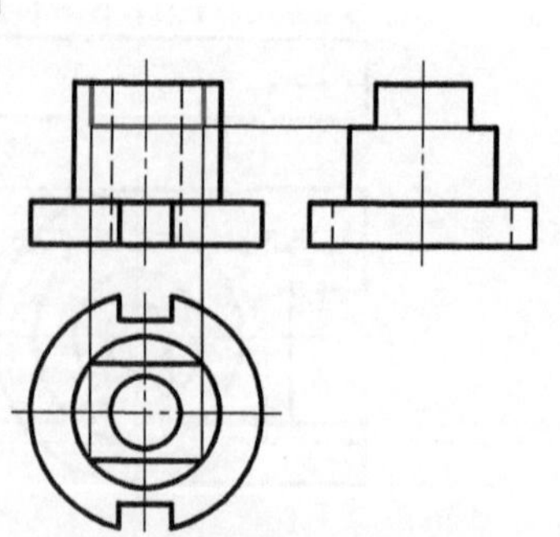

d) 补画上部圆柱前后切口图线

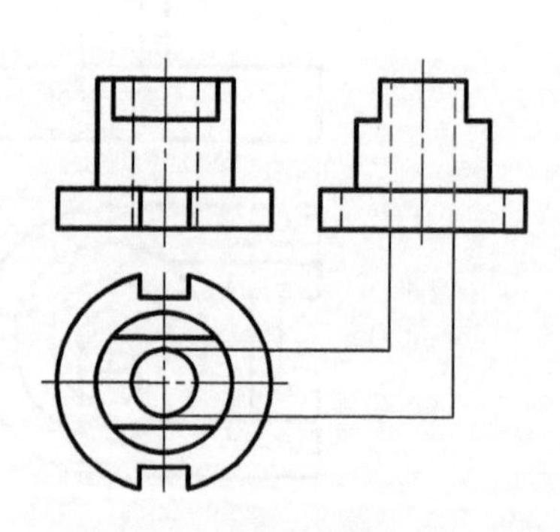

e) 补画上下通孔图线

图 4-41　例 4-4 图

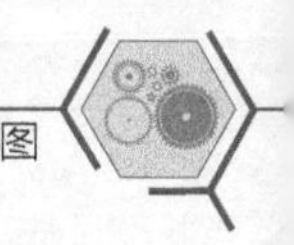

影等。在各视图中补画缺线的过程如图 4-42c、d、e、f 所示。

注意：在补画图线时，要充分运用“长对正、高平齐、宽相等”的投影规律来分析所补图线的合理性。

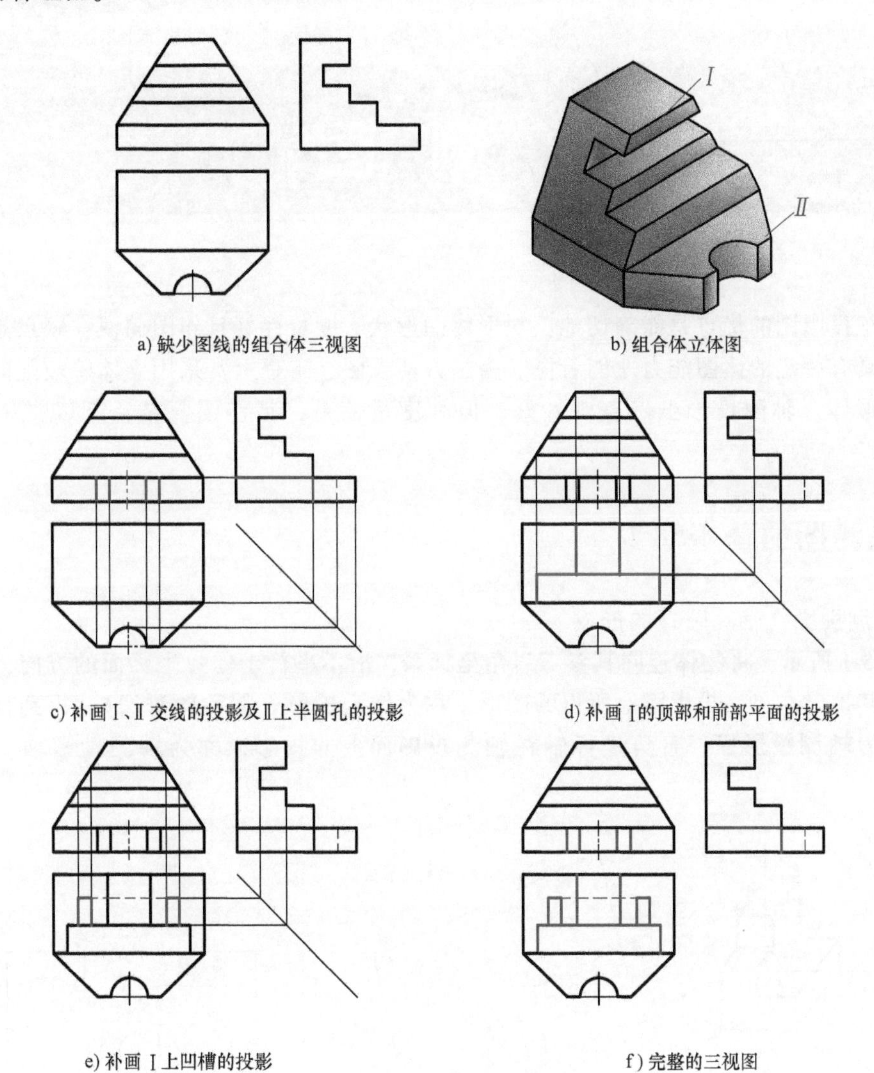

a) 缺少图线的组合体三视图　b) 组合体立体图

c) 补画Ⅰ、Ⅱ交线的投影及Ⅱ上半圆孔的投影　d) 补画Ⅰ的顶部和前部平面的投影

e) 补画Ⅰ上凹槽的投影　f) 完整的三视图

图 4-42　例 4-5 图

第5章 轴测图

多面正投影图的优点是能确切地反映形体的形状、度量性好且作图简便；缺点是直观性差，必须具有一定的读图能力才能看懂。为了方便看图，工程上常采用立体感较强的轴测投影来表达形体。轴测投影虽然直观性好，但其度量性差，且作图复杂，所以常用作辅助图样。

5.1 轴测图的基本知识

1. 轴测投影（轴测图）的形成

如图 5-1 所示，将物体连同其参考直角坐标系，沿不平行于任一坐标面的方向，用平行投影法将其投射在单一投影面上所得的图形，称为**轴测投影**（**简称轴测图**）。得到轴测图的投影面称为**轴测投影面**；直角坐标轴在轴测投影面上的投影，称为轴测投影轴，简称**轴测轴**。

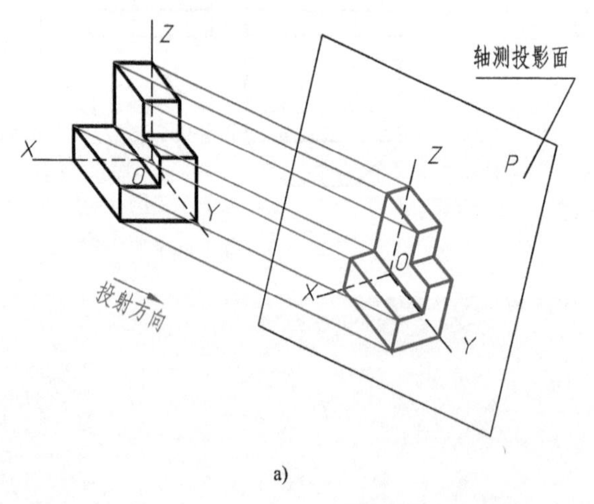

a)

轴测轴 Z P 轴测轴 O 轴测轴 X Y

b)

图 5-1 轴测图的形成

2. 轴间角和轴向伸缩系数

轴测图中，两根轴测轴之间的夹角称为**轴间角**，如图 5-1b 中 $\angle XOY$、$\angle YOZ$、$\angle ZOX$。

轴测图上的单位长度与相应投影轴上的单位长度的比值，称为**轴向伸缩系数**。不同的轴测图，其轴向伸缩系数不同。OX、OY、OZ 轴上的伸缩系数分别用 p_1、q_1 和 r_1 表示，简化

轴向伸缩系数分别用 p、q 和 r 表示。

轴间角和轴向伸缩系数是轴测图的两个基本参数，画轴测图前必须先确定。

3. 轴测图的基本性质

轴测图是使用平行投影法绘制的，具有以下基本性质：

1）物体上平行于某一坐标轴的线段（轴向线段），其轴测投影平行于相应的轴测轴；物体上相互平行的线段，其轴测投影也相互平行。

2）物体上与坐标轴平行的线段，其轴测投影长度等于其实长乘以相应的轴向伸缩系数。

后一条性质可以理解为，轴向线段的轴测投影长度可以沿轴测轴方向测量，“轴测”的概念就是由此而来的。在画轴测图时，应遵守和善于应用这些性质，以使作图快捷、准确。

4. 轴测图的分类

（1）按投影方法分类

1）**正轴测图**：用正投影法得到的轴测图。

2）**斜轴测图**：用斜投影法得到的轴测图。

（2）根据轴向伸缩系数分类　根据轴向伸缩系数的不同，每类轴测图又可分为三种：正（斜）等轴测图、正（斜）二等轴测图、正（斜）三轴测图。从作图简便等因素考虑，常用的是**正等轴测图**和**斜二等轴测图**。

1）**正等轴测图**：三个轴向伸缩系数均相等的正轴测图，即有 $p=q=r$，此时三个轴间角相等。

2）**斜二等轴测图**：轴测投影面平行于一个坐标面，且平行于坐标面的两根轴的轴向伸缩系数相等的斜轴测图。例如，轴向伸缩系数 $p_1=r_1\neq q_1$ 就是一种斜二等轴测图。

5.2　正等轴测图的画法

使直角坐标系的三根坐标轴对轴测投影面的倾角都相等（35°16′），并用正投影法将物体向轴测投影面投射所得的图形，就是**正等轴测图**，简称**正等测**。

1. 正等轴测图的轴间角和轴向伸缩系数

正等轴测图的各轴间角均为120°；各轴向伸缩系数都相等，均为0.82。画图时，为了简化计算，以简化伸缩系数1代替理论伸缩系数0.82。这样，整个物体的轴测投影被放大了1/0.82≈1.22倍，但形状并未改变，如图5-2所示。

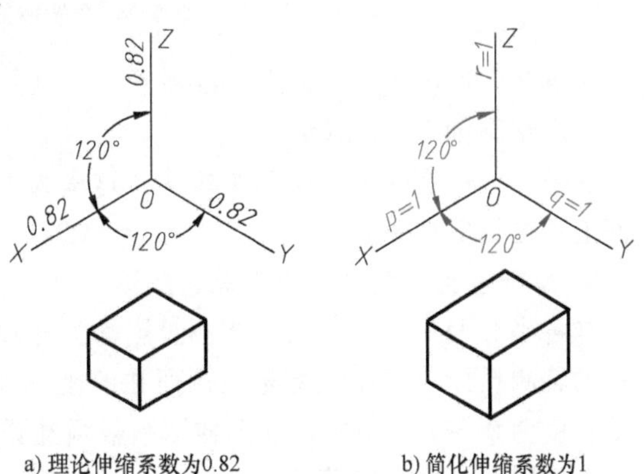

图5-2　正等轴测图的轴间角和轴向伸缩系数

2. 画轴测图的基本方法——坐标法

画轴测图的基本方法是**坐标法**。其步骤一般为：先根据物体的形状特点，选定适当的坐标轴；再根据物体的尺寸坐标关系，画出物体上某些点的轴测投影；最后通过连接点的轴测投影，作物体上某些线和面的轴测投影，从而逐步完成物体的轴测投影。

例 5-1　用坐标法绘制图 5-3a 所示六棱柱的正等轴测图。

作图步骤（图 5-3）如下：

1）确定坐标轴和坐标原点，如图 5-3a 所示。

2）画轴测轴，根据尺寸确定点Ⅰ、Ⅱ、Ⅲ、Ⅳ，如图 5-3b 所示。

3）过点Ⅰ、Ⅱ作 X 轴的平行线，根据尺寸确定六棱柱顶面剩余的顶点，并依次连接各点，如图 5-3c 所示。

4）根据六棱柱的高度尺寸，作六棱柱的可见棱线，连接底面的可见边线，如图 5-3d 所示。

5）擦去多余的作图线，加深图线，结果如图 5-3e 所示。

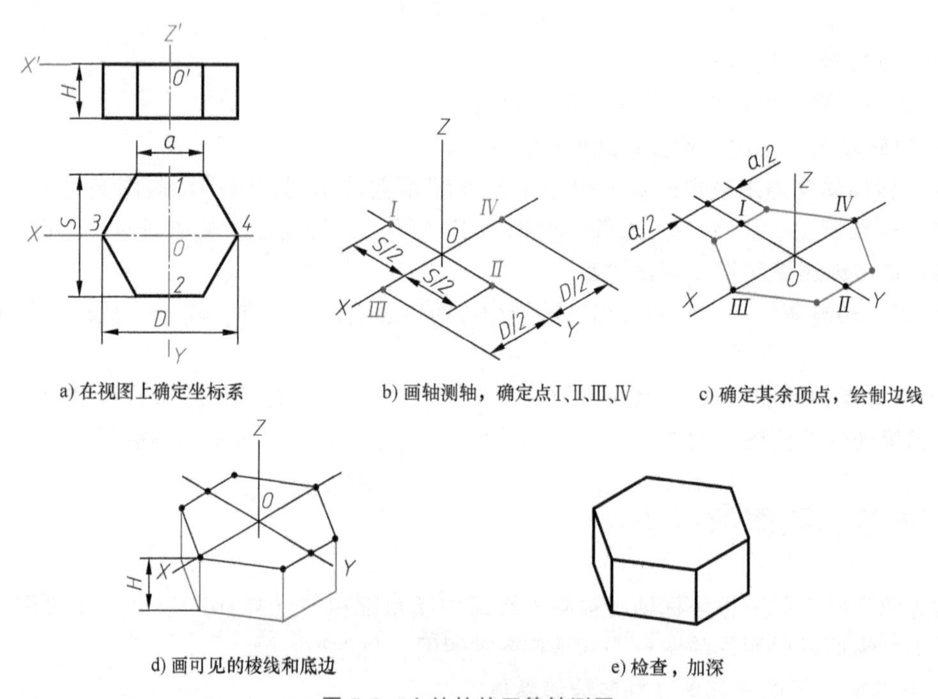

a) 在视图上确定坐标系　b) 画轴测轴，确定点Ⅰ、Ⅱ、Ⅲ、Ⅳ　c) 确定其余顶点，绘制边线

d) 画可见的棱线和底边　e) 检查，加深

图 5-3　六棱柱的正等轴测图

例 5-2　用坐标法绘制图 5-4a 所示三棱锥的正等轴测图。

作图步骤如图 5-4 所示。

注意：一般在轴测图中不画虚线，这里为了增强三棱锥轴测图的立体感，用虚线画出了底面上不可见的一条边。

3. 平行于坐标面的圆的正等轴测图

与各坐标面平行的圆的正等测投影均为椭圆，如图 5-5 所示。椭圆的长轴垂直于一根坐标轴的轴测投影（这根坐标轴与圆所在的坐标面垂直），其长度仍等于圆的直径 D；椭圆的短轴长度为 $0.58D$。用简化轴向伸缩系数画椭圆时，长、短轴的长度都应增至原长度的 1.22 倍，即椭圆的长轴长度等于 $1.22D$，短轴长度为 $0.7D$。注意：以下图形均按简化轴向伸缩系数画出。

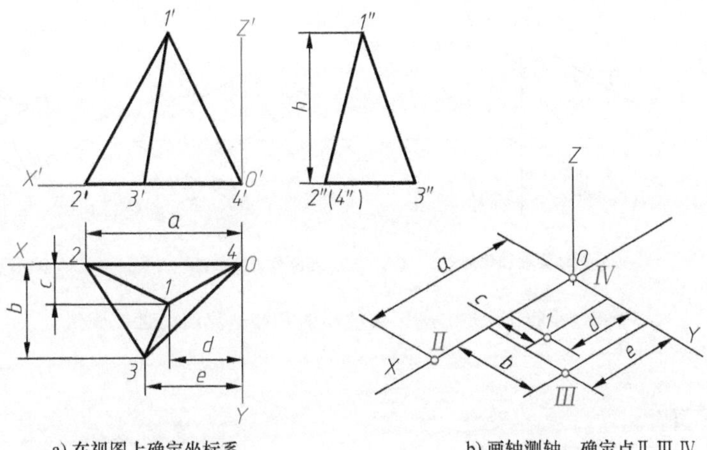

a) 在视图上确定坐标系

b) 画轴测轴，确定点Ⅱ、Ⅲ、Ⅳ

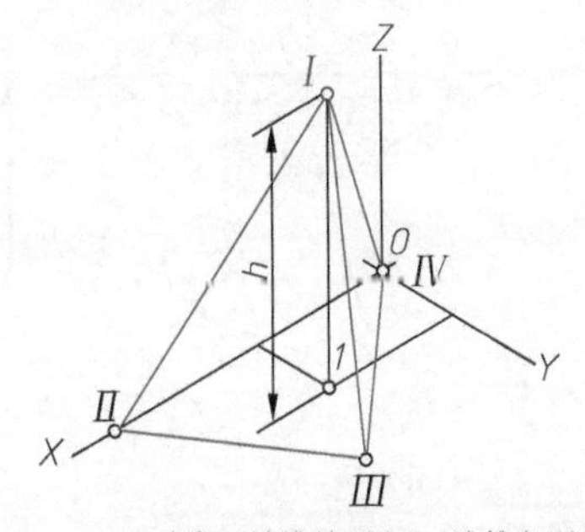

c) 确定三棱锥的顶点Ⅰ，连接各顶点

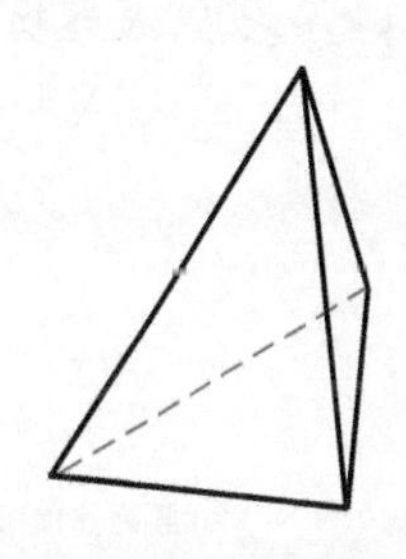

d) 完成全图

图 5-4 三棱锥的正等轴测图

了解了椭圆的长、短轴方向和大小后，就可以画椭圆了。手工绘图时，一般采用**"四心法"**近似画椭圆。图 5-6 所示为平行于 *OXY* 坐标面的圆的正等轴测图的画法，其作图步骤为：

1）画轴测轴，根据圆的直径作其外切正方形的轴测投影——菱形，菱形的各边分别平行于相应的轴测轴，如图 5-6b 所示。

2）连接 *AP*、*AN*、*BM*、*BQ*。*AP*、*BM* 相交于 O_1，*AN*、*BQ* 相交于 O_2，如图 5-6c 所示。

3）以 *AP*（或 *AN*、*BM*、*BQ*）为半径，分别以 *A*、*B* 为圆心画大圆弧；以 O_1P（或 O_1M、O_2N、O_2Q）为半径，分别以 O_1、O_2 为圆心画小圆弧；连接四段圆弧即得近似椭圆，如图 5-6d 所示。

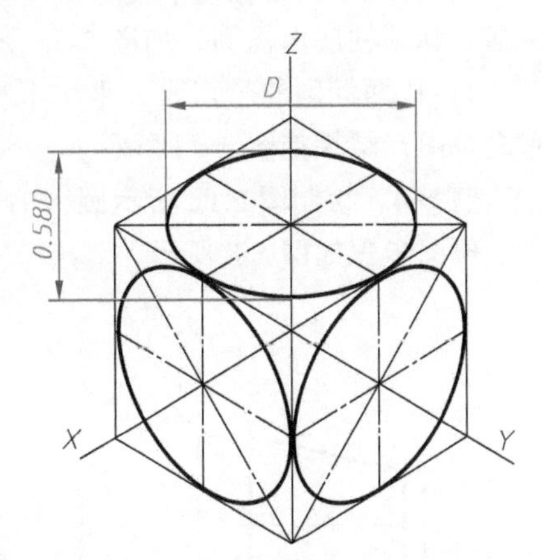

图 5-5 平行于各坐标面的圆的正等轴测图

平行于 *OXZ* 和 *OZY* 坐标面的圆的正等轴测图，其画法与平行于 *OXY* 坐标面的圆的正等轴测图完全相同，只需按图 5-5 所示正确地作其外切正方形的轴测投影即可。

例 5-3 绘制图 5-7a 所示圆柱的正等轴测图。

作图步骤（图 5-7）如下：

1）用四心法近似画圆柱顶面的轴测图，如图 5-7b 所示。

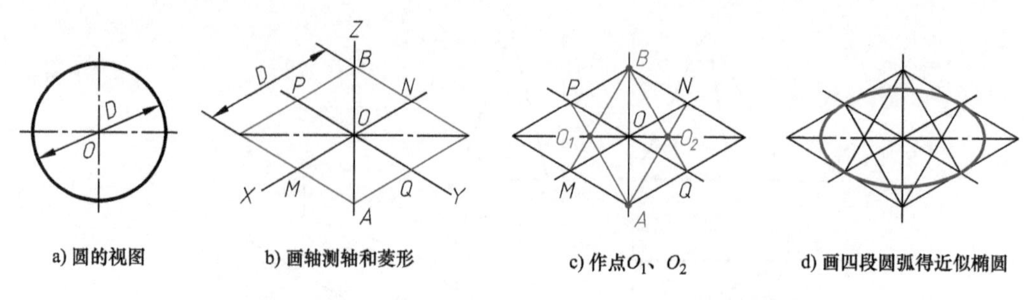

a) 圆的视图　b) 画轴测轴和菱形　c) 作点O_1、O_2　d) 画四段圆弧得近似椭圆

图 5-6　平行于 *OXY* 坐标面的圆的正等轴测图的近似画法

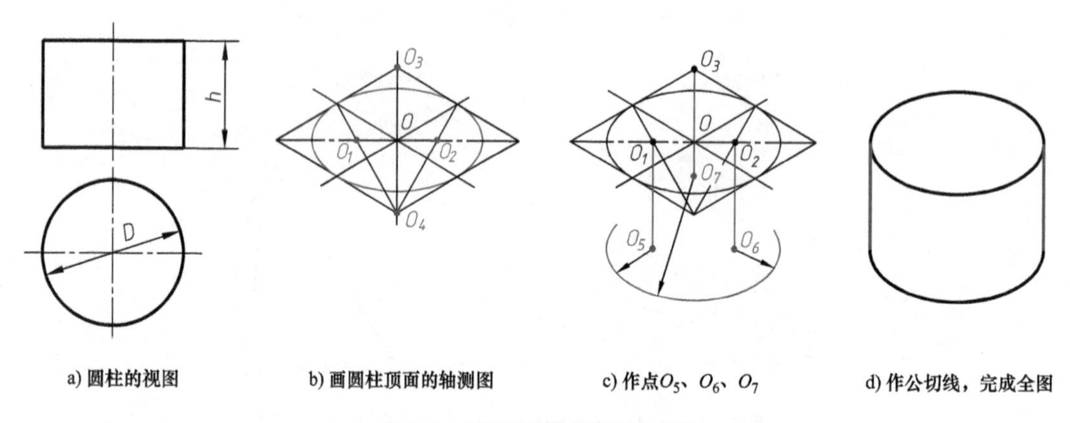

a) 圆柱的视图　b) 画圆柱顶面的轴测图　c) 作点O_5、O_6、O_7　d) 作公切线，完成全图

图 5-7　圆柱正等轴测图的画法

2）从点 O_1、O_2、O_3 向下作铅垂线，由圆柱高 h 得 O_5、O_6、O_7，分别以 O_5、O_6、O_7 为圆心画圆柱底面椭圆，如图 5-7c 所示（这种方法称为**“移心法”**）。

3）作两椭圆的公切线（上、下小半径圆弧的公切线），擦去多余的作图线，加深图线，完成全图，结果如图 5-7d 所示。

例 5-4　绘制图 5-8a 所示圆台的正等轴测图。

作图步骤如图 5-8 所示。

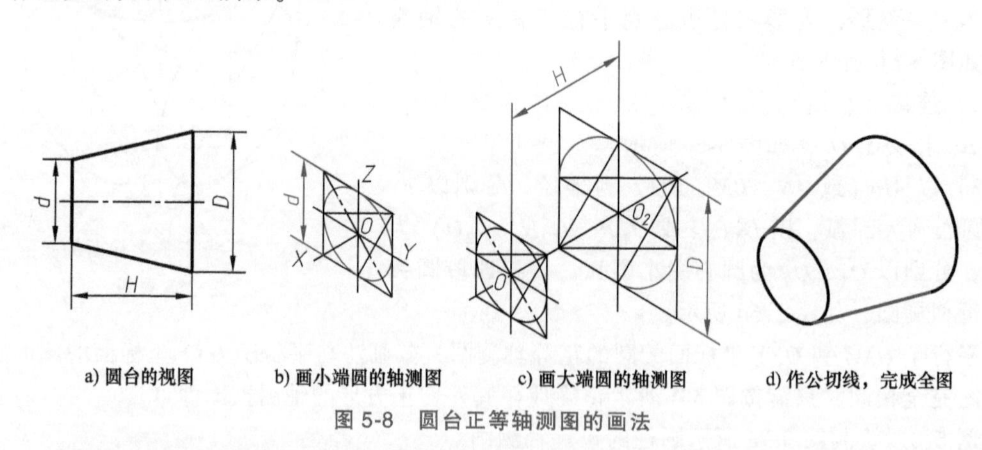

a) 圆台的视图　b) 画小端圆的轴测图　c) 画大端圆的轴测图　d) 作公切线，完成全图

图 5-8　圆台正等轴测图的画法

4. 正等轴测图中圆角的画法

机件上常常有圆角轮廓（1/4 圆弧），绘制圆角的轴测图时，可采用简化画法。

例 5-5　绘制图 5-9a 所示形体的正等轴测图。

作图步骤（图 5-9）如下：

1）根据形体顶面尺寸 L、B 画平行四边形，从前部的两个角沿两边量取距离 R，得点 M、N、P、Q，分别过各点作各边的垂线，过点 M、N 的垂线交于 O_1，过点 P、Q 的垂线交于 O_2，如图 5-9b 所示。

2）以 O_1 为圆心，$O_1M=r_1$ 为半径画大圆弧；以 O_2 为圆心，$O_2P=r_2$ 为半径画小圆弧，如图 5-9c 所示。

3）用“移心法”得圆心 O_3、O_4，如图 5-9d 所示。

4）以 O_3 为圆心、r_1 为半径画大圆弧；以 O_4 为圆心、r_2 为半径画小圆弧，如图 5-9e 所示。

5）作圆弧的公切线，画其他图线；然后擦去多余的作图线，加深图线，完成全图，如图 5-9f 所示。

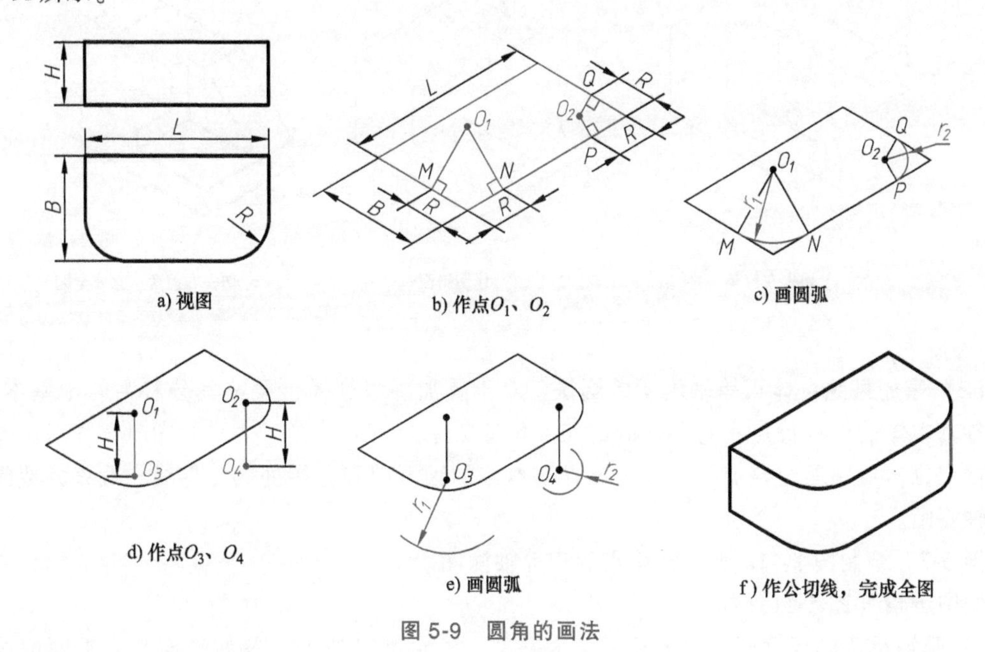

图 5-9　圆角的画法

5. 组合体正等轴测图的画法

画组合体的正等轴测图时，应先进行形体分析，明确形体的结构特点，因为叠加型组合体和切割型组合体的轴测图画法是不同的。

(1) 切割型组合体正等轴测图的画法　对于切割型组合体，可先按完整的形体画出其轴测图，再用切割的方法切去不完整的部分，从而完成形体的轴测图，这种画法称为**切割法**（或**方箱法**）。

例 5-6　绘制图 5-10a 所示形体的正等轴测图。

作图步骤（图 5-10）如下：

1）根据形体的长、宽、高画长方体的正等轴测图，如图 5-10b 所示。

2）根据图中尺寸，作轴测轴的平行线，切去左前角，如图 5-10c 所示。

3）根据图中尺寸，先确定斜线端点，再连线，切出斜面，如图 5-10d 所示。

4）根据图中尺寸，切去右前角，加深图线，完成全图，如图 5-10e 所示。

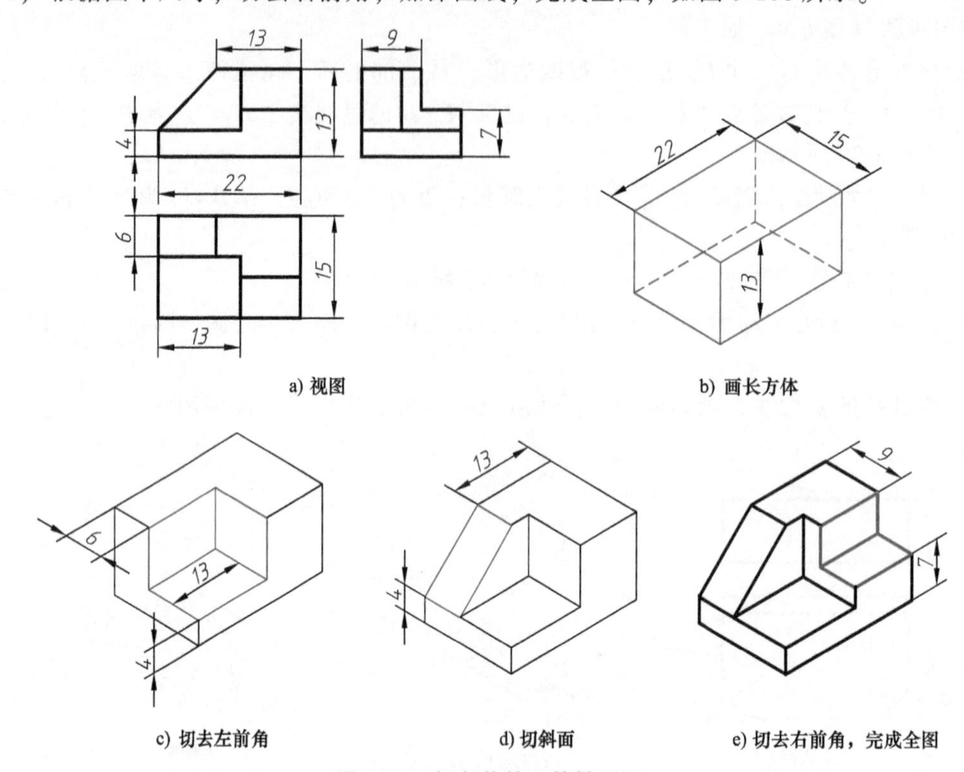

a) 视图　b) 画长方体

c) 切去左前角　d) 切斜面　e) 切去右前角，完成全图

图 5-10　切割体的正等轴测图

（2）叠加型组合体正等轴测图的画法　对于叠加型组合体，要将其分解为若干基本体，明确各基本体的结构特点和它们之间的相互位置关系及表面连接方式。画图时，先对主要结构进行定位，再用逐个叠加的方法画出各基本体的轴测图和连接处的分界线，最终完成组合体的轴测图。

例 5-7　绘制图 5-11a 所示轴承座的正等轴测图。

作图步骤（图 5-11）如下：

1）画轴承座底板顶面，以底板顶面为基准，确定圆筒的轴线及前端面和后端面的中心位置，如图 5-11b 所示。

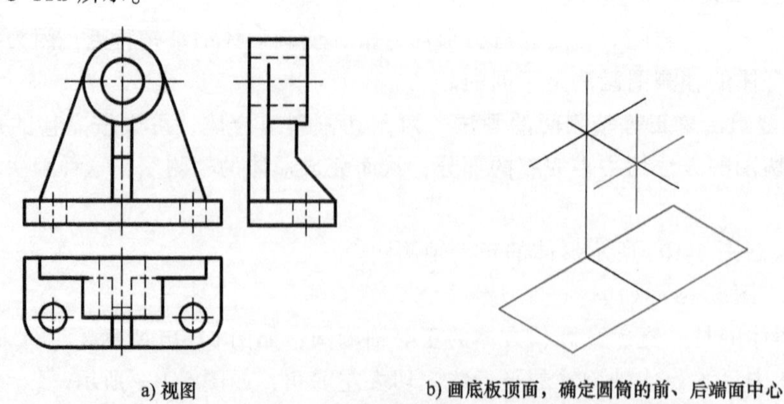

a) 视图　b) 画底板顶面，确定圆筒的前、后端面中心

图 5-11　轴承座的正等轴测图

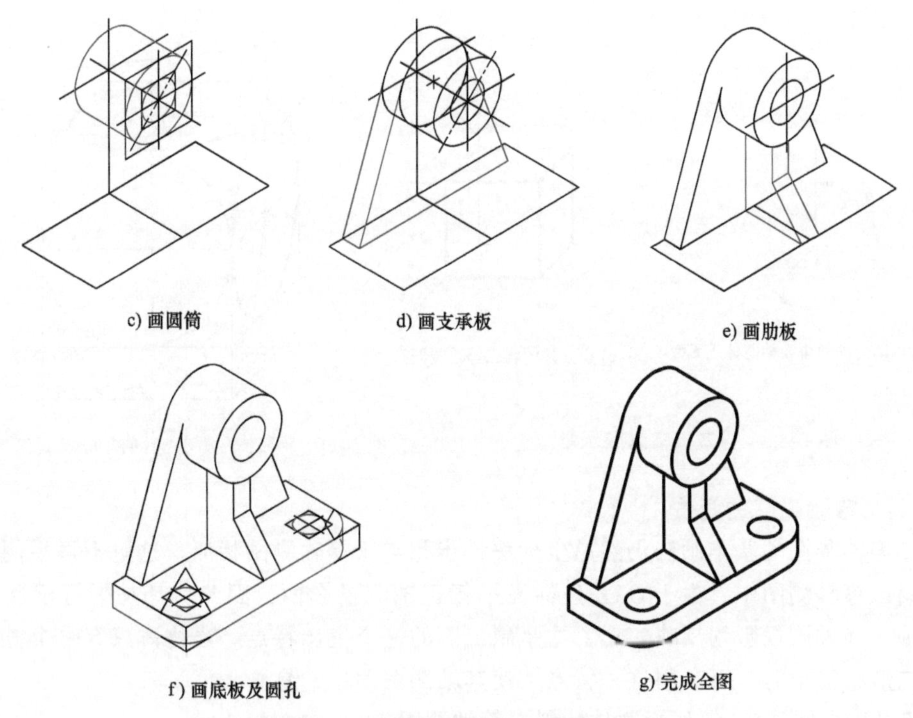

图 5-11　轴承座的正等轴测图（续）

2）根据尺寸画圆筒，如图 5-11c 所示。

3）画支承板，注意支承板前端面与圆筒交线的画法，如图 5-11d 所示。

4）画肋板，如图 5-11e 所示（注意：此图中肋板与圆筒柱面的交线被遮挡，不必绘制）。

5）画底板轮廓并完成圆角，再用四心法画圆孔，如图 5-11f 所示。

6）擦去多余图线，加深图线，完成全图，结果如图 5-11g 所示。

5.3　斜二等轴测图

1. 斜二等轴测图的轴间角和轴向伸缩系数

斜二等轴测图简称斜二测。机械领域常用的是正面斜二测：使直角坐标系的 OX、OZ 坐标轴平行于轴测投影面，OX、OZ 坐标轴的轴向伸缩系数相等，即 $p_1 = r_1 = 1$，轴间角 $\angle XOZ = 90°$。通常取 OY 坐标轴的轴向伸缩系数 $q_1 = 0.5$，轴间角 $\angle XOY = \angle YOZ = 135°$，如图 5-12 所示。

2. 平行于各坐标面的圆的斜二等轴测图

图 5-13 所示为平行于各坐标面的圆的斜二等轴测图。从图 5-13 中可以看出，平行于 OXZ 坐标面的圆的斜二测仍是圆，且直径不变。平行于 OXY 和 OYZ 坐标面的圆的斜二测均为椭圆，它们的长轴都与圆所在坐标面内某一坐标轴成 7°10′的角度；长轴、短轴的长度分别为 $1.06D$ 和 $0.33D$。

平行于 OXY、OYZ 坐标面的圆的斜二测——椭圆的画法比较烦琐，因此，当物体上除有与 OXZ 坐标面平行的圆，还有其他圆时，应避免选用斜二等轴测图。

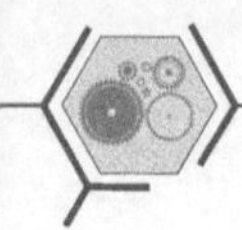

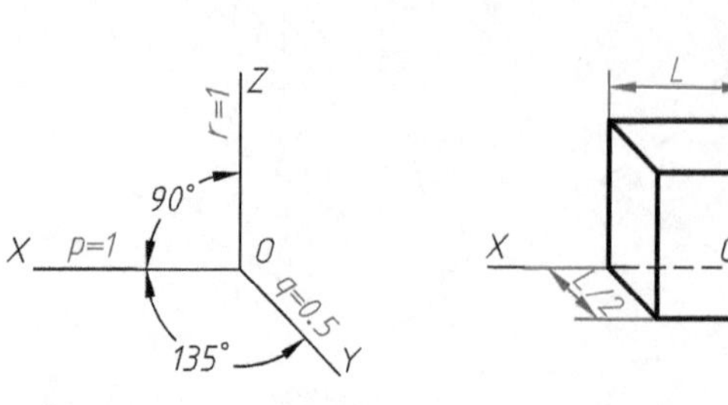

a) 斜二等轴测图的轴间角和轴向伸缩系数　　b) 正方体的斜二等轴测图

图 5-12　斜二等轴测图示意

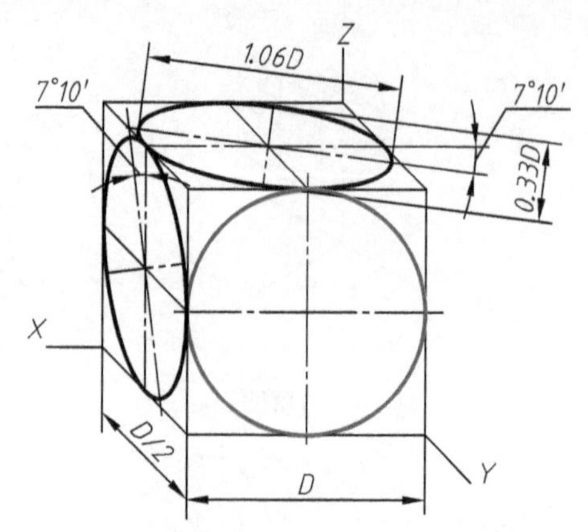

图 5-13　平行于各坐标面的圆的斜二等轴测图

3. 斜二等轴测图的画法

斜二等轴测图的基本画法仍然是坐标法，步骤与正等轴测图相似，这里不再举例。

在斜二等轴测图中，由于 *OXZ* 坐标面平行于轴测投影面，因此，凡是平行于这个坐标面的图形，其轴测投影均反映实形，这是斜二测的一个突出特点。当物体只有一个方向有圆或单方向形状复杂时，可利用这一特点，使其轴测图简单、易画。

例 5-8　绘制图 5-14a 所示物体的斜二等轴测图。

作图步骤（图 5-14）如下：

1）以物体前端面作为 *OXZ* 平面，画前端面实形，如图 5-14b 所示。

2）沿 *Y* 轴方向，由 *B*/2 确定后端面圆弧圆心 O_1 的位置，然后画后端面上的圆弧，如图 5-14c 所示。

3）从前端面的各顶点画 *Y* 轴的平行线，如图 5-14d 所示。

4）连接各顶点，并作圆弧的切线；擦去多余图线，加深图线，完成全图，如图 5-14e 所示。

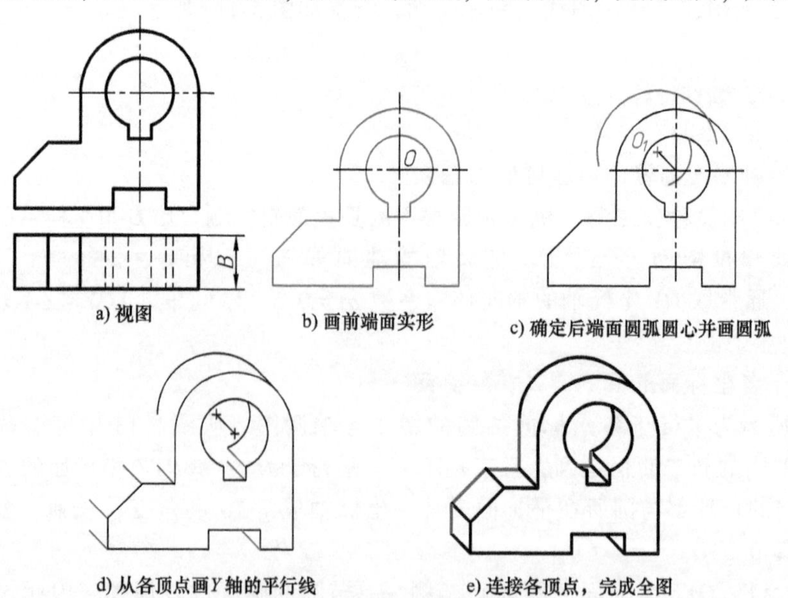

a) 视图　　b) 画前端面实形　　c) 确定后端面圆弧圆心并画圆弧

d) 从各顶点画 *Y* 轴的平行线　　e) 连接各顶点，完成全图

图 5-14　斜二等轴测图的画法

第6章

图样的基本画法

在工程领域，物体的结构形状是多种多样的，有些物体的结构形状比较复杂，为了把它们的内、外结构形状完整、清晰而又简便地表达出来，国家标准规定了按物体真实投影绘图的原则——图样的基本画法。第 5 章介绍的轴测图就是图样基本画法中的一种。本章主要介绍视图、剖视图、断面图、局部放大图和简化画法等图样的基本画法。

6.1　视图

视图通常包括基本视图、向视图、局部视图和斜视图。视图主要用于表达物体的可见部分，必要时才用虚线画出物体的不可见部分。

6.1.1　基本视图（GB/T 13361—2012、GB/T 17451—1998）

基本视图是物体向基本投影面投射所得的视图。为了清晰地表达物体的前、后、左、右、上、下各方向的形状，国家标准规定，在原来的正面、水平面、右侧面三个投影面的基础上，再增加前面、顶面和左侧面三个投影面，组成一个六面体，如图 6-1a 所示。六面体的六个面都是基本投影面。将物体置于六面体中，将观察者的视线理解为投射线，按照观察者、物体、投影面的顺序进行投射：从前向后投射得到**主视图**；从左向右投射得到**左视图**；从上向下投射得到**俯视图**；从后往前投射得到**后视图**；从下往上投射得到**仰视图**；从右向左投射得到**右视图**，如图 6-1b 所示。这六个视图都是基本视图。

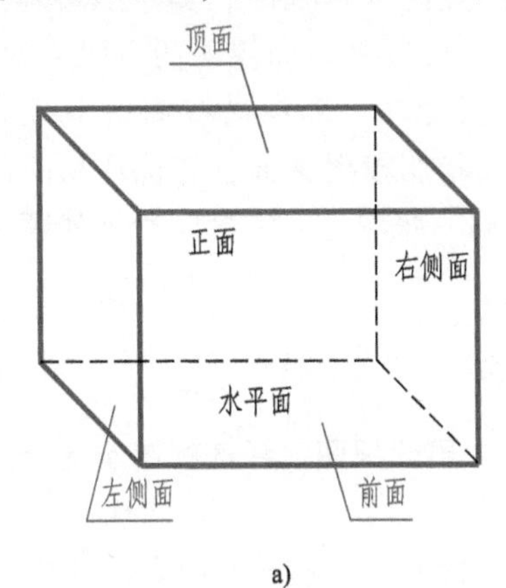

a)

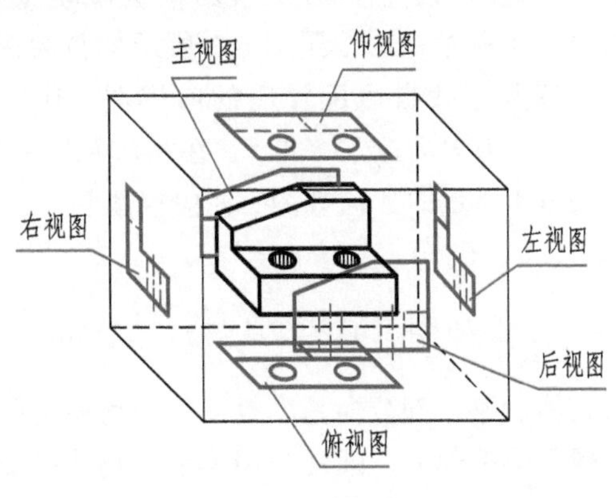

b)

图 6-1　基本视图的获得

六个基本投影面的展开方法如图 6-2 所示，正面不动，其余投影面按图中的方向旋转到与正面在一个平面上。六个基本视图的配置如图 6-3 所示，在同一个图样内按照这种位置配置时，可不标注视图的名称。

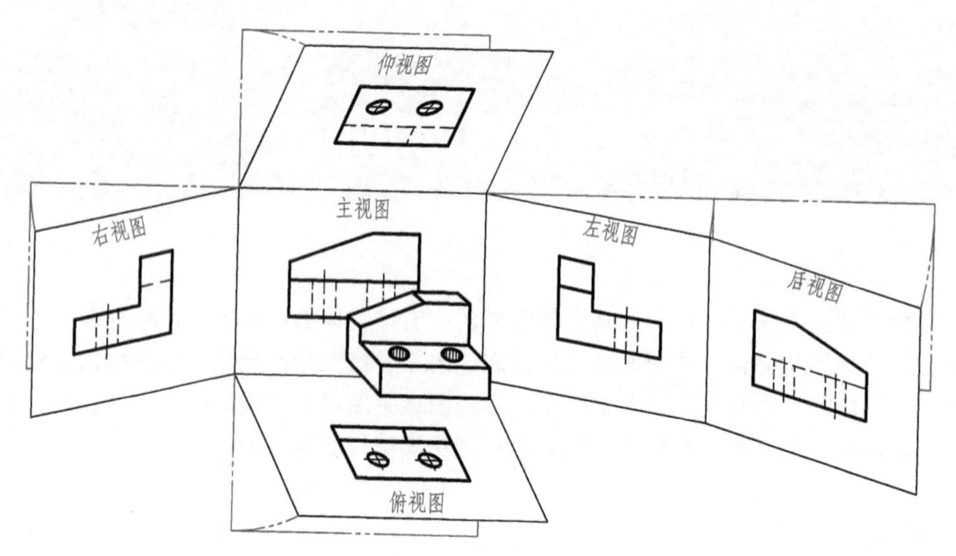

图 6-2　六个基本投影面的展开方法

六个基本视图有以下规律。

1）六个基本视图之间仍遵循"三等"规律：主、俯、仰、后视图"长对正"；主、左、右、后视图"高平齐"；俯、左、右、仰视图"宽相等"。

2）每个基本视图都能表达物体的四个方位（如右视图可反映物体的上、下、前、后；仰视图可反映物体的左、右、前、后），而且除后视图外，围绕主视图的四个视图遵循"靠近主视图的一边是物体的后面，远离主视图的一边是物体的前面"这一规律。

绘制图样时，一般并不需要把六个基本视图全部画出，而是根据物体的外部结构特点和复杂程度，选用必要的基本视图，通常优先采用主、俯、左视图。

6.1.2　向视图（GB/T 17451—1998）

向视图是可以自由配置的视图，是移位（不旋转）配置的基本视图。实际绘图时，有时很难将六个基本视图按照图 6-3 所示的位置配置，此时，可以采用向视图的方式来解决。为便于识读和查找自由配置后的向视图，应对向视图进行标注，即在向视图的上方标注"×"（"×"为大写拉丁字母），在相应视图的附近用箭头指明投射方向，并标注相同的字母，如图 6-4 所示的 *A* 向视图、*B* 向视图和 *C* 向视图。在同一张图上，字母应按排列顺序注写（如 *A*、*B*、*C*…）。

6.1.3　局部视图（GB/T 17451—1998、GB/T 4458.1—2002）

将物体的某一部分向基本投影面投射所得的视图，称为**局部视图**。局部视图实际上是某一基本视图的一部分，通常被用来表达物体的局部外形。

如图 6-5a、b 所示物体，选用主、俯两个基本视图后，尚有左、右两边凸台的结构形状

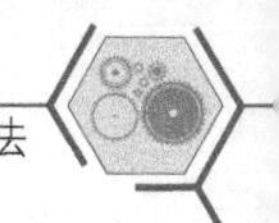

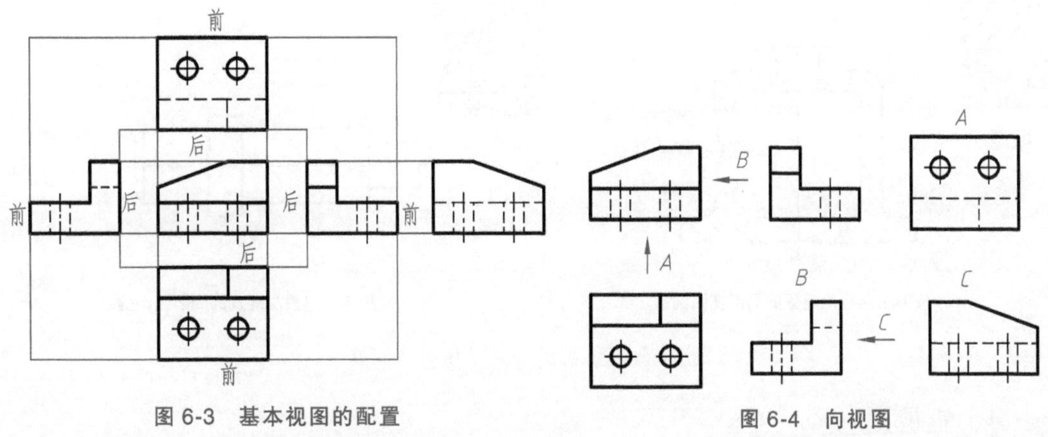

图 6-3　基本视图的配置　　　　图 6-4　向视图

没有表达清楚。如果用左视图和右视图表示两边的凸台，则物体上的圆柱和底板会重复表达。而用局部视图表达两边凸台，则更能突出要表达的重点，而且可使图面简洁。

画局部视图时，局部视图的断裂边界用波浪线表示。注意：波浪线要画在物体的实体范围内。当所表达的局部结构是完整的，且外形轮廓封闭时，波浪线可省略不画，如图 6-5b 中的 *B* 向局部视图。

局部视图可按以下三种形式配置其位置，并进行必要的标注。

1）按基本视图的配置形式配置和标注。即局部视图配置在箭头所指的方向上，并与原有视图保持投影关系。此时，如果局部视图与相应的原视图之间没有其他图形隔开，则不必标注。如图 6-5b 中的 *A* 向局部视图，可以省略主视图左侧的箭头和 *A* 向局部视图上方的字母“*A*”。

2）按向视图的配置形式配置和标注。局部视图配置在其他适当位置，此时需要标注，即在局部视图的上方用大写拉丁字母标出其名称“×”，在相应的原视图附近用箭头指明投射方向，并注上同样的字母，如图 6-5b 中的 B 向局部视图。

3）按第三角画法将所需表达的局部结构配置在视图附近，并用细点画线将两者相连，如图 6-6 所示。此时，无须另行标注。第三角画法参看本章第 5 节。

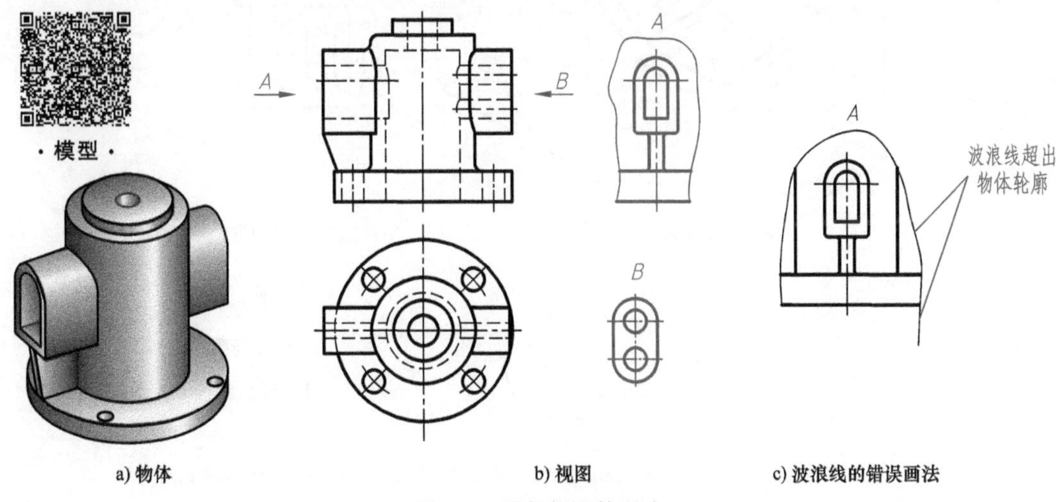

a) 物体　　　　b) 视图　　　　c) 波浪线的错误画法

图 6-5　局部视图的画法

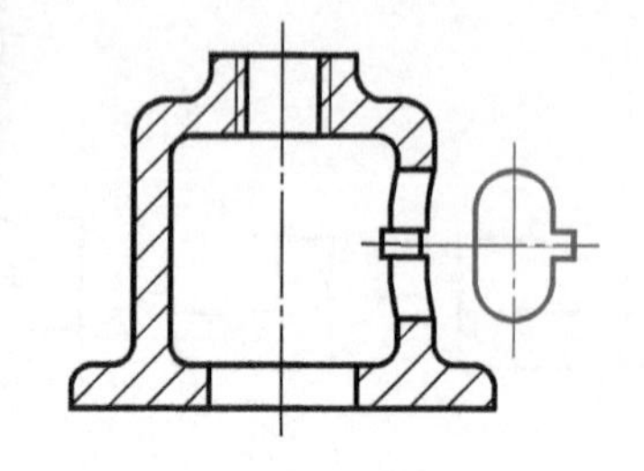

a) 按第三角画法配置的局部视图例1

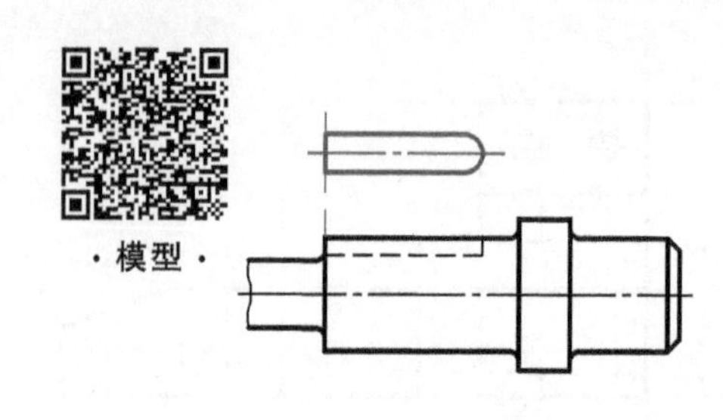

b) 按第三角画法配置的局部视图例2

图 6-6　局部视图按第三角画法配置

6.1.4　斜视图

把物体向不平行于基本投影面的平面投射，所得的视图称为**斜视图**。

如图 6-7a 所示物体，其右侧拱形柱的特征面为正垂面，用基本视图无法表达其实际形状。这时，可设置与拱形特征面平行的辅助投影面 *P*，把拱形结构向投影面 *P* 进行投射，就可得到斜视图。注意：辅助投影面应平行于物体的倾斜部分，且垂直于某一基本投影面。

斜视图的配置应尽量与原相应视图保持投影关系，如图 6-7b 所示。斜视图主要用于表达物体倾斜部分的实形，因此，其他部分不需画出，用波浪线表示断裂边界。

斜视图必须标注，即用箭头（与倾斜部分垂直）表明投射方向，在箭头旁边注上字母“×”，字母要字头朝上；同时要在斜视图正上方注写“×”，如图 6-7b 所示。也可将斜视图旋转放正，配置在图样的其他适当位置，但斜视图上方的标注应采用图 6-7c 或图 6-7d 所示的形式，字母注写在圆弧箭头一侧，需要给出旋转角度时，角度应注写在字母之后。图 6-7e 所示为斜视图旋转符号的画法。

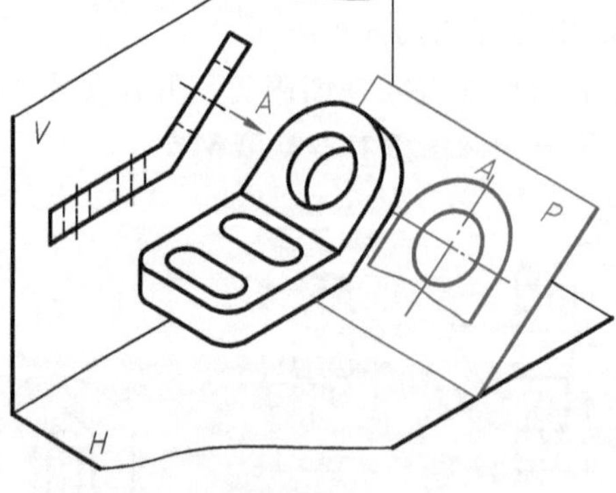

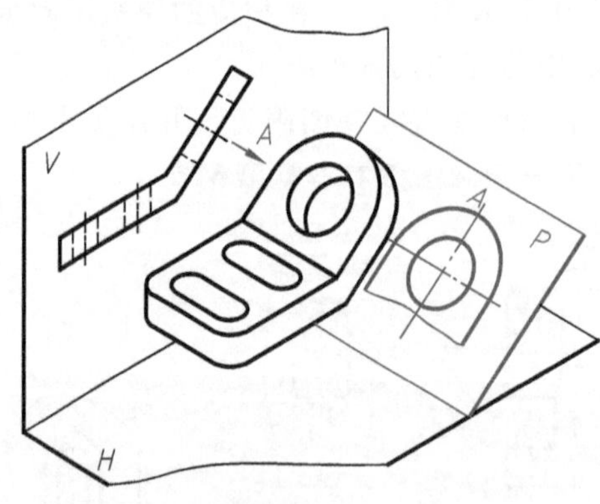

a) 斜视图的获得

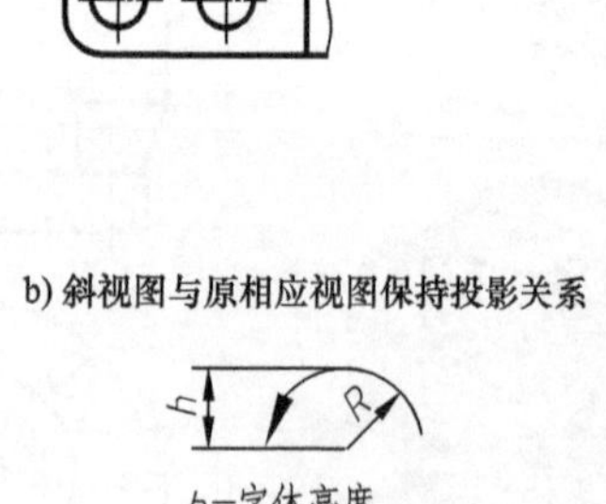

b) 斜视图与原相应视图保持投影关系

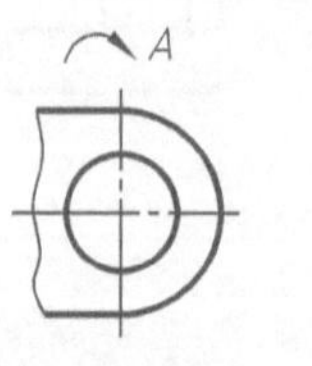

c) 斜视图旋转放正

d) 斜视图旋转放正且注写旋转角度

h
R
h=字体高度
R=h
符号笔画宽度=h/10或h/14

e) 斜视图旋转符号的画法

图 6-7　斜视图的画法

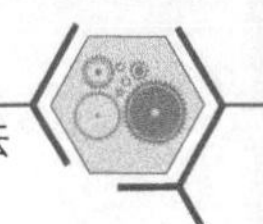

6.2　剖视图

剖视图（GB/T 17452—1998、GB/T 17453—2005、GB/T 4458.6—2002）主要用来表达物体的内部结构形状。

绘制图样时，物体上不可见的内部结构形状可用虚线表示，但如果物体的内部结构形状复杂，视图中就会有较多的虚线，这既不利于看图，也不利于标注尺寸，如图 6-5b 和图 6-8b 所示。因此，国家标准规定了剖视图的表达方法。

6.2.1　剖视图的概念和画法（GB/T 17452—1998、GB/T 4458.6—2002）

1. 剖视图的形成

假想用剖切面剖开物体，将处在观察者与剖切面之间的部分移去，而将其余部分向投影面进行投射，所得的图形称为**剖视图**，简称**剖视**，如图 6-8c 所示。

从图 6-8 可以看出，将物体剖开后，内部孔就变成了可见的。主视图采用了剖视图的画法：孔的轮廓线由原来的虚线变成了粗实线，在剖面区域内画出了规定的剖面符号，整个图形更加清晰明了。

剖切面一般是平面或圆柱面，平面用得最多。为了表达物体内部的真实形状，剖切面一般通过孔、槽的轴线或对称中心面，且应使剖切面平行或垂直于某一投影面。

·模型·

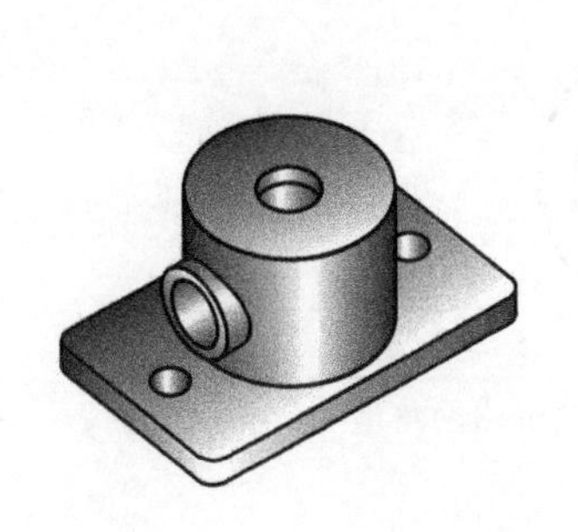

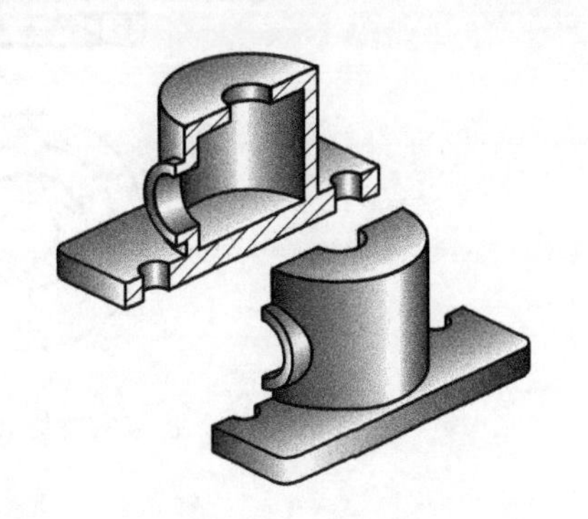

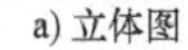

a) 立体图

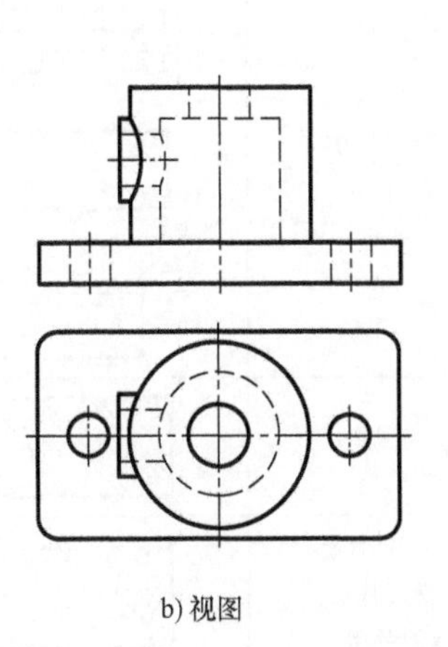

b) 视图

剖面符号

虚线改为粗实线

省略虚线

c) 剖视图

图 6-8　剖视的基本概念

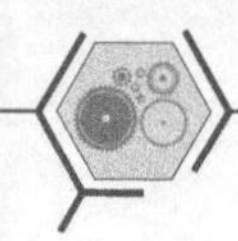

2. **剖面区域的表示方法**（GB/T 17453—2005、GB/T 4457.5—2013）

剖面区域是指假想用剖切面剖开物体后，剖切面与物体接触的部分。在剖视图中，一般采用剖面符号填充剖面区域。各种材料的剖面符号见表 6-1。金属材料的剖面符号通常采用剖面线。国家标准规定，同一金属零件的剖视图中，剖面线应画成间隔相等、方向相同且一般与剖面区域的主要轮廓或对称中心线成 45°的平行线，如图 6-9 所示。必要时，剖面线也可画成与主要轮廓线成适当的角度，如图 6-10 所示。注意：剖面线要用细实线来绘制。

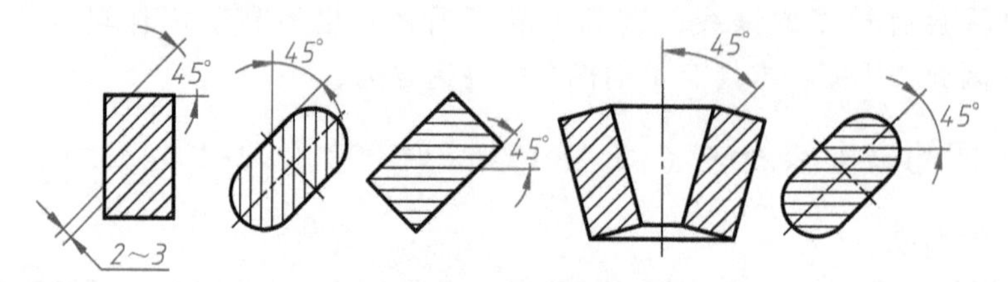

图 6-9　剖面线的基本画法

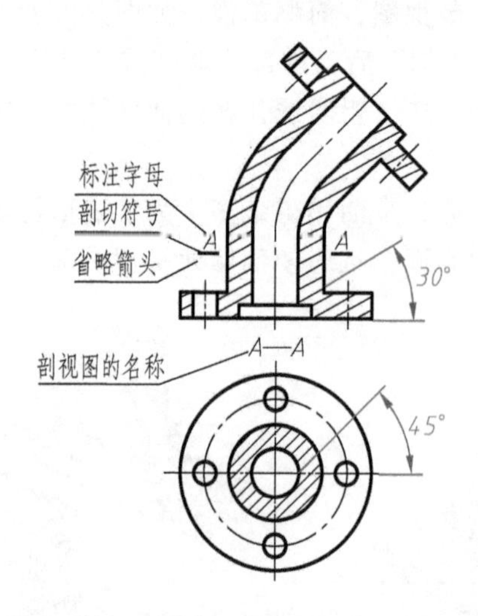

图 6-10　剖面线与主要轮廓线成适当的角度

表 6-1　剖面符号

材料		剖面符号	材料	剖面符号
金属材料 （已有规定剖面符号者除外）			线圈绕组元件	
非金属材料 （已有规定剖面符号者除外）			玻璃及供观察用的 其他透明材料	
木材	纵断面		液体	
	横断面		砖	
转子、电枢、变压器和 电抗器等的叠钢片			型砂、填砂、粉末冶金、 砂轮、陶瓷刀片、 硬质合金刀片等	

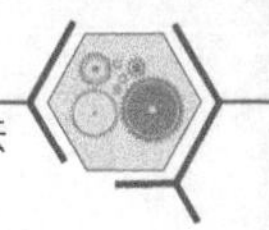

3. 剖视图的画法

剖视图的画法如图 6-11 所示。先用粗实线画出剖面区域的轮廓，并画上剖面符号，如图 6-11c 所示；然后用粗实线画出剖切面后方的可见轮廓线，如图 6-11d 所示。处于剖切面后方的不可见轮廓一般省略不画，只有当这部分结构在其他视图上没有表达清楚时才用虚线画出，如图 6-11e 所示。

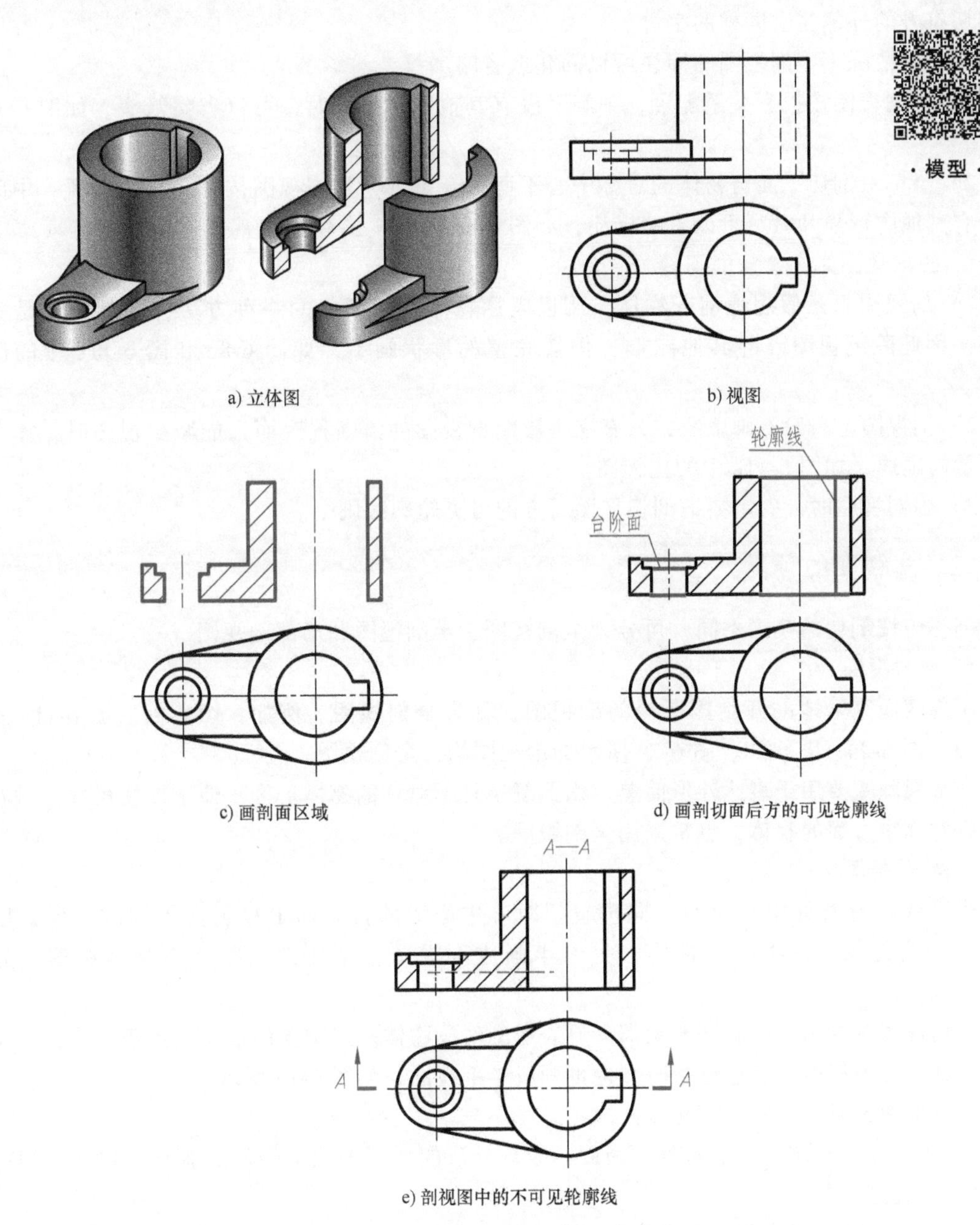

图 6-11　剖视图的画法

4. 剖视图的标注

一般在相应的视图上用剖切符号表示剖切位置和投影方向，并标注相同的字母，即明确剖切位置、投射方向和剖视图名称。

（1）剖切位置　指示剖切面起、迄和转折位置，用长 5~8mm 的粗实线表示，此线不要与图形轮廓线相交。

（2）投射方向　在剖切位置线的两端外侧，用箭头指明剖切后的投射方向。

（3）剖视图的名称　在剖视图的上方用大写拉丁字母标注剖视图的名称“×—×”，并在剖切符号的外侧注上同样的字母。

在下列情况下，剖视图的标注可以简化或省略：

1）当剖视图按投影关系配置，中间又没有其他图形隔开时，可以省略箭头，如图 6-10 所示。

2）当单一剖切平面与物体的对称中心平面完全重合，且剖视图按投影关系配置，中间又没有其他图形隔开时，可以省略标注，如图 6-8c 和图 6-10 中的主视图。

5. 画剖视图时应注意的问题

1）剖视图只是假想地剖开物体，用以表达物体内部形状的一种方法，实际物体是完整的，因此除剖视图外的其他图形，仍按完整的形状画出，如图 6-8c 和图 6-11e 中的俯视图。

2）剖视图上一般不画虚线，只有在不影响剖视图的清晰程度而又能减少视图时，才可画少量的虚线，如图 6-11e 中的主视图。

3）画剖视图时，一定要把剖切平面后方的可见轮廓线画全。

6.2.2　剖视图的种类

剖视图按剖切的范围不同，可分为全剖视图、半剖视图和局部剖视图。

1. 全剖视图

用剖切面完全地剖开物体所得的剖视图，称为**全剖视图**。例如，图 6-8c、图 6-11e 及图 6-21、图 6-24、图 6-28、图 6-29 所示的剖视图均为全剖视图。

全剖视图主要用于表达外形简单、内形复杂且不对称的物体。为了便于标注尺寸，对有些具有对称中心面的物体，也常采用全剖视图。

2. 半剖视图

当物体具有对称中心面时，向垂直于对称中心面的投影面上投射所得到的图形，以对称中心线为界，一半画成视图，另一半画成剖视图，这种剖视图称为**半剖视图**，如图 6-12 所示。

半剖视图主要用于内、外形状都需要表达的对称物体。当物体的形状接近于对称，且其不对称部分已另有视图表达清楚时，也可画成半剖视图，如图 6-13 所示。

画半剖视图时要注意以下几点：

1）由于半剖视图的图形对称，因此，表示外形的视图中的虚线不必画出，但孔、槽应画出中心线位置。

2）半个视图与半个剖视图必须以细点画线为界。

3）如果物体的内、外形轮廓线与图形的对称中心线重合，则应避免使用半剖视图，可以采用全剖视图或者后面介绍的局部剖视图，如图 6-14 所示。

半剖视图的标注与全剖视图完全相同，如图 6-12 中的俯视图。

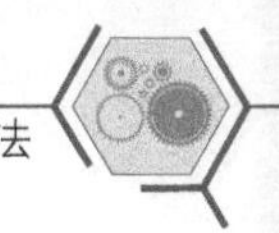

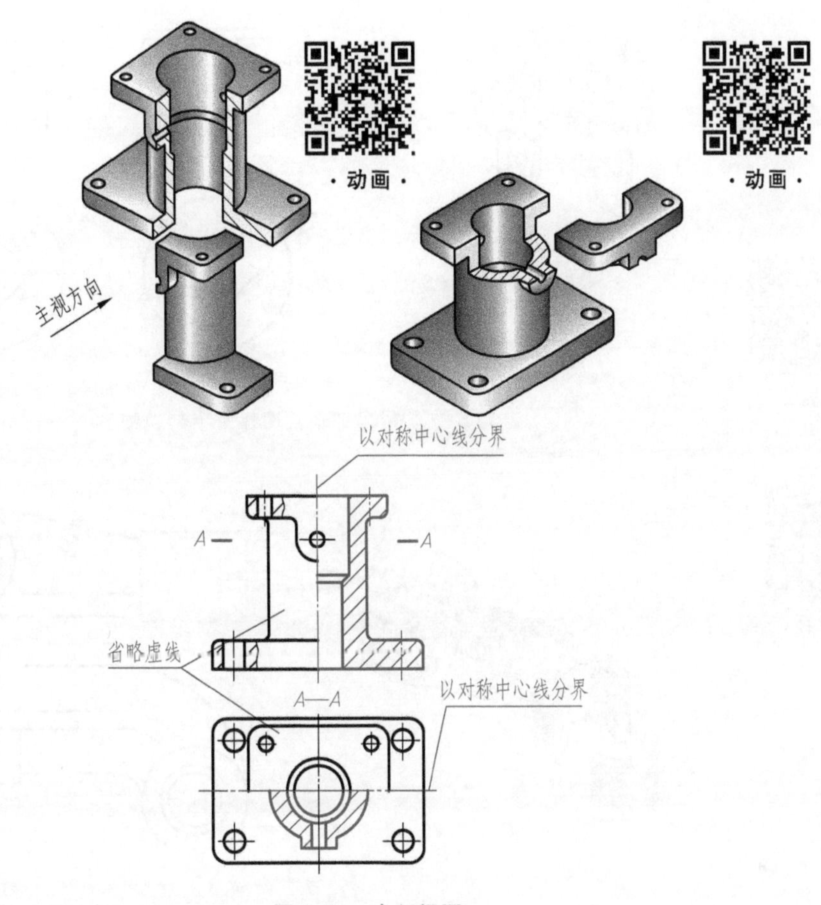

图 6-12　半剖视图

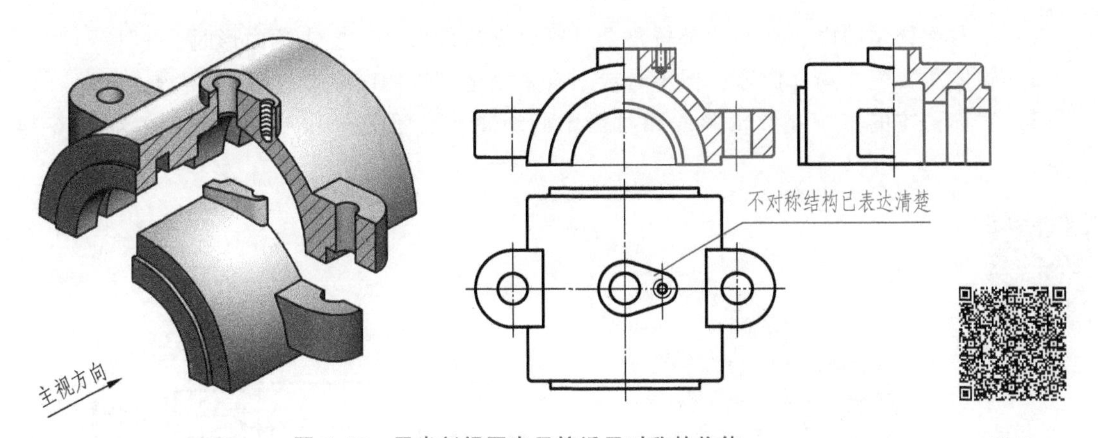

图 6-13　用半剖视图表示接近于对称的物体

·模型·

3. 局部剖视图

用剖切面局部地剖开物体后投射所得的图形，称为**局部剖视图**，如图 6-15 所示。

局部剖视图既能表达物体的外形，又能表达物体的内部结构，它不受物体是否对称的限制，剖切位置及剖切范围可根据物体的结构和形状灵活选定，因此应用广泛，常用于以下几种情况：

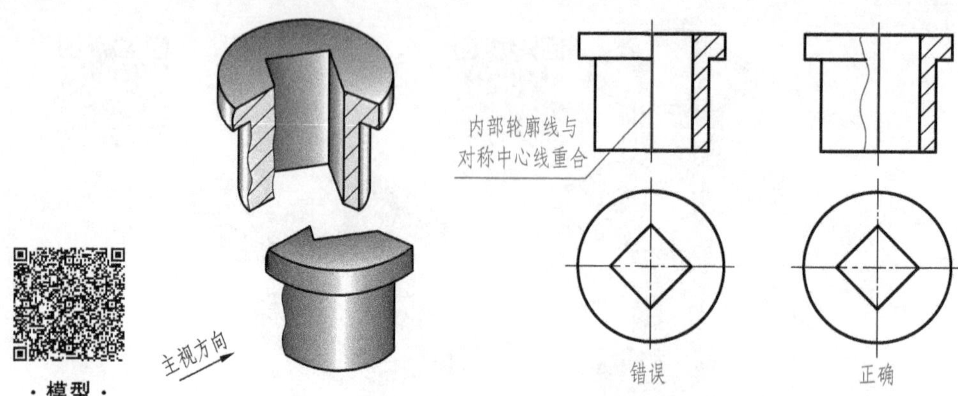

图 6-14　用局部剖视图代替半剖视图

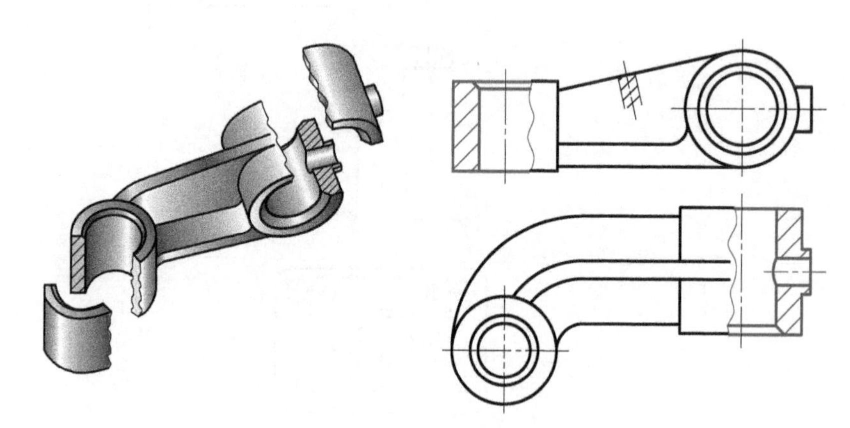

图 6-15　局部剖视图

1）不对称物体的内、外形状都较复杂，既要表达外形，又要表达内形时。

2）物体需要表达局部内形，但不必或不宜采用全剖视图时，如图 6-16 所示。

3）对称物体的内、外形轮廓线和对称中心线重合，不宜采用半剖视图时，如图 6-14 所示。

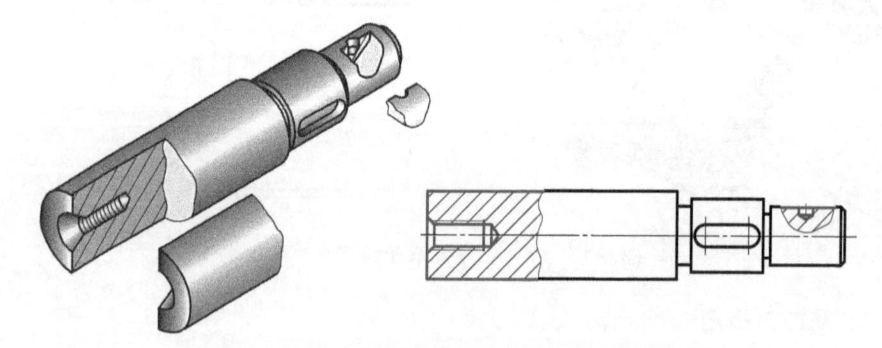

图 6-16　用局部剖视图表示实心零件上的孔和槽

剖视部分与视图部分用波浪线作为分界。画波浪线时要注意：波浪线表示断裂边界的投影，只能画在物体的实体上，不能画入通孔、通槽内，也不应超过物体的外形轮廓线；波浪线不要和图样上的其他图线重合，也不应画在其他图线的延长线上，如图 6-17 所示。

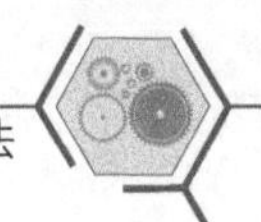

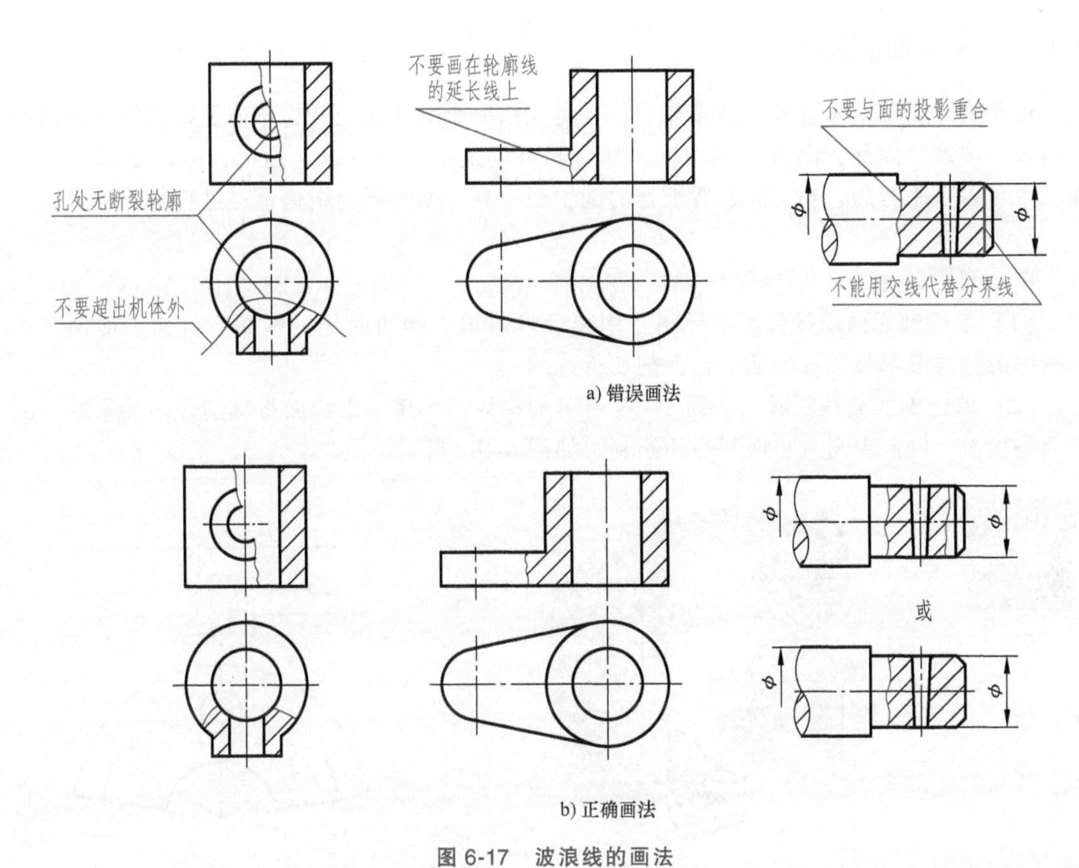

a) 错误画法

b) 正确画法

图 6-17　波浪线的画法

局部剖视图的标注方法与全剖视图相同。剖切位置明显的局部剖视图，一般都省略剖视图的标注，如果剖切位置不明确，则可进行标注。

有些物体经过剖切后，仍有内部结构未表达清楚，允许在剖视图中再做一次局部剖，习惯上称为**剖中剖**。采用这种画法时，两次剖切的剖面线应错开，但方向、间隔要相同，如图 6-18 所示。

局部剖视图比较灵活，应用方便，但要注意剖切不宜过于零碎，以免影响看图。

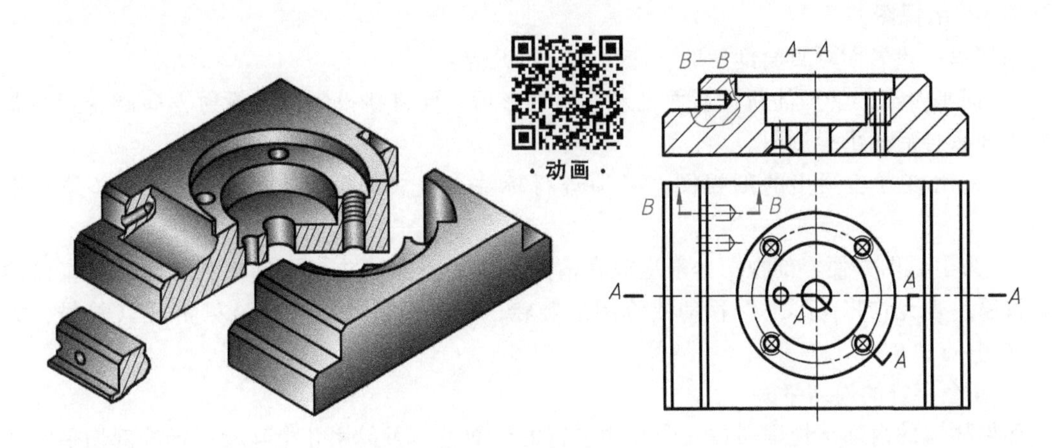

图 6-18　在剖视图上做局部剖

6.2.3 剖切面的种类

由于物体内部结构、形状的多样化，有时仅用一个剖切面剖开物体不足以把物体的内部结构表达清楚，因此，国家标准规定，剖切面可以是平面也可以是曲面，可以是单一剖切面，也可以是平行的、相交的或者组合的剖切面，要根据物体的结构特点进行恰当的选择。

1. 单一剖切面

单一剖切面有以下几种情况：

（1）单一剖切面是投影面平行面 用得最多的单一剖切面是投影面平行面，前面所举示例中的剖视图都是用投影面平行面剖切得到的。

（2）单一剖切面是柱面 如图 6-19a 所示的物体，可用一个柱面将其剖开。如果单一剖切面是柱面，则剖视图应按展开画法绘制，如图 6-19b 所示。

·模型·

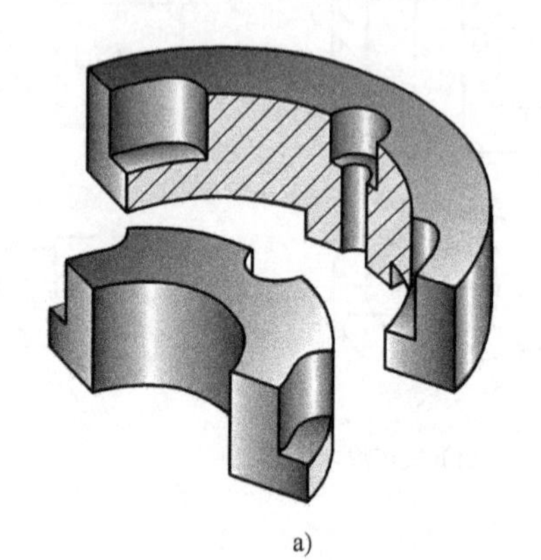
a)

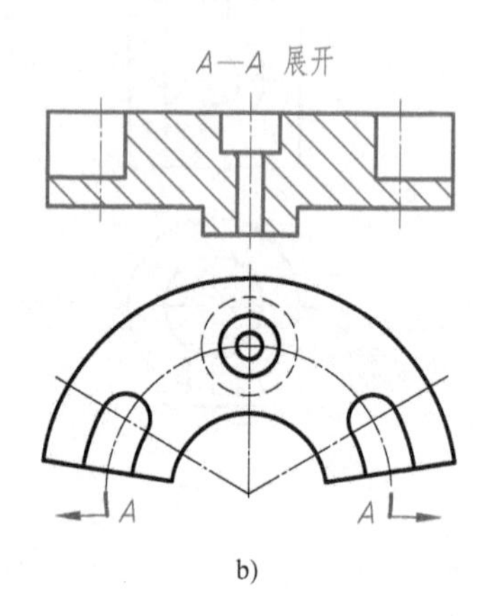

b)

图 6-19 单一柱面剖切

（3）单一剖切面是投影面垂直面 当物体上具有倾斜部分时，可以用一个投影面垂直面作为剖切面剖开物体的倾斜部分，同时设置一个与剖切面平行的新投影面，剖切后向新投影面投射，从而得到倾斜部分的实形，这种剖切方法习惯上称为**斜剖**。如图 6-20 所示的物体，为了表达圆柱管端的螺孔、槽等结构及管孔实形，采用垂直于管轴的正垂面进行剖切，得到 *B—B* 剖视图。

采用单一投影面垂直面剖切时，应注意以下几点：

1）向平行于剖切面的新投影面投射得到投影后，要将新投影面沿投射方向翻转到与基本投影面重合后画出投影图。

2）采用该方法画出的剖视图，必须进行标注，注法如图 6-20 所示，字母必须水平书写。

3）为了看图方便，剖视图一般应放在箭头所指的方向，并与相应视图之间保持直接的投影关系。也允许将图形平行移动或将图形旋转，此时必须标注“×—×”和旋转符号，如图 6-20 中的“*B—B*”↶。

2. 几个平行的剖切平面

如果物体的内部结构排列在几个互相平行的平面上，可以用几个互相平行的剖切平面剖开物体。如图 6-21a 所示物体，它的左侧阶梯孔、大圆孔和右侧螺纹孔在主视图上都需要表

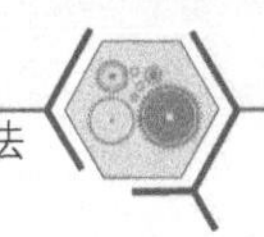

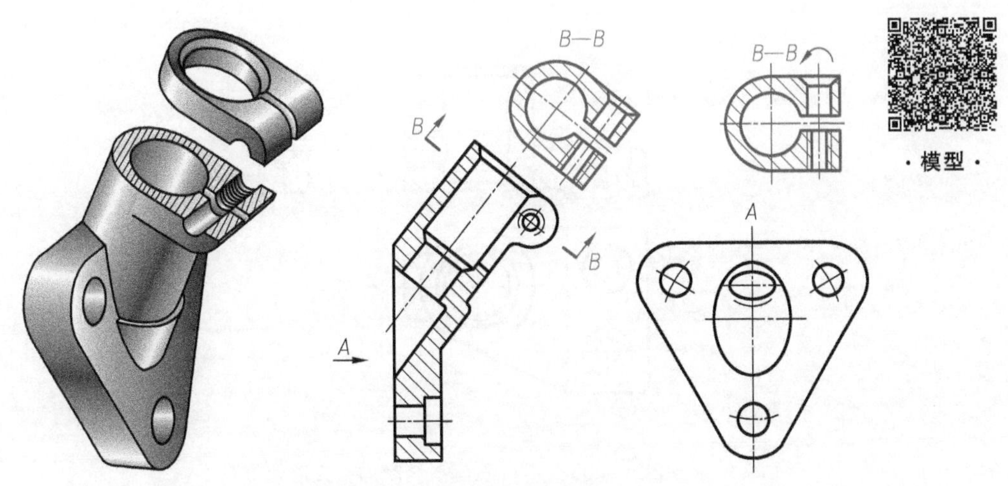

图 6-20　单一剖切面为投影面垂直面

达，而它们的轴线位于两个平行平面内，此时，可用两个正平面分别通过各孔的轴线剖开物体，并将这两个剖切平面剖得的剖视图画在同一张图上，如图 6-21b 所示。

用几个平行的剖切面剖开物体的方法习惯上称为**阶梯剖**。

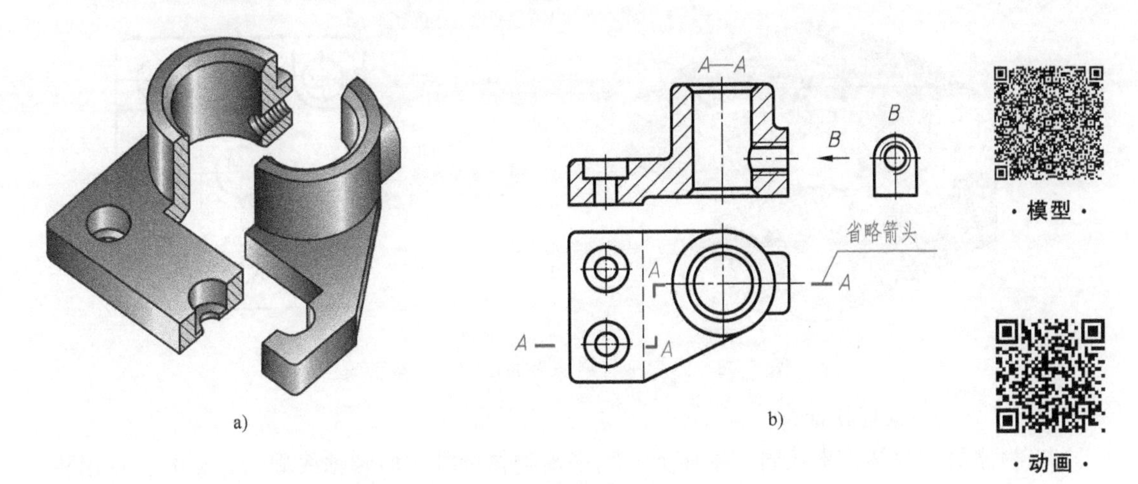

图 6-21　几个平行的剖切平面

用几个平行的平面进行剖切时，应注意以下几点：

1）应把几个剖切面作为一个剖切面考虑，不应在剖视图中画出剖切面转折处的界线，而且剖切平面的转折处也不应与图中的轮廓线重合，如图 6-22 所示。

2）用几个平行的剖切面剖开物体所得的剖视图必须标注，如图 6-21 所示，在剖切平面起、迄和转折处画出剖切符号，并标上相同的字母。当剖视图按投影关系配置，中间又没有其他图形隔开时，可以省略箭头。当转折处位置有限又不致引起误解时，允许省略字母，如图 6-22 所示。

3）在剖视图中，不允许出现孔或槽等结构的不完整投影。当两个要素在图形上具有公共对称中心线或轴线时，可以各剖一半，此时应以对称中心线或轴线为界，如图 6-23 所示。

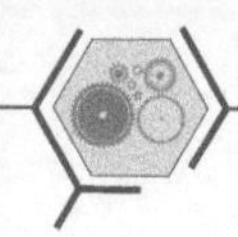

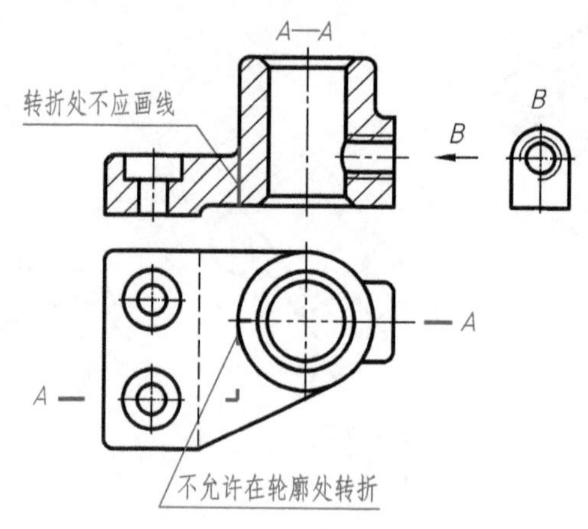

图 6-22 用几个平行平面剖切时的错误画法

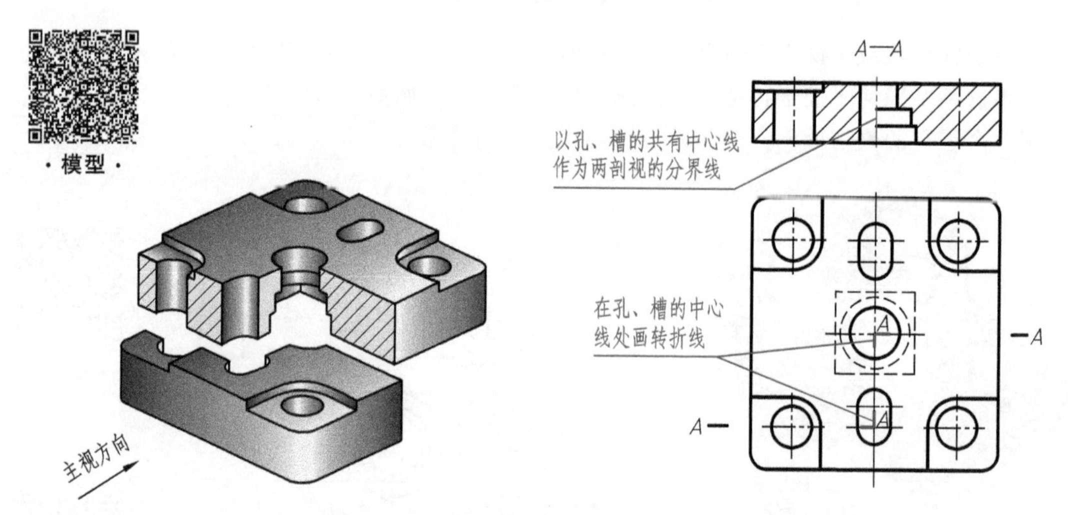

图 6-23 几个平行剖切平面剖切不完整要素

3. 几个相交的剖切面

当物体的内部结构不在同一平面上，而是沿物体的某一回转轴线周向分布时，可用相交于回转轴线的相交的剖切平面剖开物体，将剖切面剖开的结构及有关部分旋转到与选定的投影面平行后，再进行投射。如图 6-24 所示物体，为了清楚地表达其中间阶梯孔和均匀分布在四周的圆孔，用相交于其轴线的侧平面和正垂面进行剖切，并将位于正垂面上的剖面区域及剖到的有关部分绕交线（正垂线轴线）旋转到和侧平面平齐，再进行投射得到剖视图。

用几个相交的剖切平面剖开物体的方法习惯上称为**旋转剖**。

旋转剖通常用于表达具有明显回转轴线、分布在几个相交平面上的物体内形，如盘、轮、盖等物体上的孔、槽、轮辐等结构。几个相交的剖切面可以是平面或者柱面，它们的交线必须垂直于某一基本投影面。

采用几个相交的剖切面进行剖切时，应注意以下几点：

1）画剖视图时，要把用剖切平面剖开的倾斜结构及其有关部分旋转到与选定的基本投影面平行后再进行投射，这样可以使剖视图既反映实形又便于画图。但对于剖切平面后的其

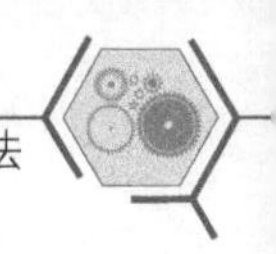

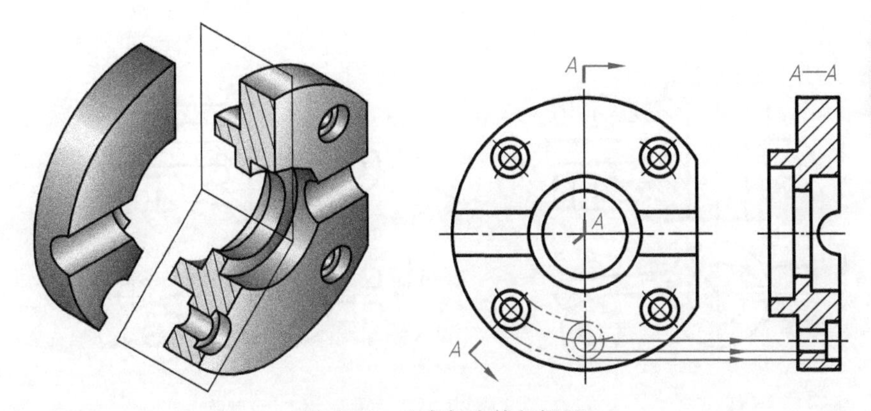

·模型·

图 6-24　几个相交的剖切面

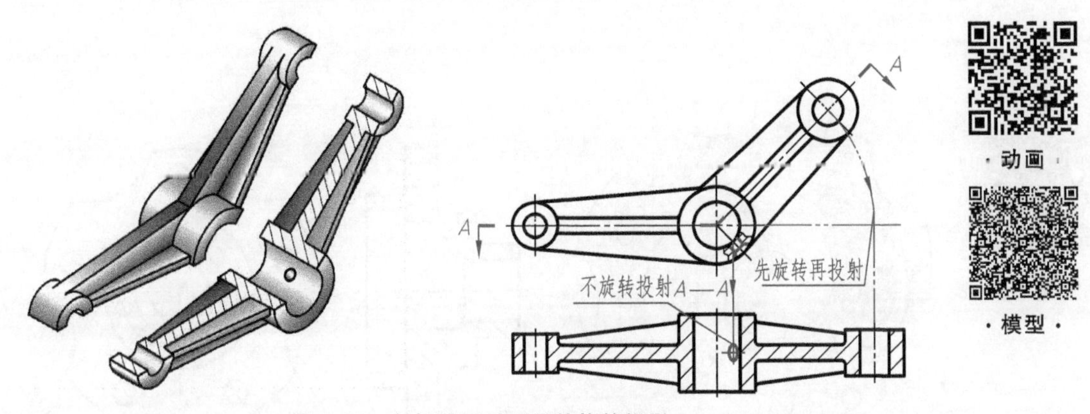

·动画·

·模型·

图 6-25　剖切平面后可见结构的投影

他结构，一般应按原来的位置画其投影，如图 6-25 中的小孔。

2）当剖切后产生不完整要素时，应将该部分按不剖画出，如图 6-26 所示。

3）用几个相交的剖切面剖切物体得到的剖视图必须标注，并且在任何情况下都不可以省略。图 6-27 所示物体是用柱面方式转折得到的剖视图，其标注形式如图所示。当用几个相交剖切面剖切得到的剖视图需要采用展开画法时，应标注“×—×展开”字样，如图 6-28 所示。

·模型·

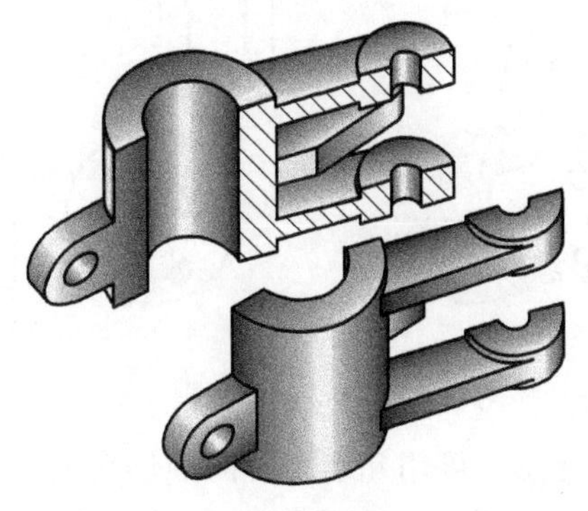

a) 立体图

图 6-26　剖切后产生的不完整要素按不剖画出

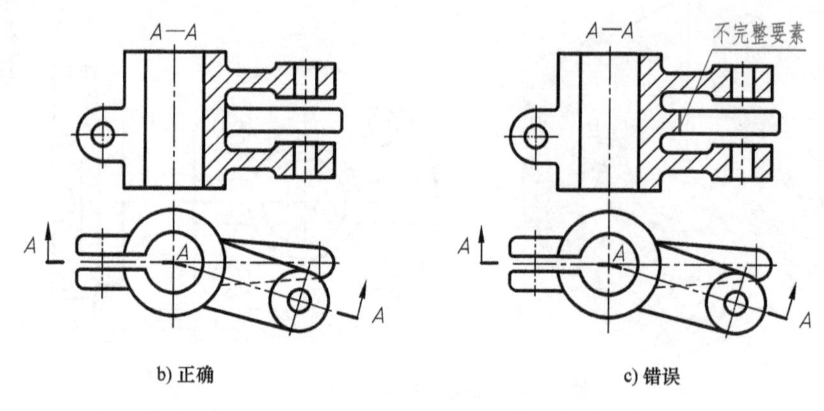

b) 正确　　　　c) 错误

图 6-26　剖切后产生的不完整要素按不剖画出（续）

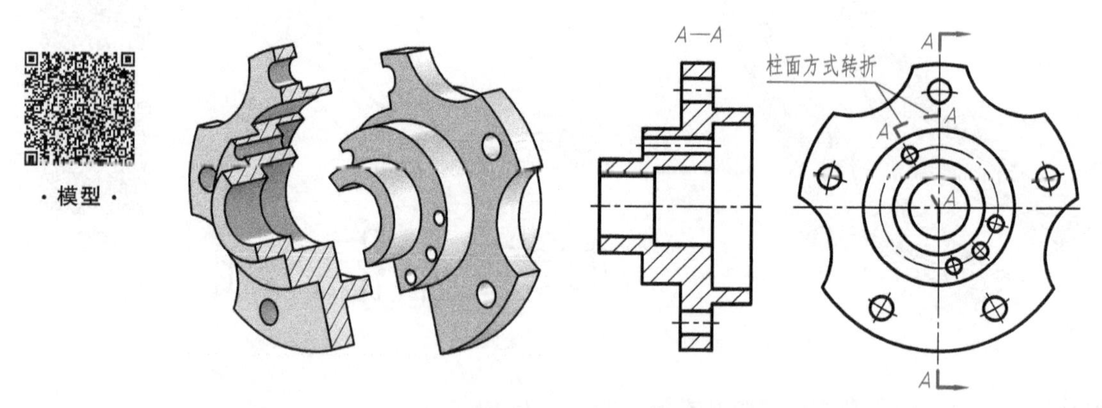

图 6-27　柱面方式转折的剖视图

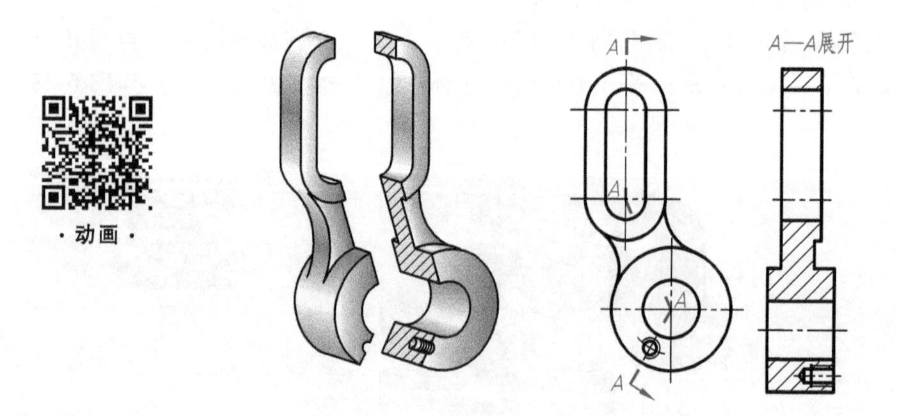

图 6-28　展开画法

4）根据物体的内部结构特点，可用几个相交的剖切平面和几个平行的剖切平面组合来剖切物体得到剖视图，如图 6-29 所示。这种用组合剖切面剖开物体的方法习惯上称为**复合剖**。

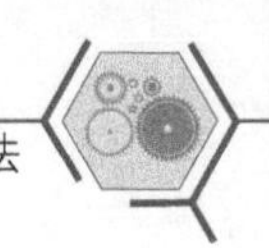

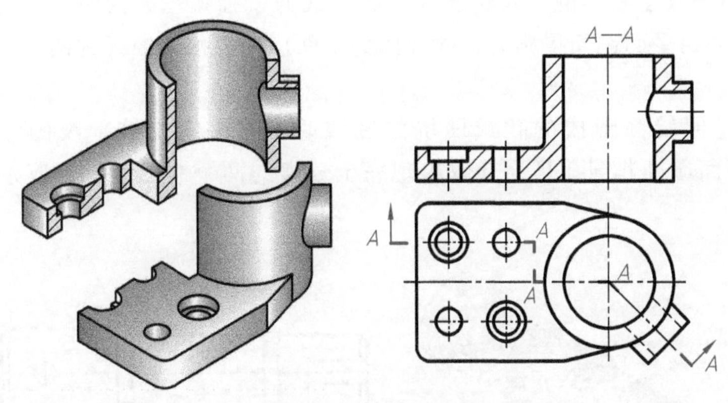

·模型·

图 6-29　组合剖切面

6.3　断面图

断面图（GB/T 17452—1998、GB/T 4458.6—2002）主要用来表达物体某一局部的断面形状，如物体上的肋板、连接板、轮辐、键槽、小孔以及各种型材等的断面形状。

6.3.1　断面图的概念

假想用剖切面把物体的某处切断，仅画出该剖切面与物体接触部分的图形，称为**断面图**，简称**断面**。断面图分为**移出断面图**和**重合断面图**。

断面图与剖视图的区别：断面图仅画出物体被切断后的断面形状，如图 6-30a 所示；而剖视图还要画出剖切面后的物体可见结构的投影，如图 6-30b 所示。

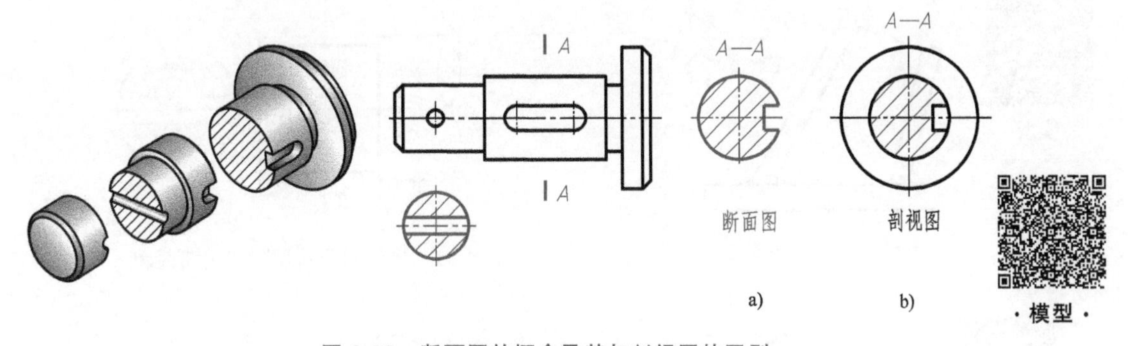

·模型·

图 6-30　断面图的概念及其与剖视图的区别

6.3.2　移出断面图

1. 移出断面图的画法

画在视图外的断面图称为**移出断面图**。移出断面图的画法和位置配置如下：

1）移出断面图的轮廓线用粗实线绘制，并尽量配置在剖切符号或者剖切线的延长线上。必要时，可将移出断面图配置在其他适当的位置，如图 6-31 所示。

2）断面图形对称时，移出断面图也可画在视图的中断处，如图 6-32 所示。

3）剖切平面一般应垂直于物体的主要轮廓（直的）或通过圆弧轮廓的中心。当移出断面图由两个或多个相交剖切平面剖切得到时，断面图的中间应用波浪线断开为两个图形，如图6-33所示。

4）当剖切平面通过回转面形成的孔或凹坑的轴线时，这些结构按剖视图绘制，如图6-34所示。当剖切平面通过非圆孔且会导致出现完全分离的两个断面时，也应按剖视图绘制，如图6-35所示。

·模型·

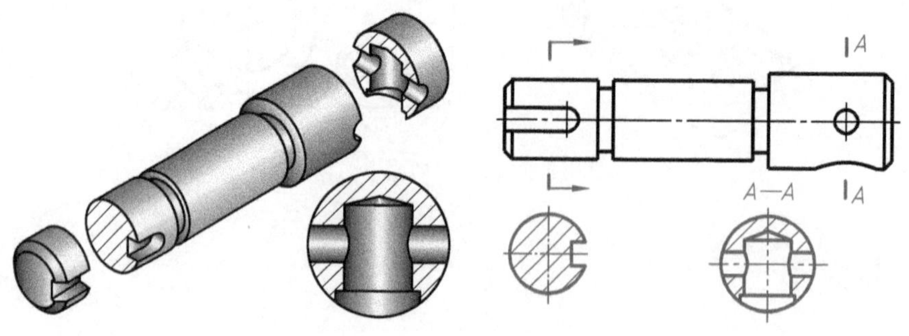

图6-31　移出断面图（一）

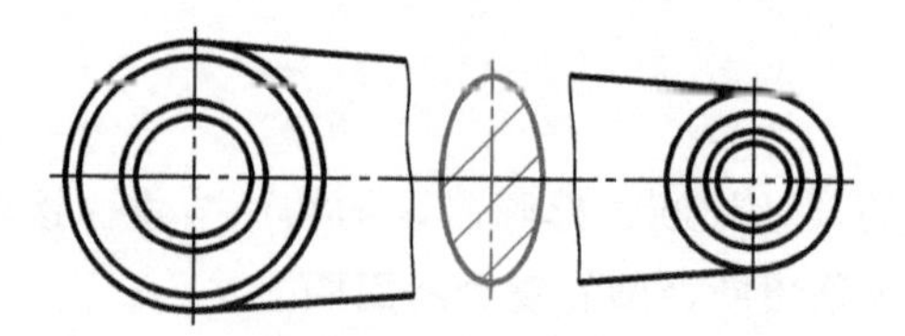

图6-32　移出断面图（二）

·模型·

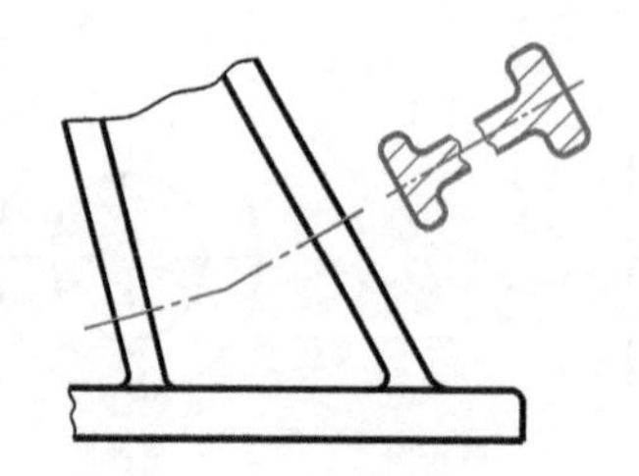

图6-33　移出断面图（三）

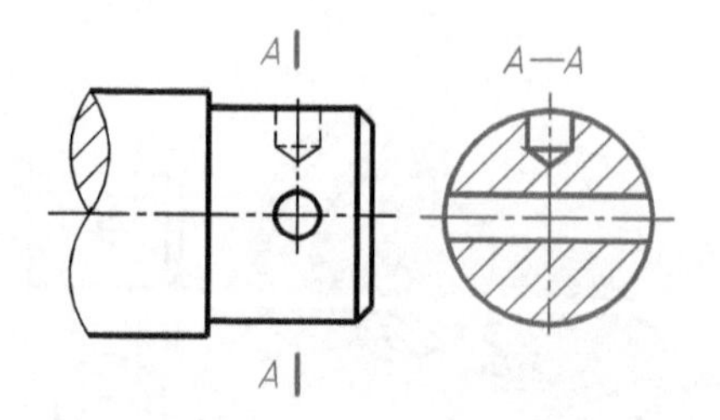

图6-34　按剖视图绘制的移出断面图（一）

·模型·

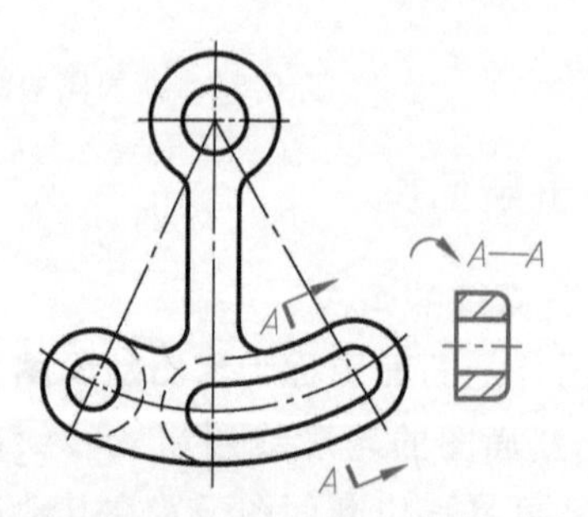

图6-35　按剖视图绘制的移出断面图（二）

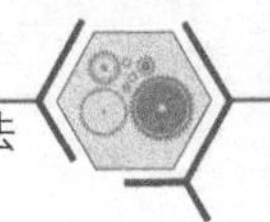

2. 移出断面图的标注

移出断面图的标注方法见表 6-2。

表 6-2　移出断面图的标注方法

标注方法	图　例	标注方法	图　例
省略箭头	按投影关系配置的移出断面图可省略箭头	省略箭头、字母	在剖切线延长线上对称的移出断面图可省略箭头、字母
	不按投影关系配置的对称移出断面图可省略箭头		
省略字母	在剖切符号延长线上不对称的移出断面图可省略字母	标注剖切线、箭头和字母	不按投影关系配置的不对称的移出断面图必须标注剖切线、箭头和字母

6.3.3　重合断面图

画在图形里面的断面图称为**重合断面图**，如图 6-36 所示。

只有在断面图形状简单，不影响图形清晰程度，且能增强被表达部位的实感的情况下，才采用重合断面图。

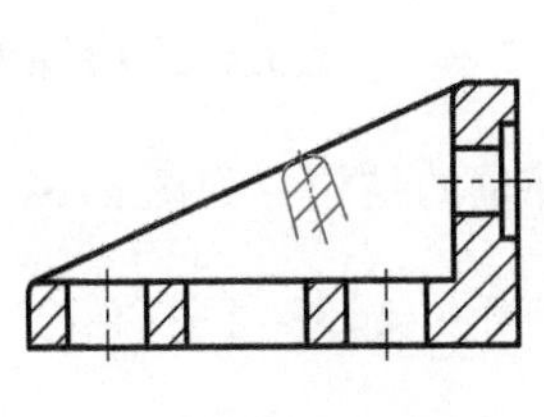

a) 对称的重合断面图

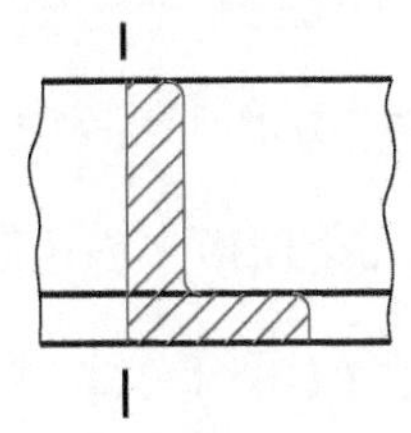

b) 不对称的重合断面图

图 6-36　重合断面图

重合断面图的轮廓线用细实线画出。当视图中的轮廓线与重合断面的图形重叠时，视图中的轮廓线仍需完整地画出，不可断开，如图 6-36b 所示。

对称的重合断面图不必标注；不对称的重合断面图在不至于引起误解的情况下，可以省略标注，如图 6-36b 所示。

6.4　局部放大图和简化画法

6.4.1　局部放大图（GB/T 4458.1—2002）

当机件上某些细小结构在视图中表达不清楚，或不便于标注尺寸时，可采用局部放大图。

对于机件上的部分结构，用大于原图形的比例画出的图形，称为**局部放大图**，如图 6-37 所示。局部放大图的比例是指放大图中机件要素的线性尺寸与实际机件要素的线性尺寸之比，不是与原图形相应要素的比例。局部放大图可画成视图、剖视图、断面图，它与被放大部分的表达方式无关。

局部放大图的画法如下：

1）绘制局部放大图时，应在原图形中用细实线圈出被放大的部位，并将局部放大图尽量配置在被放大部位的附近。

2）当同一机件上有几处被放大的部位时，各处的放大比例可以不同，但必须用罗马数字依次编号，标明被放大的部位，并在局部放大图的上方以分数形式标注相应的罗马数字和所采用的比例，如图 6-37 所示。

3）当机件上被放大的部分仅一个时，在局部放大图的上方只需注明所采用的比例。

4）同一机件上不同部位的放大图，当图形相同或对称时，只需画出一个，如图 6-38 所示。

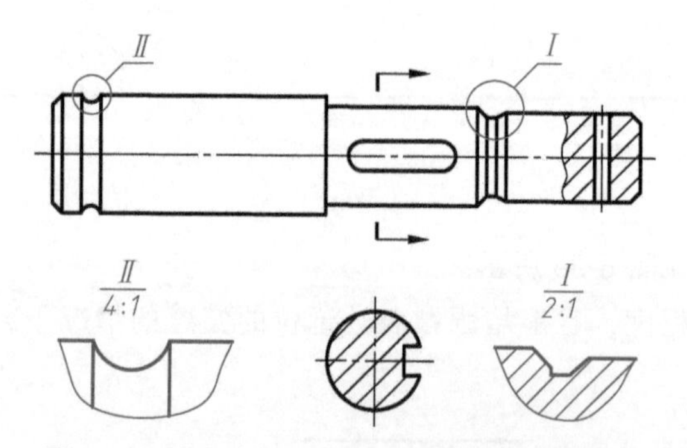

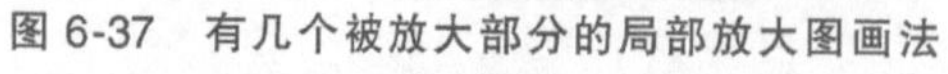
图 6-37　有几个被放大部分的局部放大图画法

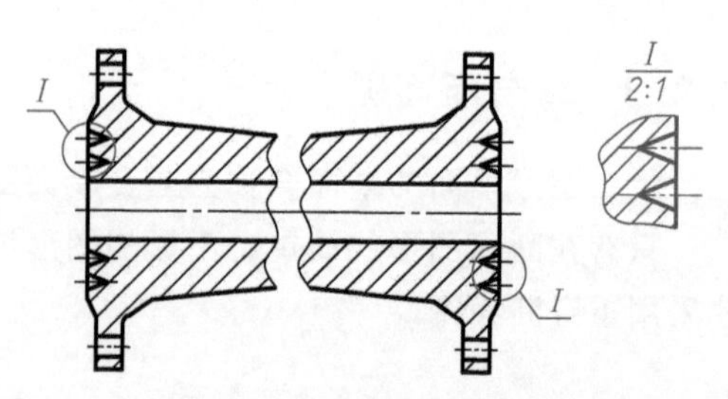

图 6-38　被放大部位图形相同的局部放大图画法

5）必要时可用几个图形来表达同一个被放大部位的结构，如图 6-39 所示。

6.4.2　简化画法（GB/T 16675.1—2012、GB/T 4458.1—2002）

制图国家标准中的简化画法包括规定画法、省略画法、示意画法等在内的图示方法，本节摘录了常用的部分简化画法，见表 6-3。

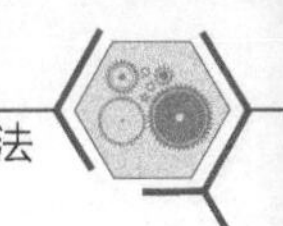

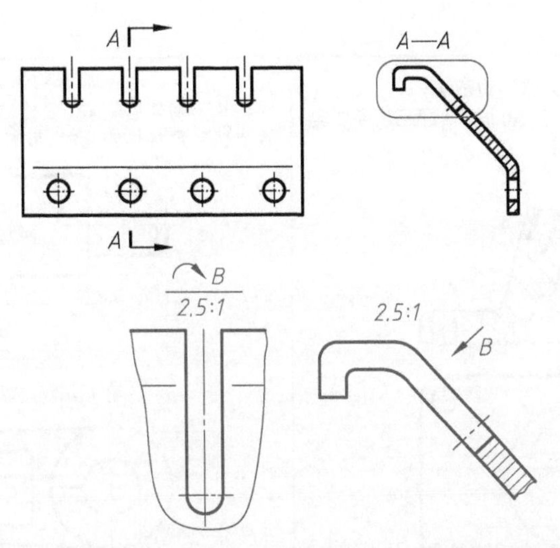

图 6-39　用几个图形表达同一个被放大部位的局部放大图画法

表 6-3　图样的简化画法

肋、轮辐及薄壁等纵向剖切的画法	均布的肋、轮辐、孔等结构的画法
对于机件的肋、轮辐及薄壁等，如按纵向剖切，这些结构都不画剖面符号，而用粗实线将它与其邻接部分分开 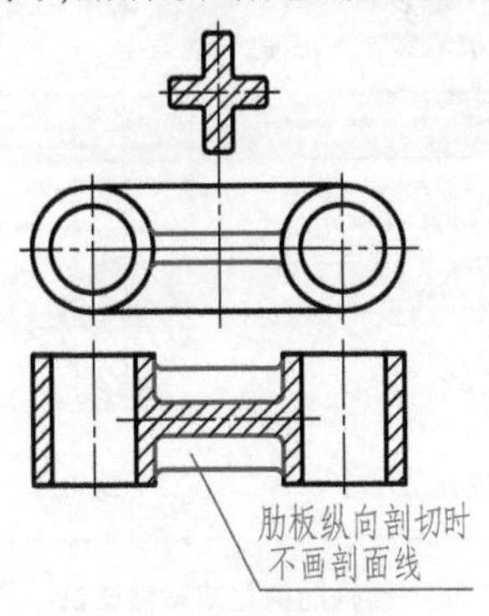 	当零件回转体上均匀分布的肋、轮辐、孔等结构不处于剖切平面上时，可将这些结构旋转到剖切平面上并画出 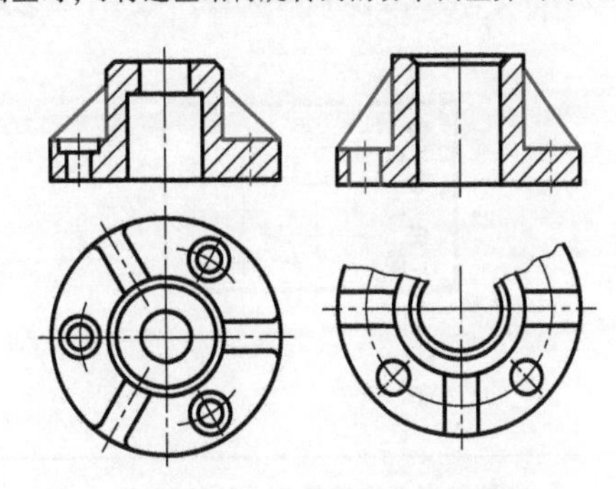 a) 肋、孔按对称形式画出　b)孔按对称形式画出
对称机件的画法	**零件图中有两个或两个以上相同视图时的画法**
在不致引起误解时，对于对称机件的视图可只画一半或四分之一，并在对称中心线的两端画出两条与其垂直的平行细实线 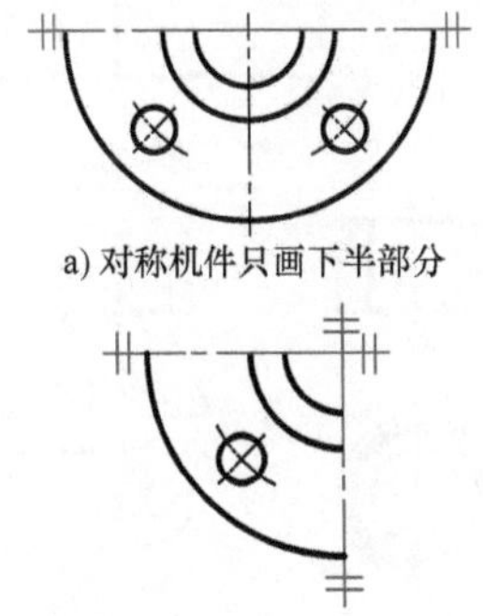 a) 对称机件只画下半部分 b) 对称机件只画四分之一	零件图中有两个或两个以上相同的视图时，可以只画一个视图，并用箭头、字母和数字表示其投射方向和位置 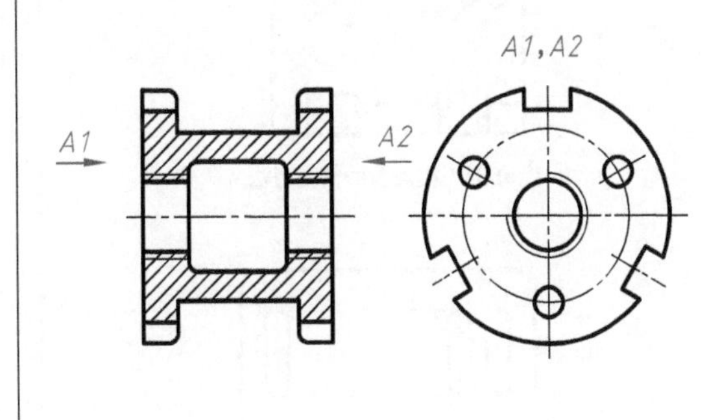

（续）

倾斜度角度不大的结构的画法

与投影面倾斜角度小于或等于30°的圆或圆弧，手工绘图时，其投影可用圆或圆弧代替

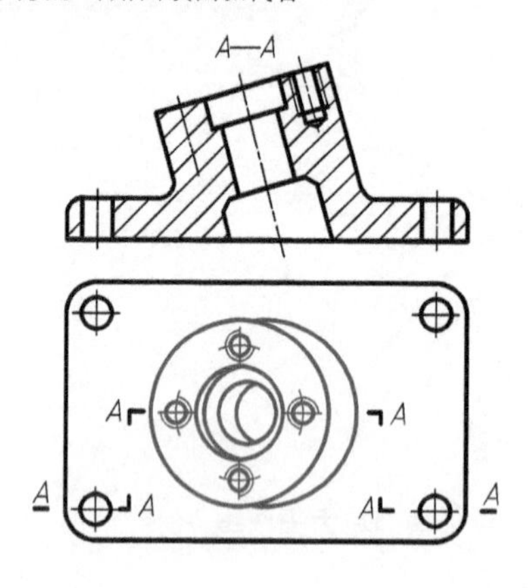

较长物体的断开画法

较长的物体（轴、杆、型材、连杆等）沿长度方向的形状一致或按一定规律变化时，可断开后缩短绘制

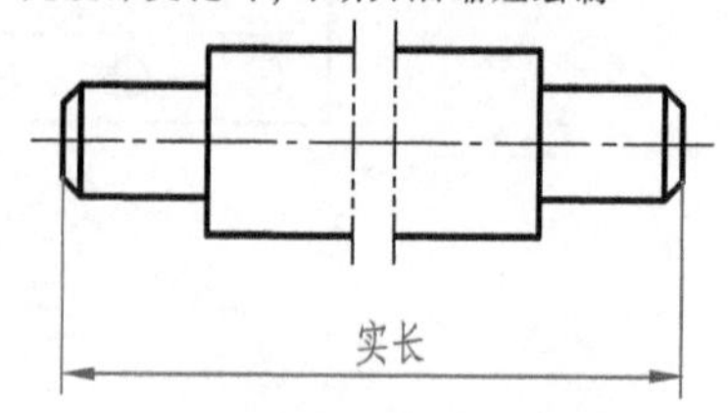

a) 用细双点画线表示断裂边界

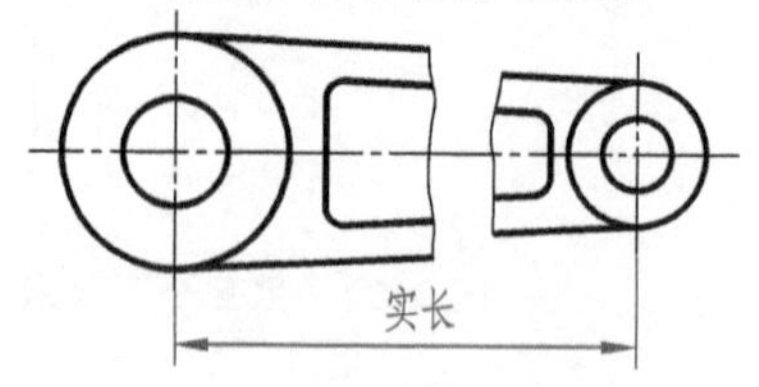

b) 用波浪线表示断裂边界

若干直径相同且成规律分布的孔的画法

圆孔、螺纹孔、沉孔等可以仅画出一个或几个，其余用细点画线表示其中心位置，同时在零件图中注明孔的总数

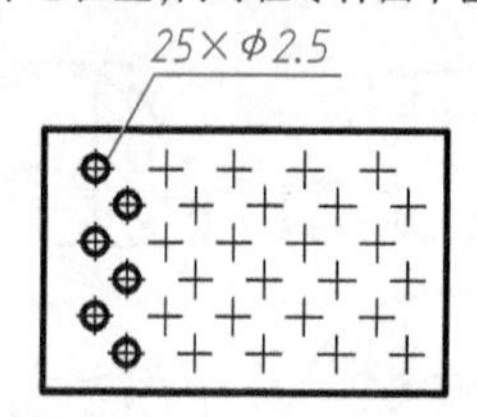

回转体零件上平面的画法

当回转体零件上的平面在图形中不能充分表达时，可用两条相交的细实线表示这些平面。下面简化后的示例中还省略了靠近轮廓素线的平面边界线

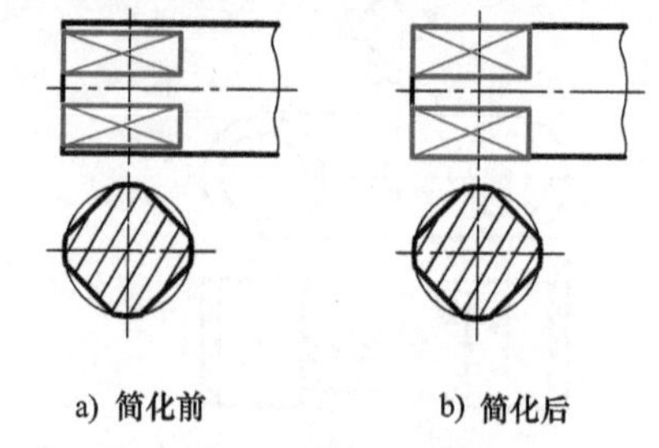

a) 简化前　　b) 简化后

按规律分布的相同结构的画法

当物体具有若干相同结构（齿、槽等），并按一定规律分布时，可只画出几个完整的结构，其余用细实线连接，但在零件图中必须注明该结构的总数

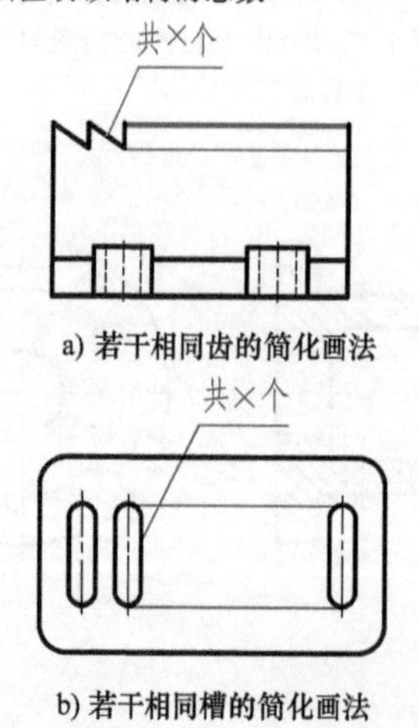

a) 若干相同齿的简化画法

b) 若干相同槽的简化画法

较小结构的简化或省略画法

物体上斜度、锥度等较小的结构，如果在一个图形中已表达清楚，则其他图形可按小端画。当物体上较小的结构已在一个图形中表达清楚时，其他图形应当简化或省略

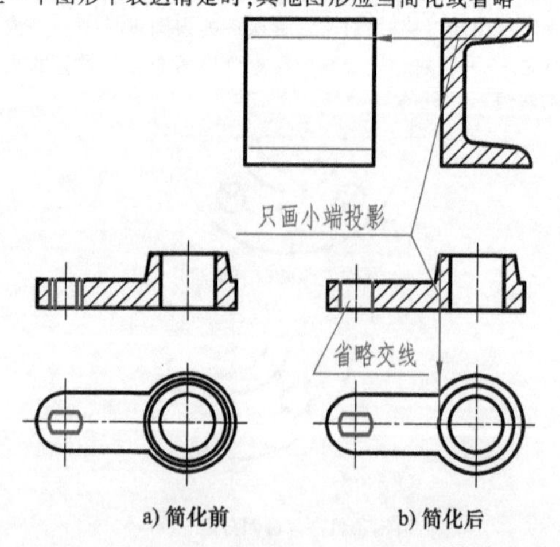

a) 简化前　　b) 简化后

（续）

网状物、编织物或物体上的滚花的画法

网状物、编织物或物体上的滚花部分，可在轮廓线附近用粗实线示意画出，并在零件图上或技术要求中注明这些结构的要求

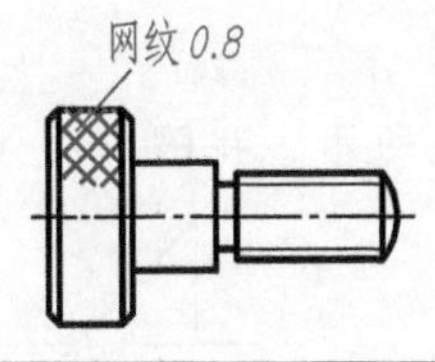

省略剖面符号的画法

移出断面图在不致引起误解时，可省略断面符号，但须标注剖切位置和断面图原有的标注

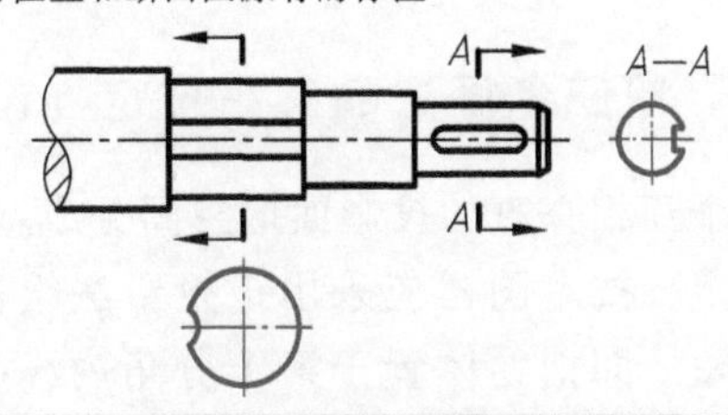

法兰和类似零件上均匀分布孔的画法

圆柱形法兰和类似零件上均匀分布的孔可用在细点画线弧上画圆的方法表示

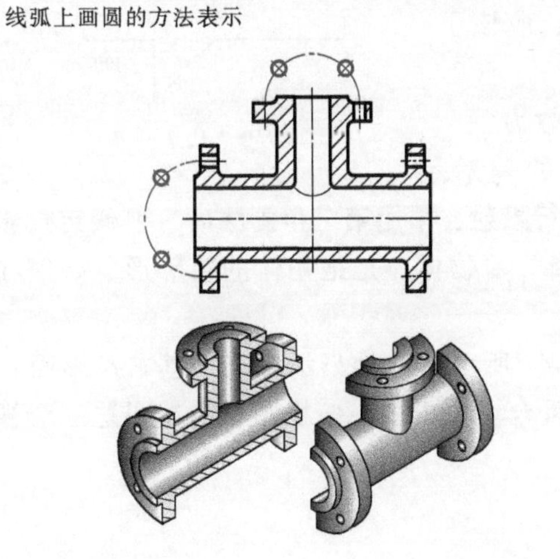

过渡线、相贯线的简化画法

在不致引起误解时，过渡线、相贯线允许简化画出，可用圆弧或直线代替非圆曲线

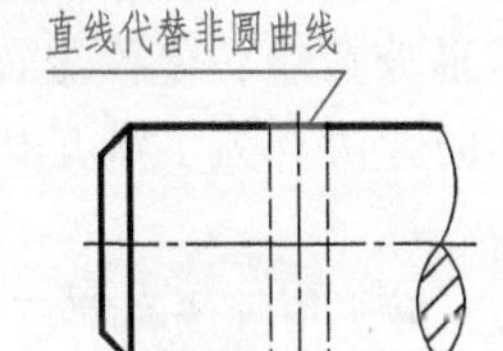

剖切面前面结构的画法

在表示位于剖切面前面的结构时，这些结构按假想投影的轮廓线绘制

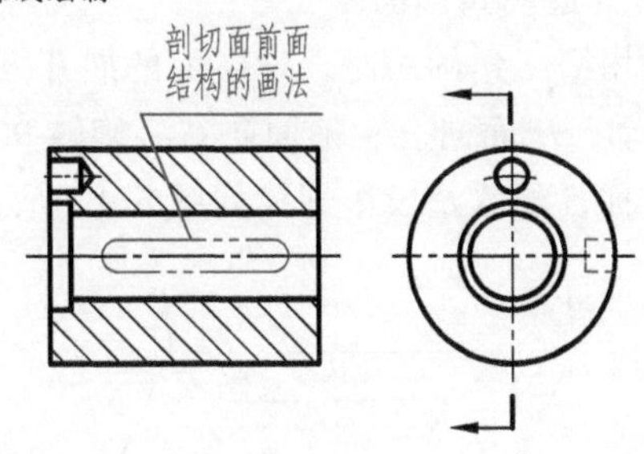

应避免不必要的视图和剖视图

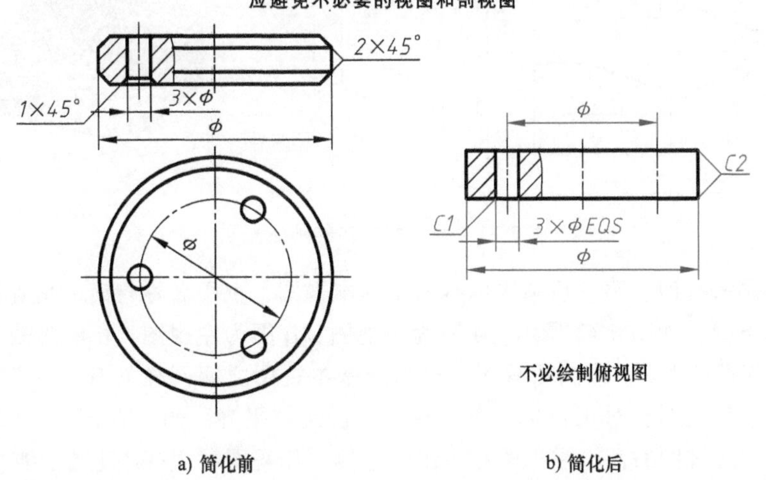

a) 简化前　　b) 简化后

6.5　第三角画法简介

6.5.1　第三角画法的有关规定（GB/T 13361—2012）

三个互相垂直的投影面把空间分成八个分角，如图 6-40 所示。我国《技术制图》国家标准规定，技术图样应采用正投影法绘制，并优先采用**第一角画法**，即把物体置于第Ⅰ分角内，并使其处于观察者与投影面之间而得到正投影的方法。第一角画法由法国人蒙日提出，现在世界上多数国家均用此法。但是，也有一些国家（如美国、日本、加拿大等）采用**第三角画法**，即把物体放在第Ⅲ分角中，使投影面处于观察者和物体之间而得到正投影的方法。为了满足国际交流的需要，应该了解第三角画法。

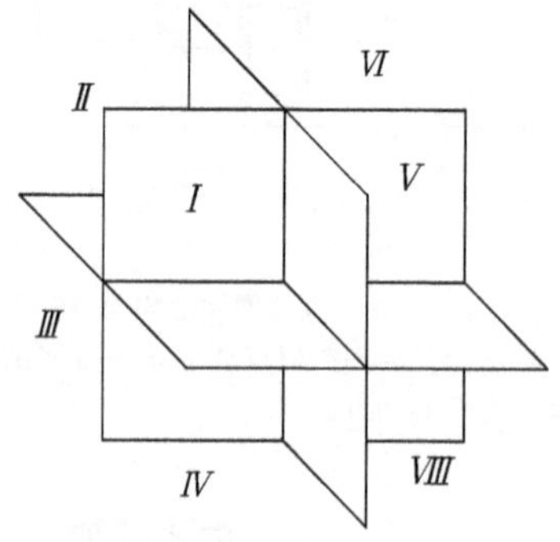

图 6-40　八个分角

ISO 规定“第一角画法和第三角画法具有同等效力”。

从投射方向看，第一角画法是“人-物-面”的关系，而第三角画法是“人-面-物”的关系。为了能够进行投射，采用第三角画法时，要假定投影面是透明的。因此，采用第三角画法是隔着“玻璃”看物体，是把物体的轮廓形状映射在“玻璃”（透明投影面）上。

采用第三角画法时，投影面的展开方法如图 6-41 所示（此处只示例三个基本投影面），*V* 面不动，*H* 面向上、*W* 面向右各旋转 90°与 *V* 面重合。主视图、俯视图、右视图这三个视图的名称、配置及投影规律如图 6-42 所示。

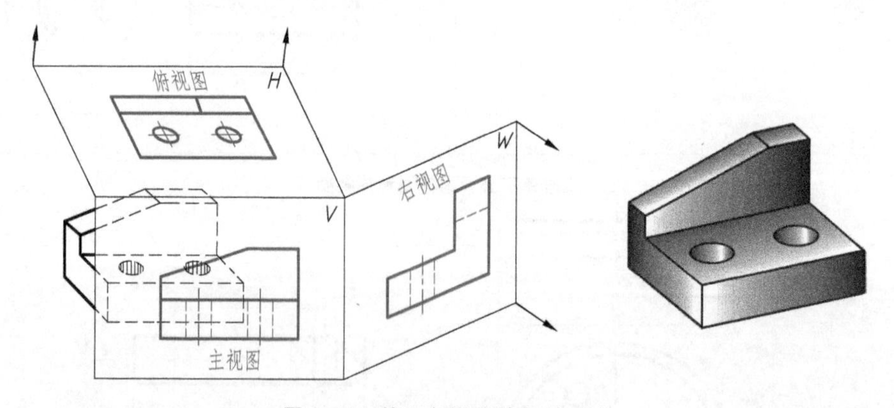

图 6-41　第三角画法的视图形成

与第一角画法类似，第三角画法也有六个基本视图，视图名称与第一角画法相似，但视图的配置关系不同，如图 6-43 所示。*A* 图为主视图，*B* 图为左视图，*C* 图为俯视图，*D* 图为右视图，*E* 图为仰视图，*F* 图为后视图。这六个基本视图之间同样具有“三等”投影规律：即主、俯、仰、后视图长对正；主、右、左、后视图高平齐；俯、右、左、仰视图宽相等。但是，右视图在主视图右侧，左视图在主视图左侧，俯视图在主视图上方，仰视图在主视图

下方。俯视图、右视图、仰视图、后视图靠近主视图的一侧表示物体的前面，远离主视图的一侧表示物体的后面，这与第一角画法正好相反。

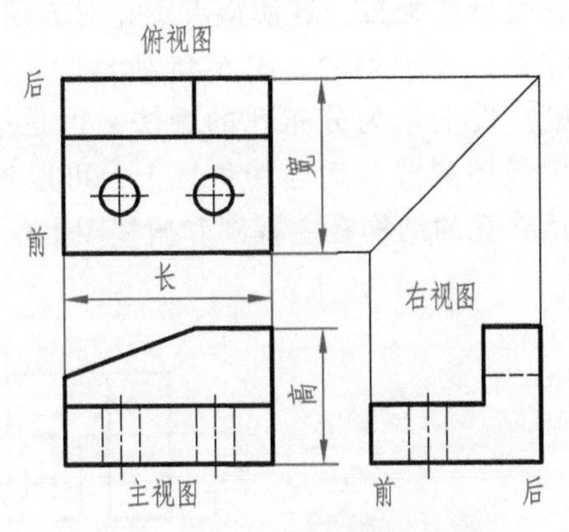

图 6-42　第三角画法的三视图

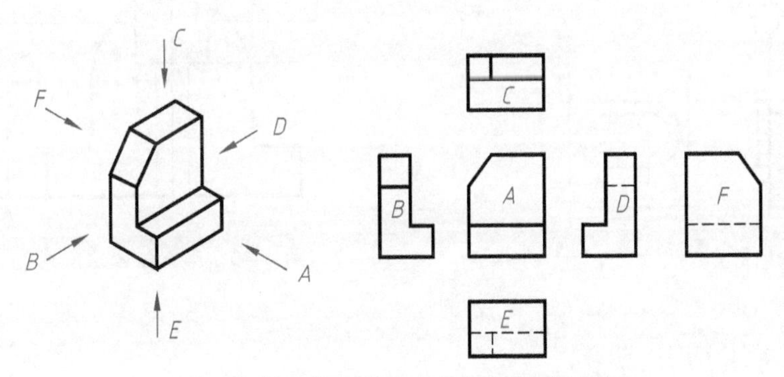

图 6-43　第三角画法中六个基本视图的配置

6.5.2　第三角画法与第一角画法的投影识别符号（GB/T 14692—2008）

国际标准规定，采用第一角画法时，用图 6-44a 所示的投影识别符号表示；采用第三角画法时，用图 6-44b 所示的投影识别符号表示（尺寸与第一角的投影识别符号相同）。投影识别符号一般放置在标题栏中名称及代号区的下方。由于我国国家标准规定采用第一角画法，当采用第一角画法时，可省略投影识别符号；当采用第三角画法时，则必须画出第三角画法的投影识别符号。

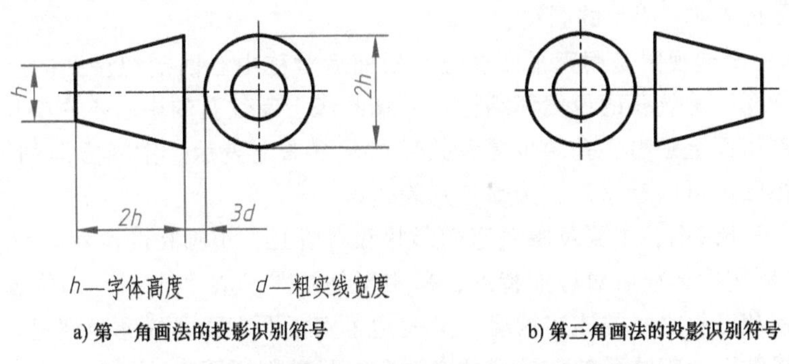

a) 第一角画法的投影识别符号　　b) 第三角画法的投影识别符号

图 6-44　第一角画法和第三角画法的投影识别符号

6.5.3 第三角画法的应用

第三角画法的主要优点就是**近侧配置**，这使得看图相对方便、易于想象空间形状、有利于表达物体上的细节，且尺寸标注便于集中。图6-45所示为按照第三角画法配置的局部视图。在表6-3中，法兰和类似零件上均匀分布孔的画法，也是第三角画法的应用。图6-45所示为利用近侧配置，将辅助视图配置在适当的位置上，可以省略标注。图6-46所示物体采用第三角画法时，上部切槽穿孔的结构在主视图和俯视图上位置比较接近，使得尺寸标注比较集中，易于看图。

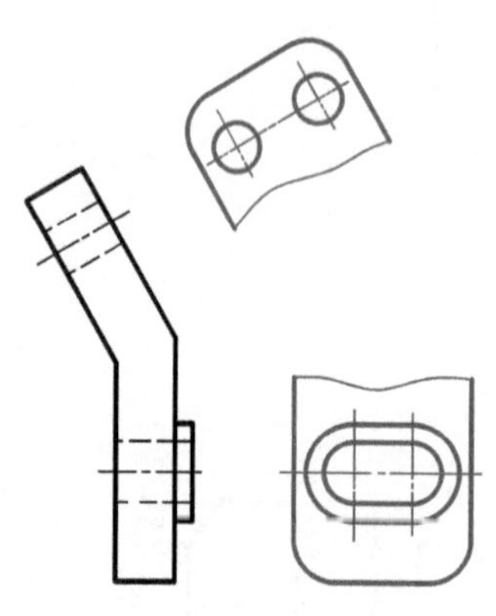

图6-45 第三角画法应用（一）

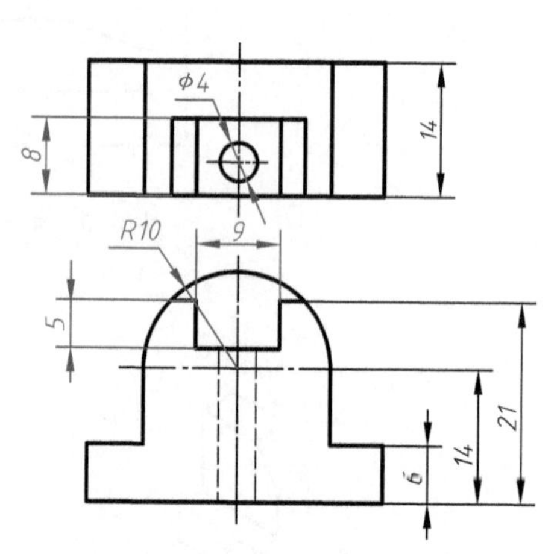

图6-46 第三角画法应用（二）

6.6 图样画法应用举例

图样的每种画法都有自己的特点和适用范围，应用时要根据具体情况合理选择。

绘制图样时，首先应对物体进行形体分析，明确物体的结构特点，再根据物体的结构特点选择合适的画法进行表达。一个物体可能有几种不同的表达方案，较好的表达方案应该是用较少的图形，把物体的结构完整、清晰地表达出来，使得画图、看图都比较方便。

如图6-47a、b所示，物体由圆筒、底座和连接板三部分组成。圆筒中有阶梯孔，上部有与阶梯孔连通的螺纹孔，左端凸缘上有四个螺纹孔。底座上有四个台阶孔和两个小孔，左右有通槽。连接板是中空的，空腔与底座上的通槽相连接。为了把上述结构及其相对位置表达清楚，采用了图6-47c所示的画法：

1）主视图的全剖视图是用正平面通过支架前后对称中心面剖切得到的。它清楚地表达了圆筒内部阶梯孔、螺纹孔的位置和结构；左端凸缘上螺纹孔的中心不在剖切面内，假想旋转一个角度到剖切面上画出，孔的位置和数目在左视图上表示。主视方向的外形比较简单，从俯视图、左视图中可以看清楚，无须特别表达。

2）俯视图是外形图，主要反映底座的形状和台阶孔、小圆孔的位置。

3）左视图利用物体前后对称的特点，采用半剖视图。从“*A—A*”的位置剖切，既反映了圆筒、连接板和底板之间的连接情况，又表达了底板上小圆孔的穿通情况。左边的外形主要表达圆筒凸缘端面上螺纹孔的数量和分布位置。局部剖视图表达了底板上的台阶孔。

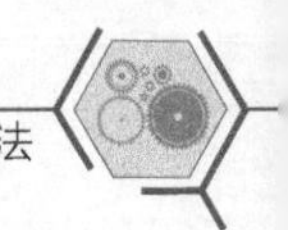

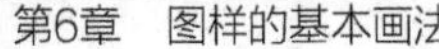

图 6-47c 中的三个视图表达方法搭配适当，每个视图都有其表达的重点，目的明确，且各视图相互配合和补充，视图数量也比较少。

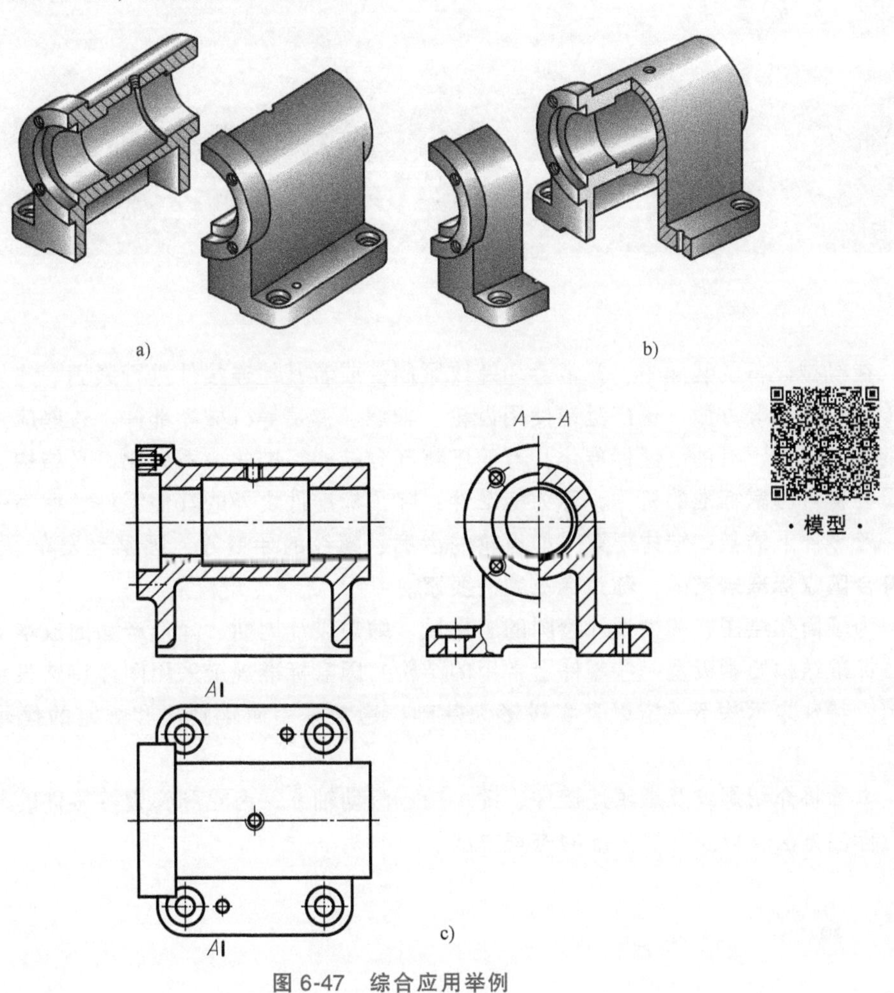

图 6-47　综合应用举例

第7章

图样的特殊表示法

在机械设备的装配中，常常会用螺纹紧固件或者其他连接件进行紧固、连接。而在机械的传动、支承等方面，也广泛地使用齿轮、轴承、弹簧等机械零部件。这些应用范围广、需求量大的机件，有的已经标准化，有的已将部分结构标准化、系列化。**凡结构、尺寸和成品质量都符合国家标准的机件，称为标准件**；除了标准件之外的其他零件，称为一般零件。对于一般零件上的某些结构要素，如齿轮的齿廓、螺纹的牙型等，国家也发布了相关的标准，**凡符合国家标准规定的，称为标准结构要素**。

为了简化绘图、减少设计绘图的工作量、缩短设计周期、降低产品的成本等，对于标准件、标准结构要素以及一些零件上常用的结构，国家标准规定采用图样特殊表示法进行简化表示。特殊表示法不一定以真实投影为基础，通常采用简化画法和规定的代号、符号进行标注。

本章将介绍螺纹及螺纹连接件、键、销、滚动轴承、齿轮和弹簧等零件的规定画法、标记、标注方法，以及有关标准的查表方法。

7.1 螺纹

7.1.1 螺纹的基本知识

1. 螺纹的形成

在圆柱表面或圆锥表面上，沿螺旋线所形成的具有相同断面的连续凸起和沟槽，称为**螺纹**。在圆柱面上形成的螺纹为**圆柱螺纹**，在圆锥面上形成的螺纹为**圆锥螺纹**。在圆柱或圆锥外表面上形成的螺纹称为**外螺纹**，在圆柱或圆锥内表面上形成的螺纹称为**内螺纹**。

螺纹的制造方法很多，通常都是根据螺旋线原理加工而成的。图 7-1 所示为在车床上加工螺纹的情况。工件被夹紧在车床的卡盘中，并绕其轴线做匀速转动，车刀沿工件轴线方向做匀速直线移动，当车刀切入工件达到一定深度时，工件表面便车削出了螺纹。车刀刀尖的形状不同，车削出的螺纹形状也不同。

有些内螺纹的加工，会采用先钻孔后攻螺纹的方法：先用钻头在机件上钻出光孔，再用丝锥攻出螺纹。图 7-2 所示为内螺纹加工过程的示意图。螺纹不通孔底部会因为钻头结构而留下锥面，通常将锥面的轮廓线夹角画成 120°。

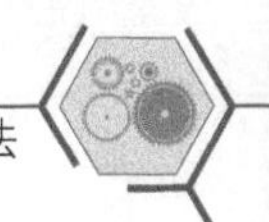

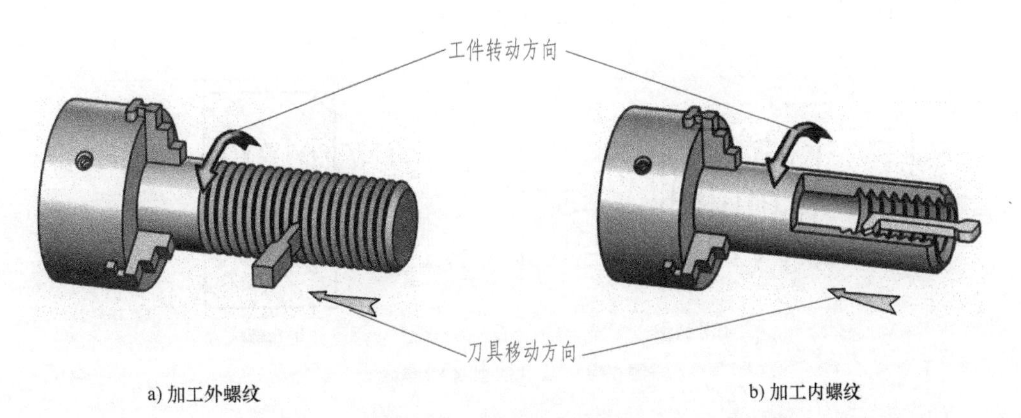

a) 加工外螺纹　　b) 加工内螺纹

图 7-1　在车床上加工螺纹

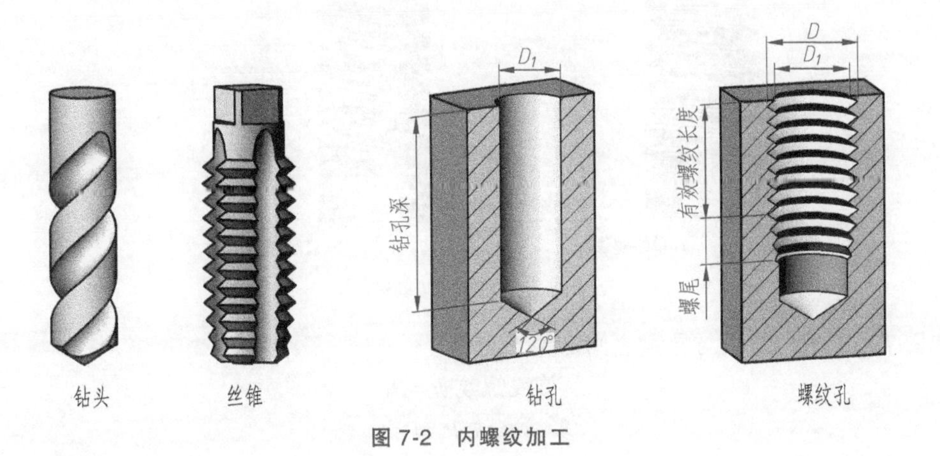

图 7-2　内螺纹加工

2. 螺纹的结构要素（GB/T 14791—2013）

(1) 牙型　在螺纹轴线平面内的螺纹轮廓形状，称为**牙型**。常见的螺纹牙型有三角形、梯形、锯齿形等。相邻牙侧间的材料实体，称为牙体。连接两个相邻牙侧的牙体顶部表面，称为牙顶。连接两个相邻牙侧的牙槽底部表面，称为牙底，如图 7-3 所示。

(2) 螺纹直径　螺纹的直径有大径（d、D）、小径（d_1、D_1）和中径（d_2、D_2）之分。直径符号中的小写字母表示外螺纹，大写字母表示内螺纹，如图 7-3 所示。其中，外螺纹大径 d 和内螺纹小径 D_1 也称为螺纹的顶径。

大径（d、D）：与外螺纹牙顶或内螺纹牙底相切的假想圆柱或圆锥的直径。

小径（d_1、D_1）：与外螺纹牙底或内螺纹牙顶相切的假想圆柱或圆锥的直径。

中径（d_2、D_2）：中径圆柱或中径圆锥的直径，该圆柱（或圆锥）母线通过圆柱（或圆锥）螺纹上牙厚与牙槽宽相等的地方。中径是反映螺纹精度的主要参数之一。

公称直径：代表螺纹尺寸的直径称为公称直径。对于紧固螺纹和传动螺纹，其大径公称尺寸是螺纹的代表尺寸；对于管螺纹，其管子公称尺寸是螺纹的代表尺寸。

(3) 线数　螺纹有单线和多线之分。只有一个起始点的螺纹，称为**单线螺纹**；具有两个或两个以上起始点的螺纹，称为**多线螺纹**。线数的代号为 n，如图 7-4 所示。

(4) 螺距与导程　相邻两牙体上的对应牙侧与中径线相交两点间的轴向距离，称为**螺距**，用 P 表示；最邻近的两同名牙侧与中径线相交两点间的轴向距离，称为**导程**，用 P_h 表

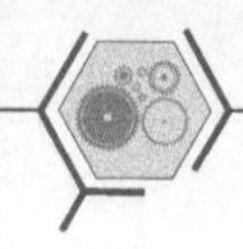

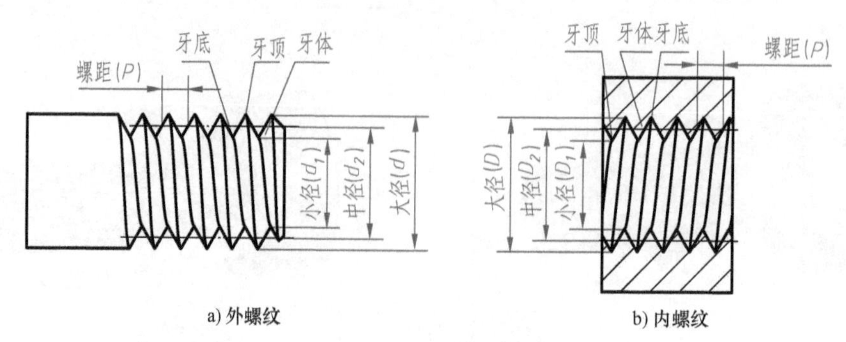

a) 外螺纹　　b) 内螺纹

图 7-3　螺纹的直径和螺距

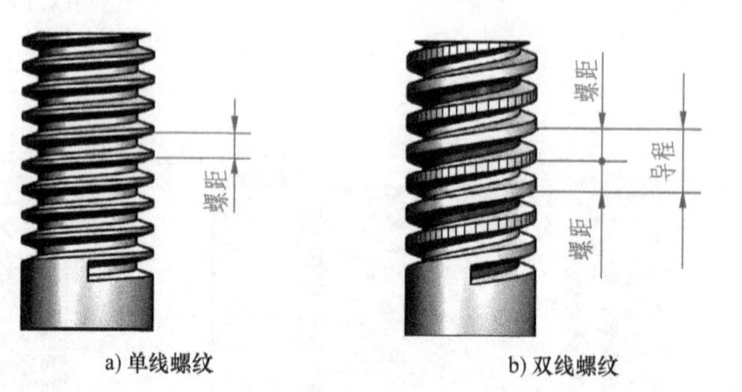

a) 单线螺纹　　b) 双线螺纹

图 7-4　螺纹的线数

示，如图 7-4 所示。螺距与导程之间的关系为

$$\text{单线螺纹}\ P=P_h$$

$$\text{多线螺纹}\ P=P_h/n$$

(5) 旋向　螺纹有左旋和右旋之分。沿顺时针方向旋转时旋入的螺纹称为右旋螺纹，沿逆时针方向旋转时旋入的螺纹称为左旋螺纹。常用的是右旋螺纹。判断螺纹旋向时，可将轴线竖起，螺纹可见部分由左向右上升的为右旋，反之为左旋，如图 7-5 所示。

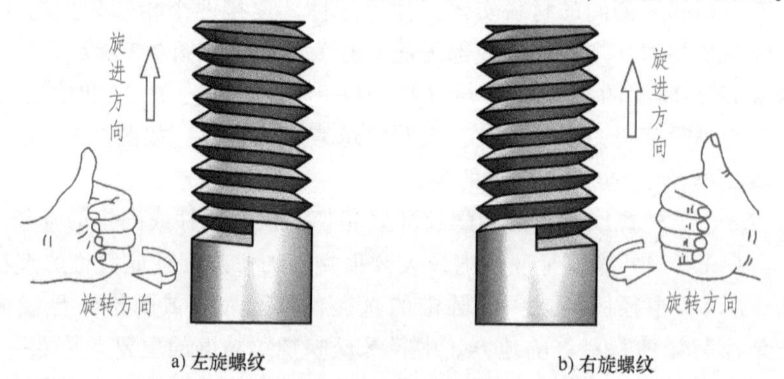

a) 左旋螺纹　　b) 右旋螺纹

图 7-5　螺纹的旋向

内、外螺纹是配对使用的。只有牙型、大径、小径、导程、线数、旋向六个要素完全相同的内、外螺纹才能相互旋合。

3. 螺纹的分类

螺纹有多种分类方法。按标准类别分，有**标准螺纹**（牙型、直径、螺距三要素符合标

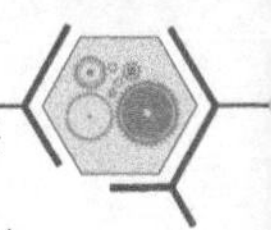

准)、**特殊螺纹**（牙型符合标准，直径或螺距不符合标准)、**非标准螺纹**（牙型不符合标准)。按用途分，有**普通螺纹**（如粗牙普通螺纹、细牙普通螺纹)、**管螺纹**（如55°密封管螺纹、55°非密封管螺纹)、**传动螺纹**（如梯形螺纹、锯齿形螺纹)、**专门用途螺纹**（如灯泡螺纹、气瓶螺纹)。

常用的标准螺纹牙型及种类（或特征）代号见表7-1。

7.1.2　螺纹的规定画法（GB/T 4459.1—1995)

由于螺纹的结构要素和尺寸已标准化，通常采用专用刀具或专用机床加工，因此表达螺纹时，没有必要画出螺纹的真实投影。国家标准GB/T 4459.1—1995规定了螺纹的画法。

1. 外螺纹的画法

如图7-6所示，外螺纹牙顶圆（线)（大径）的投影用粗实线表示，牙底圆（线)（小径）的投影用细实线表示（牙底圆的投影近似按照牙顶圆投影的85%绘制)，螺杆的倒角或倒圆部分也应画出。在垂直于螺纹轴线的投影面的视图中，表示牙底圆的细实线只画约3/4圈（空出约1/4圈的位置不做规定)。此时，螺杆或螺纹孔上的倒角投影不应画出。

有效螺纹的终止线（简称螺纹终止线）用粗实线表示。螺尾部分一般不必画出，当需要表示螺尾时，该部分用与轴线成30°角的细实线画出。

外螺纹需要剖切时，剖视图中的剖面线应画至粗实线，如图7-7所示。

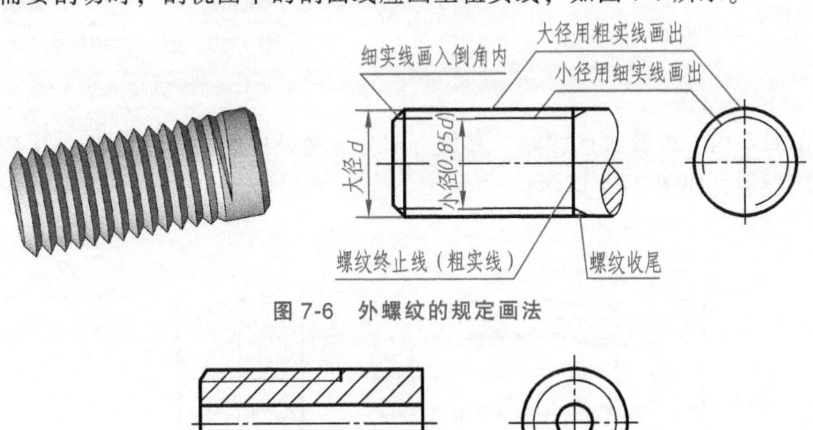

图7-6　外螺纹的规定画法

剖面线画至粗实线
螺纹终止线画至小径

图7-7　外螺纹剖切的画法

2. 内螺纹的画法

如图7-8所示，在剖视图或断面图中，内螺纹的牙顶圆（小径）的投影和螺纹终止线用粗实线表示，牙底圆（大径）的投影用细实线表示，剖面线必须画至粗实线。在垂直于螺纹轴线的投影面的视图中，表示牙底圆投影的细实线圆仍画约3/4圈，且孔口倒角圆的投影仍省略不画。

绘制不通孔上的内螺纹时，一般应将钻孔深度和螺纹部分的深度分别画出，要注意画出孔底的120°角锥面。

不可见螺纹的所有图线（轴线除外）均用虚线绘制，如图7-9所示。

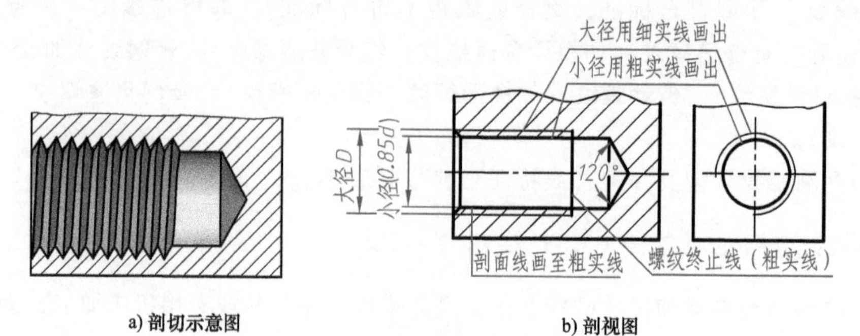

a) 剖切示意图　　b) 剖视图

图 7-8　内螺纹的规定画法

螺纹孔与光孔相贯或两螺纹孔相贯时，只画小径产生的相贯线，如图 7-10 所示。

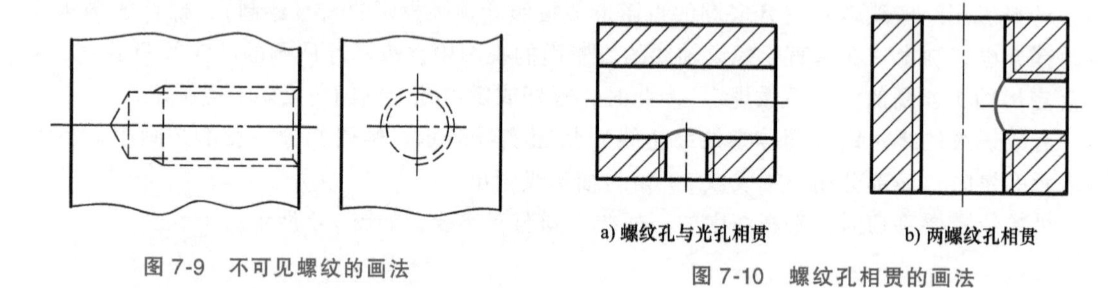

图 7-9　不可见螺纹的画法

a) 螺纹孔与光孔相贯　　b) 两螺纹孔相贯

图 7-10　螺纹孔相贯的画法

3. 螺纹连接的画法

用剖视图表示内、外螺纹连接时，其旋合部分应按外螺纹的画法绘制，其余部分仍按各自的规定画法表示，如图 7-11 所示。

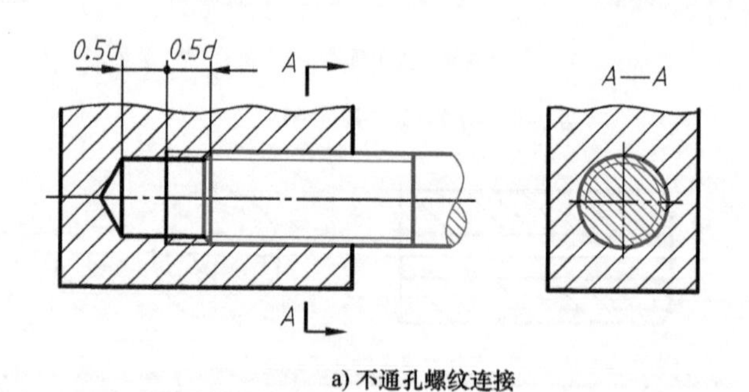

a) 不通孔螺纹连接

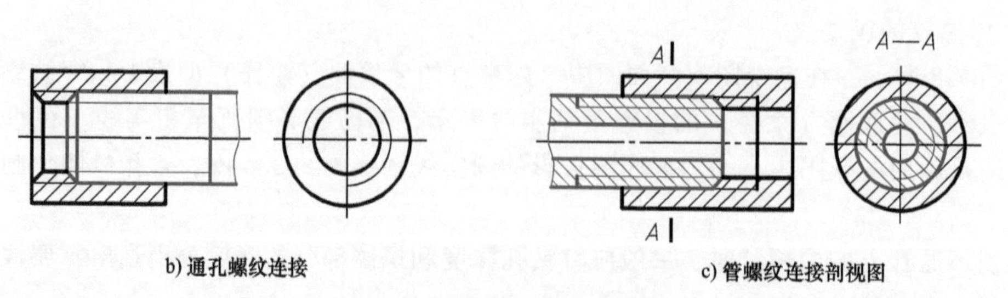

b) 通孔螺纹连接　　c) 管螺纹连接剖视图

图 7-11　螺纹连接的规定画法

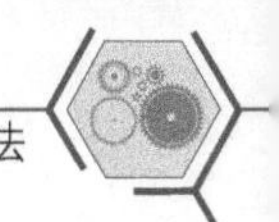

7.1.3　螺纹的标记及标注（GB/T 4459.1—1995）

螺纹的规定画法是不能表达螺纹的种类、要素及其他要求的，因此，绘制螺纹图样时，应按照国家标准规定的标记格式和相应的代号进行标注。各种螺纹的标记及其标注示例见表7-1。

表7-1　螺纹的牙型、特征代号、标记及标注示例

螺纹种类			牙型放大图	特征代号	标注示例	说　明
连接螺纹	普通螺纹	粗牙	60°	M	M16-5g6g-S	粗牙普通螺纹，公称直径为16mm，螺距（查表）为2mm，中径公差带为5g，顶径公差带为6g，短旋合长度，右旋
		细牙			M16X1-LH	细牙普通螺纹，公称直径为16mm，螺距为1mm，中径和顶径公差带均为6H，中等旋合长度，左旋
	管螺纹	55°密封管螺纹	55°	Rp	Rp1/4	圆柱内螺纹，尺寸代号为1/4，右旋
				Rc	Rc1/4	圆锥内螺纹，尺寸代号为1/4，右旋
				R_2 （R_1）	$R_2$1/4	与圆锥内螺纹Rc相配合的圆锥外螺纹，尺寸代号为1/4，右旋（与圆柱内螺纹R_p相配合的圆锥外螺纹用R_1表示）
		55°非密封管螺纹		G	G1/4	非螺纹密封的圆柱内管螺纹，尺寸代号为1/4，右旋
					G1/4A-LH	非螺纹密封的圆柱外管螺纹，尺寸代号为1/4，公差为A级，左旋

（续）

螺纹种类		牙型放大图	特征代号	标注示例	说明
传动螺纹	梯形螺纹	30°	Tr	Tr30×Ph14(P7)LH-8e	梯形螺纹，公称直径为30mm，导程为14mm（螺距为7mm），左旋，中径公差带为8e，中等旋合长度
	锯齿形螺纹	3° 30°	B	B32×6-7E	锯齿形螺纹，大径为32mm，螺距为6mm，右旋，中径公差带为7E，中等旋合长度
	矩形螺纹		非标准螺纹	6 3 ϕ30 ϕ24	用局部剖视图（或者局部放大图）画出牙型，并注出有关螺纹结构的全部尺寸

1. 标准螺纹的标记

（1）普通螺纹的标记（GB/T 197—2018）　普通螺纹就是普通用途的螺纹，单线普通螺纹应用较多，其标记格式如下：

螺纹特征代号 公称直径 × 螺距 - 中径公差带代号 顶径公差带代号 - 旋合长度组代号 - 旋向代号

如果是多线螺纹，则将 螺距 改为 Ph 导程 P 螺距 。

1）**螺纹特征代号**。普通螺纹的特征代号为M。

2）**公称直径×螺距**（尺寸代号）。公称直径为螺纹大径。普通螺纹多为单线螺纹，不必注写“P”字样；多线螺纹需要注写“Ph”和“P”字样。普通粗牙螺纹不标注螺距，细牙螺纹标注螺距。粗牙螺纹和细牙螺纹的区别参见附表1。

3）**公差带代号**。公差带代号包括中径公差带代号和顶径公差带代号。大写字母代表内螺纹，小写字母代表外螺纹。这两组公差带代号相同时，可只标注一个公差带代号。最常用的中等公差精度螺纹（公称直径≥1.6mm的6g外螺纹、6H内螺纹）不标注公差带代号。

4）**旋合长度代号**。分短（S）、中等（N）、长（L）三组，一般采用中等旋合长度，“N”省略不写。特殊的旋合长度可直接注出长度数值。

5）**旋向代号**。右旋螺纹不标注旋向，左旋螺纹注写“LH”。

（2）梯形和锯齿形螺纹的标记

螺纹特征代号 公称直径 × Ph 导程(P 螺距) 旋向代号 - 公差带代号 - 旋合长度代号

梯形螺纹的特征代号为Tr，锯齿形螺纹的特征代号为B。右旋螺纹不标注旋向，左旋螺

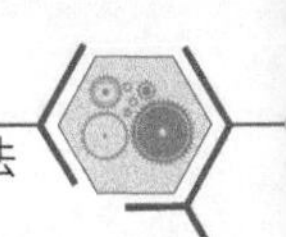

纹标注“LH”。这两种螺纹都只注中径公差带代号。旋合长度只有中等（N）、长（L）两组，中等旋合长度不标注代号。

(3) 管螺纹的标记（GB/T 7306.1～7306.2—2000、GB/T 7307—2001）　管螺纹主要用于连接管件，应用广泛。常用的有55°密封管螺纹和55°非密封管螺纹。

1）55°密封管螺纹的标记。GB/T 7306.1～7306.2—2000规定55°密封管螺纹的标记格式如下：

螺纹特征代号	尺寸代号	旋向代号

由于这种管螺纹只有一种公差，因此不标注公差等级代号。

螺纹特征代号：用Rp表示圆柱内螺纹，用Rc表示圆锥内螺纹，用R_1表示与圆柱内螺纹相配合的圆锥外螺纹，用R_2表示与圆锥内螺纹相配合的圆锥外螺纹。

尺寸代号：用1/2、3/8等表示，这个数字并不是管螺纹本身的真实尺寸，而是该螺纹所在管子的公称通径，代表管螺纹的公称直径。根据这个代号，通过查阅相关的国家标准，可以确定管螺纹的大径、小径和螺距等具体尺寸。

2）55°非密封管螺纹的标记。GB/T 7307—2001规定55°非密封管螺纹的标记格式如下：

螺纹特征代号	尺寸代号	公差等级代号	-	旋向代号

螺纹特征代号：用G表示，其内、外螺纹都是圆柱螺纹。

尺寸代号：用1/2、3/8等表示，具体含义同55°密封管螺纹。

公差等级代号：外螺纹的公差等级分A、B两级标记；而内螺纹公差带只有一种，所以不标公差等级代号。

旋向代号：右旋螺纹不标注旋向代号；当螺纹为左旋时，在外螺纹的公差等级代号之后加注“-LH”，在内螺纹的尺寸代号之后加注“LH”。

(4) 图样上的标注方法　公称直径以毫米（mm）为单位的螺纹（如普通螺纹、梯形螺纹等），其标记直接注写在大径的尺寸线或尺寸线的延长线上；管螺纹的标记必须注写在从螺纹大径引出的指引线的水平折线上，标注示例见表7-1。

2. 特殊螺纹与非标准螺纹的标注

(1) 特殊螺纹　应在螺纹特征代号前加注“特”字，并注出大径和螺距。

(2) 非标准螺纹　非标准螺纹可按规定画法画出，但必须画出牙型和注出有关螺纹结构的全部尺寸。

7.2　螺纹紧固件及连接画法

7.2.1　常用的螺纹紧固件及其标记

图7-12所示为常用螺纹紧固件，包括螺栓、双头螺柱、螺钉、螺母、垫圈等。它们的结构、形状和尺寸都已标准化，是标准件。各种标准件都有规定的标记，根据标记可从相关标准中查出其结构数据、形式和全部尺寸。常见螺纹紧固件的标记示例见表7-2。

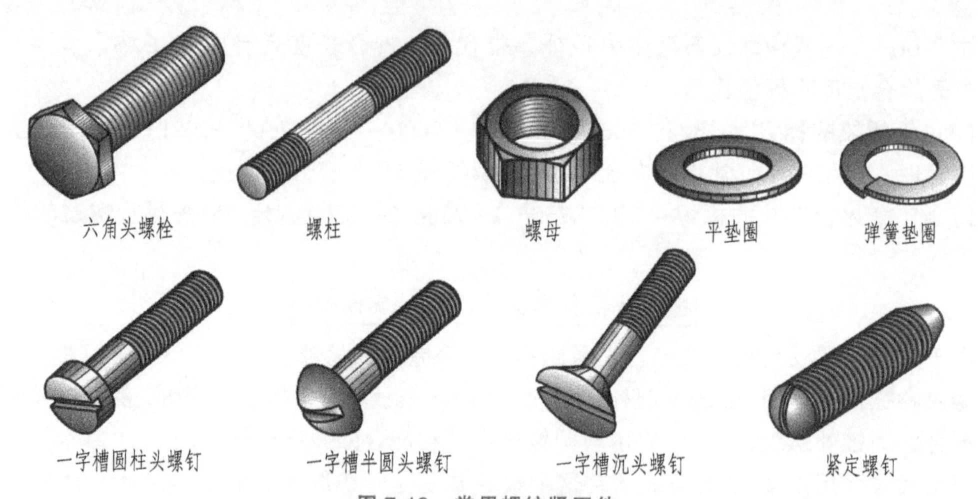

图 7-12　常用螺纹紧固件

表 7-2　常见螺纹紧固件的标记示例

名称及标准号	图例和标记示例	说　明
六角头螺栓 GB/T 5782—2016	标记示例：螺栓 GB/T 5782　M12×50	表示螺纹规格为 M12，公称长度 l = 50mm，性能等级为 8.8 级，表面不经处理，产品等级为 A 级的六角头螺栓
双头螺柱 GB/T 897—1988	标记示例：螺柱 GB/T 897　M12×50	表示两端均为粗牙普通螺纹，螺纹规格为 M12，公称长度 l = 50mm，性能等级为 4.8 级，不经表面处理，B 型，$b_m = 1d$ 的双头螺柱
开槽沉头螺钉 GB/T 68—2016	标记示例：螺钉 GB/T 68　M8×35	表示螺纹规格为 M8，公称长度 l = 35mm，性能等级为 4.8 级，不经表面处理的 A 级开槽沉头螺钉
开槽圆柱头螺钉 GB/T 65—2016	标记示例：螺钉 GB/T 65　M8×35	表示螺纹规格为 M8，公称长度 l = 35mm，性能等级为 4.8 级，不经表面处理的 A 级开槽圆柱头螺钉
开槽锥端紧定螺钉 GB/T 71—2018	标记示例：螺钉 GB/T 71　M8×25	表示螺纹规格为 M8，公称长度 l = 25mm，钢制，硬度等级为 14H 级，表面不经处理，产品等级为 A 级的开槽锥端紧定螺钉

（续）

名称及标准号	图例和标记示例	说　　明
六角螺母 GB/T 6170—2015	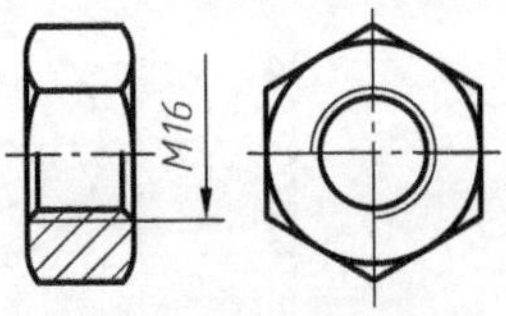 标记示例：螺母 GB/T 6170　M16	表示螺纹规格为 M16，性能等级为 8 级，表面不经处理，产品等级为 A 级的 1 型六角螺母
平垫圈 GB/T 97.1—2002	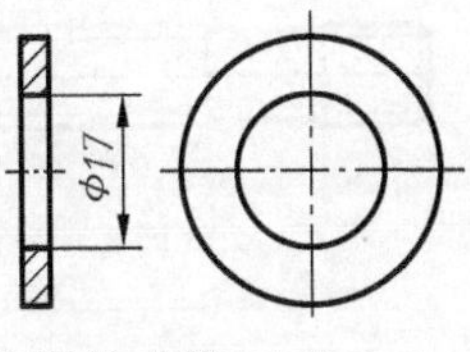 标记示例：垫圈 GB/T 97.1　16	表示公称规格 16mm，由钢制造的硬度等级为 200HV 级，不经表面处理，产品等级为 A 级的平垫圈
弹簧垫圈 GB/T 93—1987	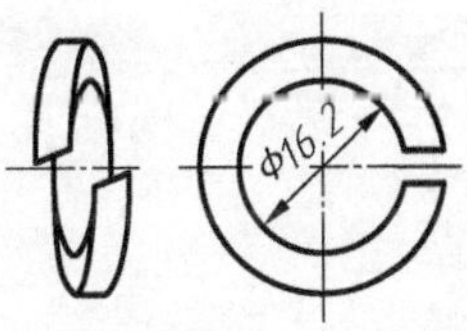 标记示例：垫圈 GB/T 93　16	表示公称规格 16mm，材料为 65Mn，表面氧化的标准型弹簧垫圈

7.2.2　常用螺纹紧固件的画法

标准化的螺纹紧固件是不需要绘制零件图的，但在装配图样上有时需要表达其连接形式和注写规定的标记。当需要绘制螺纹紧固件时，可从相应的国家标准中查出其结构形式和各部分尺寸，然后画出。为了节省时间，也可以根据紧固件的螺纹公称直径，按比例近似地画出。但要注意查表画法和比例近似画法不能同时使用。螺纹紧固件的近似比例画法见表 7-3。

表 7-3　螺纹紧固件的近似比例画法

说　　明	画　　法
螺母 d 为螺纹公称直径 $D=2d$ $H=0.8d$ $R=1.5d$ r（由作图定，圆心在 AB 中心）	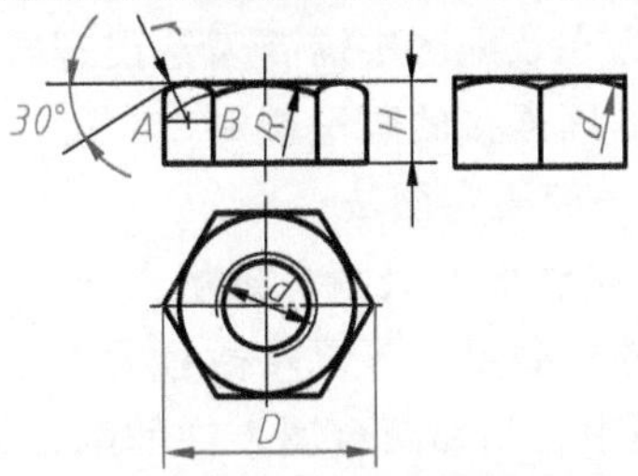 30°　r　A　B　R　H　d　D
螺栓 d 为螺纹公称直径 螺栓头部除厚度为 $0.7d$ 之外，其余结构尺寸同螺母画法	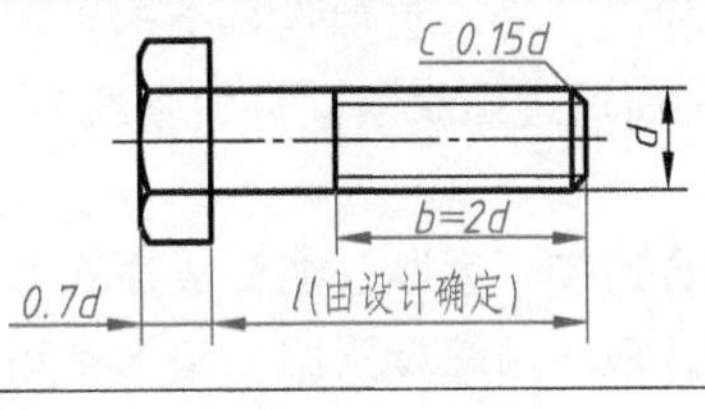 C 0.15d　d　$b=2d$　0.7d　l(由设计确定)

（续）

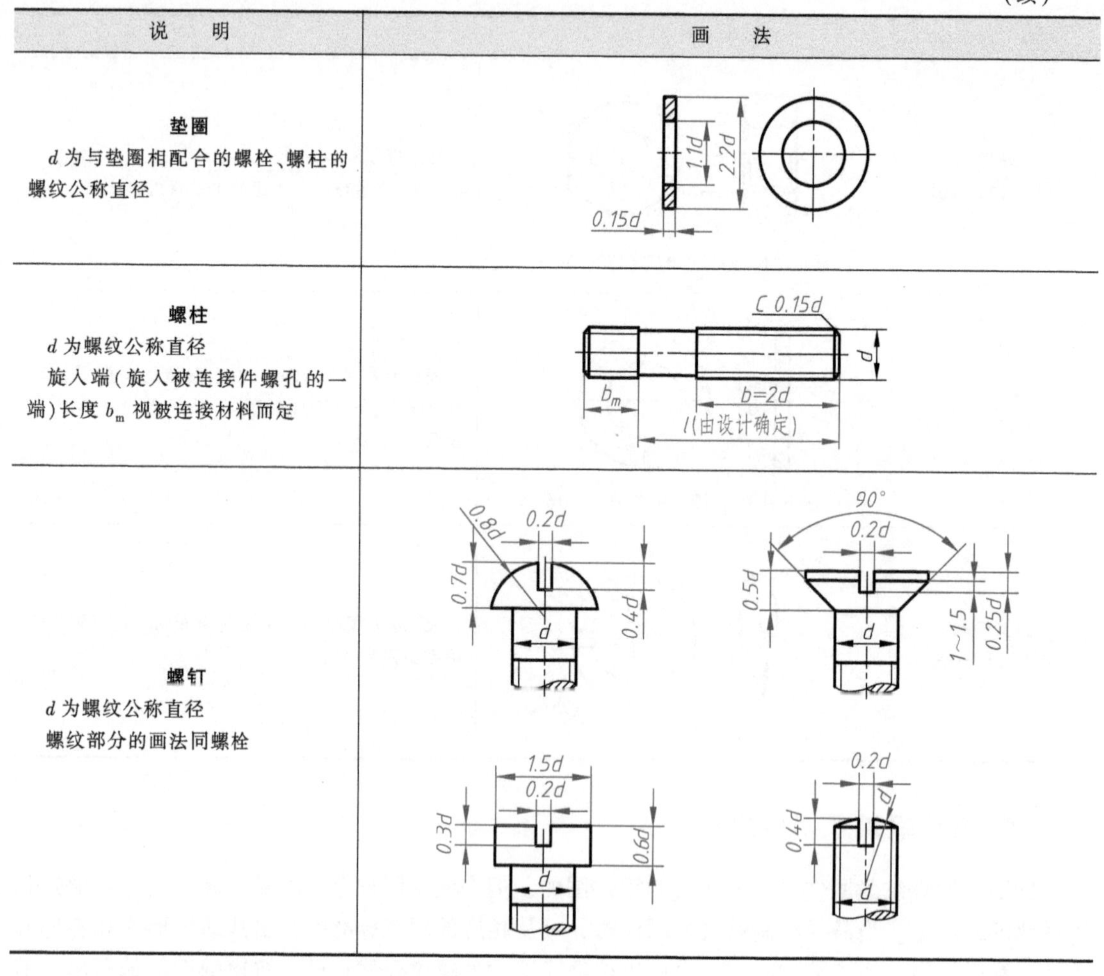

说　明	画　法
垫圈 d 为与垫圈相配合的螺栓、螺柱的螺纹公称直径	
螺柱 d 为螺纹公称直径 旋入端（旋入被连接件螺孔的一端）长度 b_m 视被连接材料而定	
螺钉 d 为螺纹公称直径 螺纹部分的画法同螺栓	

7.2.3 螺纹紧固件的连接画法

用螺纹紧固件将被连接件组装到一起，形成紧固连接，这在很多工程领域应用十分广泛，原因是其结构简单、易装易拆、互换性好。常见的螺纹紧固连接有螺栓连接、螺柱连接、螺钉连接。当在装配图中需要表达出螺纹紧固的连接形式时，应当遵守装配图画法中的相关规定及各种紧固连接的画法规则。

1. 装配图的一般规定画法

1）相邻零件接触面处只画一条粗实线，不得加粗；不接触的表面，无论间隙多小，都应在图上画出间隙，必要时可以略微夸大画出。

2）在剖视图中，相邻两金属零件的剖面线方向应相反；或方向相同，但间距不同或错开。在同一张图样上，同一零件在各个剖视图中的剖面线方向、间距应一致。

3）当剖切平面通过螺纹紧固件的轴线时，螺纹紧固件均按不剖画出。

2. 螺栓连接

螺栓连接适合连接不太厚且能钻成通孔的两个零件。连接时，螺栓杆穿过两零件上的光孔，再套上垫圈，最后用螺母紧固。垫圈是用来增加支承面积和防止拧紧螺母时损伤被连接

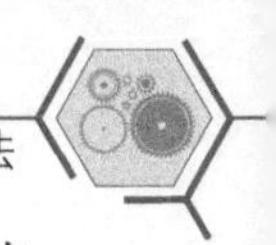

零件表面的。被连接零件的通孔直径应略大于螺纹公称直径 d，具体大小可根据装配要求查有关国家标准。

画图时，首先必须已知两被连接零件的厚度（t_1、t_2）、各紧固件的形式和规格，然后从标准中查出螺母、垫圈的厚度（m、h）；再按下式算出螺栓的参考长度（L'）

$$L'=t_1+t_2+m+h+b_1$$

式中，b_1 为螺栓伸出螺母外的长度，一般取 $b_1 \approx 5\sim6$ mm；最后根据螺栓的形式和规格查相应的螺栓标准，从标准中选取与 L'相近的螺栓公称长度 L 的数值。

螺栓连接装配图中的各螺纹紧固件可按查表得出的尺寸作图；也可以采用以公称直径 d 为基础，按表 7-3 中的近似比例画法画装配图，如图 7-13 所示。

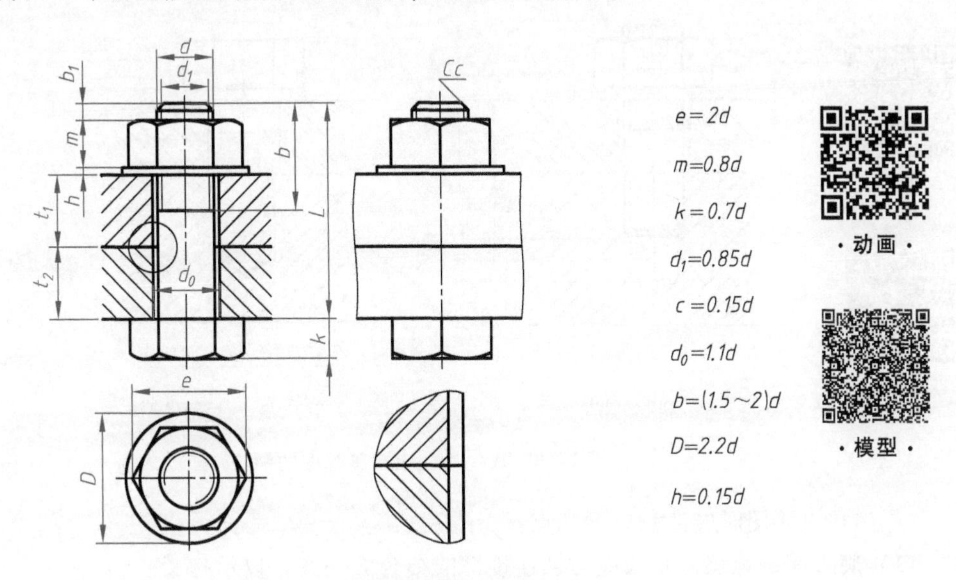

图 7-13　螺栓连接的比例画法

在螺栓连接装配图中，也可省略六角头螺栓和六角螺母上曲线部分的投影，采用图 7-14 所示的简化画法。螺纹紧固件上的工艺结构，如倒角、退刀槽、凸肩等均可省略不画。

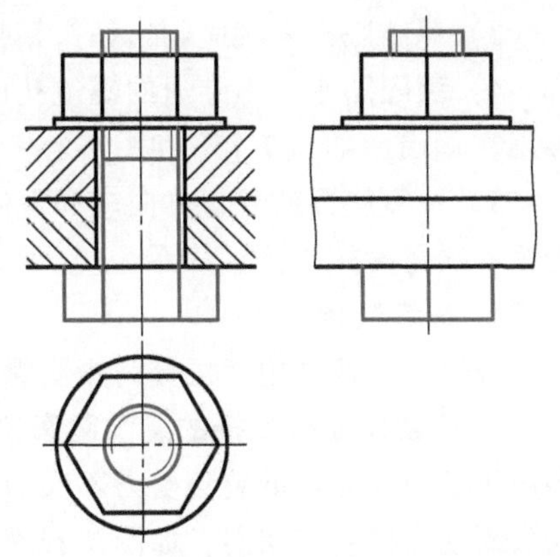

图 7-14　装配图中螺栓连接的简化画法

3. 螺柱连接

双头螺柱连接多用于被连接件之一太厚或由于结构上的原因不能用螺栓连接，以及因拆卸频繁不宜使用螺钉连接的场合。双头螺柱较短的一端（旋入端）全部旋入被连接件的螺孔内，且一般不再旋出；较长的另一端（紧固端）穿过另一被连接件的光孔再套上垫圈，以螺母紧固。为了防松可加弹簧垫圈。

（1）双头螺柱有关尺寸的确定　旋入端长度用 b_m 表示。旋入端长度与制有螺纹孔的零件材料有关，且有标准规定。

对于钢、青铜　　　　　　　$b_m=d$(GB/T 897—1988)

对于铸铁　$b_m=1.25d$(GB/T 898—1988)或 $b_m=1.5d$(GB/T 899—1988)

对于铝 $b_m = 2d$(GB/T 900—1988)

画图前，应已知制有螺纹孔零件的材料（用以确定旋入端长度）、制有光孔零件的厚度 t 和螺柱的公称直径 d；然后查表得到螺母、垫圈的厚度（m、s）；再计算出双头螺柱的参考长度 L'，其公式为

$$L' = t + s + m + b_1$$

式中，b_1 为螺柱伸出螺母外的长度，一般取 $b_1 = 5 \sim 6$mm。最后查标准选定与参考长度 L' 相近的公称长度 L。

（2）双头螺柱连接装配图的画法 双头螺柱连接的比例画法和简化画法如图 7-15 所示。

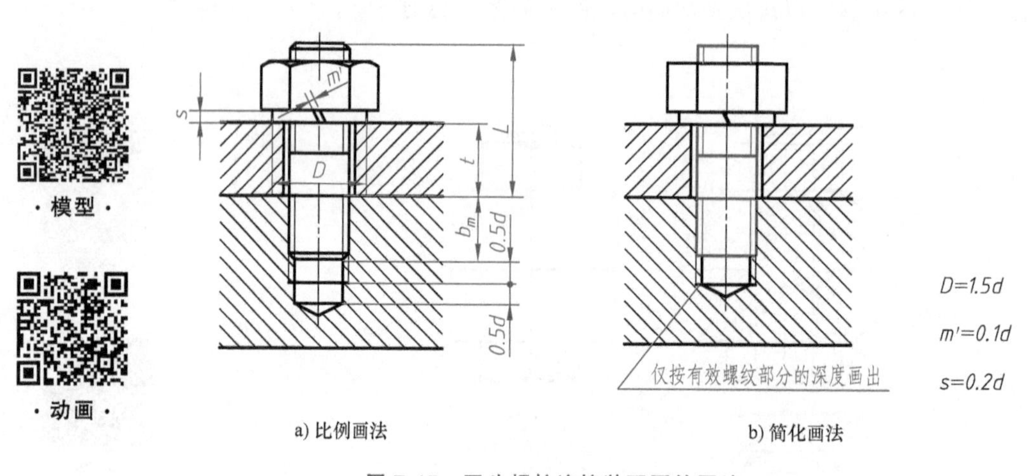

a) 比例画法　　b) 简化画法

图 7-15 双头螺柱连接装配图的画法

画螺柱连接图时应注意以下几点：

1）旋入端的螺纹终止线应与被连接件的结合面平齐，以示拧紧。

2）结合面以上部位的画法与螺栓连接一样。

3）螺纹底孔末端应画出钻头钻孔留下的角度，且螺纹一般不到孔底。

4）装配图中，不穿通的螺纹孔可不画出钻孔深度，仅按有效螺纹部分的深度（不包括螺尾）画出，如图 7-15b 和图 7-16b、c 所示。

5）弹簧垫圈的开口方向应向左倾斜（与水平线成 70°角），简画时可用一条特粗线（约为粗实线宽度的 2 倍）表示。

4. 螺钉连接

螺钉连接按其用途可分为紧固螺钉连接和紧定螺钉连接。

（1）紧固螺钉连接的装配图画法 紧固螺钉与双头螺柱连接的应用场合有些相似，但多用于不需要经常拆装且受力不大的地方。画图时所需参数、数据的查阅和画图方法等，与双头螺柱连接基本相同，如图 7-16 所示。但要注意以下几点：

1）当螺钉非全螺纹时，螺纹终止线一定要在结合面以上，以示拧紧。

2）对于螺钉头部的开槽，在投影为圆的视图上，不按投影关系绘制，而是向右倾斜 45°角画出。简画时可画成一条特粗线（约为粗实线宽度的 2 倍）。

（2）紧定螺钉连接的装配图画法 紧定螺钉连接主要用于固定两零件的相对位置，常见的有支紧和骑缝两种形式。紧定螺钉连接的装配图画法如图 7-17 所示。

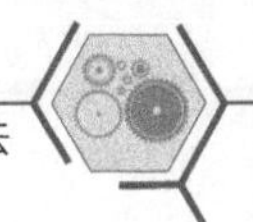

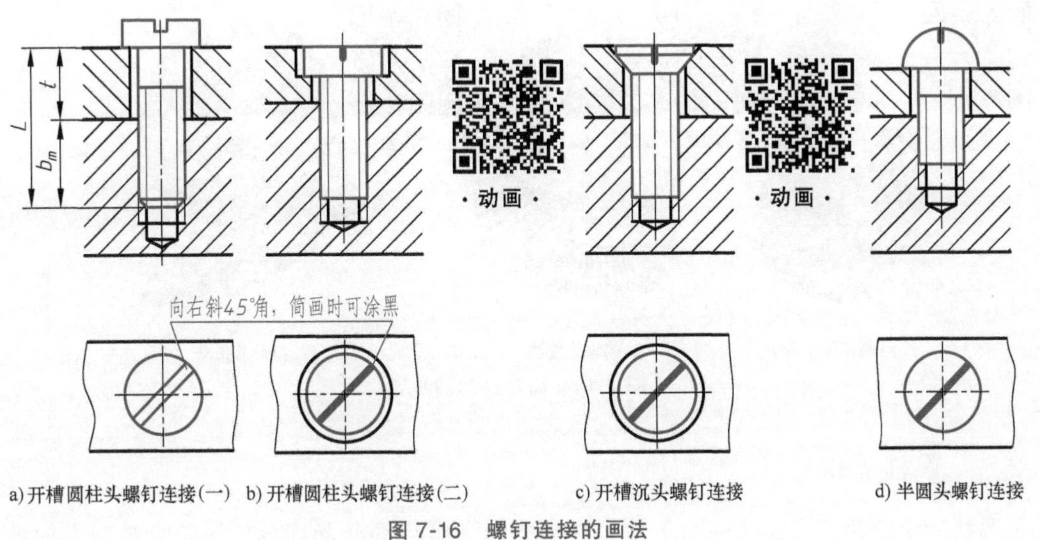

a) 开槽圆柱头螺钉连接(一)　b) 开槽圆柱头螺钉连接(二)　c) 开槽沉头螺钉连接　d) 半圆头螺钉连接

图 7-16　螺钉连接的画法

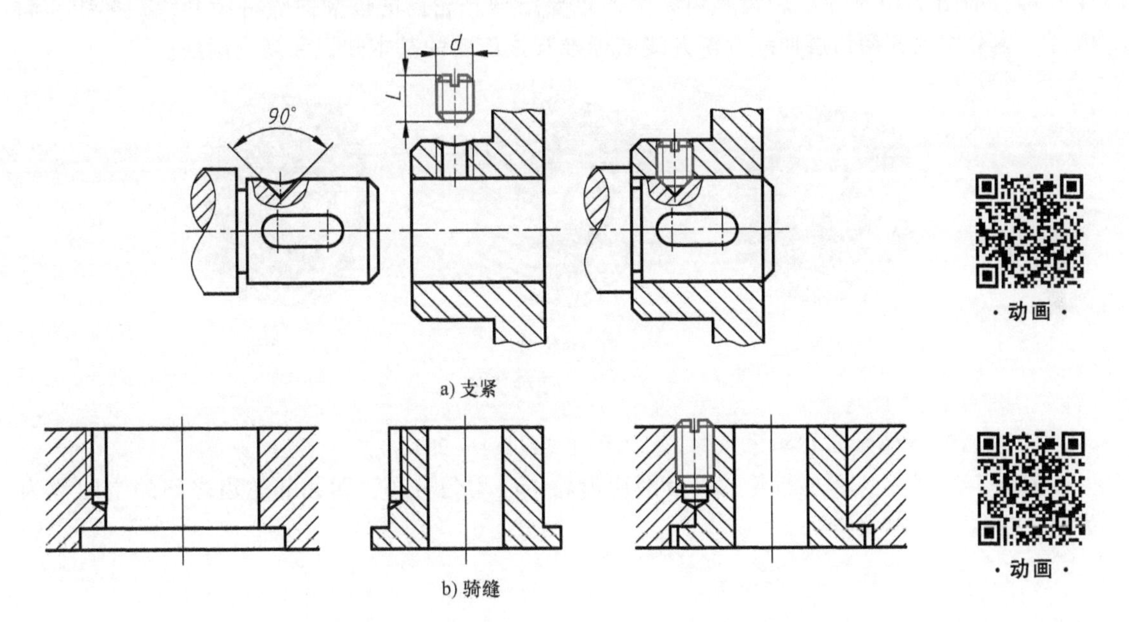

a) 支紧

b) 骑缝

图 7-17　紧定螺钉连接的画法

7.3　齿轮

齿轮是机械中应用最广泛的零件之一，其作用是传递动力，或者改变转速或旋转方向。齿轮必须成对使用。齿轮的分类方式比较多，按轴的布置方式划分，常用齿轮传动类型有三种，如图 7-18 所示。

1）平行轴齿轮传动（圆柱齿轮传动）：用于两平行轴之间的传动。

2）相交轴齿轮传动（锥齿轮传动）：用于两相交轴之间的传动。

3）交错轴齿轮传动（蜗杆传动）：用于两交叉轴之间的传动。

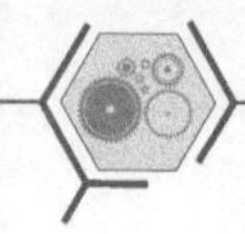

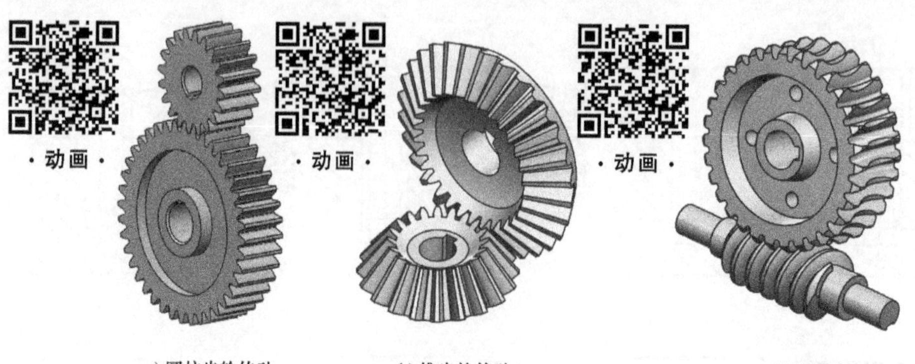

a) 圆柱齿轮传动　　b) 锥齿轮传动　　c) 蜗杆传动

图 7-18　齿轮传动的类型

7.3.1　圆柱齿轮

圆柱齿轮的轮齿是在圆柱面上加工出来的用于啮合的凸起部分。按轮齿排列方向的不同，一般有直齿圆柱齿轮（直齿轮）、斜齿圆柱齿轮（斜齿轮）和人字齿圆柱齿轮（人字齿轮）等，如图 7-19 所示。轮齿是齿轮上的重要结构。轮齿的齿廓曲线有渐开线、摆线、圆弧等。本节主要介绍齿廓曲线为渐开线的标准圆柱齿轮的基本知识和规定画法。

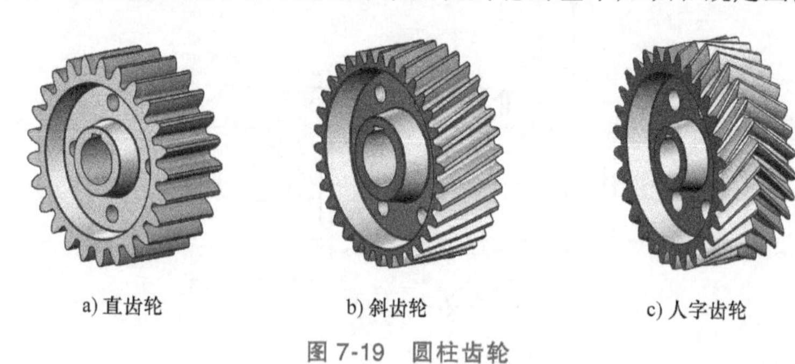

a) 直齿轮　　b) 斜齿轮　　c) 人字齿轮

图 7-19　圆柱齿轮

1. 直齿轮各部分名称和尺寸关系（GB/T 3374.1—2010）

如图 7-20 所示，圆柱齿轮的轮齿围绕齿轮中心均匀分布，两相邻轮齿之间的空间称为齿槽。

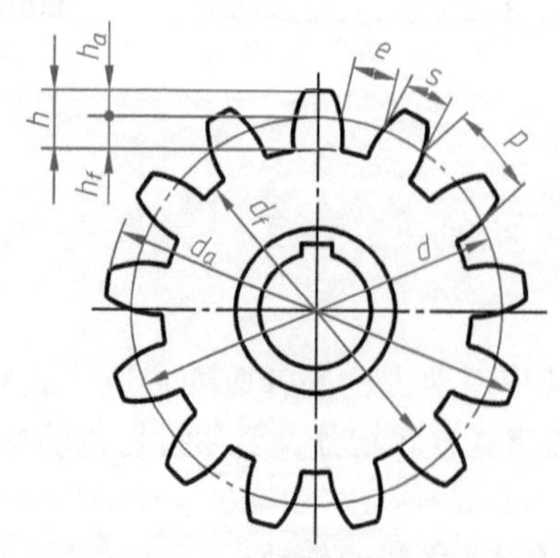

a) 单个齿轮各部分名称

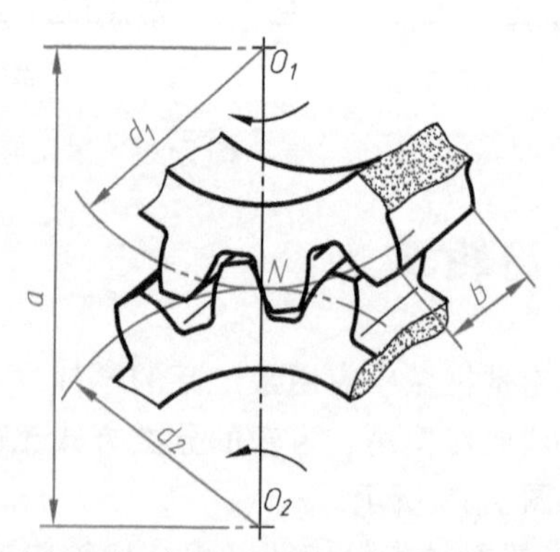

b) 齿宽、中心距和节圆

图 7-20　直齿轮各部分名称

1）齿顶圆（直径 d_a）：通过所有齿顶端的圆。

2）齿根圆（直径 d_f）：通过所有齿槽底边的圆。

3）分度圆（直径 d）：设计或加工时计算轮齿各部分尺寸的基准圆，是一个假想圆，在齿顶圆和齿根圆之间。标准齿轮在该圆上的齿厚 s 与齿槽宽 e 相等。

4）齿顶高（h_a）：分度圆到齿顶圆的径向距离。

5）齿根高（h_f）：分度圆到齿根圆的径向距离。

6）齿高（h）：齿顶圆与齿根圆之间的径向距离。

7）齿厚（s）：在分度圆上，每个齿对应的弧长。

8）齿槽宽（e）：在分度圆上，每个齿槽对应的弧长。

9）齿距（p）：在分度圆上，相邻两齿对应点间的弧长。

10）齿宽（b）：齿轮的有齿部位沿分度圆柱面的直母线方向量度的宽度。

11）中心距（a）：两啮合齿轮轴线间的距离。

12）节圆：当两齿轮传动时，其齿廓在两齿轮中心连线上的接触点 N 处，两齿轮的圆周速度相等，分别以两齿轮中心到点 N 的距离为半径的两个圆称为相应齿轮的节圆。节圆直径只有在装配后才能确定。一对标准安装的标准齿轮，其节圆和分度圆重合。两个节圆的切点（N 点）称为节点。

2. 直齿轮的基本参数

（1）齿数（z） 齿轮上轮齿的总数称为齿数。通常相互啮合的两个齿轮的齿数分别用 z_1、z_2 表示。齿轮啮合时，主动齿轮转过一个齿，从动齿轮也转过一个齿。主、从动齿轮转速之比称为传动比，通常用 i 表示，即 $i=z_2/z_1$。

（2）压力角（α） 如图 7-21 所示，在点 N 处，齿廓的受力方向与齿轮瞬时运动方向间的夹角，称为压力角，用 α 表示。我国规定标准齿轮的压力角为 20°。

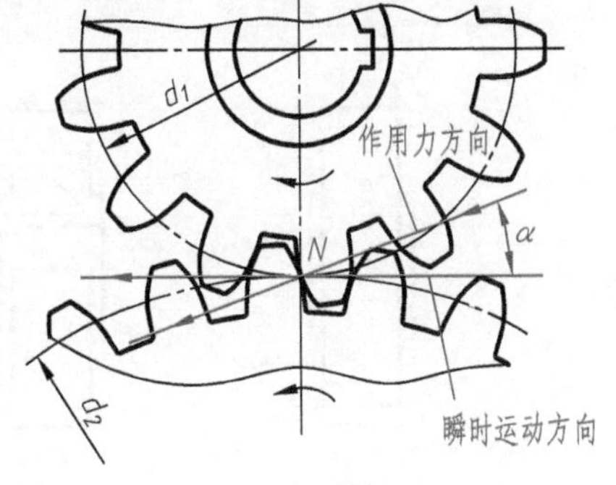

图 7-21　压力角

（3）模数（m） 由于 $\pi d=pz$，因此 $d=zp/\pi$，为了计算方便，将比值 p/π 定义为齿轮的**模数**，即 $m=p/\pi$，所以 $d=mz$。

模数是设计和制造齿轮的一个重要参数。模数越大，轮齿就越大；模数越小，轮齿就越小。模数已标准化，设计齿轮时应采用标准值，见表 7-4。

一对正确啮合的齿轮，其模数必须相等，压力角也必须相等。

表 7-4　模数的标准系列（GB/T 1357—2008）　　（单位：mm）

第一系列	1,1.25,1.5,2,2.5,3,4,5,6,8,10,12,16,20,25,32,40,50
第二系列	1.125,1.375,1.75,2.25,2.75,3.5,4.5,5.5,(6.5),7,9,11,14,18,22,28,35,45

注：优先选用第一系列模数，括号内的值尽可能不用。

3. 标准直齿轮的轮齿各部分尺寸与模数的关系

标准直齿轮的各部分尺寸与模数有一定关系，计算公式见表 7-5。

表 7-5 标准直齿轮各部分尺寸的计算公式

名称	代号	公 式	名称	代号	公 式
齿顶高	h_a	$h_a=m$	齿根圆直径	d_f	$d_f=d-2h_f=m(z-2.5)$
齿根高	h_f	$h_f=1.25m$	齿距	p	$p=\pi m$
齿高	h	$h=2.25m$	分度圆齿厚	s	$s=\pi m/2$
分度圆直径	d	$d=mz$	中心距	a	$a=(d_1+d_2)/2=m(z_1+z_2)/2$
齿顶圆直径	d_a	$d_a=d+2h_a=m(z+2)$			

注：模数 m、齿数 z 为基本参数。

4. 圆柱齿轮的规定画法

根据国家标准（GB/T 4459.2—2003），齿轮的轮齿部分按规定画法绘制，轮齿以外的部分按实际投影绘制。

（1）单个齿轮的画法 表达齿轮一般用两个视图，或者用一个视图和一个局部视图。主视图在与齿轮轴线平行的投影面上，主视图中齿轮轴线水平放置；另一视图在与齿轮轴线垂直的投影面上，也称为端面视图。单个齿轮的规定画法如图 7-22 所示。

1）**视图的规定画法**。齿顶圆和齿顶线用粗实线绘制；分度圆和分度线用细点画线绘制，分度线要超出齿轮两侧端面 2～3mm；齿根圆和齿根线用细实线绘制，也可省略不画，如图 7-22a、d 所示。

2）**剖视图的规定画法**。在剖视图中，当剖切平面通过齿轮的轴线时，轮齿一律按不剖处理，齿根线用粗实线绘制，如图 7-22b、c 所示。

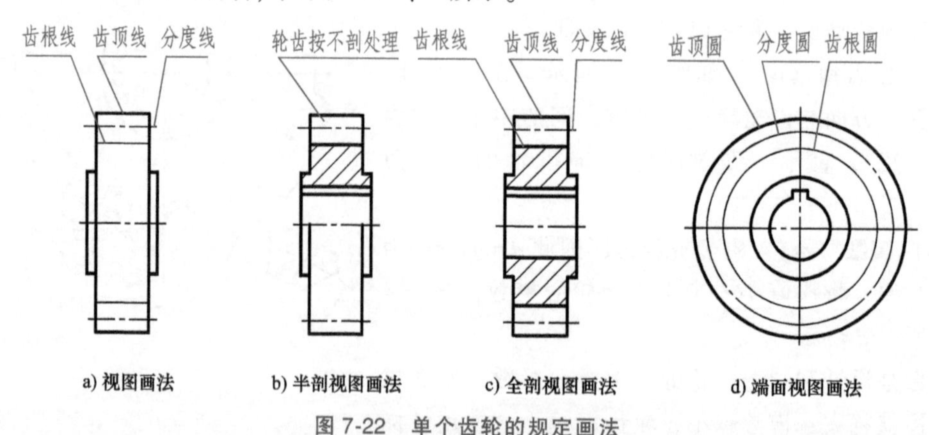

图 7-22 单个齿轮的规定画法

如果需要表明轮齿的齿形，可在齿轮投影为圆的视图中用粗实线画出一个或两个齿，或用适当比例的局部放大图表示。画齿形时，可以用圆弧代替渐开线的齿廓形状，如图 7-23 所示。图 7-23 中 $p/2$ 为齿厚 s，齿根部圆角 $r=0.2m$。

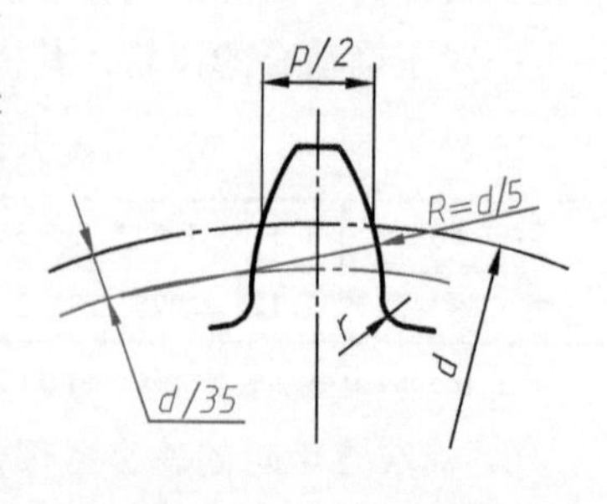

图 7-23 齿形的近似画法

（2）直齿轮的啮合画法

1）在非啮合区，按单个齿轮的画法绘制。

2）在啮合区，在垂直于圆柱齿轮轴线的投影面的视图（反映圆的视图）中（通常为左视图），啮合区内两齿轮的齿

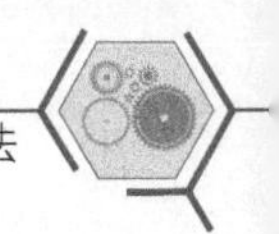

顶圆用粗实线绘制或省略不画，两节圆相切，如图 7-24b、c 所示。

3）在平行于圆柱齿轮轴线的投影面的视图中（通常为主视图），若不剖，则齿顶线不画，节线用粗实线绘制，如图 7-24a 所示。

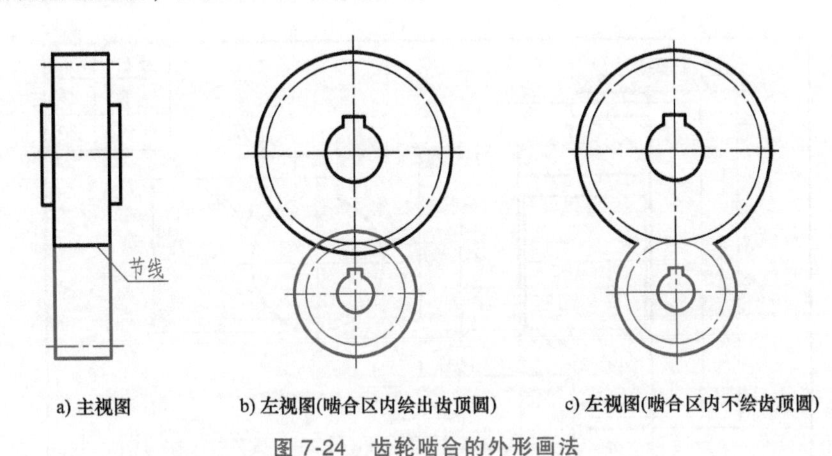

图 7-24　齿轮啮合的外形画法

4）当剖切平面通过两啮合齿轮的轴线时，在啮合区内，两齿轮的节线（标准齿轮为分度线）重合为一条细点画线；齿根线都画成粗实线；一个齿轮的齿顶线画成粗实线，另一个齿轮的齿顶线画成虚线或省略不画。齿顶和齿根的间隙为 0.25m，如图 7-25 所示。

要注意的是：在剖视图中，当剖切平面不通过啮合齿轮的轴线时，齿轮一律按不剖绘制。

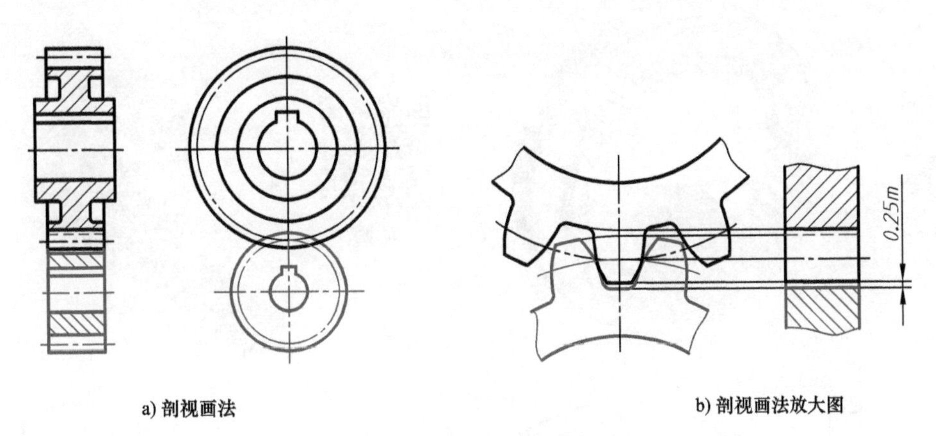

图 7-25　齿轮啮合的剖视画法

（3）直齿轮啮合的画图步骤　一般先画反映圆的视图，画两齿轮的对称中心线，画相切的分度圆，画齿顶圆，画其他部分；然后再画与轴线平行的视图。

（4）直齿轮零件图　图 7-26 所示为直齿轮零件图，图中包含完整零件图的四项内容：一组视图、尺寸、技术要求和标题栏。注意：应在图样的右上角加入齿轮的参数表。

5. 齿轮内啮合及齿轮齿条啮合画法

图 7-27 所示为两齿轮内啮合画法。图 7-28 所示为齿轮齿条啮合画法。

6. 斜齿轮和人字齿轮的画法

斜齿轮及人字齿轮与直齿轮画法相似，其反映圆的视图（不论是单个齿轮或两齿轮啮合）与直齿轮的画法一样；但在其平行于齿轮轴线的投影面的视图中，要用三条与齿线方向一致的平行细实线表示其齿线特征（如果画剖视图，则应采用局部剖视图），如图 7-29 所示。斜齿轮和人字齿轮的啮合画法如图 7-30 所示。

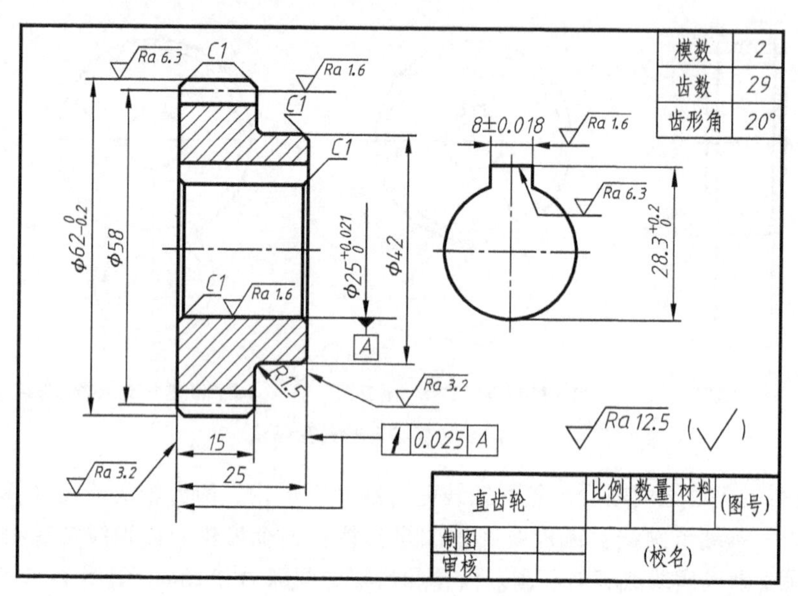

图 7-26　直齿轮零件图

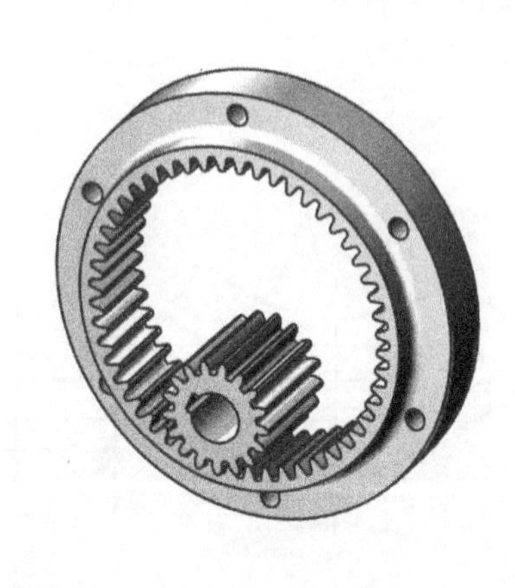

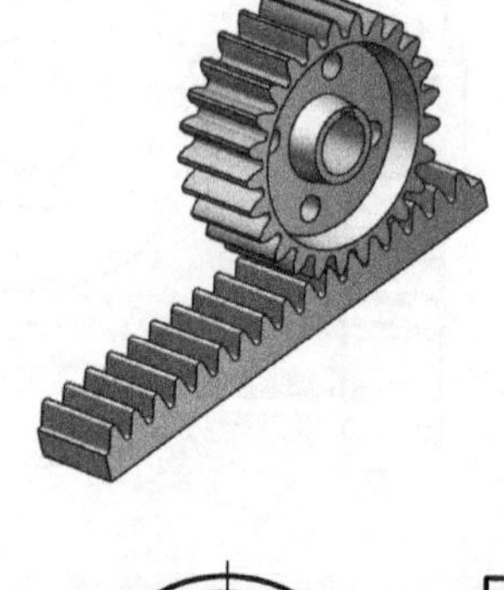

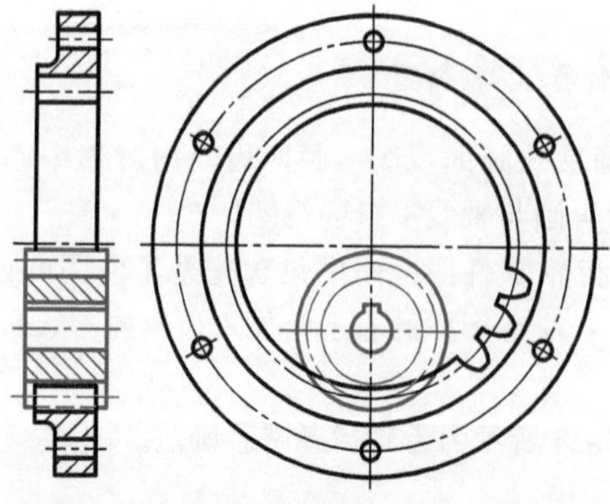

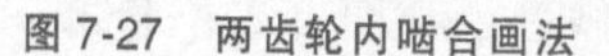
图 7-27　两齿轮内啮合画法

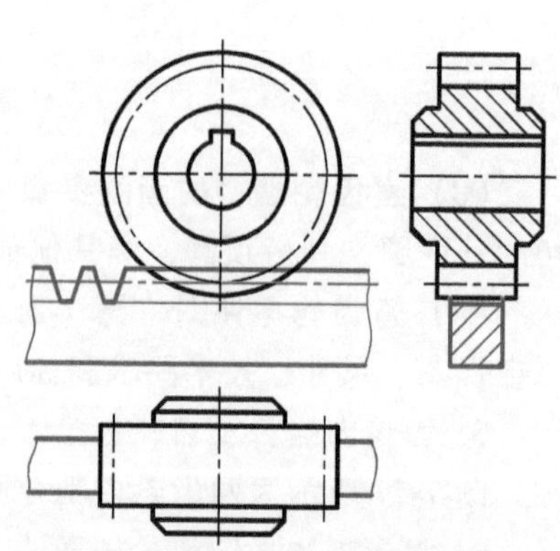

图 7-28　齿轮齿条啮合画法

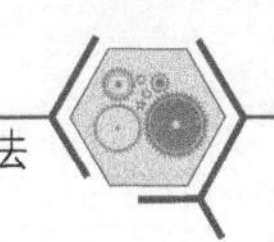

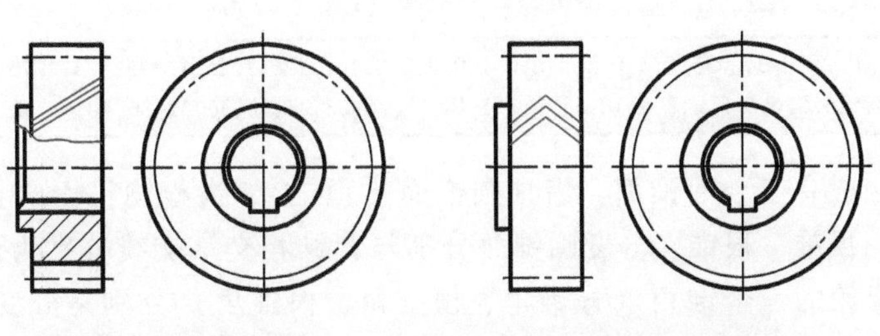

a) 单个斜齿轮的画法　　b) 单个人字齿轮的画法

图 7-29　单个斜齿轮和人字齿轮的画法

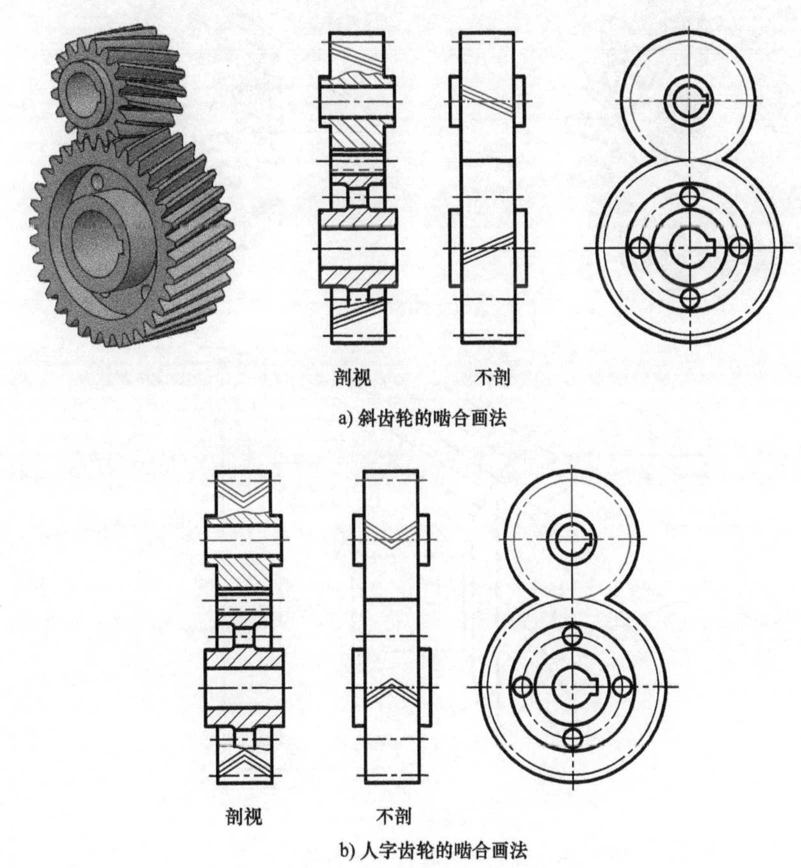

a) 斜齿轮的啮合画法

b) 人字齿轮的啮合画法

图 7-30　斜齿轮和人字齿轮的啮合画法

·动画·

7.3.2　直齿锥齿轮

这里仅介绍最常用的两轴线间夹角为 90°的直齿锥齿轮。

1. 直齿锥齿轮各部分名称及尺寸计算

锥齿轮的轮齿是在圆锥面上切制出的，轮齿一端大、一端小，因此，沿齿宽方向模数也逐渐变化。为了便于计算和制造，规定以大端端面模数为标准模数（表 7-6），以此计算大端轮齿各部分的尺寸。

表 7-6 直齿锥齿轮标准模数（GB/T 12368—1990） （单位：mm）

0.1,0.12,0.15,0.2,0.25,0.3,0.35,0.4,0.5,0.6,0.7,0.8,0.9,1,1.125,1.25,1.375,1.5,1.75,2,2.25,2.5,2.75,3,3.25,3.5,3.75,4,4.5,5,5.5,6,6.5,7,8,9,10,11,12,14,16,18,20,22,25,28,30,32,36,40,45,50

直齿锥齿轮一般有五个圆锥面：齿顶圆锥面（顶锥）、齿根圆锥面（根锥）、分度圆锥面、背锥、前锥。顶锥、根锥、分度圆锥面分别与背锥相交，交线分别为齿顶圆、齿根圆、分度圆。直齿锥齿轮的三个锥角（分锥角、顶锥角、根锥角）分别是分度圆锥母线、顶锥母线、根锥母线与齿轮轴线的夹角。直齿锥齿轮各部分名称如图 7-31 所示。

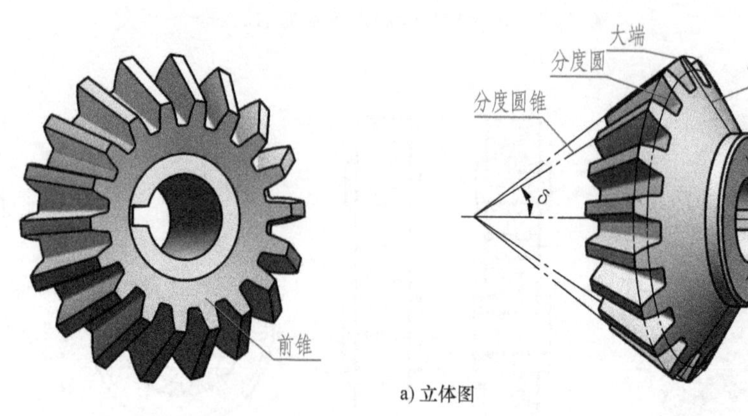

a) 立体图

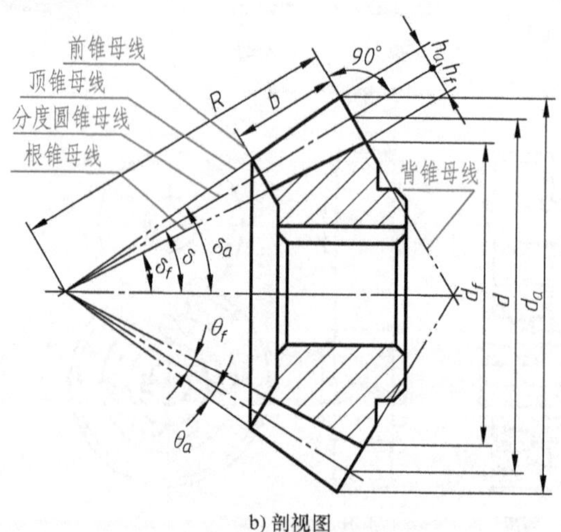

b) 剖视图

图 7-31 直齿锥齿轮各部分名称

标准直齿锥齿轮各部分尺寸的计算公式见表 7-7。

表 7-7 标准直齿锥齿轮各部分尺寸的计算公式

名　称	代　号	公　式	说　明
齿顶高	h_a	$h_a=m$	均用于大端
齿根高	h_f	$h_f=1.2m$	
齿高	h	$h=h_a+h_f=2.2m$	
分度圆直径	d	$d=mz$	

（续）

名　称	代　号	公　式	说　明
齿顶圆直径	d_a	$d_a=m(z+2\cos\delta)$	均用于大端
齿根圆直径	d_f	$d_f=m(z-2.4\cos\delta)$	
锥距	R	$R=mz/(2\sin\delta)$	
齿顶角	θ_a	$\tan\theta_a=2\sin\delta/z$	
齿根角	θ_f	$\tan\theta_f=2.4\sin\delta/z$	
分锥角	δ_1 δ_2	$\tan\delta_1=z_1/z_2$ $\tan\delta_2=z_2/z_1$	下标"1"表示小齿轮、"2"表示大齿轮 适用于 $\delta_1+\delta_2=90°$ 的情况
顶锥角	δ_a	$\delta_a=\delta+\theta_a$	
根锥角	δ_f	$\delta_f=\delta-\theta_f$	
齿宽	b	$b\leqslant R/3$	

注：大端模数 m、齿数 z 和分锥角 δ 为基本参数。

2. 单个直齿锥齿轮的规定画法（GB/T 4459.2—2003）

（1）单个锥齿轮的画法　如图 7-32 所示，锥齿轮一般用两个视图或一个视图和一个局部视图表示，按轴线水平放置绘制。锥齿轮的画法与圆柱齿轮的画法基本相同。

1）在外形视图中，顶锥线用粗实线绘制，根锥线省略不画，分度圆锥线用细点画线画出，如图 7-32a 所示。

2）主视图常采用全剖视图，轮齿按规定不剖，顶锥线和根锥线用粗实线绘制，分度圆锥线用细点画线绘制，如图 7-32b 所示。

3）在左视图中，大端、小端齿顶圆用粗实线绘制，大端分度圆用细点画线画出，大端齿根圆和小端分度圆规定不画，如图 7-32c 所示。

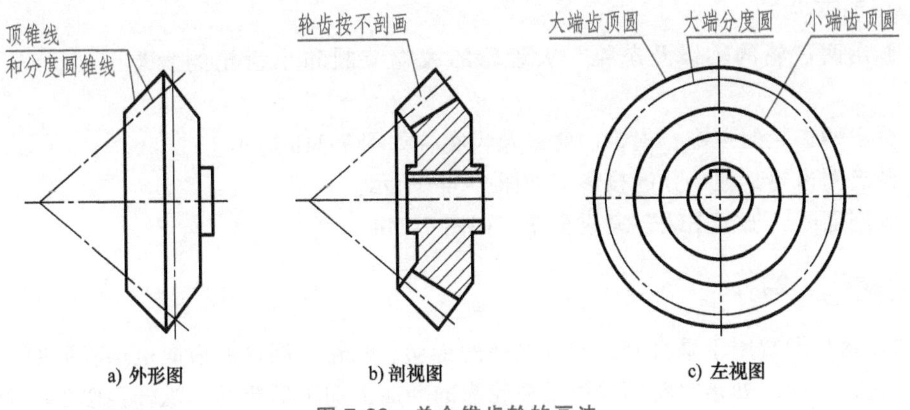

图 7-32　单个锥齿轮的画法

（2）单个锥齿轮的画图步骤（如图 7-33）

1）由分度圆锥角（分锥角）和大端分度圆直径画出分度圆锥和背锥，以及大端分度圆，如图 7-33a 所示。

2）根据齿顶高、齿根高画出顶锥、根锥，根据齿宽画轮齿，如图 7-33b 所示。

3）画出齿轮其他部分的投影，如图 7-33c、d 所示。

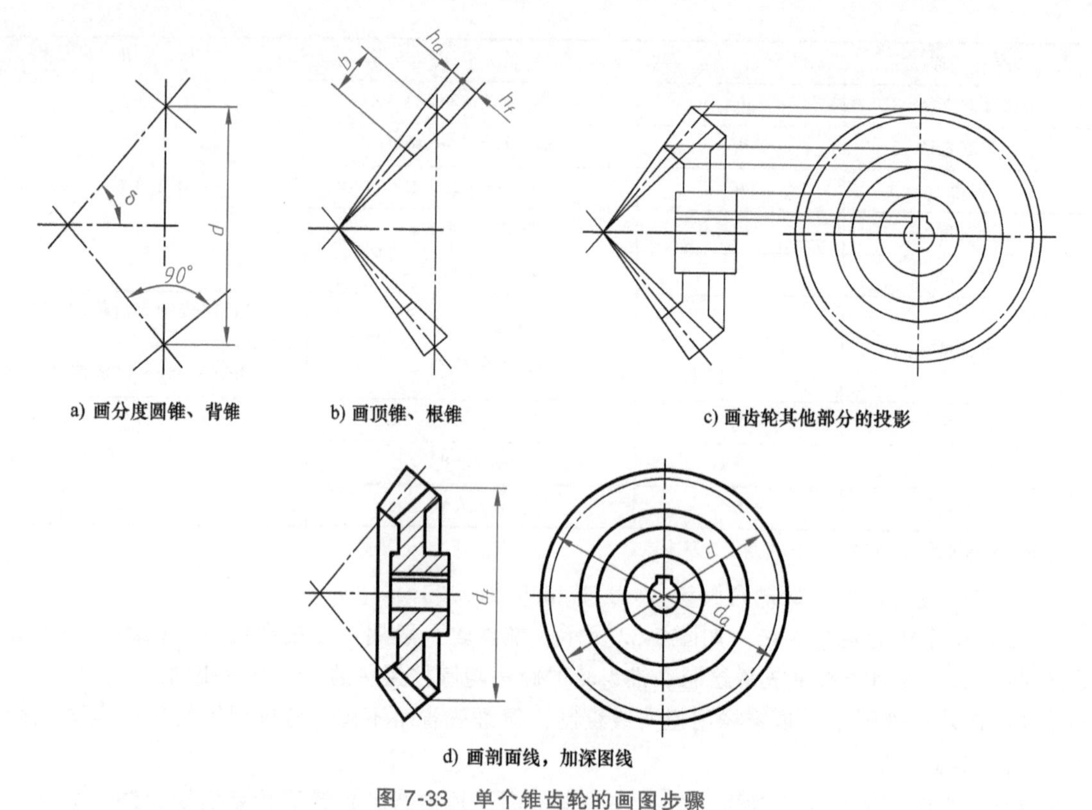

a) 画分度圆锥、背锥 b) 画顶锥、根锥 c) 画齿轮其他部分的投影

d) 画剖面线，加深图线

图 7-33 单个锥齿轮的画图步骤

3. 直齿锥齿轮的啮合画法

锥齿轮啮合的主视图一般采用全剖视图，啮合区的画法与圆柱齿轮相同。注意：在反映大齿轮为圆的视图上，小齿轮大端节线和大齿轮大端节圆相切。锥齿轮啮合的画图步骤（图 7-34）如下：

1）画出两齿轮的轴线及节锥、大齿轮的大端节圆和小齿轮的大端节线，如图 7-34a 所示。

2）画出两齿轮的顶锥、根锥、背锥及齿宽，如图 7-34b 所示。

3）画出两齿轮其他部分的投影，如图 7-34c 所示。

4）画剖面线，加深图线，完成全图，如图 7-34d 所示。

7.3.3 蜗轮、蜗杆

蜗轮、蜗杆通常用于垂直交叉两轴之间的传动。蜗轮、蜗杆的齿向是螺旋形的。蜗轮类似于斜齿轮，不同之处是蜗轮的轮齿是在轮缘的环面上加工形成的。蜗杆类似于一个牙型为梯形的螺杆，蜗杆的齿数称为头数，相当于螺纹的线数。工作时通常蜗杆是主动件，蜗轮是从动件。如果蜗杆是单头蜗杆，则蜗杆转一圈，蜗轮只转过一个齿，因此能获得较大的传动比（i=蜗轮齿数 z_2/蜗杆头数 z_1）。

蜗轮、蜗杆的基本参数有模数 m、蜗杆的分度圆直径 d_1、蜗杆的头数 z_1、蜗杆的直径系数 q、蜗轮的齿数 z_2、传动比 i、中心距 a 等。这些参数的取值及尺寸计算可查阅相关资料。

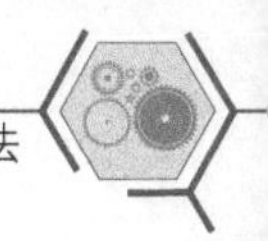

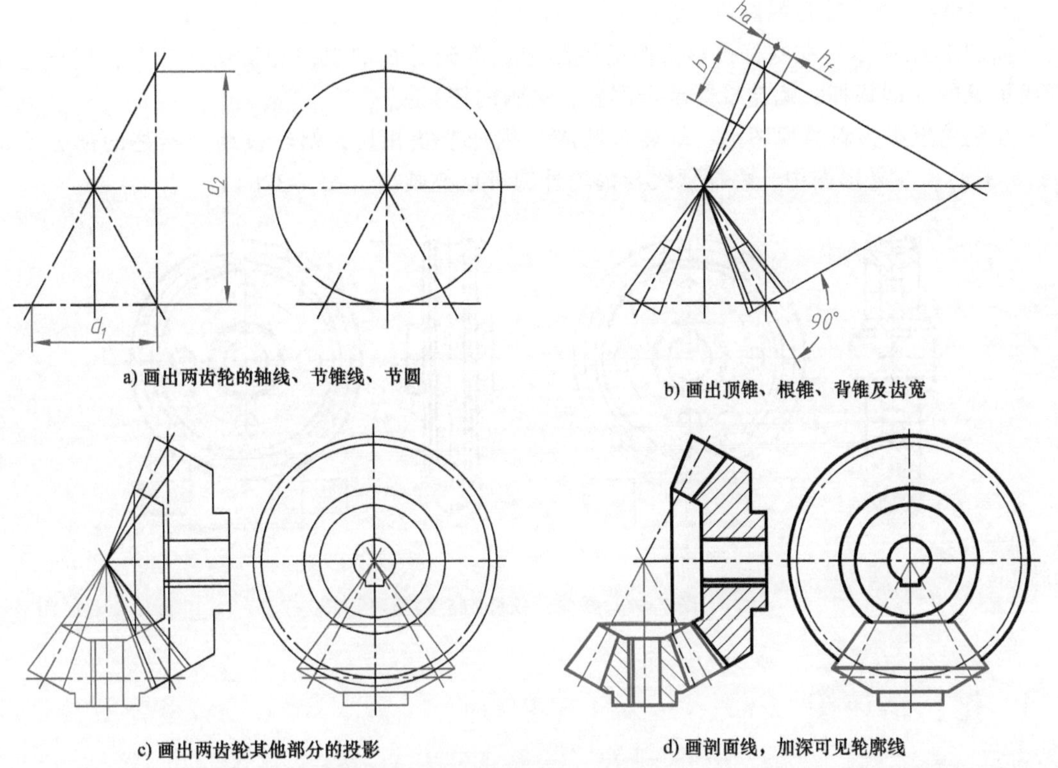

a) 画出两齿轮的轴线、节锥线、节圆　　b) 画出顶锥、根锥、背锥及齿宽

c) 画出两齿轮其他部分的投影　　d) 画剖面线，加深可见轮廓线

图 7-34　锥齿轮啮合的画图步骤

1. 蜗轮、蜗杆的画法（GB/T 4459.2—2003）

(1) 蜗杆的画法　如图 7-35 所示，蜗杆的齿顶圆（d_{a1}）和齿顶线用粗实线绘制，分度圆（d_1）和分度圆锥线用细点画线绘制，齿根圆（d_{f1}）和齿根线用细实线绘制。蜗杆一般用一个视图表示，为表达蜗杆的齿形，常采用局部剖视图或局部放大图（轴向剖面齿形为梯形，顶角一般为 40°）。

(2) 蜗轮的画法　如图 7-36 所示，蜗轮的画法与圆柱齿轮相似。在垂直于轴线方向的视图中，用粗实线画出轮齿部分的外圆（最大轮廓，直径为 d_{e2}）、用细点画线画分度圆（d_2）。齿顶圆（d_{a2}）、齿根圆（d_{f2}）、倒角圆省略不画。在与轴线平行的视图中，一般采用剖视图，轮齿按不剖绘制，齿顶和齿根的圆弧用粗实线绘制。

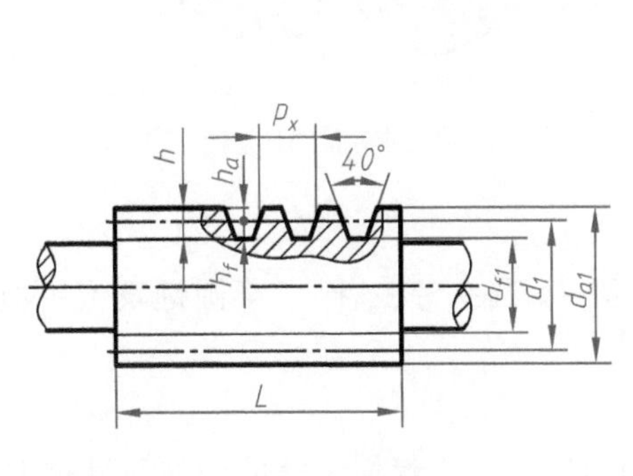

图 7-35　蜗杆的画法

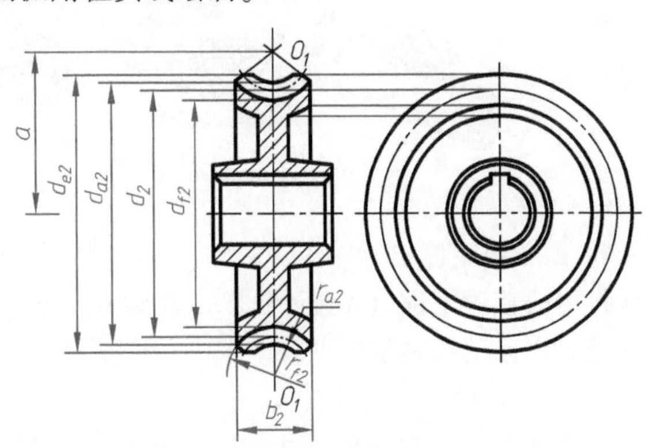

图 7-36　蜗轮的画法

2. 蜗轮、蜗杆啮合的画法

如图 7-37 所示，在蜗杆投影为圆的视图上，不论是否剖视，对于啮合部分，蜗杆总是画成可见的（即蜗杆、蜗轮投影重合部分，只画蜗杆）。

在蜗轮投影为圆的视图上，蜗轮节圆应与蜗杆节线相切，蜗轮被蜗杆挡住的部分不画（图 7-37a）。在外形图中，蜗杆顶线与蜗轮外圆可重叠画出（图 7-37b）。

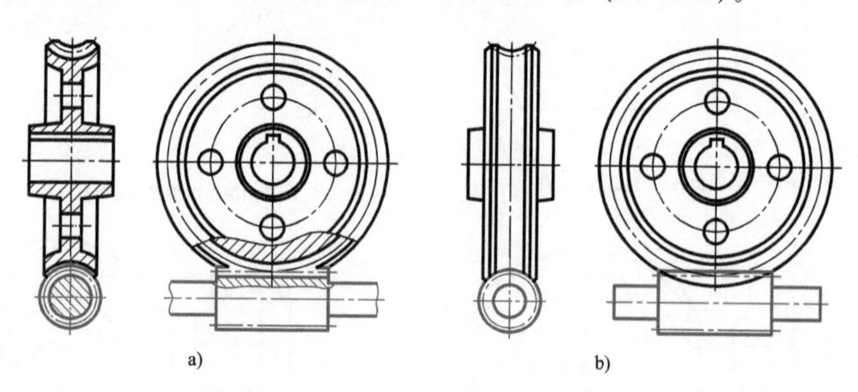

图 7-37 蜗轮、蜗杆啮合的画法

7.4 键、销连接

键、销都是标准件，其结构、型式和尺寸都有规定，可从有关标准中查阅选用。键、销的标记反映了其型式及主要尺寸。

7.4.1 键连接

在机器中，可以通过键将轴和轴上轮类零件（如齿轮、带轮等）连接起来，从而传递转矩和运动，这种连接称为键连接，如图 7-38 所示。常用的键有平键、半圆键、钩头型楔键等，如图 7-39 所示。

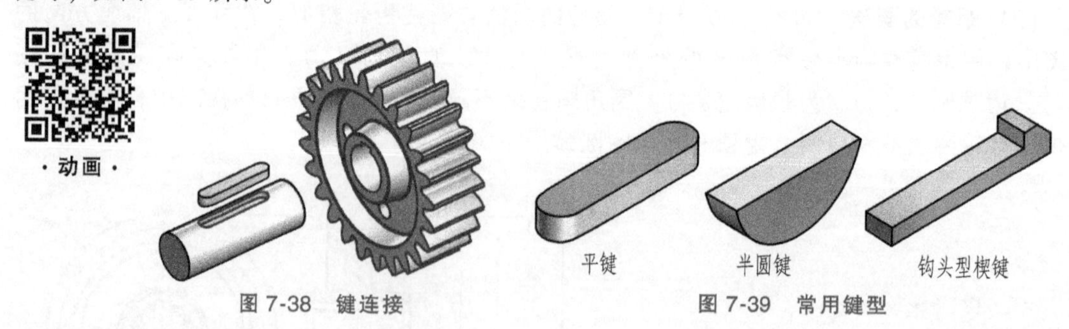

图 7-38 键连接　　图 7-39 常用键型

1. 键的规定标记

常用的普通平键（A 型—圆头、B 型—平头、C 型—单圆头等三种）、半圆键及钩头型楔键的规定标记及其示例见表 7-8。

2. 普通平键连接的画法

普通 A 型平键连接的画法如图 7-40 所示。平键的两侧面是工作面，键的侧面与键槽的

表 7-8　键的结构型式和标记

名称	型式	图　例	标记示例
普通平键	A 型		$b=18\mathrm{mm}$, $h=11\mathrm{mm}$, $L=100\mathrm{mm}$ 的普通 A 型平键的标记为 GB/T 1096　键 18×11×100
	B 型		$b=18\mathrm{mm}$, $h=11\mathrm{mm}$, $L=100\mathrm{mm}$ 的普通 B 型平键的标记为 GB/T 1096　键 B 18×11×100 （注意：B 不能省略）
	C 型		$b=18\mathrm{mm}$, $h=11\mathrm{mm}$, $L=100\mathrm{mm}$ 的普通 C 型平键的标记为 GB/T 10966　键 C 18×11×100 （注意：C 不能省略）
半圆键		注：$x \leqslant s_{max}$	$b=6\mathrm{mm}$, $h=10\mathrm{mm}$, $D=25\mathrm{mm}$ 的普通半圆键的标记为 GB/T 1099.1　键 6×10×25
钩头型楔键			$b=18\mathrm{mm}$, $h=11\mathrm{mm}$, $L=100\mathrm{mm}$ 的钩头型楔键的标记为 GB/T 1565　键 18×100

侧面接触，键的底面与轴的键槽底面接触，接触面只画一条粗实线；而键的顶面与轮毂上键槽的底面有间隙，此间隙必须清晰地画出；剖切平面通过轴线和键的对称平面做纵向剖切时，键按不剖绘制。

键宽 b、键高 h、轴上键槽深度 t_1、轮毂键槽深度 t_2、可通过附表 9 查得，一般键长 L 应比所在轴的长度至少短 5mm，并取标准系列长度。

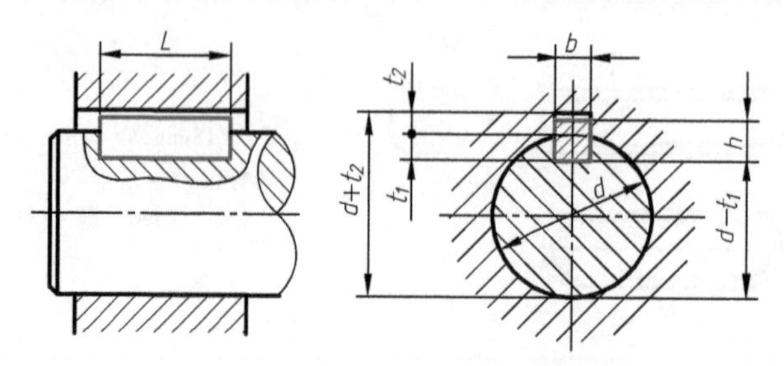

图 7-40 普通 A 型平键连接的画法

3. 半圆键连接的画法

半圆键连接时，键的两侧面与轮、轴的键槽侧面紧密接触，画法与普通平键的画法类似，如图 7-41 所示。

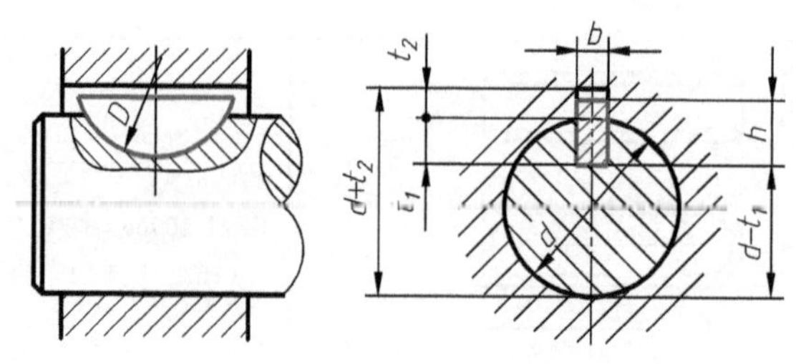

图 7-41 半圆键连接的画法

4. 钩头型楔键连接的画法

钩头型楔键的顶面有 1∶100 的斜度，它靠顶面与底面接触受力来传递力矩。装配时，沿轴向将键打入键槽，因此，其顶面与底面是工作面。而两侧面是非工作面，接触较松，以偏差控制（间隙配合）。绘图时，顶面、底面、侧面都不留间隙，如图 7-42 所示。

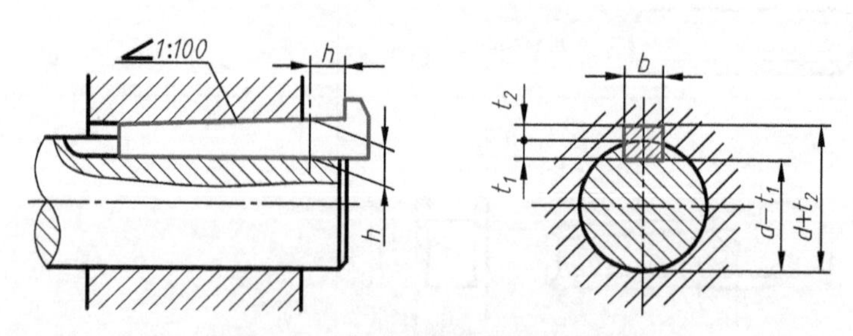

图 7-42 钩头型楔键连接的画法

7.4.2 花键的画法和标注

花键是一种能承受较大转矩的标准结构，加工在轴上的花键称为外花键，加工在孔内的花键称为内花键，其工作时组成花键副，如图 7-43 所示。在轴、孔断面上键（齿）呈对称分布，有四键、六键及八键等。根据齿形不同，可分为矩形花键和渐开线花键。本节只介绍矩形花键的画法和标注方法（GB/T 4459.3—2000）。

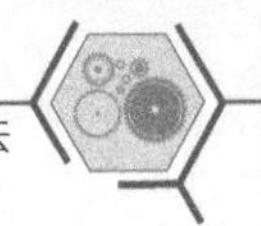

1. 矩形外花键（花键轴）的画法和标注

（1）矩形外花键（花键轴）的画法　在平行于花键轴线的投影面的视图中，外花键的大径用粗实线、小径用细实线绘制。工作长度的终止端和尾部长度末端均用细实线绘制，并与轴线垂直，尾部画成与轴线成30°角的细斜线，如图7-44a所示。在外花键的局部剖视图中，小径画成粗实线，如图7-45所示。

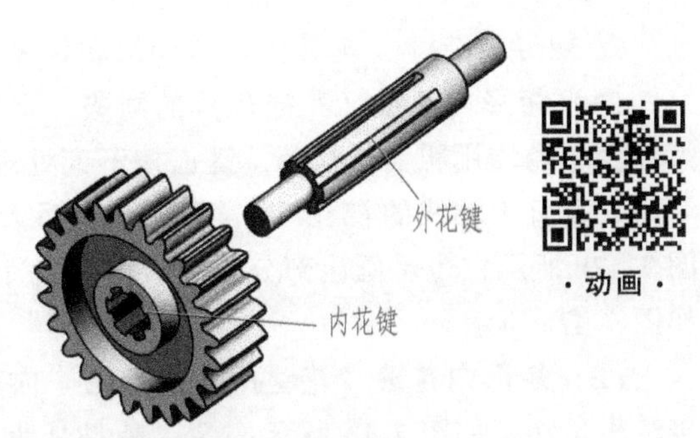

图7-43　花键连接

垂直于花键轴线的投影可采用断面图或视图。若画成断面图，可画出全部齿形，大径、小径都用粗实线绘制，如图7-44b所示；也可画出部分齿形，大径为粗实线圆，小径为细实线圆，如图7-44c所示。若画视图，则大径为粗实线圆，小径为细实线圆，倒角圆不画，如图7-46所示。

（2）矩形外花键（花键轴）的标注　花键的标注有两种方法：一种是在图中直接注出公称尺寸D（花键大径）、d（花键小径）、B（键宽）和N（键数）等，如图7-44和图7-45所示；另一种是从大径圆柱的素线上引出指引线，在其水平折线上注出花键代号，包括花键齿形符号、键数N、花键小径d、花键大径D、键宽B、公差带代号和标准号，如图7-46所示。

无论采用哪种注法，花键工作长度L都要在图样上注出。

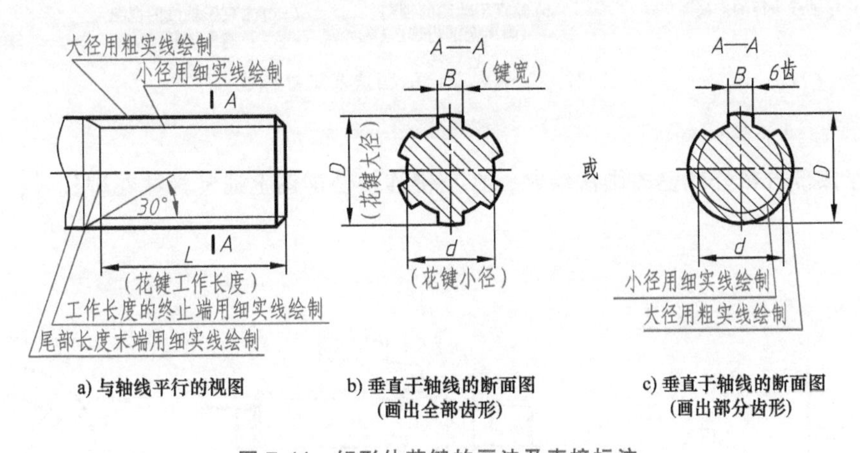

图7-44　矩形外花键的画法及直接标注

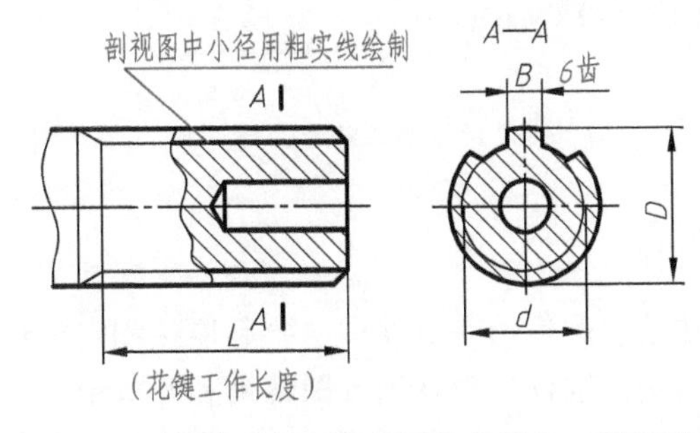

图7-45　矩形外花键的画法及直接标注（剖视图）

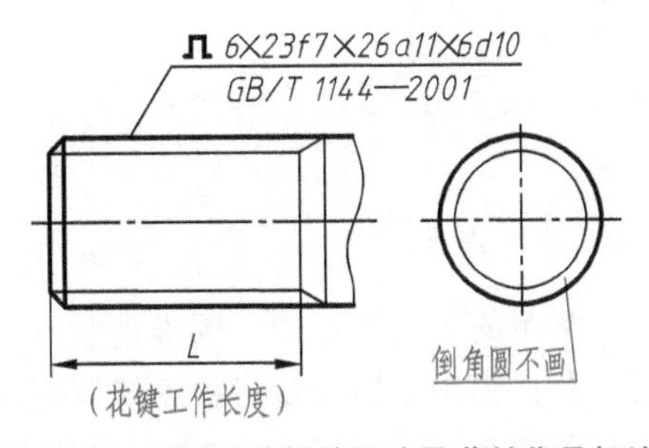

图7-46　矩形外花键的画法及花键代号标注

2. 矩形内花键（花键孔）的画法和标注

（1）矩形内花键（花键孔）的画法　在平行于花键轴线的投影面的剖视图中，内花键大径及小径均用粗实线绘制，键齿按不剖处理，如图 7-47a 所示。

在垂直于轴线的视图中，可画出全部齿形，内花键大径、小径都用粗实线绘制，如图 7-47b 所示；也可画出部分齿形，内花键小径用粗实线绘制，内花键大径用细实线绘制，如图 7-47c 所示。

（2）矩形内花键（花键孔）的标注　内花键的标注同样有两种方法：一种是在图中直接注出尺寸，如图 7-47 所示；另一种是从大径圆柱的素线上引出指引线，标注花键代号，如图 7-48 所示。

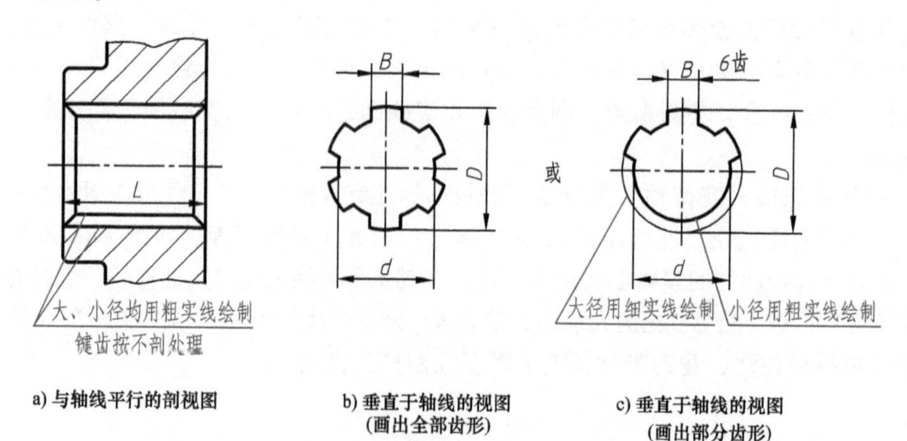

a) 与轴线平行的剖视图　　b) 垂直于轴线的视图（画出全部齿形）　　c) 垂直于轴线的视图（画出部分齿形）

图 7-47　矩形内花键的画法及直接标注

3. 花键连接的画法和标注

花键连接部分按外花键的画法绘制，在花键连接装配图上通常标注花键代号，如图 7-49 所示。

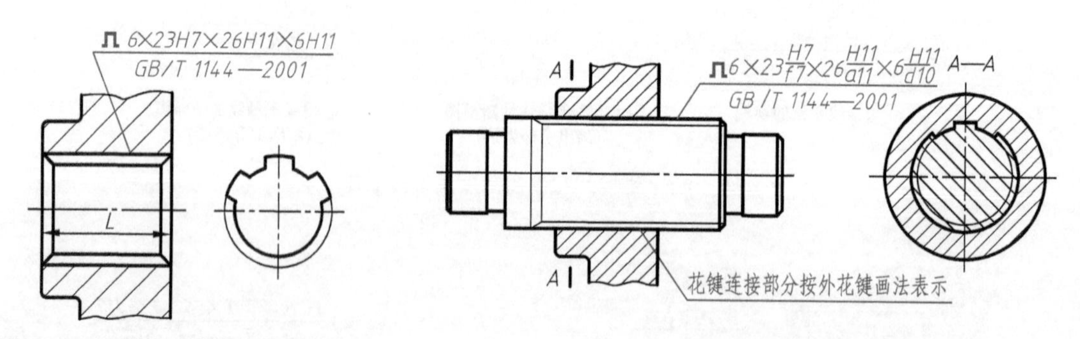

图 7-48　矩形内花键的花键代号标注

图 7-49　花键连接的画法及标注

7.4.3　销连接

常用的销有圆柱销、圆锥销和开口销等。圆柱销、圆锥销在机器中主要起连接和定位作用；开口销用来防止螺母松动或固定其他零件。销是标准件，圆柱销、圆锥销和开口销的型式、画法和规定标记见表 7-9。注意：圆锥销的公称直径是指小端直径，开口销的公称直径

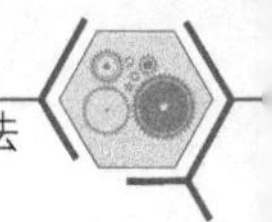

是指销孔直径。

销连接图中，当剖切面通过销的轴线时，销按不剖处理。销的倒角或球面可以省略不画，如图 7-50 所示。

表 7-9　销的型式、画法和规定标记

名称	图　例	规定标记
圆柱销		公称直径 $d=6\text{mm}$,公差为 m6,公称长度 $l=30\text{mm}$,材料为钢,不经淬火,不经表面处理的圆柱销,标记为 销 GB/T 119.1　6 m6×30
圆锥销	$r_1 \approx d, r_2 \approx \frac{a}{2}+d+\frac{(0.021)^2}{8a}$	公称直径 $d=6\text{mm}$,公称长度 $l=30\text{mm}$,材料为 35 钢,热处理硬度 28～38HRC,表面氧化处理的 A 型圆锥销,标记为 销 GB/T 117　6×30
开口销		公称规格为 5mm,公称长度 $l=50\text{mm}$,材料为 Q215 或 Q235,不经表面处理的开口销,标记为 销 GB/T 91　5×50

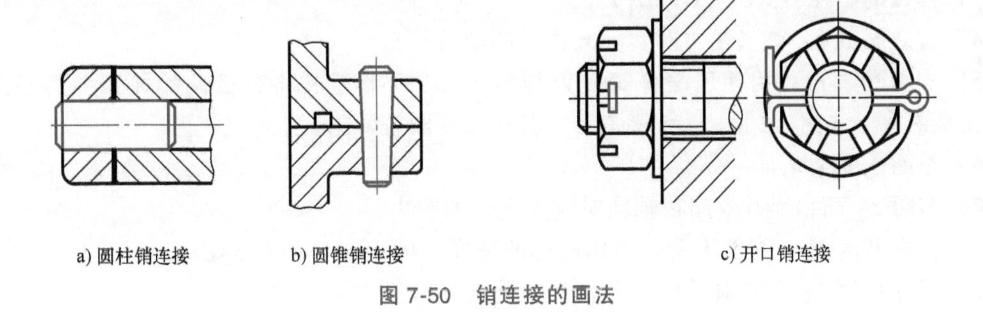

a) 圆柱销连接　b) 圆锥销连接　c) 开口销连接

图 7-50　销连接的画法

7.5　弹簧

弹簧是用途极广的零件，可以用于机械的运动控制、减振、夹紧、测力和储能等。

如图 7-51 所示，弹簧的种类繁多，有圆柱螺旋弹簧、碟形弹簧、板弹簧和平面涡卷弹簧等，最常见的是圆柱螺旋弹簧。本节只介绍最常见的圆柱螺旋压缩弹簧的画法。

7.5.1　圆柱螺旋压缩弹簧的各部分名称及尺寸关系

圆柱螺旋压缩弹簧各部分的名称及尺寸如图 7-52 所示。

1）簧丝直径 d：制造弹簧的材料的直径。

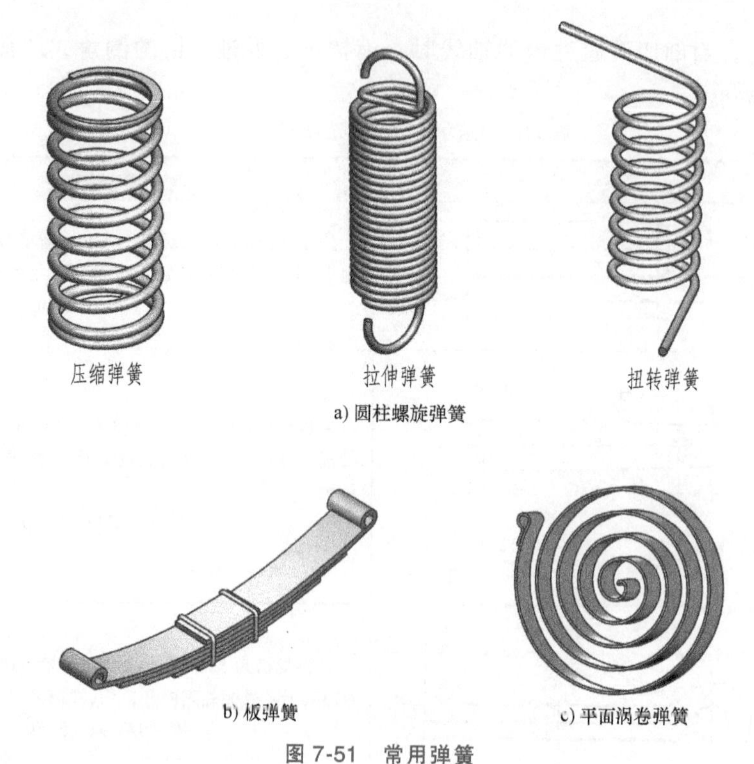

图 7-51 常用弹簧

2）弹簧外径 D_2 和内径 D_1：分别指弹簧的最大直径和最小直径。

3）弹簧的中径 D：$D=(D_2+D_1)/2$。

4）有效圈数 n：弹簧受力时实际起作用的圈数。

5）支承圈数 n_2：为使压缩弹簧受力均匀，增加平稳性，将弹簧两端并紧并磨平的圈数。支承圈有 1.5 圈、2 圈、2.5 圈三种，其中 2.5 圈较常用。

6）总圈数 n_1：$n_1=n+n_2$。

7）节距 t：两相邻有效圈在轴向对应点之间的距离。

8）自由高度 H_0：弹簧不受外力作用时的高度，$H_0=nt+(n_2-0.5)d$。

9）展开长度 L：制造弹簧时，所需簧丝的长度。

10）旋向：弹簧的螺旋方向，分为右旋和左旋两种，大多为右旋。其旋向判别方法与螺纹旋向的判别方法相同。

7.5.2 圆柱螺旋压缩弹簧的规定画法

1. 单个弹簧的规定画法

螺旋压缩弹簧的画图步骤（图 7-52）如下：

1）在平行于螺旋弹簧轴线的投影面的视图中，各圈轮廓画成直线。

2）不论是左旋还是右旋，弹簧均可画成右旋，若实际为左旋弹簧，则应在图中注明旋向“左旋”。

3）如要求两端并紧磨平时，不论支承圈的圈数为多少和并紧情况如何，均按图 7-52 所示绘制。必要时，也可按支承圈的实际结构绘制。

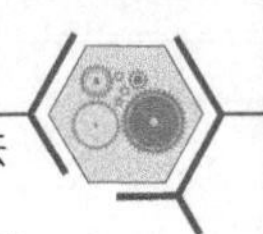

4）有效圈数在4圈以上时，中间各圈可省略，只画出通过弹簧丝断面的两条细点画线。中间部分省略后，允许适当缩短图形长（高）度，如图7-52c、d所示。

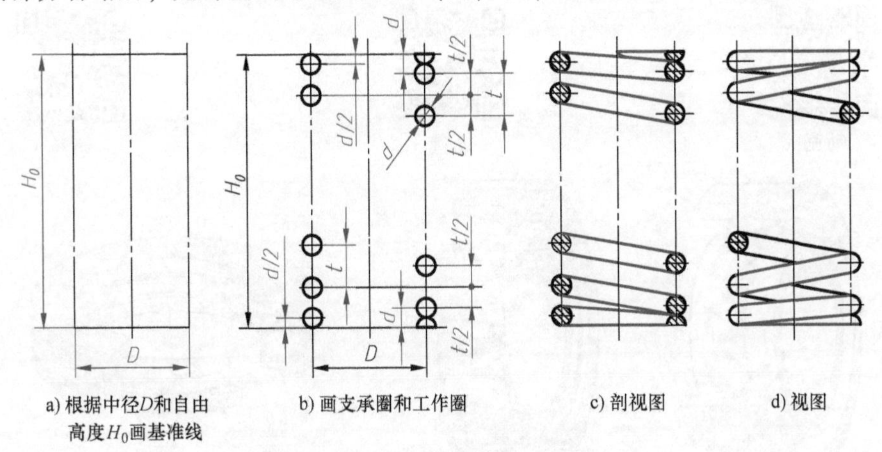

图7-52　圆柱螺旋压缩弹簧的画图步骤

2. 弹簧在装配图中的规定画法

在装配图中，被弹簧挡住的结构一般不画，可见部分应从弹簧的外轮廓线或从弹簧钢丝剖面的中心线画起，如图7-53a、b所示。当弹簧直径在图上小于或等于2mm时，弹簧钢丝剖面可全部涂黑，如图7-53b所示。弹簧钢丝直径小于1mm时，可采用示意画法，如图7-53c所示。

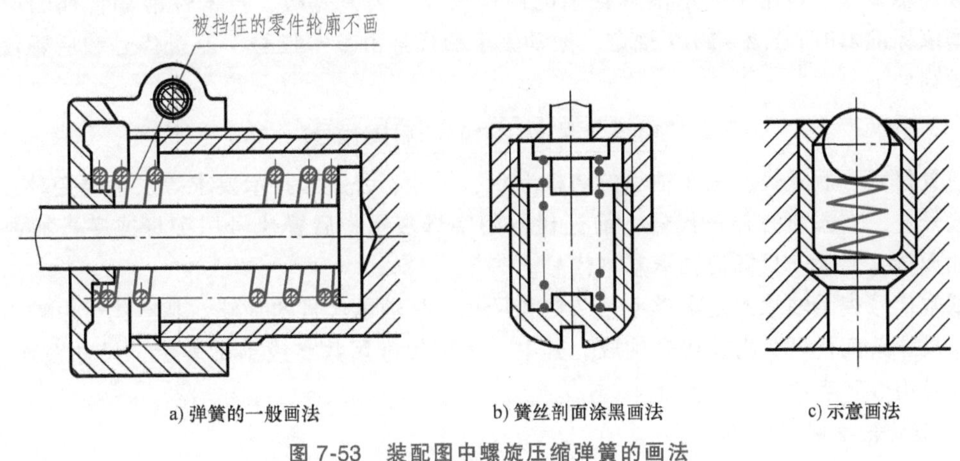

图7-53　装配图中螺旋压缩弹簧的画法

若采用非标准的圆柱螺旋压缩弹簧，应绘制其零件图。需要表明弹簧的力学性能时，必须用图解的方式在图样上表示（可参考设计手册）。

7.6　滚动轴承

滚动轴承是一种支承轴的组件，通常情况下是标准部件，广泛应用于各类机器中。

滚动轴承的类型很多，但其结构大体相同，一般由外圈、内圈、滚动体和保持架等零件组成。轴承的外圈装在机座的座孔内，一般不动；内圈装在轴上，与轴一起转动。

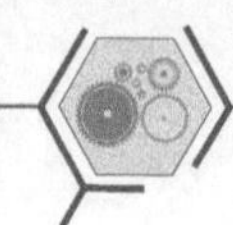

图 7-54 所示为常见的三种滚动轴承结构图，分别是深沟球轴承（主要承受径向载荷）、圆锥滚子轴承（同时承受径向载荷和轴向载荷）和推力球轴承（主要承受轴向载荷）。

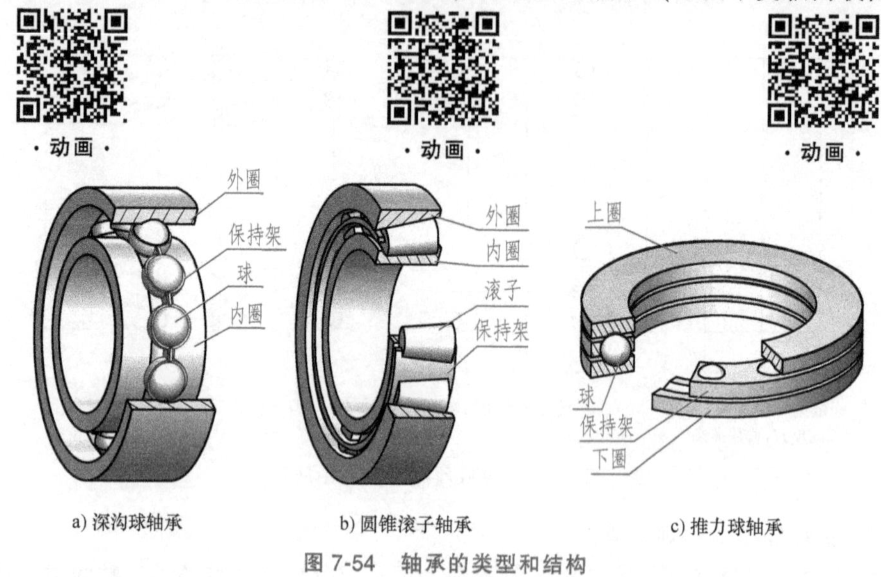

图 7-54　轴承的类型和结构

7.6.1　滚动轴承的代号

1. 代号表示方法

滚动轴承代号是用来表示滚动轴承的结构尺寸、公差等级、技术性能等特征的产品符号。国家标准 GB/T 272—2017 规定，滚动轴承的代号由基本代号、前置代号和后置代号构成，排列如下

前置代号	基本代号	后置代号

前置代号、后置代号是在轴承的结构形状、尺寸、公差和技术要求等发生改变时，在其基本代号左、右添加的补充代号，前置代号用字母表示，后置代号用字母或字母加数字表示。如无特殊要求，只标记轴承基本代号。

基本代号表示轴承的基本类型、结构和尺寸，是轴承代号的基础。基本代号由轴承类型代号、尺寸系列代号、内径代号构成。其中，类型代号用数字或字母表示，尺寸系列代号、内径代号用数字表示。

2. 滚动轴承标记示例

示例 1： 6204。

6204 是基本代号，其中 6 为类型代号（深沟球轴承），(0) 2 为尺寸系列代号，04 为内径代号。

注： 当内径代号为 00、01、02、03 时，分别表示内径 d 为 10mm、12mm、15mm、17mm；当内径代号 ≥04 时，代号数字乘以 5 即为轴承的内径 d（适用于内径为 20~480mm）。

示例 2： L N 207。

L 是前置代号（表示可分离轴承的可分离内圈或外圈，可通过查轴承手册获知）；N 207 是基本代号，其中，N 为类型代号（圆柱滚子轴承），(0) 2 为尺寸系列代号，07 为内径代号。

在基本代号中，当轴承类型代号为字母时，该字母应与后面表示尺寸系列代号的数字之

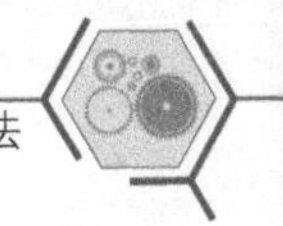

间空半个字。

7.6.2　滚动轴承的画法

滚动轴承是标准部件，所以无须画出其零件图。在装配图上，按不同的需要可采用通用画法、特征画法或规定画法（GB/T 4459.7—2017）表示滚动轴承。

1. 通用画法和特征画法

在剖视图中，用通用画法或特征画法绘制滚动轴承时，一律不画剖面线，而且在同一图样中一般只采用其中一种画法。

在剖视图中，当不需要较确切地表达滚动轴承的外形轮廓、载荷特性、结构特征时，采用通用画法。可用矩形线框及位于线框中央正立的十字形符号表示滚动轴承，十字符号不应与矩形线框接触，应绘制在轴的两侧，如图7-55所示。轴承通用画法的尺寸关系见表7-10。

如需确切地表达滚动轴承的外形，则应画出其剖面轮廓，并在轮廓中央画出正立的十字形符号，十字符号不应与矩形线框接触。图7-56a所示为带偏心套的外球面球轴承的通用画法；图7-56b所示为一面带防尘盖轴承的通用画法。

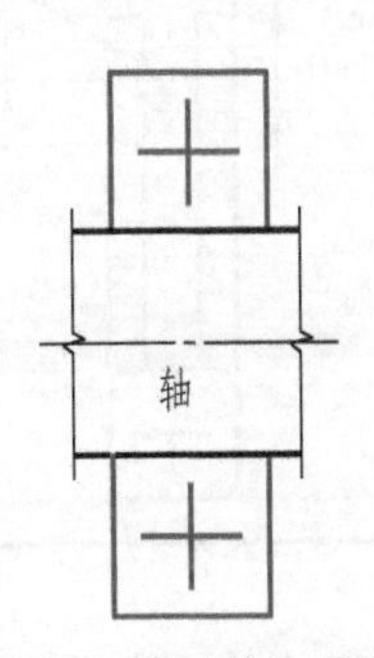

图7-55　轴承的通用画法

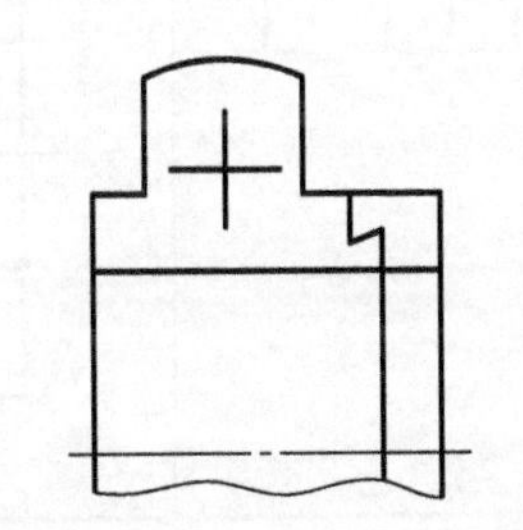

a) 带偏心套的外球面球轴承的通用画法

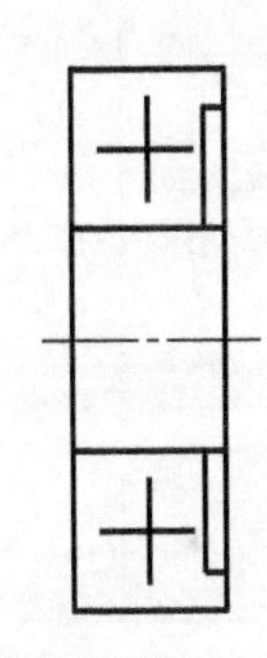

b) 一面带防尘盖轴承的通用画法

图7-56　轴承的通用画法举例

在剖视图中，如需较形象地表达滚动轴承的结构特征，可采用在矩形线框内画出其结构要素符号的特征画法。特征画法应绘制在轴的两侧。常见轴承的特征画法见表7-10。

表7-10　滚动轴承的类型和画法

轴承类型和标准号	查表所得主要数据	画法		
		通用画法	特征画法	规定画法
深沟球轴承（GB/T 276—2013）	D d B	B, $\frac{2}{3}B$, A, $\frac{2}{3}A$, d, D	B, $\frac{2}{3}B$, A, $\frac{B}{6}$, d, D	B, $\frac{B}{2}$, A, $\frac{A}{2}$, $\frac{A}{2}$, 60°, d, D, $\frac{2}{3}A$, $\frac{2}{3}B$

（续）

轴承类型和标准号	查表所得主要数据	画法		
		通用画法	特征画法	规定画法
单列圆锥滚子轴承（GB/T 297—2015）	*D* *d* *B* *T* *C*	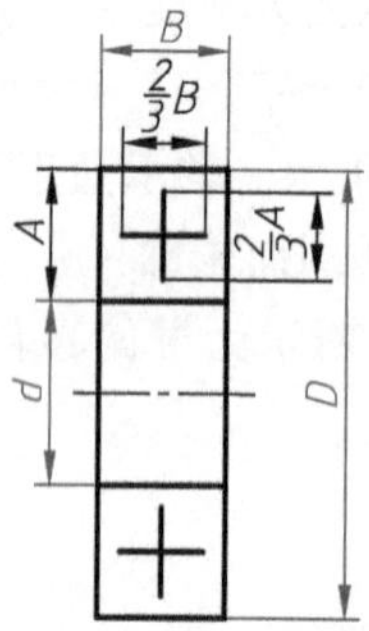	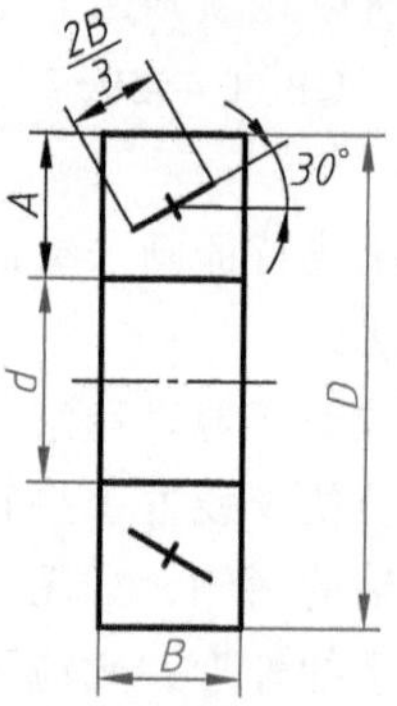	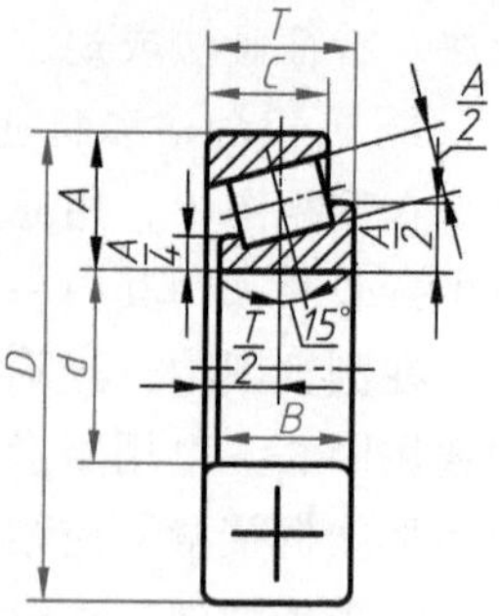
单向推力球轴承（GB/T 301—2015）	*D* *d* *T*		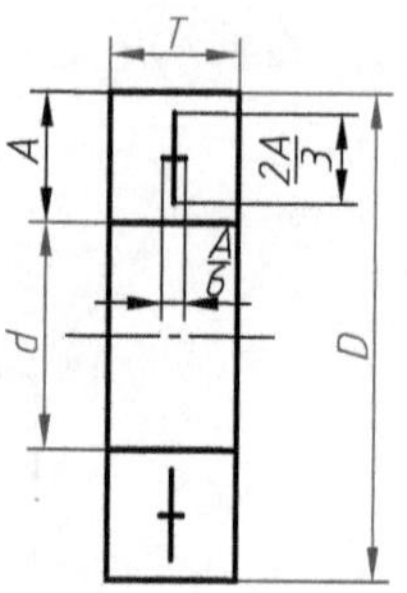	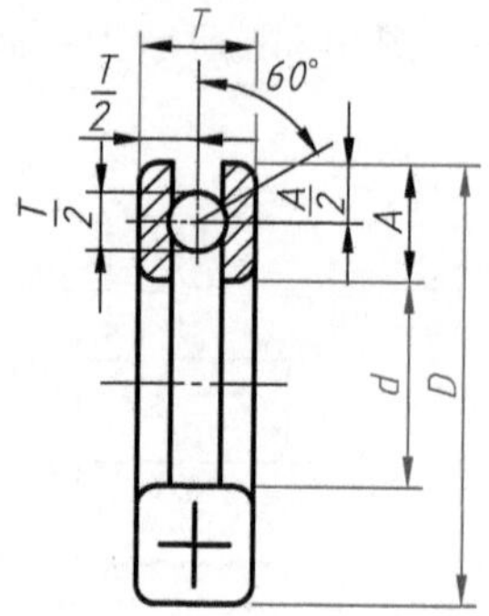

2. 规定画法

必要时，在滚动轴承的产品图样、产品样本、产品标准、用户手册和使用说明书中可采用规定画法，见表7-10。在装配图中，滚动轴承的保持架及倒角等可省略不画。规定画法一般绘制在轴的一侧，另一侧按通用画法绘制。

第8章

零 件 图

表示零件结构、大小及技术要求的图样，称为**零件图**。

8.1 零件图的作用与内容

1. 零件图的作用

机器都是由零件和部件组成的。零件是机器中的最小制造单元。在生产制造机器时，一般先根据零件图制造出机器中的零件，再根据装配图将所有零件组装成机器或部件。零件图是制造和检验零件的依据，是重要的技术资料。图 8-1 所示为铣刀头（专用铣床上的部件）的轴测剖视图，图 8-2 所示为铣刀头中轴的零件图。

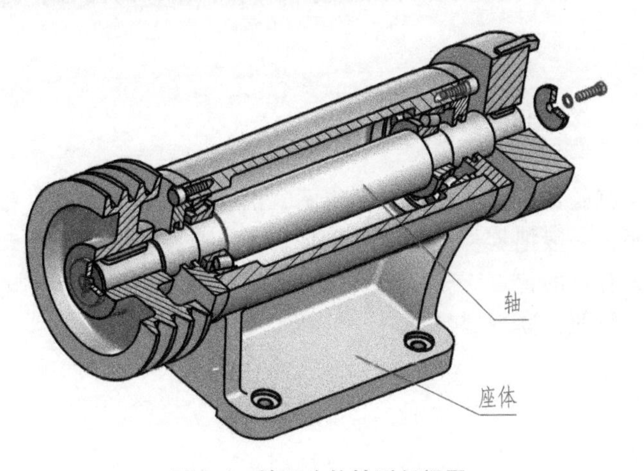

·动画·

图 8-1 铣刀头的轴测剖视图

2. 零件图的内容

一张完整的零件图应包括以下四项内容：一组图形、全部尺寸、技术要求和标题栏。

(1) 一组图形 用一组图形（包括视图、剖视图、断面图等）把零件各部分的结构形状表达清楚。

(2) 全部尺寸 用一组尺寸把零件各部分的形状、大小及其相互位置确定下来。

(3) 技术要求 用规定的符号、数字、字母和文字注解，说明零件在使用、制造和检验时应达到的技术性能要求（包括表面结构、尺寸公差、几何公差、表面处理和材料热处理的要求等）。

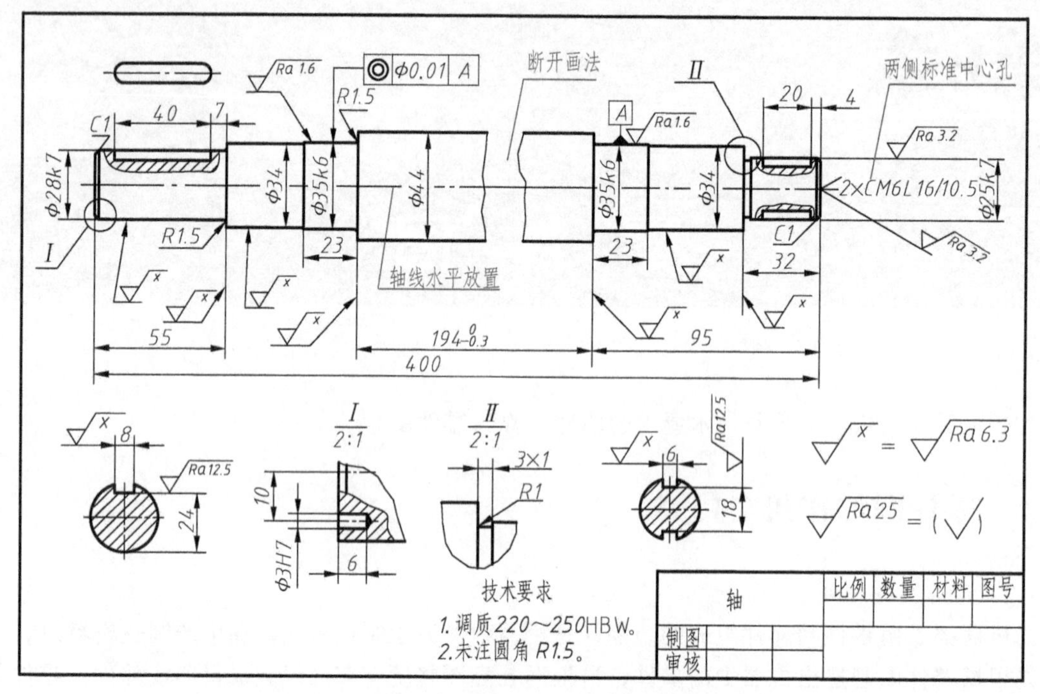

图 8-2　铣刀头中轴的零件图

（4）标题栏　在标题栏中填写零件的名称、材料，图样的编号、比例，制图人与校核人的姓名和日期等。

8.2　零件表达方案的选择

零件的表达方案就是若干个图形，包括视图、剖视图、断面图等。根据零件的结构形状及其在机器中的作用，一般把零件分为四类：**轴套类、盘盖类、叉架类和箱体类**，每一类零件的表达方案都有其各自的特点。较好的表达方案应该把零件的形状完整、清晰、合理地表达出来，并力求画图简便、读图容易。

8.2.1　视图的选择

1. 主视图的选择

主视图是最重要的视图，其选择的合理与否直接影响整个表达方案的合理性，对画图和看图影响很大。主视图的选择原则如下：

（1）形状特征原则　从形体分析的角度来说，应选择能将零件各组成部分的形状及其相对位置反映得最清楚的方向作为主视图的投射方向，如图 8-3 所示。

（2）加工位置原则、工作位置原则和自然放置原则　主视图应尽可能反映零件的加工位置、工作位置或自然放置位置。

1）零件的加工位置原则。在零件制造过程中，特别是在机械加工时，要把它固定和夹紧在一定位置上进行加工。在选择主视图时，应尽量与零件的加工位置一致，以便于看图加工。

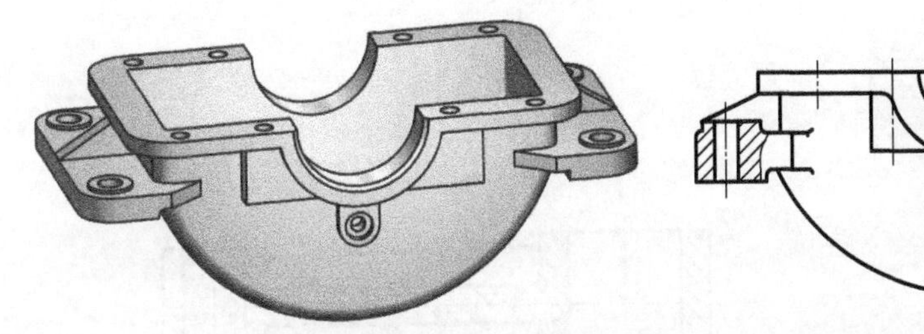

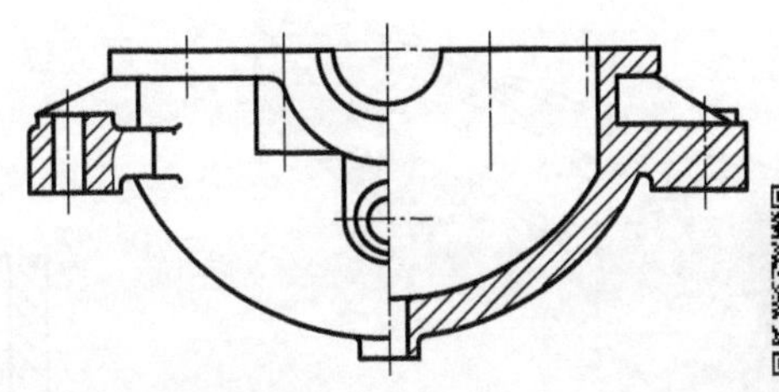

图 8-3　主视图的选择——形状特征原则

·模型·

对在车床上加工的轴、套、轮和盘等零件，一般按加工位置选择主视图，轴线水平放置，如图 8-2 和图 8-4 所示。

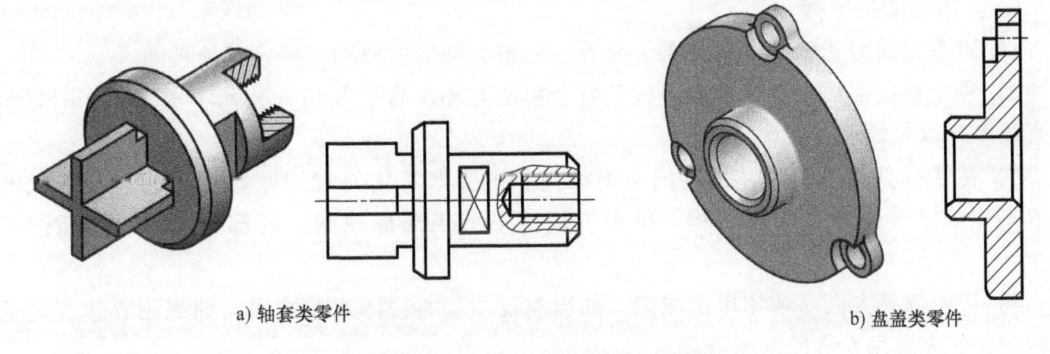

a) 轴套类零件

b) 盘盖类零件

图 8-4　按加工位置选择主视图

2）零件的工作位置原则。零件安装在机器上都有一定的工作位置。主视图与工作位置一致的优点是便于对照装配图看图和画图。

对于支座、箱体类零件，因为其结构形状比较复杂，在加工不同的表面时往往加工位置也不同，这类零件一般按工作位置选择主视图，如图 8-5 所示。

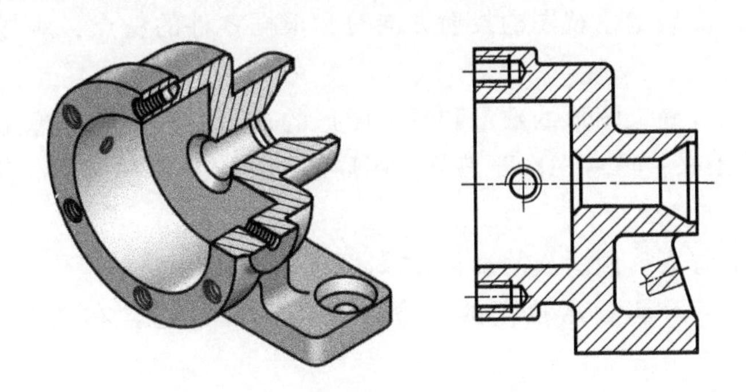

图 8-5　按工作位置选择主视图

3）零件的自然放置原则。当零件加工位置多变、工作位置不固定时，零件应按其自然位置安放选择主视图。

对于叉架类零件，由于其加工位置不固定，通常以自然放置平稳并综合考虑其形状特征为原则确定主视图，如图 8-6 所示。

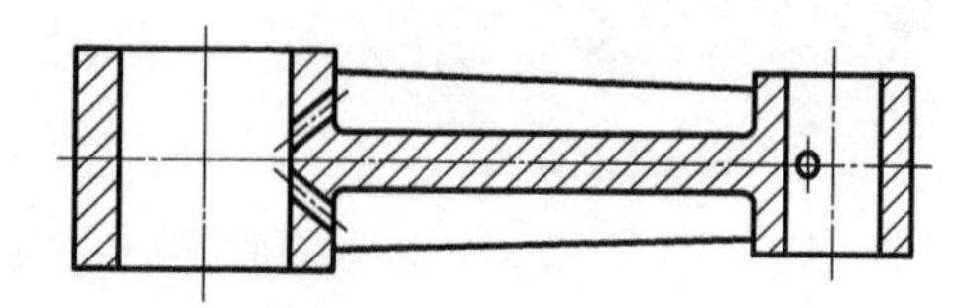

图 8-6　按自然放置选择主视图

此外，选择主视图还要考虑其他视图的合理布置，充分利用图纸幅面。

2. 其他视图的选择

1）以主视图为基础，本着易画、易看、完整、清晰的原则，确定其他视图。

2）每个视图都要有表达重点，做到各个视图互相配合、互相补充而不重复。视图数量不宜过多，以免烦琐、主次不分。

3）在选择其他视图时，零件的主要结构和主要形状优先选用基本视图或在基本视图上取剖视的方法表达；次要结构、细节、局部形状用局部视图、局部放大图、断面图等表达。

4）优先选择人们习惯使用的视图，如当左视图与右视图或俯视图与仰视图表达相同的内容时，优先选用左视图和俯视图。

5）采用局部视图、斜视图、斜剖视图时，应尽可能按投影关系就近配置。

6）图面布局要合理，既美观、清晰，又要充分利用图纸幅面。

3. 选择零件表达方案的步骤

1）对零件进行形体、结构分析（包括与相邻零件的装配关系及功用）和工艺分析（零件的制造方法)，分清主要部分和次要部分。

2）选择主视图。在确定主视图的投射方向时，根据零件的特点，应尽量符合工作位置或加工位置。

3）确定其他视图。确定图形的数量和每个图形的表达方法。先考虑主要部分，用基本视图把主要部分表达出来；再考虑次要部分，用局部视图、局部放大图、断面图等表达次要部分。

4）全面检查表达方案，做适当的调整和修改。

注意：上述步骤并不是截然独立的，检查和调整常常包含在选择表达方案的过程之中。

8.2.2　四类典型零件的表达方案分析

1. 轴套类零件

轴套类零件包括轴、轴套、衬套、阀杆等。轴套类零件在工作中通常起支承或传递动力的作用。这类零件的主要结构由直径大小各异的共轴圆柱、圆锥体组成，一般轴向长度大于径向尺寸，局部结构有倒角、倒圆、键槽、退刀槽、中心孔和螺纹孔等。

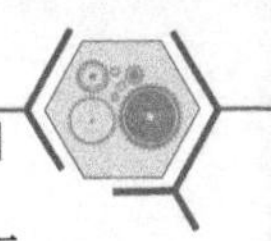

轴套类零件的主体通常在车床、磨床上加工，加工时轴线水平放置。因此，为满足加工时看图的需要，零件的表达方案通常采用轴线水平的主视图（套类零件采用剖视图），并配合尺寸标注来表达零件的主体结构；孔、槽等细小结构常采用局部剖视图、断面图及局部放大图等来表达，如图 8-7 所示。对于结构简单而较长的轴段，常采用断开画法，如图 8-2 所示。

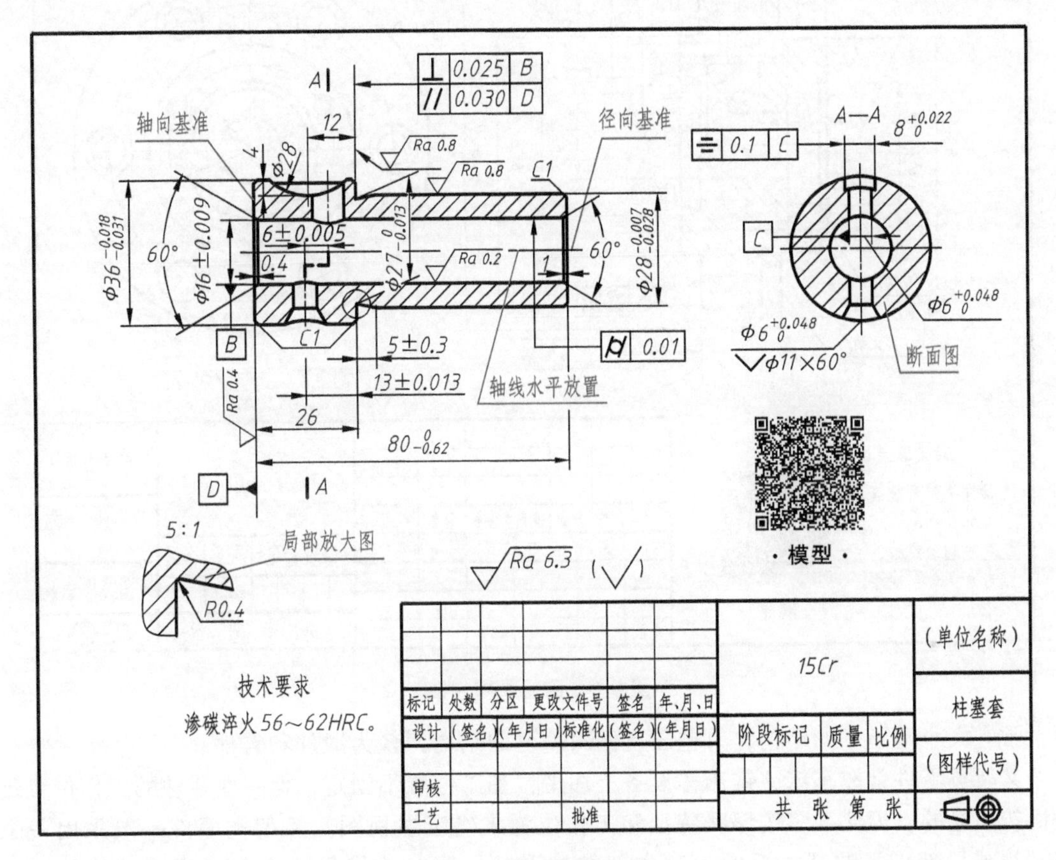

图 8-7　轴套类零件图

2. 盘盖类零件

通常将齿轮、手轮、带轮、端盖、法兰盘等称为轮盘（或盘盖）类零件，如图 8-8 所示。这类零件在机器中主要起传递动力、支承、轴向定位及密封等作用。盘盖类零件的主要结构一般为多个同轴回转体或其他平板形，其轴向尺寸较小而径向尺寸较大，或者形状扁平，常带有各种形状的凸缘，均布有圆孔、轮辐或肋等结构。

盘盖类零件主要在车床上加工，选择主视图时，应按照加工位置将轴线水平放置，并采用剖视（或局部剖视）图表达内部结构。尤其是对于以回转体为主要结构的零件，通常将非圆视图作为主视图，用其他基本视图（如左视图等）来表达端面的形状结构，如图 8-8 所示。对于轮辐、肋等结构，其横截面常采用断面图表示。细小结构如小孔、油槽等，则采用局部放大图表达。

3. 叉架类零件

通常把拨叉、连杆、摇臂、托架及支座等零件归纳为叉架类零件。叉架类零件形状各

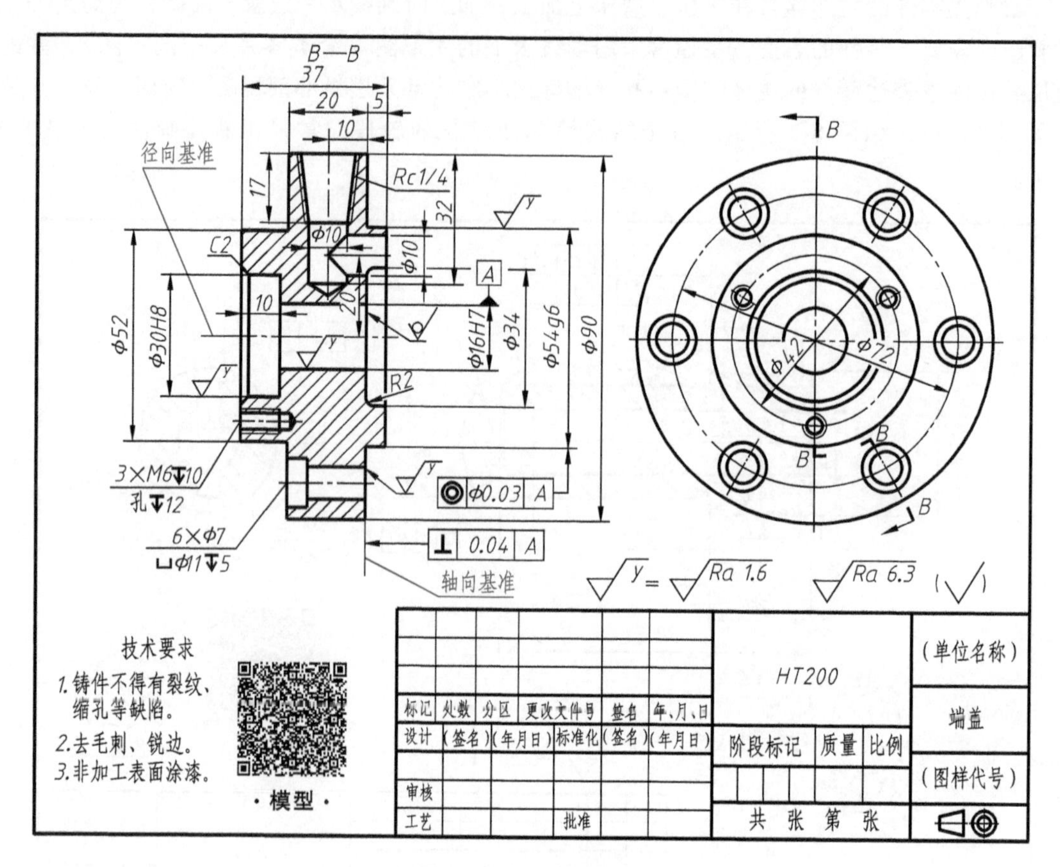

图 8-8　盘盖类零件图

异，常有大小端不一的结构，有些还有倾斜、弯曲结构，多为锻件和铸件。

叉架类零件常在车床、铣床等设备上加工，加工位置不固定，但一些零件的工作位置还是比较明显的，因此，多按形状特征和工作位置来确定主视图。叉架类零件一般采用一个全剖视或局部剖视的基本视图表达内部结构形状，同时选择另一个基本视图反映外形结构及其与相邻结构的表面连接形式，如图 8-9 所示。叉架类零件的结构形状较复杂，所以视图数量多。对于一些不平行于基本投影面的结构形状，常采用斜视图、斜剖视图和断面图来表达。

4. 箱体类零件

通常把机床床身、泵体、变速箱的箱壳等归纳为箱体类零件，这类零件通常是部件的主体，有较大的空腔，用于支承、包容、保护相关零件。除根据设计要求箱体类零件本身结构形状可能比较复杂外，其上还常有形状、大小各异的孔、凸台、肋板、底板等结构。

由于箱体类零件都较为复杂，而且加工工序较多，因此，表达方案不必过多考虑加工位置，一般根据形状特征和工作位置来确定主视图。箱体类零件常需采用三个或三个以上的基本视图，针对外部和内部结构形状的复杂情况，可采用全剖视图、半剖视图与局部剖视图。对于局部的内、外部结构形状，可采用斜视图、局部视图、局部剖视图和断面图来表达，如图 8-10 所示。

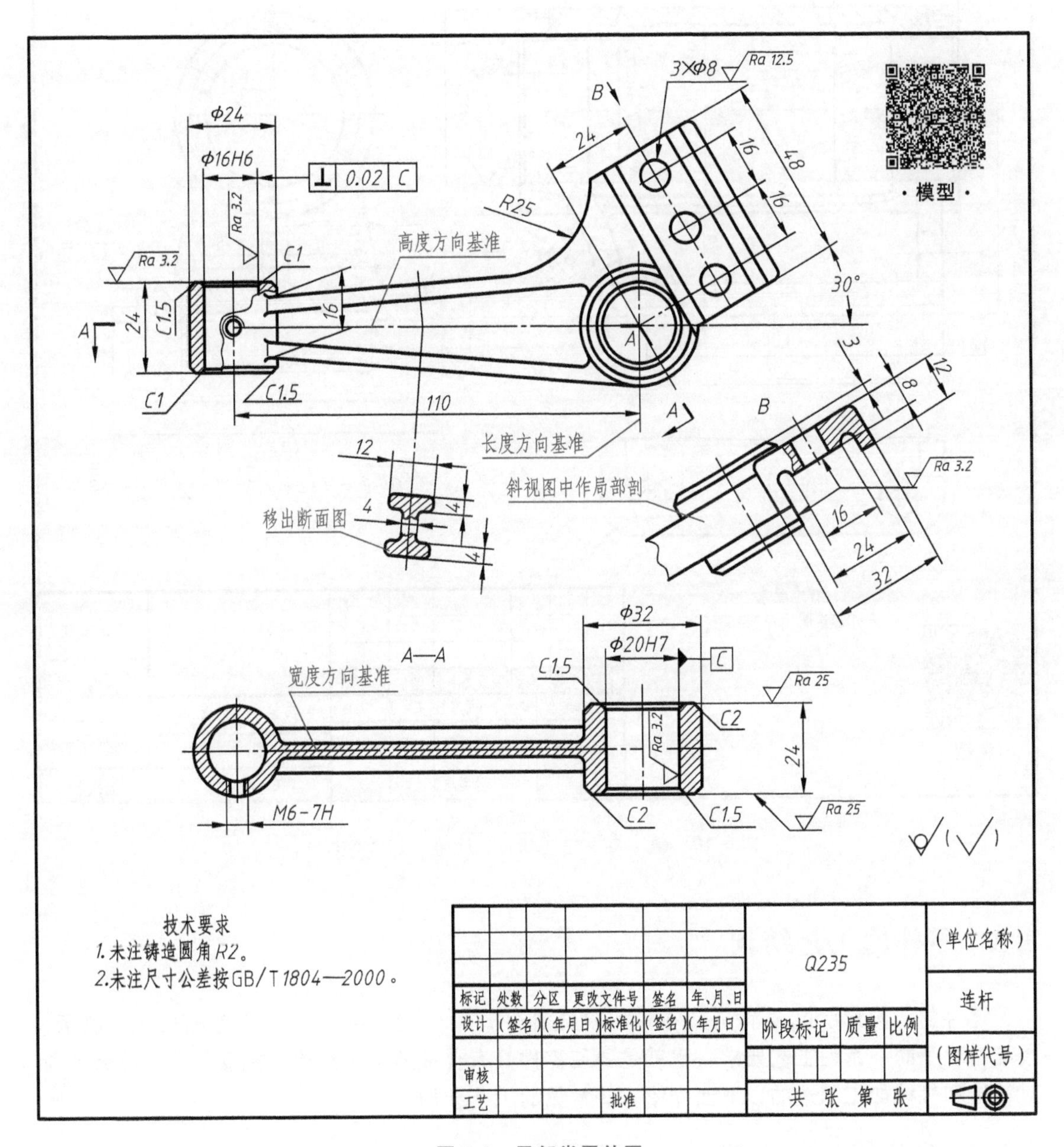
3×Φ8
Ra 12.5
B
Φ24
Φ16H6
⊥ 0.02 C
24
48
16
16
·模型·
R25
Ra 3.2
高度方向基准
C1
Ra 3.2
30°
A
24
C1.5
16
A
3
12
8
C1
C1.5
110
A
B
长度方向基准
12
Ra 3.2
斜视图中作局部剖
4
移出断面图
4
4
16
24
32
Φ32
Φ20H7
C
A—A
C1.5
宽度方向基准
Ra 25
C2
Ra 3.2
24
M6-7H
C2
C1.5
Ra 25
技术要求
1.未注铸造圆角R2。
2.未注尺寸公差按GB/T 1804—2000。
Q235
(单位名称)
连杆
(图样代号)
标记
处数
分区
更改文件号
签名
年、月、日
设计
(签名)
(年月日)
标准化
(签名)
(年月日)
阶段标记
质量
比例
审核
工艺
批准
共 张 第 张

图 8-9　叉架类零件图

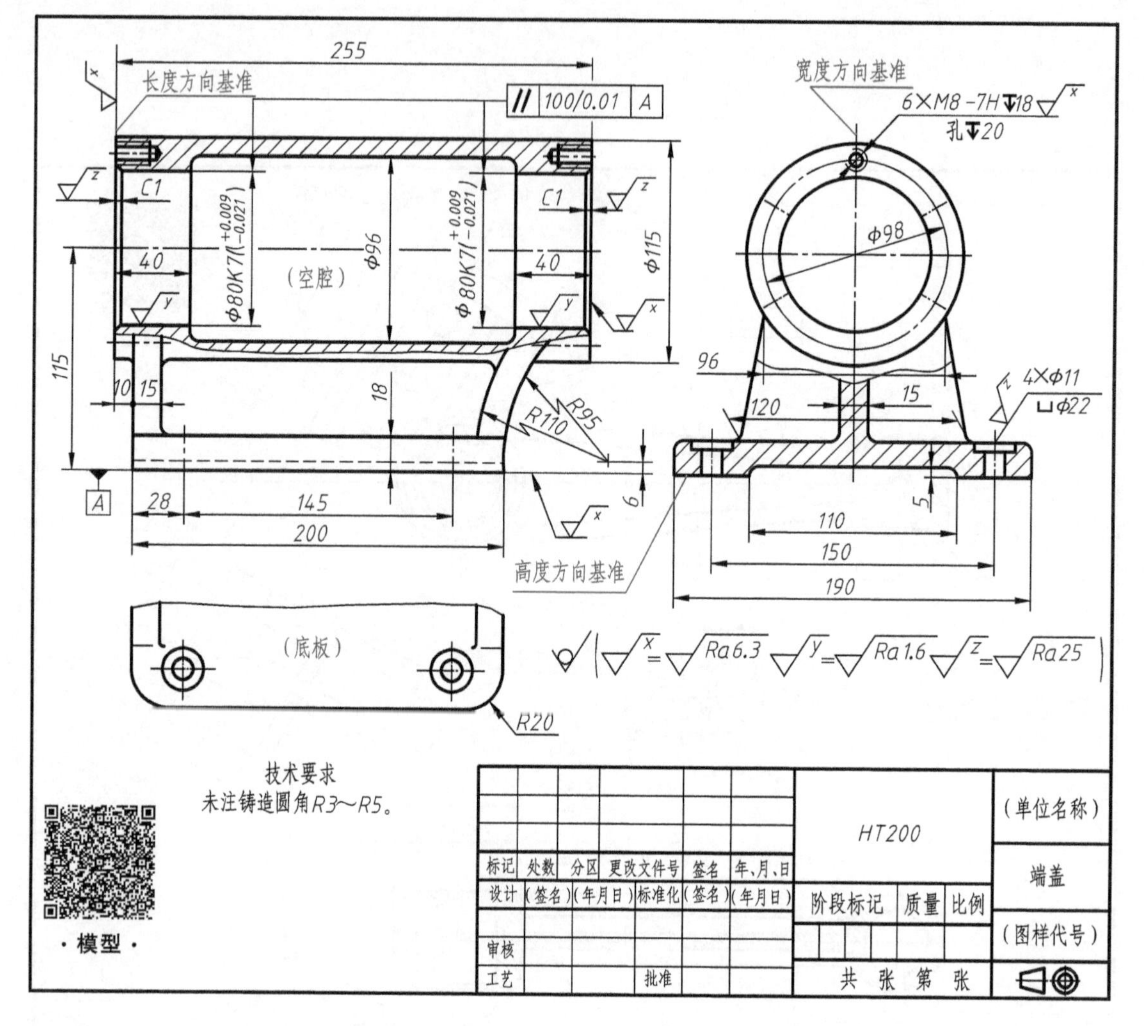

图 8-10　箱体类零件（铣刀头座体）的零件图

8.3　零件的工艺结构

零件的结构形状既要满足其在机器（或部件）中的使用要求，又要考虑加工、测量、装配过程中的一系列工艺要求，也就是要使零件具有合理的工艺结构。机器零件大部分是通过铸造和机械加工制造的，下面介绍一些常见的工艺结构。

8.3.1　铸造零件的工艺结构

1. 起模斜度

铸造零件在造型时，为了能将模型顺利地从砂型中取出，铸件应沿着起模方向有一定的斜度，这个斜度称为**起模斜度**，如图 8-11a 所示。

起模斜度的大小通常为 1∶100 ~1∶20；用角度表示时，对于木模，常为 1°~ 3°；对于金属模，用手工造型时为 1°~ 2°，用机械造型时为 0.5°~ 1°。铸件的起模斜度（≤3°）在零件图上一般不画、不标。必要时，可在技术要求中说明。

2. 铸造圆角

在铸件各表面相交处应做成光滑过渡，即铸造圆角，如图 8-12 所示。有了圆角，既便于起模，又能防止在浇注金属液时将砂型转角处冲坏，还可以避免铸件在冷却时产生裂纹或缩孔。

圆角半径一般取壁厚的 20%~40%，常集中注写在技术要求中。如果一个表面经加工后铸造圆角被切削掉，此时应画成尖角。

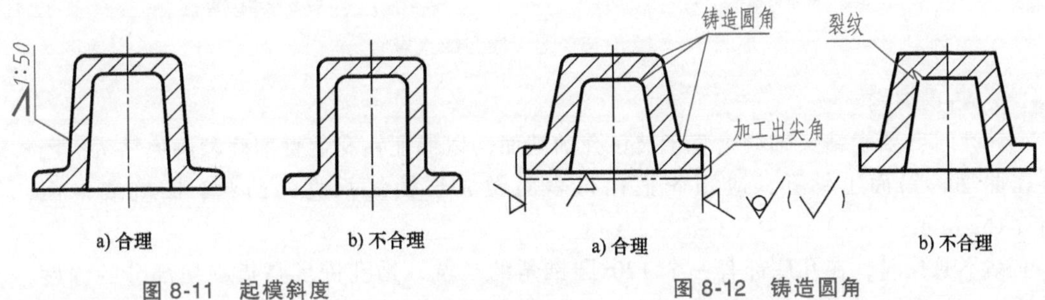

图 8-11　起模斜度　　　图 8-12　铸造圆角

3. 铸件壁厚

铸件的壁厚应均匀。铸件在浇注后的冷却过程中，容易因厚薄不均匀而产生裂纹和缩孔。为了避免这种现象出现，铸件各处的壁厚应尽量均匀或逐渐过渡，如图 8-13 所示。

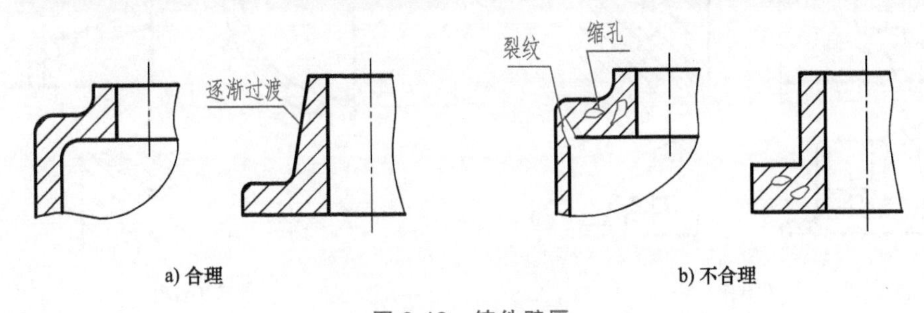

图 8-13　铸件壁厚

注意：铸件结构应尽量简单、紧凑，这样可以节省制造模型的工时，减少造型材料消耗，降低成本。

8.3.2　零件机械加工的工艺结构

1. 倒角和倒圆

为了去除零件上的毛刺、锐边和便于装配，在轴端、孔口、台肩及轮缘等处，一般都加工出倒角；为了避免因应力集中而产生裂纹，在轴肩转角处往往加工出圆角过渡，称为倒圆，如图 8-14 所示。倒角和倒圆的尺寸可查阅附表 17。

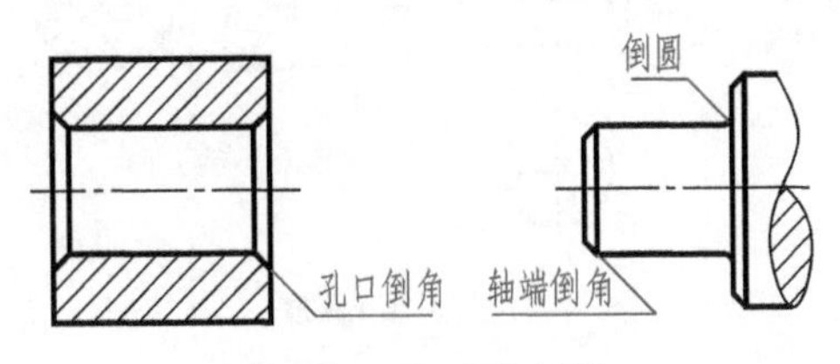

图 8-14　倒角和倒圆

2. 退刀槽和砂轮越程槽

在切削加工中，特别是在车螺纹和磨削时，为了方便退出刀具或使砂轮可以稍稍越过加工面，常在待加工表面的末端预先加工出退刀槽和砂轮越程槽，如图 8-15 所示。砂轮越程槽和螺纹退刀槽的尺寸可查阅附表 15 和附表 16。

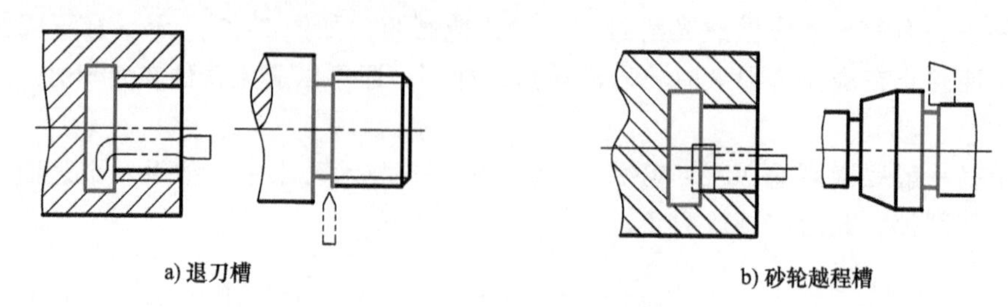

图 8-15　退刀槽和越程槽

3. 钻孔结构

钻孔时，要求钻头轴线垂直于被钻孔的端面，以保证钻孔位置准确和避免钻头折断。若要在曲面、斜面上钻孔，应预先把孔口表面做成与轴线垂直的凸台、凹坑或平面，如图 8-16a 所示。

钻不通孔时，在孔底部有一个 120°圆锥角的锥坑，钻孔深度是指圆柱部分的深度，不包括锥坑；在阶梯形孔的过渡处，也存在圆锥角为 120°的锥台。在零件图中，应画出这个圆锥角。

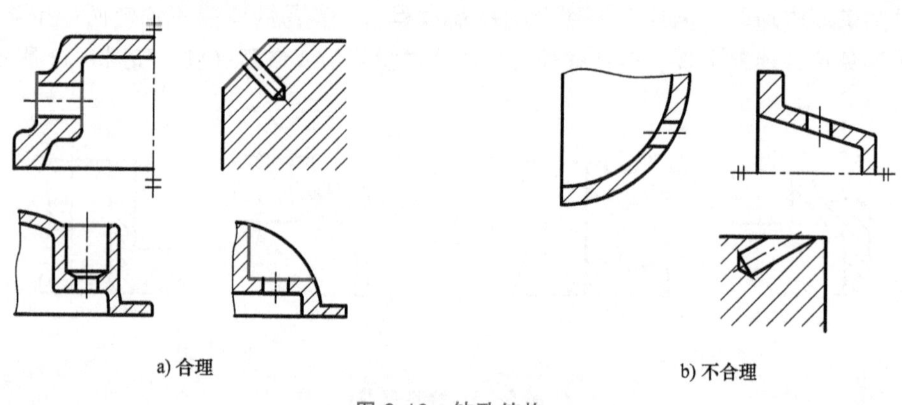

图 8-16　钻孔结构

4. 键槽

同一轴上的两个键槽应位于同侧，以便于一次装夹加工完成。不要因加工键槽而使机件局部过于单薄，致使强度减弱。必要时可增加键槽处的壁厚，如图 8-17 所示。

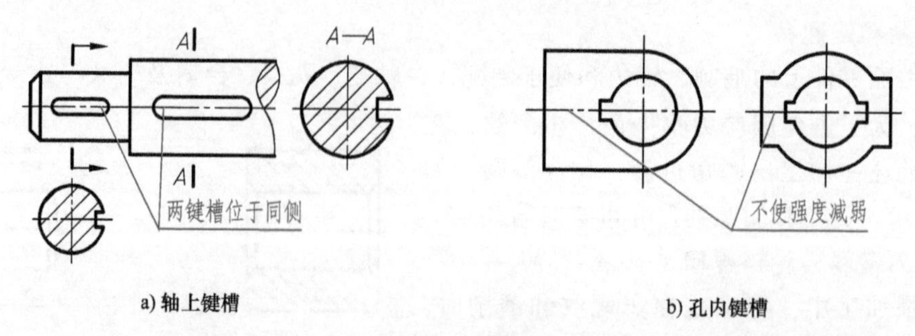

图 8-17　键槽

5. 凸台、凹槽、凹坑

为了保证零件间接触良好，零件上与其他零件接触的表面，一般都需要加工。为了减小加工面积、节省材料、降低制造费用，常在铸件上设计出凸台、沉孔（凹坑）、凹槽或凹腔等结构，如图 8-18 所示。

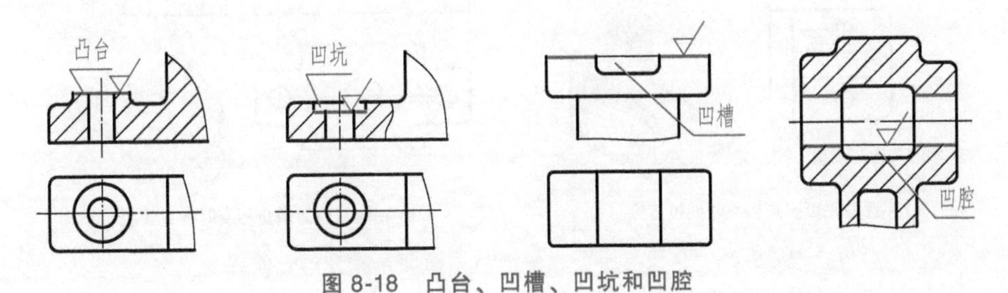

图 8-18　凸台、凹槽、凹坑和凹腔

8.3.3　过渡线的画法

由于零件上存在铸造圆角，因此表面相交时所产生的交线就不太明显。为了能在看图时区分不同的表面，在图中仍要画出理论上的交线，这种交线称为**过渡线**。

过渡线与相贯线的主要区别有两点：一是过渡线用细实线绘制；二是过渡线的端部不与轮廓线相连，只画到没有圆角时立体轮廓线的理论交点处，如图 8-19 所示。

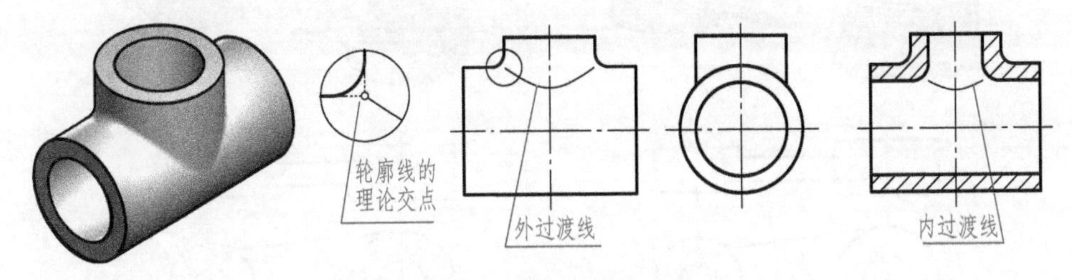

图 8-19　两曲面相交的过渡线

下面是过渡线画法的示例。

示例 1　图 8-20 所示为不等径圆柱面相贯、等径圆柱面相贯、圆柱面与圆锥面相接的过渡线的画法。

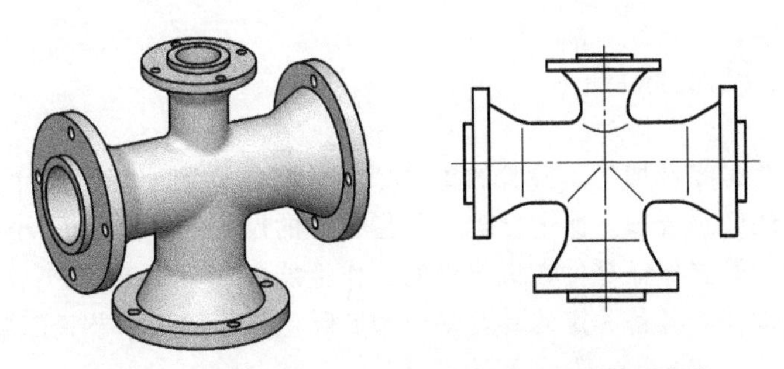

图 8-20　圆柱面相贯、圆柱面与圆锥面相接的过渡线

示例 2　图 8-21a 所示为平面与平面有圆角相交时过渡线的画法；图 8-21b 所示为平面与曲面有圆角相交时过渡线的画法。过渡线画在两个面的理论相交处，平面的两侧轮廓线画

小圆弧，其弯曲方向与铸造圆角的弯曲方向一致。

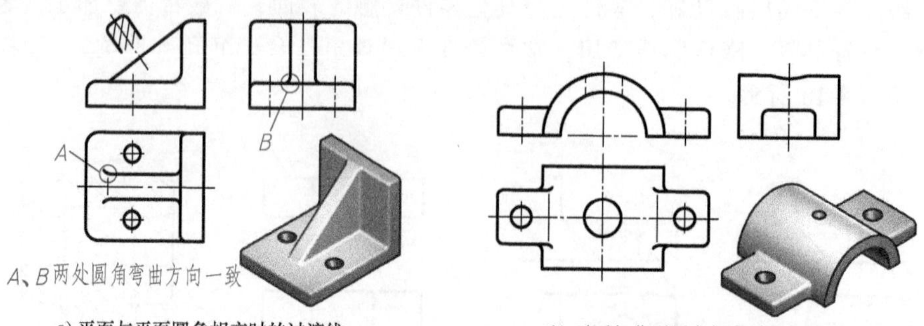

a) 平面与平面圆角相交时的过渡线　　b) 平面与曲面圆角相交时的过渡线

图 8-21　平面与平面或平面与曲面圆角相交的过渡线

示例 3　图 8-22a 所示为断面为矩形的板在有圆角时连接两圆柱面的画法：如果板与圆柱面相切，则不画过渡线；如果板与圆柱面相交，则画过渡线。图 8-22b 所示为断面为长圆形的板在有圆角时连接两圆柱面的画法：如果板与圆柱面相切，则过渡线不相交；如果板与圆柱面相交，则过渡线不断开。

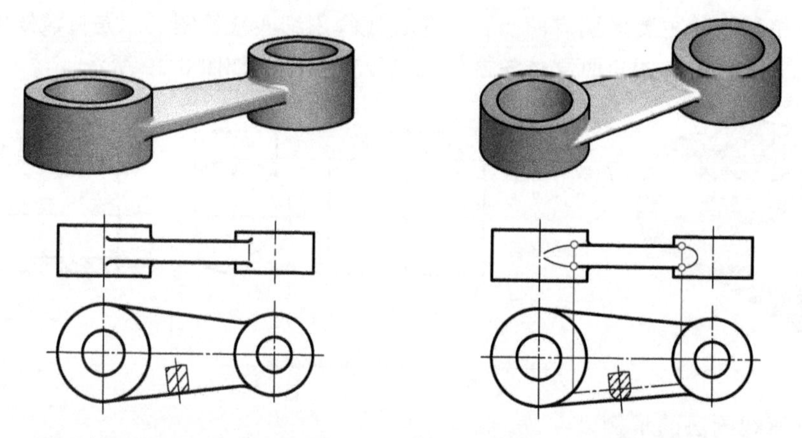

a) 断面为矩形的板连接两圆柱面的画法　　b) 断面为长圆形的板连接两圆柱面的画法

图 8-22　圆柱面与板状形体相交的过渡线

8.4　零件图的尺寸标注

零件图上的尺寸是零件加工、检验的重要依据。在零件图上标注尺寸，除了要求正确、完整、清晰之外，还必须合理。所谓合理，是指标注的尺寸既要满足设计要求，又要满足工艺要求。也就是说，既要保证零件在机器中的工作性能，又要便于加工、测量。而要真正达到这一要求，需要设计者具备一定的专业知识和实际生产经验。本节只简单介绍零件尺寸合理性的基本知识。

8.4.1　尺寸基准

要合理地标注零件的尺寸，必须先选好尺寸基准。根据基准的作用不同，可将其分为设计基准和工艺基准。

1. 设计基准

根据零件在机器中的作用、结构特点及设计要求，用以确定零件在机器或部件中准确位置的点、线、面，称为**设计基准**。任何零件都有长、宽、高三个方向的尺寸基准，且每个方向只能选择一个主要设计基准。纯回转体只有径向和轴向设计基准。

常见的设计基准有零件上主要回转结构的轴线；零件结构的对称中心面；零件的重要支承面、装配面；两零件的重要结合面；零件的主要加工面。

从设计基准出发标注尺寸，可以直接反映设计要求，能体现零件在机器或部件中的功能。图 8-23 所示为一个轴承挂架。以安装面Ⅰ为长度方向的设计基准，可确定轴承挂架在机器中的左右位置。以对称中心面Ⅱ为宽度方向的设计基准，挂架宽度方向的尺寸相对于面Ⅱ对称标注，如两安装孔的孔距 100mm 关于面Ⅱ对称标注，可保证轴承挂架在机器中的前后位置准确。以安装面Ⅲ为高度方向的设计基准，可确定挂架在机器中的上下位置，例如，以此为起点标注尺寸 115mm，可保证挂架的轴承孔在机器中的上下位置准确。

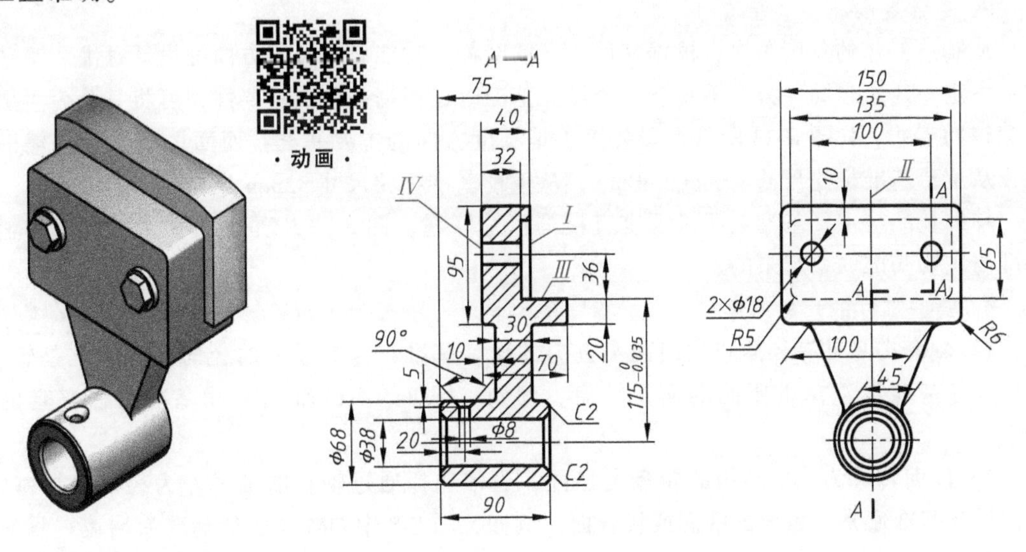

a) 轴承挂架安装方法　　b) 轴承挂架设计基准

图 8-23　轴承挂架的安装方法与设计基准

2. 工艺基准

在加工制造或测量检验时，确定零件相对机床、工装或量具位置的面、线或点，称为**工艺基准**。

从工艺基准出发标注尺寸，可直接反映工艺要求，便于操作以及保证加工和测量质量。如图 8-24 所示的阶梯轴，*E* 面为轴向设计基准，因为工作时以其定位。但是，如果轴向尺寸均以 *E* 面为起点标注，则加工、测量不方便。若以右端面为起点标注尺寸，则符合图 8-24b 所示阶梯轴在车床上的加工情况，所以将右端面作为工艺基准，但在两基准之间必须标注一个联系尺寸（如 52mm）。

在标注尺寸时，如果可能，最好使设计基准和工艺基准重合，这样可以减少误差的累

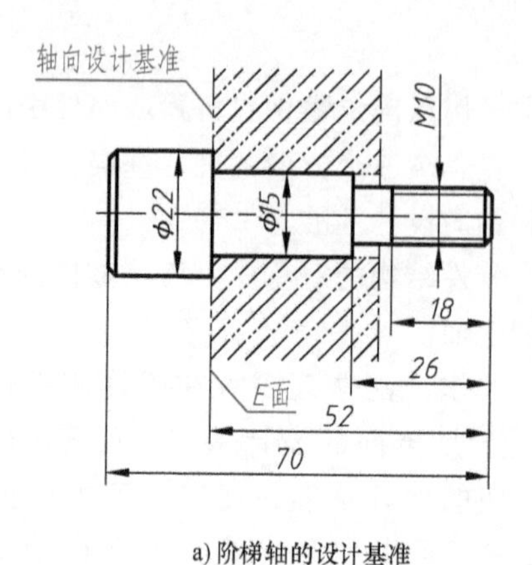

a) 阶梯轴的设计基准

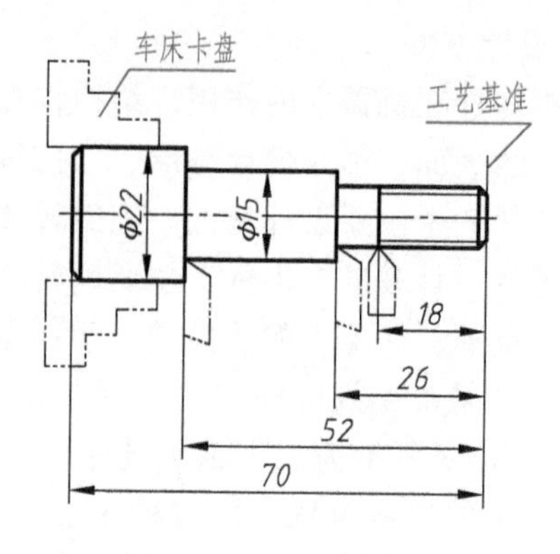

b) 阶梯轴的加工情况及工艺基准

图 8-24 阶梯轴的设计基准与工艺基准

积，既满足设计要求，又保证工艺要求。

3. 主要基准和辅助基准

从制造工艺的角度来讲，根据零件本身的结构、功能要求，同方向的设计基准、工艺基准不一定一致。当同一方向不止有一个尺寸基准时，根据基准的重要性，可将其分为主要基准和辅助基准。如图 8-23 所示，安装面 I 是长度方向的主要基准，而面Ⅳ则是一个辅助基准，从主要基准标注尺寸 75mm、40mm，从辅助基准标注尺寸 32mm、10mm、70mm。

辅助基准与主要基准之间必须有直接的尺寸联系，图 8-23 中是通过尺寸 40mm 将辅助基准与主要基准联系起来的。

4. 典型零件的尺寸基准

1）轴套类零件有径向和轴向两个方向的设计基准。这类零件的径向尺寸基准是轴线，轴向尺寸基准常选择重要的端面及轴肩。例如，图 8-7 中的轴向尺寸基准为柱塞套的左端面。

2）以回转体为主要结构的轮盘类零件，通常选择通过轴孔的轴线作为径向设计基准，轴向设计基准通常为重要的端面或接合面。例如，图 8-8 中的轴向设计基准为端盖右侧的定位接触面。

3）叉架类零件的结构较复杂，通常以重要结构的对称中心线、轴线或表面为尺寸基准。在图 8-9 中，长度方向设计基准是右侧大圆孔（φ20H7 孔）的轴线；宽度方向尺寸基准为前后对称中心面；高度方向尺寸基准为左、右两圆筒及连接结构的上下对称中心面。

4）箱体类零件一般有长、宽、高三个方向的设计基准，主要基准常采用重要结构的中心线、轴线、对称中心面和较大的加工平面。在图 8-10 中，长度方向尺寸基准是左端面，宽度方向尺寸基准为前后对称中心面，高度方向尺寸基准为下底面。

8.4.2 标注尺寸时应注意的问题

1. 主要尺寸和非主要尺寸的标注

凡是直接影响零件使用性能和安装精度的尺寸，称为主要尺寸。主要尺寸包括零件的规格性能尺寸、有配合要求的尺寸、确定零件之间相对位置的尺寸、用于连接和安装的尺寸等，这类尺寸一般都有较高的精度要求。**主要尺寸要直接注出**。

如图 8-25a 所示，根据零件的设计要求，其中心高尺寸 h 是主要尺寸，应该直接标注。图 8-25b 中没有从基准直接标注主要尺寸 h，而是标注了尺寸 h_1 和 h_2，使得加工时 h 会受 h_1 和 h_2 两个尺寸的影响，精度不易保证，也给加工增加了难度，因此是错误的。

仅满足零件的力学性能要求、结构形状要求和工艺要求等的尺寸称为非主要尺寸。非主要尺寸包括外形轮廓尺寸，无配合要求、工艺要求的尺寸，如退刀槽、凸台、凹坑、倒角等的尺寸，这类尺寸一般不注公差。

2. 不要注成封闭尺寸链

封闭尺寸链是头尾相接，形成一个封闭圈的一组尺寸，每个尺寸称为尺寸链中的一环。

如图 8-26 所示，尺寸 h、h_1 和 h_2 组成了一个封闭尺寸链。这样标注的尺寸，一方面，由于加工时要保证每个尺寸的精度要求，会增加加工成本；另一方面，任意两个尺寸的误差会累积到另一个尺寸上，造成另一个尺寸可能达不到设计要求。例如，h_1 和 h_2 各自的误差可能都在要求范围内，但其误差之和可能会导致超出 h 的误差范围，从而使 h 达不到精度要求。因此，在实际标注尺寸时，应选择一个不重要的环不注尺寸，称它为开口环，如图 8-25a 所示。这时，开口环的尺寸误差是其他各环尺寸误差之和，因为它不重要，所以对设计要求没有影响。

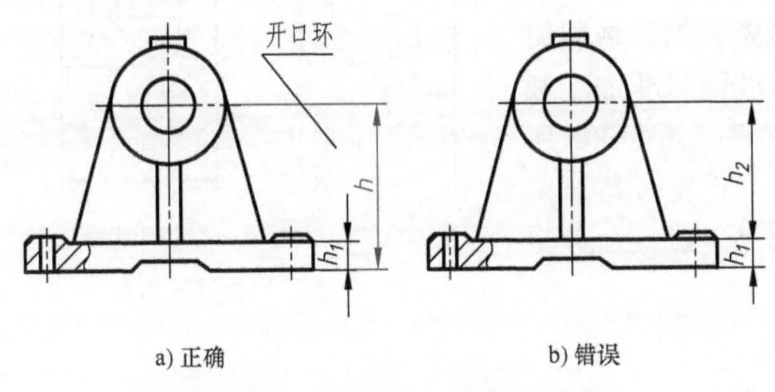

图 8-25　主要尺寸直接标注

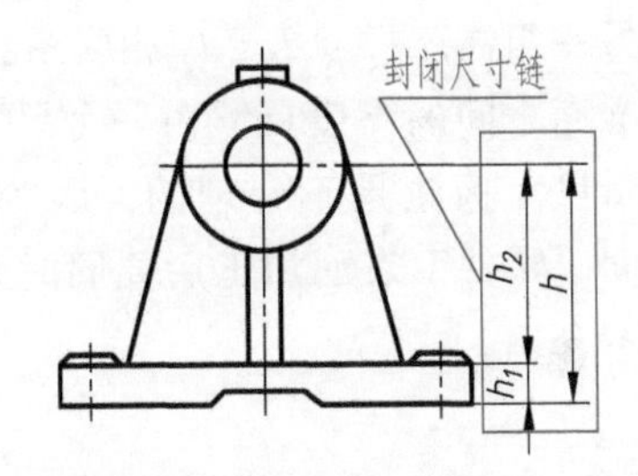

图 8-26　不能注成封闭尺寸链

3. 按加工顺序标注尺寸

按加工顺序标注尺寸，便于加工和测量，如图 8-27 所示。

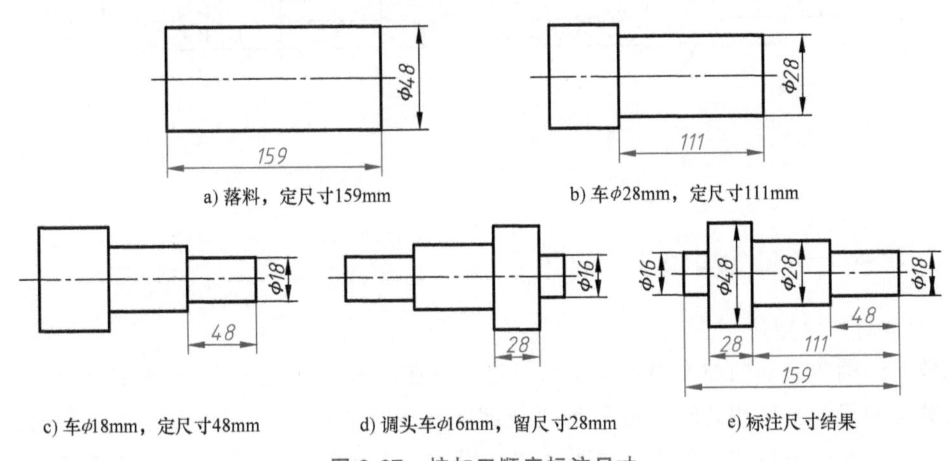

图 8-27　按加工顺序标注尺寸

4. 应考虑测量方便

零件图的尺寸标注，应考虑测量和检验的方便，同时尽量做到使用普通量具就能进行测量，以减少专用量具的设计和制造。图 8-28a 所示标注正确，因为量具可以从零件的具体位置进行测量；图 8-28b 所示标注不正确。图 8-29a 所示标注正确，因为便于从零件的外部进行测量；图 8-29b 标注不正确，因为其中的尺寸 l 是一个内部尺寸，不便于测量。

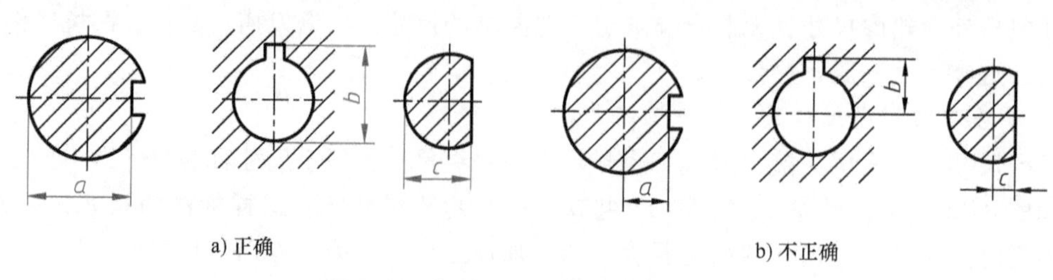

图 8-28 标注尺寸要便于测量（一）

5. 加工面和非加工面分开标注

对于铸造、锻造零件，同一方向的加工面和非加工面应各选基准分别标注尺寸，并且两个基准之间只允许有一个联系尺寸。如图 8-30a 所示，零件的非加工面间由一组高度尺寸 m_1、m_2、m_3、m_4 相联系；加工面间由另一组高度尺寸 l_1、l_2 相联系；加工基准面与非加工基准面之间的高度尺寸由一个尺寸 h 相联系。图 8-30b 所示尺寸标注是不合理的，因为只有上、下表面是加工面，零件下表面加工后要同时保证尺寸 h、k、n，显然不合理。

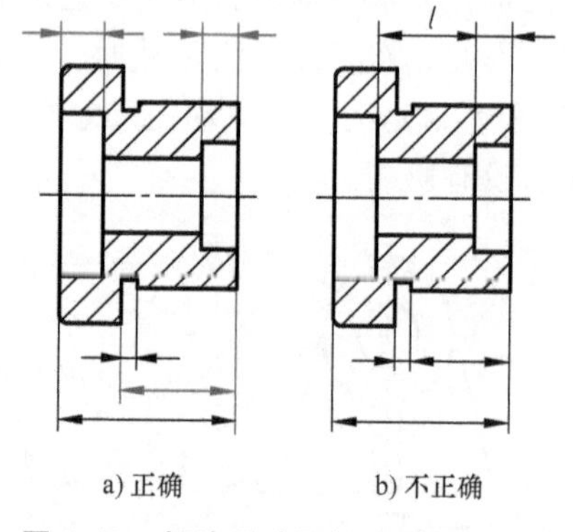

图 8-29 标注尺寸要便于测量（二）

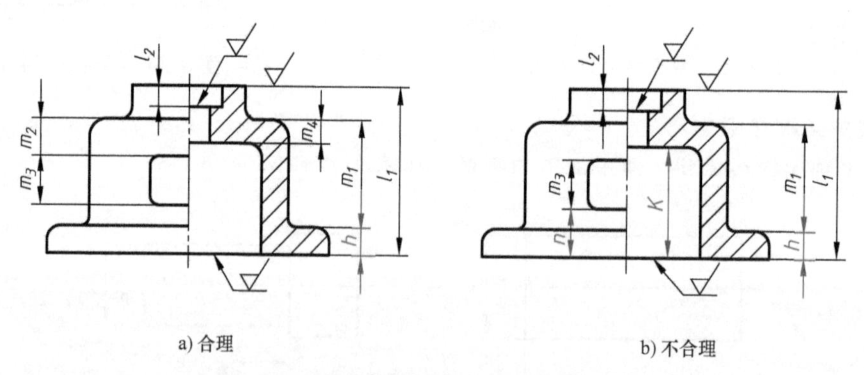

图 8-30 非加工面与加工面的尺寸标注

8.4.3 零件上常见结构的尺寸标注

1. 圆角的尺寸标注

铸件上的圆角或切削加工中不重要的圆角，可在技术要求中或图样空白处用文字加以说明。当圆角的尺寸全部相同时，可写明“全部圆角 R×”；若某个圆角尺寸占多数时，这些圆角的尺寸不必一一标注，可统一写明“未注尺寸铸造圆角 R×”或“未注圆角 R×”，如图

8-2 中的技术要求。

2. 倒角的尺寸标注

45°倒角可使用符号 C 表示，标注方法如图 8-31a 所示。倒角也可以是 30°或 60°，此时要分开标注倒角度数和轴向尺寸，如图 8-31b 所示。

如果图样中的倒角尺寸全部相同或某个尺寸占多数时，可在技术要求中或图样空白处做总的说明，如“全部倒角 $C1.5$”“其余倒角 $C1$”。

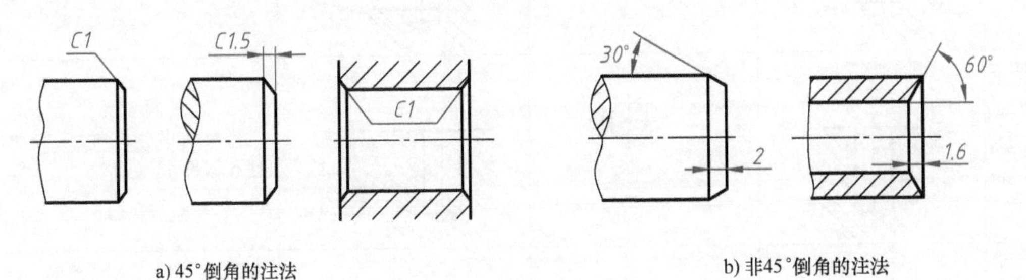

a) 45°倒角的注法　　b) 非45°倒角的注法

图 8-31　倒角尺寸的标注

3. 退刀槽和砂轮越程槽的尺寸标注

退刀槽和砂轮越程槽一般可按“槽宽×槽深”或“槽宽×直径”的形式标注，如图 8-32a、b 所示。注意：实际绘图时，图 8-32a 中的尺寸（a）和图 8-29b 中的尺寸（d_1）不需要标出。退刀槽宽度应直接注出，以便于切槽时选择刀具。在图样上，退刀槽和砂轮越程槽常常用局部放大图表示，如图 8-32c 所示。退刀槽和砂轮越程槽的结构和尺寸可查阅相关国家标准。

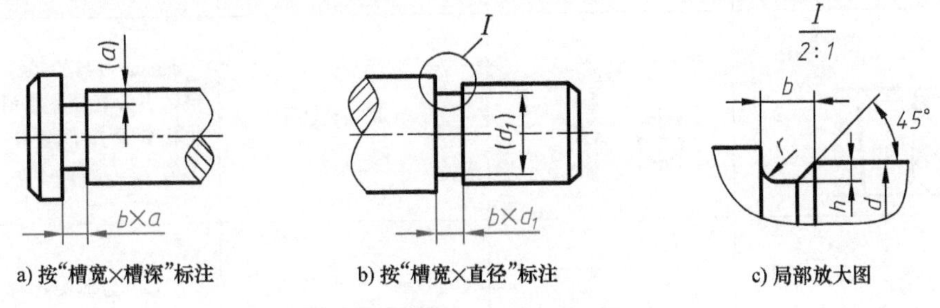

a) 按“槽宽×槽深”标注　　b) 按“槽宽×直径”标注　　c) 局部放大图

图 8-32　退刀槽和砂轮越程槽的尺寸标注

4. 常见孔的尺寸标注

常见孔的尺寸标注见表 8-1。

表 8-1　常见孔的尺寸标注

类型		旁注法		普通注法	说明
		注在孔的轴线视图上	注在反映圆的视图上		
螺纹孔	通孔	3×M6	3×M6	3×M6	3×M6 表示公称直径为 6mm、均匀分布的三个螺纹孔。可以旁注，也可以直接注出

（续）

类型		旁注法		普通注法	说明
		注在孔的轴线视图上	注在反映圆的视图上		
螺纹孔	不通孔	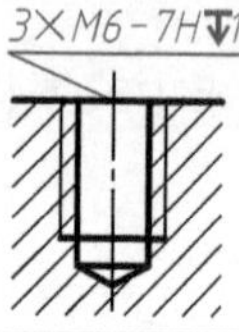 3×M6-7H↧10	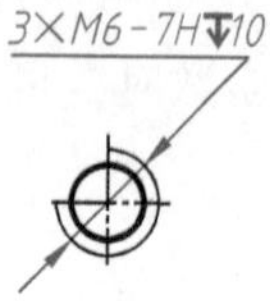 3×M6-7H↧10	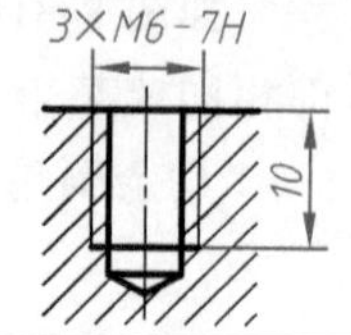 3×M6-7H 10	螺纹孔深度可与螺纹孔直径连注，也可分开注出
	一般孔	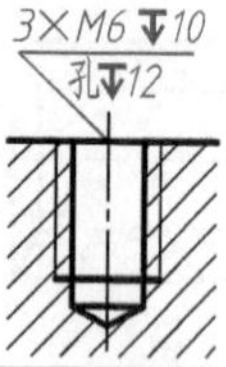 3×M6↧10 孔↧12	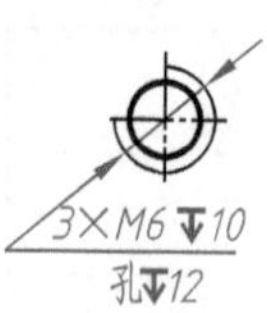 3×M6↧10 孔↧12	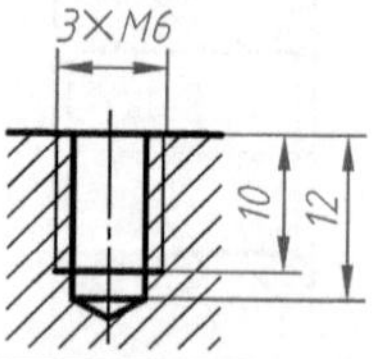 3×M6 10 12	需要注出孔深时，应明确标注孔深尺寸
光孔	一般孔	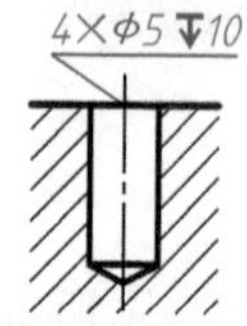 4×ϕ5↧10	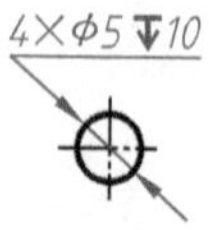 4×ϕ5↧10	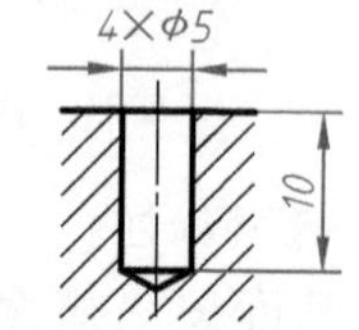 4×ϕ5 10	4×ϕ5表示直径为5mm、均匀分布的四个光孔。孔深可与孔径连注，也可以分开注出
	精加工孔	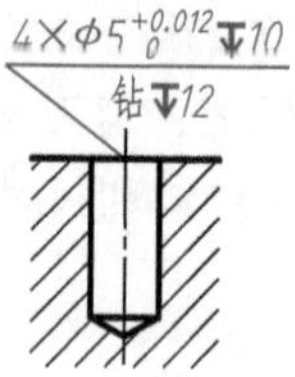 $4\times\phi5^{+0.012}_{0}$↧10 钻↧12	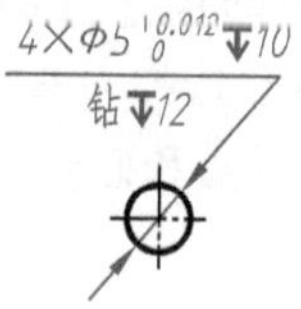 $4\times\phi5^{+0.012}_{0}$↧10 钻↧12	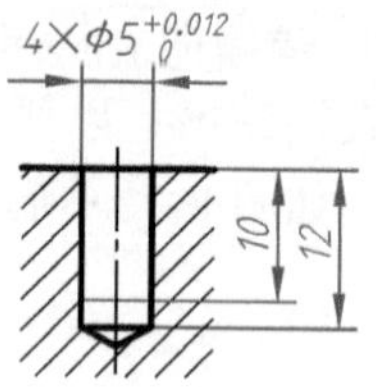 $4\times\phi5^{+0.012}_{0}$ 10 12	光孔深度为12mm，钻孔后需精加工至$\phi5^{+0.012}_{0}$mm，深度为10mm
	锥销孔	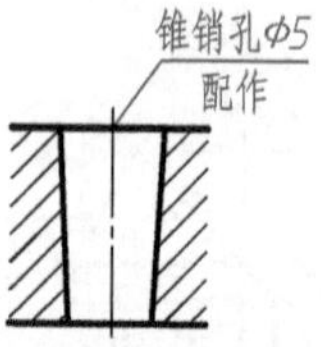 锥销孔ϕ5 配作	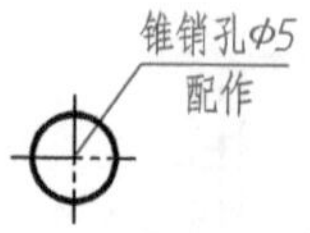 锥销孔ϕ5 配作	无普通注法	ϕ5mm为与锥销孔相配的圆锥销小头直径。锥销孔通常是将相邻两零件装在一起时加工的
沉孔	锥形沉孔	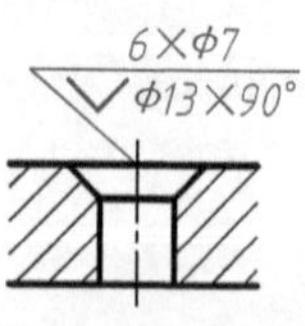 6×ϕ7 ⌵ϕ13×90°	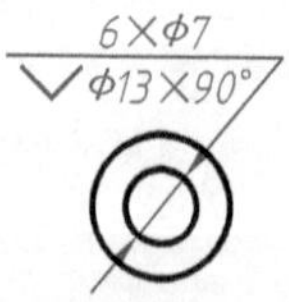 6×ϕ7 ⌵ϕ13×90°	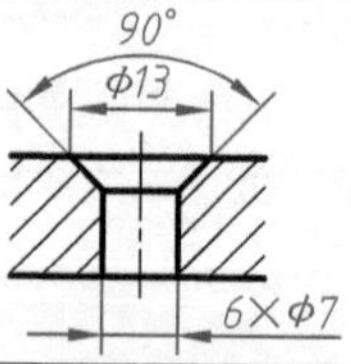 90° ϕ13 6×ϕ7	“⌵”为埋头孔符号。6×ϕ7表示直径为7mm、均匀分布的六个孔
	柱形沉孔	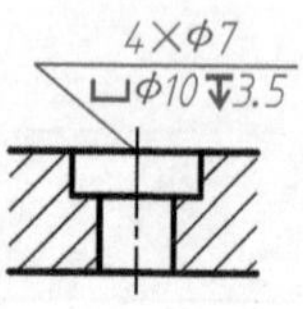 4×ϕ7 ⌴ϕ10↧3.5	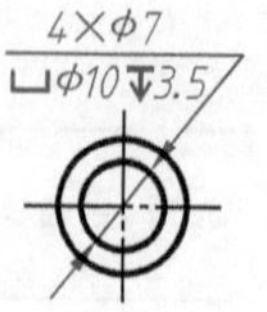 4×ϕ7 ⌴ϕ10↧3.5	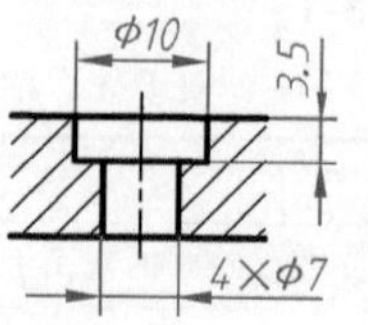 ϕ10 3.5 4×ϕ7	“⌴”为锪平孔、沉孔符号。沉孔的小直径为7mm、大直径为10mm，深度为3.5mm，都要标注
	锪平孔	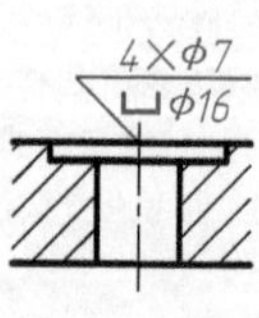 4×ϕ7 ⌴ϕ16	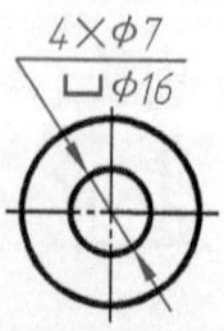 4×ϕ7 ⌴ϕ16	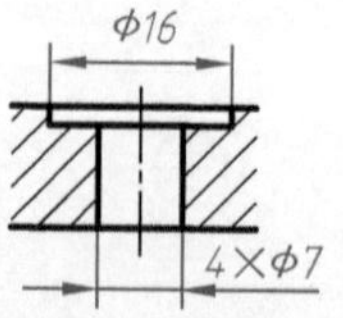 ϕ16 4×ϕ7	锪平孔ϕ16mm的深度不需标注，一般锪平到不出现毛面为止

8.5 表面结构

零件图中除了图形和尺寸外，还有制造零件时应满足的技术要求。表面结构是对零件表面质量的一项技术要求，是表面粗糙度、表面波纹度、表面缺陷、表面纹理和表面几何形状的总称。表面结构的各项要求在图样上的表示方法在 GB/T 131—2006《产品几何技术规范（GPS）技术产品文件中表面结构的表示法》中均有具体规定。这里主要介绍常用的表面粗糙度的表示方法。

8.5.1 表面结构的评定参数

1. 表面粗糙度

零件在加工过程中，由于机床的振动、金属的塑性变形、刀痕、加工技术等因素的影响，其表面不可能加工成理想的光滑表面。在放大镜或显微镜下观察，可以看到高低不平的形状，高出的部分称为峰，低凹的部分称为谷，如图 8-33 所示。零件加工表面上具有较小间距的峰谷所组成的微观几何形状特征，称为表面粗糙度。

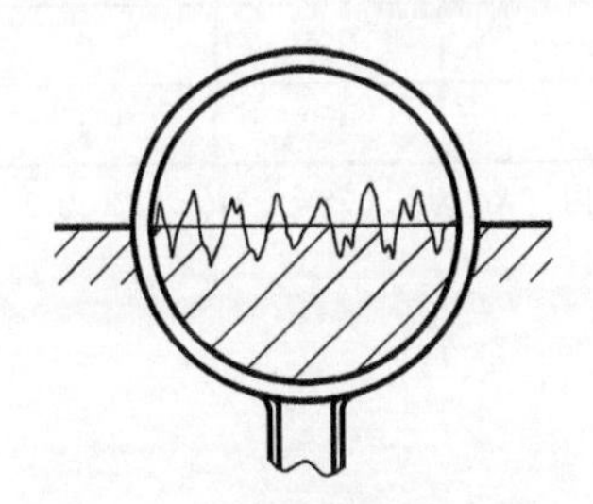

图 8-33 表面粗糙度微观形状

表面粗糙度是评定零件表面质量的一项重要技术指标，对于零件的配合、耐磨性、耐蚀性和密封性等都有显著影响，是零件图中必不可少的一项技术要求。

表面粗糙度值的选用，应该既满足零件表面的功能要求，又要考虑经济上合理。一般情况下，凡是零件上有配合要求或有相对运动的表面，其表面粗糙度值应小些。表面粗糙度值越小，表面质量越高，加工成本也越高。因此，在满足使用要求的前提下，应尽量选用较大的表示粗糙度值，以降低加工成本。

2. *R* 轮廓参数 *Ra* 和 *Rz*

评定表面结构的主要参数有三类：轮廓参数、图形参数、支承率曲线参数。在机械图样中，常用的是轮廓参数中评定粗糙度轮廓参数（*R* 轮廓）的两个高度参数 ***Ra*** 和 ***Rz***。

（1）轮廓的算术平均偏差 *Ra* 在取样长度（用于判别被评定轮廓不规则特征的一段基准线长度）内，轮廓偏距（表面轮廓线上任一点到基准线的距离）Z_i 绝对值的算术平均值，称为轮廓的算术平均偏差，如图 8-34 所示。用公式表示为

$$Ra = \frac{1}{l}\int_0^l |Z(x)|\mathrm{d}x \qquad 或 \qquad Ra \approx \frac{1}{n}\sum_{i=1}^{n}|Z_i|$$

（2）轮廓的最大高度 *Rz* 在一个取样长度内，最大轮廓峰高 Zp 和最大轮廓谷深 Zv 之和，如图 8-34 所示。

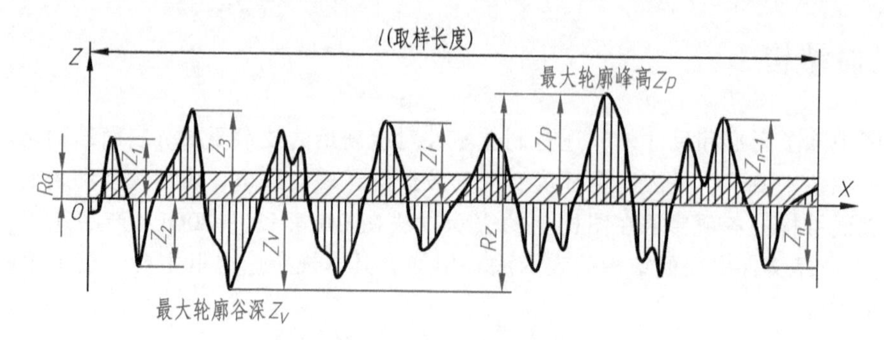

图 8-34　参数 *Ra* 和 *Rz*

依据 GB/T 1031—2009，参数 *Ra*、*Rz* 的数值系列见表 8-2。

表 8-2　表面粗糙度参数 *Ra*、*Rz* 的数值系列（GB/T 1031—2009）　（单位：μm）

轮廓的算术平均偏差 *Ra*				轮廓的最大高度 *Rz*				
0.012	0.2	3.2	50	0.025	0.4	6.3	100	1600
0.025	0.4	6.3	100	0.05	0.8	12.5	200	—
0.05	0.8	12.5	—	0.1	1.6	25	400	—
0.1	1.6	25	—	0.2	3.2	50	800	—

注：在表面粗糙度参数常用的参数范围内（*Ra* 为 0.025~6.3μm，*Rz* 为 0.1~25μm），推荐优先选用 *Ra*。

8.5.2　表面结构的图形符号、代号

1. 表面结构的图形符号

表面结构的图形符号见表 8-3。图中符号线宽为 $h/10$，h、H_1、H_2 的取值参考表 8-4。

表 8-3　表面结构的图形符号（GB/T 131—2006）

名　称	图形符号	说　明
基本图形符号	H_2　H_1　60°　60°	基本图形符号仅用于简化代号标注，没有补充说明时不能单独使用
扩展图形符号		表示指定表面是用去除材料的方法获得的，如通过机械加工（车、铣、刨、磨、抛光等）获得的表面
		表示指定表面是用不去除材料的方法获得的，如铸、锻或保持上道工序形成的表面等
完整图形符号	允许任何工艺　去除材料　不去除材料	要求标注表面结构特征的补充信息时，在基本图形符号或扩展图形符号的长边上加一横线，以便注写各项要求

表 8-4 图形符号及附加标注的尺寸 （单位：mm）

数字和字母高度 h(GB/T 14691—1993)	2.5	3.5	5	7	10	14	20
符号线宽 字母线宽	0.25	0.35	0.5	0.7	1	1.4	2
高度 H_1	3.5	5	7	10	14	20	28
高度 H_2(最小值)①	7.5	10.5	15	21	30	42	60

① H_2 取决于标注内容。

2. 表面结构代号

在图样中，表面结构要求是用代号标注的。表面结构代号由表面结构图形符号、参数代号及数值组成，必要时应标注补充要求。关于补充要求的说明可参考 GB/T 131—2006。表面结构代号标注示例见表 8-5。

表 8-5 表面结构代号标注示例

序号	标 注 示 例	含义及解释	补 充 说 明
1	Ra 0.8	表示不允许去除材料，单向上限值，默认传输带，R 轮廓，算术平均偏差 0.8μm，评定长度为 5 个取样长度（默认），“16%规则”（默认）	参数代号与极限值之间应留有空格（下同），默认传输带和取样长度均可查相关标准
2	Ra 0.8	表示去除材料，其余同上	
3	Rzmax 3.2	表示去除材料，单向上限值，默认传输带，R 轮廓，粗糙度最大高度的最大值 3.2μm，评定长度为 5 个取样长度（默认），“最大规则”	本表 1~3 例均为单向极限要求，且均为单向上限值，则均不注“U”；若为单向下限值，则应加注“L”
4	U Ramax 3.2 L Ra 0.8	表示不允许去除材料，双向极限值，两极限值均使用默认传输带，R 轮廓，上限值：算术平均偏差 3.2μm，评定长度为 5 个取样长度（默认），“最大规则”，下限值：算术平均偏差 0.8μm，评定长度为 5 个取样长度（默认），“16%规则”（默认）	本例为双向极限要求，用“U”和“L”分别表示上限值和下限值。在不致引起歧义时，可不加注“U”和“L”

8.5.3 表面结构要求的注法

表面结构要求对每个表面一般只标注一次，并尽可能标注在相应尺寸及其公差的同一视图上。除非另有说明，所标注的表面结构要求是对完工零件表面的要求。

1. 表面结构代号的标注位置与方向

总的原则是根据 GB/T 4458.4—2003 的规定，使表面结构代号的注写和读取方向与尺寸的注写和读取方向一致。

(1) 标注在轮廓线或指引线上 表面结构要求可标注在轮廓线或其延长线上，其代号应从材料外指向并接触表面，如图 8-35 所示。必要时，表面结构代号也可用带箭头或黑点的指引线引出标注，如图 8-36 所示。

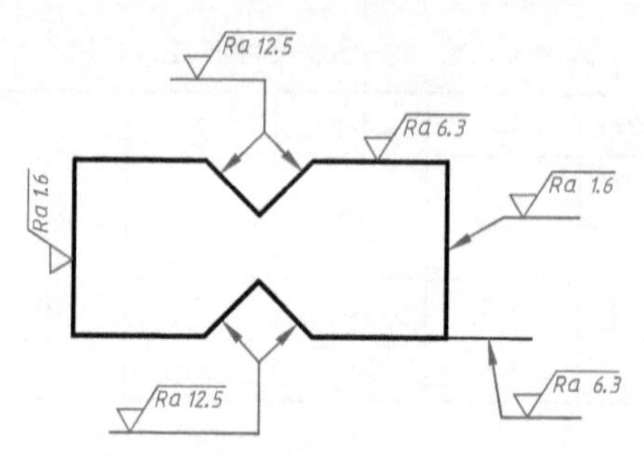

图 8-35 表面结构要求标注在轮廓线或其延长线上

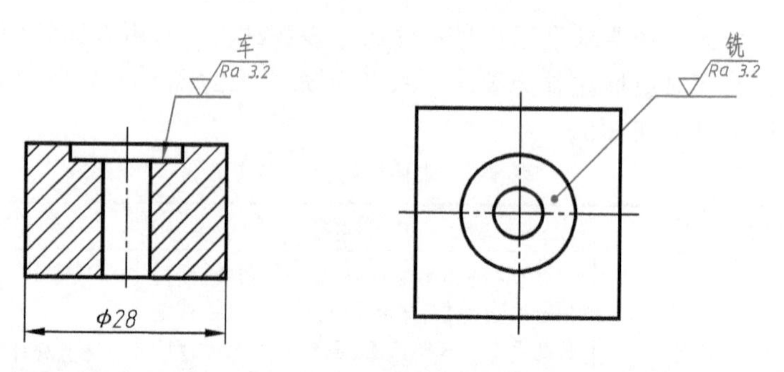

a) 表面结构代号用带箭头的指引线引出标注 b)表面结构代号用带黑点的指引线引出标注

图 8-36 用指引线引出标注表面结构要求

(2) 标注在特征尺寸的尺寸线上 在不致引起误解时，表面结构要求可以标注在给定的尺寸线上，如图 8-37 所示。

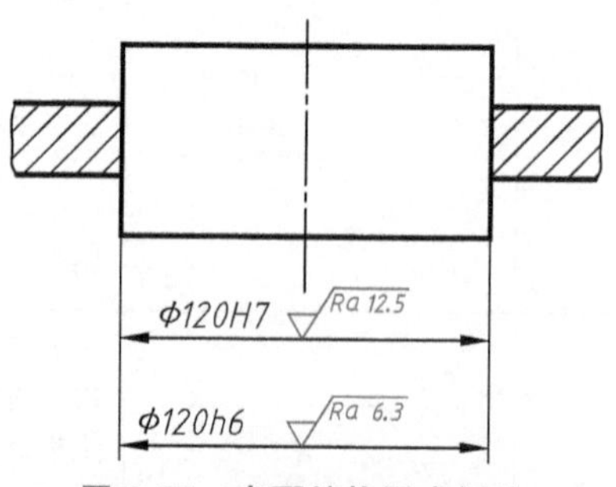

图 8-37 表面结构要求标注在尺寸线上

(3) 标注在几何公差的框格上 表面结构要求可以标注在几何公差框格的上方，如图 8-38 所示。

(4) 标注在圆柱和棱柱表面上 圆柱和棱柱表面的表面结构要求只标注一次，如图 8-39 所示。如果每个棱柱表面有不同的表面结构要求，则应分别单独标注，如图 8-40 所示。

(5) 同一表面上有不同表面结构要求的注法 零件同一表面上有不同的表面结构要求时，须用细实线画出其分界线，并注出相应的表面结构代号和尺寸，如图 8-41 所示。

2. 表面结构要求的简化注法

1）如果零件的全部表面具有相同的表面结构要求，则其表面结构要求可统一标注在图样的标题栏附近，如图 8-42 所示。

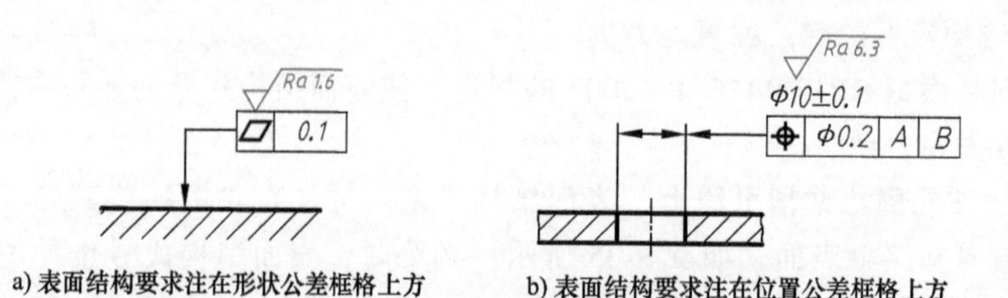

a) 表面结构要求注在形状公差框格上方 b) 表面结构要求注在位置公差框格上方

图 8-38 表面结构要求标注在几何公差框格的上方

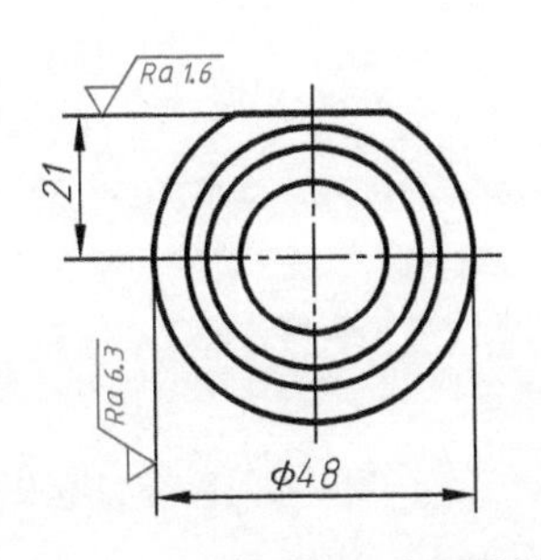

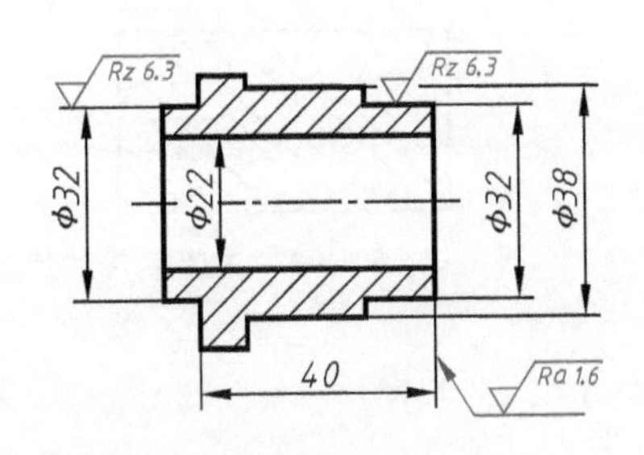

图 8-39 表面结构要求标注在圆柱特征的延长线上

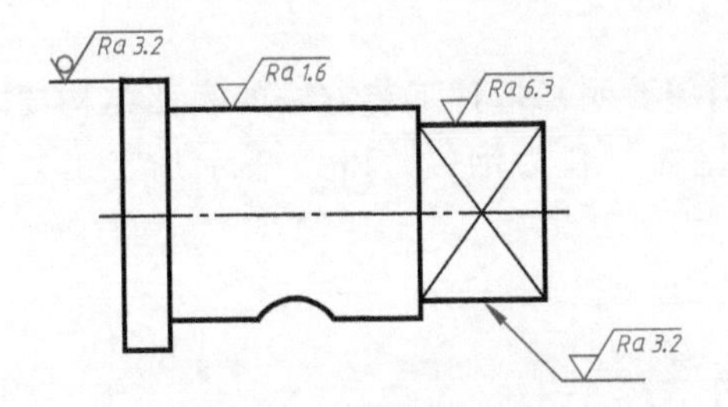

图 8-40 圆柱和棱柱表面结构要求的注法

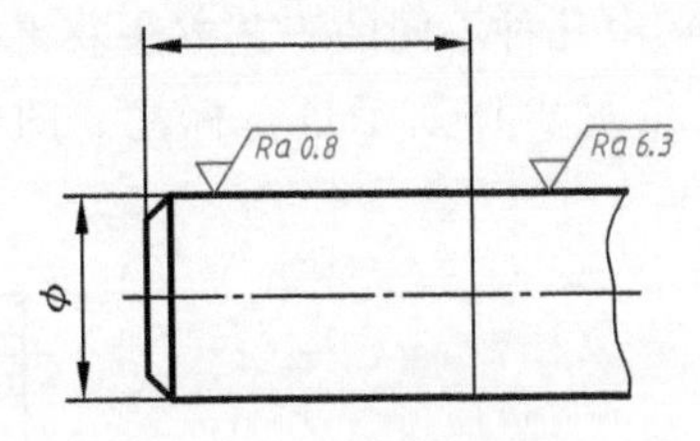

图 8-41 同一表面上有不同表面结构要求的注法

2）如果零件的多数表面有相同的表面结构要求，可将不同的表面结构要求直接标注在图形中，而把相同的表面结构要求统一标注在图样的标题栏附近，并在其后面的括号内按照下面的方式进行注写。

方式一：在圆括号内给出无任何其他标注的基本符号，如图 8-43a 所示。

方式二：在圆括号内给出不同的表面结构要求，如图 8-43b 所示。

3）可用带字母的完整符号，以等式的形式，在图形或标题栏附近，对有相同表面结构要求的表面进行简化标注，如图 8-44 所示。

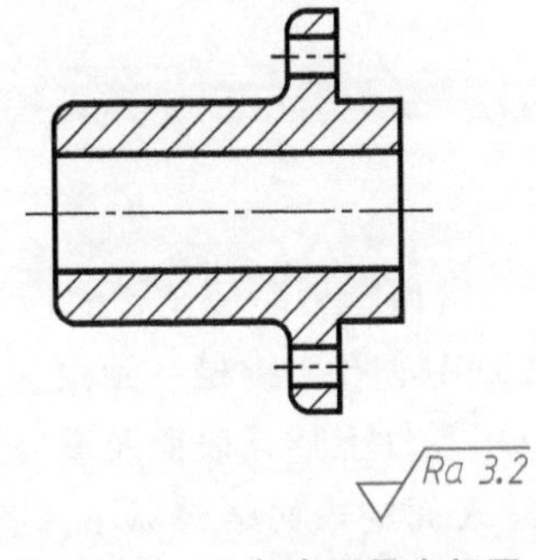

图 8-42 全部表面具有相同表面结构要求时的简化标注

4）可用表面结构的基本图形符号和扩展图形符号，以等式的形式，给出对多个表面共同的表面结构要求，如图 8-45 所示。

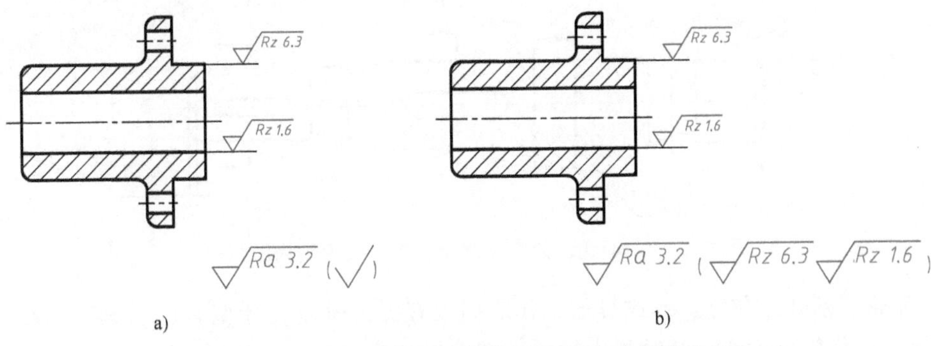

图 8-43 多数表面有相同表面结构要求的简化注法

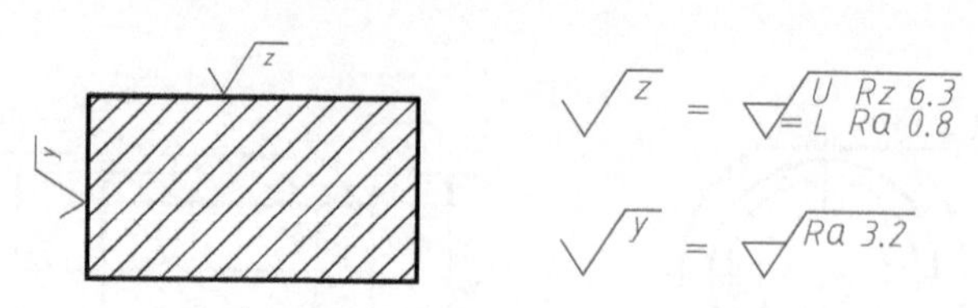

图 8-44　用带字母的完整符号进行简化标注

Ra 3.2　　Ra 3.2　　Ra 3.2

a) 未指定工艺方法的简化注法　　b) 要求去除材料的简化注法　　c) 不允许去除材料的简化注法

图 8-45　使用表面结构符号的简化注法

5）由几种不同的工艺方法获得的同一表面，当需要明确每种工艺方法的表面结构要求时，可按图 8-46 所示进行标注。图中“Fe”表示基体材料为钢，“Ep”表示加工工艺为电镀。

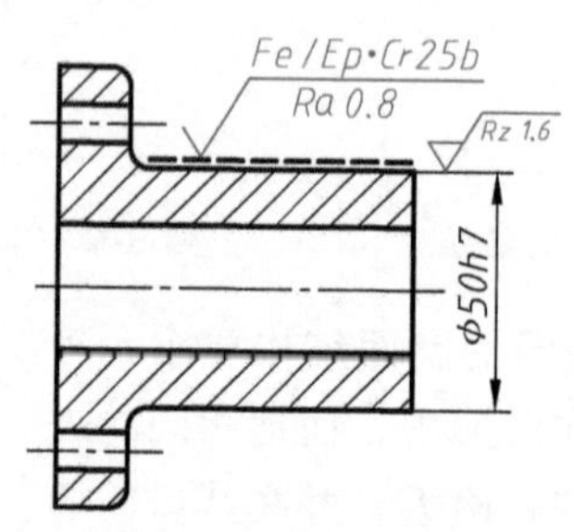

图 8-46　同时给出镀覆前后的表面结构要求的注法

3. 常用零件表面结构的标注

1）中心孔、键槽、圆角、倒角表面结构的标注方法如图 8-47 所示。

2）零件上连续表面及重复要素（孔、槽、齿……）的表面结构的标注。图 8-48a 所示为连续表面的表面结构标注；图 8-48b 所示为内花键孔的表面结构标注；图 8-48c 所示为用细实线连接的不连续的同一表面的表面结构标注。

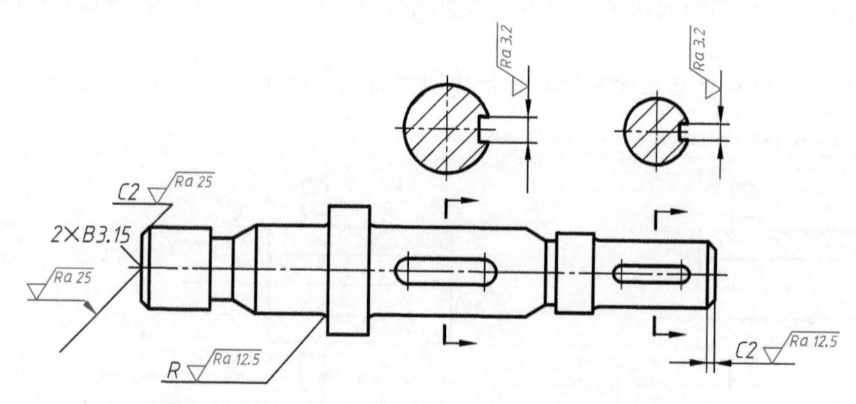

图 8-47　中心孔、键槽、圆角、倒角表面结构的标注

3）齿轮、渐开线花键、螺纹等的工作表面没有画出齿形（牙型）时，其表面结构代号可分别标注在齿轮分度线、花键齿中径线、螺纹尺寸线上，如图 8-49 所示。

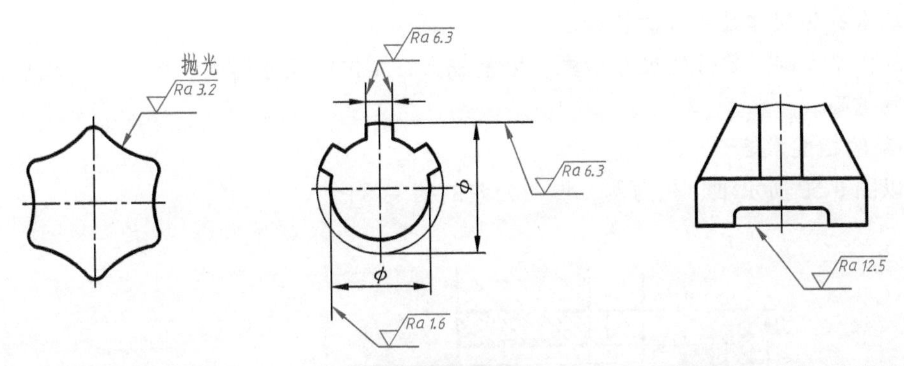

a) 连续表面的表面结构标注　b) 内花键孔的表面结构标注　c) 不连续的同一表面的表面结构标注

图 8-48　零件上连续表面及重复要素的表面结构标注

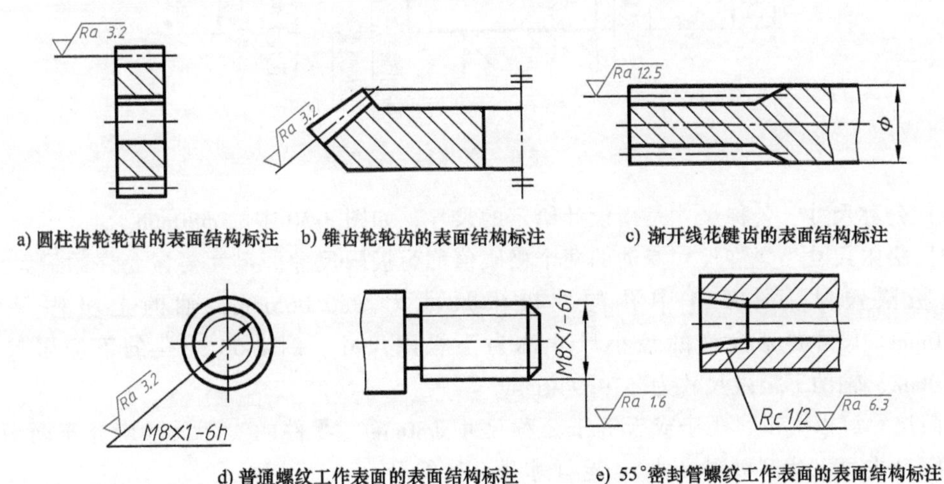

a) 圆柱齿轮轮齿的表面结构标注　b) 锥齿轮轮齿的表面结构标注　c) 渐开线花键齿的表面结构标注

d) 普通螺纹工作表面的表面结构标注　e) 55°密封管螺纹工作表面的表面结构标注

图 8-49　特殊要素表面结构的标注

8.6　极限与配合

极限与配合是零件图和装配图中重要的技术要求，也是检验产品质量的技术指标。

8.6.1　公差

1. 零件的互换性

同一规格的零件，不经挑选或修配，任取一个装配到机器上就能满足机器的性能要求，零件的这种性质称为**互换性**。零件具有互换性，给机器的装配、维修带来了方便，也使得零件便于进行大规模专业化生产，有利于缩短生产周期、降低成本和提高经济效益。

2. 尺寸公差

在制造零件的过程中，由于机床精度、刀具磨损、测量误差等因素的影响，完工后零件的尺寸不可能达到一个绝对理想的固定数值，总会存在一定尺寸误差。为了保证互换性，同时又要使制造是合理、经济的，必须将零件的尺寸控制在一个允许的变动范围内，这个允许的尺寸变动量称为**尺寸公差**（简称**公差**）。

公差的大小反映了零件的尺寸精度。公差越大，零件的尺寸精度越低；公差越小，零件的尺寸精度越高。

3. 公差的相关术语

下面以图 8-50 所示轴、孔为例，说明公差的相关术语。

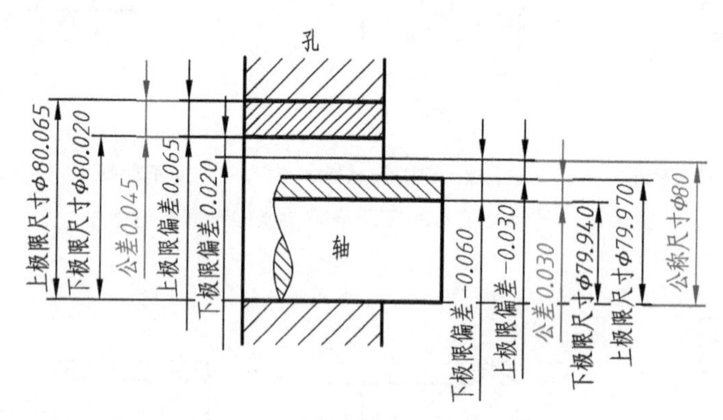

图 8-50　公差相关术语和公差带

(1) 公称尺寸　公称尺寸是指设计给定的尺寸，如图 8-50 中的 ϕ80mm。

(2) 极限尺寸　允许尺寸变动的两个极限值称为极限尺寸。尺寸要素允许的最大尺寸，称为**上极限尺寸**。图 8-50 中孔的上极限尺寸为 ϕ80.065mm，轴的上极限尺寸为 ϕ79.970mm。尺寸要素允许的最小尺寸称为**下极限尺寸**。图 8-50 中孔的下极限尺寸为 ϕ80.020mm，轴的下极限尺寸为 ϕ79.940mm。

极限尺寸可以大于、小于或者等于公称尺寸 ϕ80mm。零件的实际尺寸应介于两个极限尺寸之间（也可以达到极限尺寸），这样才是合格的尺寸。

(3) 极限偏差　极限尺寸减公称尺寸所得的代数差，称为极限偏差。上极限尺寸减公称尺寸所得的代数差称为**上极限偏差**；下极限尺寸减公称尺寸所得的代数差，称为**下极限偏差**。上、下极限偏差可以是正值、负值或零。

国家标准规定：孔的上、下极限偏差代号分别用 ES 和 EI 表示；轴的上、下极限偏差代号分别用 es 和 ei 表示。

图 8-50 中孔、轴的极限偏差分别计算如下：

孔的上极限偏差　ES=80.065mm-80mm=+0.065mm

轴的上极限偏差　es=79.970mm-80mm=-0.030mm

孔的下极限偏差　EI=80.020mm-80mm=+0.020mm

轴的下极限偏差　ei=79.940mm-80mm=-0.060mm

(4) 尺寸公差　上极限尺寸减下极限尺寸之差，或上极限偏差减下极限偏差之差，称为尺寸公差。尺寸公差是允许尺寸的变动量，恒为正值。

图 8-50 中孔、轴的公差分别计算如下：

孔的公差　80.065mm-80.020mm=0.045mm 或 0.065mm-0.020mm=0.045mm

轴的公差　79.970mm-79.940mm=0.030mm 或-0.030mm-(-0.060)mm=0.030mm

(5) 公差带　由代表上极限偏差和下极限偏差，或上极限尺寸和下极限尺寸的两条直线所限定的一个区域，称为公差带。

为简化起见，公差带常用按一定比例放大的矩形方框简图表示，称为公差带图，如图 8-51 所示。公差带图上边界代表上极限偏差，下边界代表下极限偏差。矩形方框的左右长度无实际意义，可根据需要任意确定。公差带图简单而形象地显示了公称尺寸、极限偏差及公差之间的关系：公差带的上下高度反映公差的大小；上极限偏差（或下极限偏差）确定公差带相对零线的位置，即反映公差相对公称尺寸的位置。

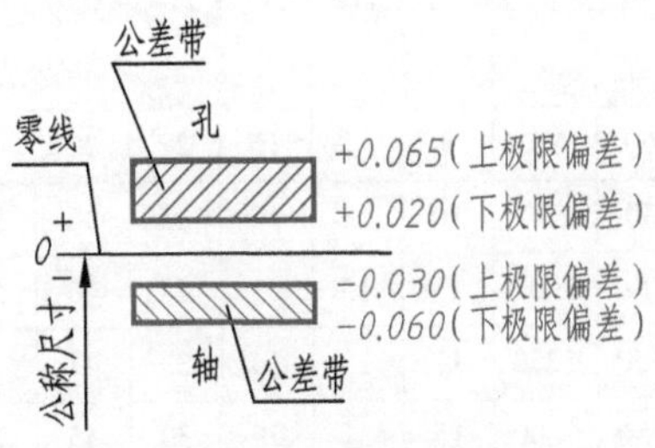

图 8-51　公差带图

4. 标准公差与基本偏差

公差带由两个要素组成：一个是“公差的大小”；另一个是“公差带位置”。通常来说，对于公称尺寸一定的零件，公差的大小及公差带相对公称尺寸的位置，可由设计者任意确定，但这样很难保证零件的互换性，也不利于进行大规模生产，因此，国家标准规定了**标准公差**和**基本偏差**。公差的大小由标准公差决定，公差带相对公称尺寸的位置由基本偏差决定。

(1) 标准公差　标准公差分为 20 个等级（等级代号由符号“IT”和数字组成）：IT01、IT0、IT1~IT18。表 8-6 所列为公称尺寸至 3150mm，等级从 IT1 至 IT18 的标准公差数值。标准公差等级 IT01 和 IT0 在工业中很少使用，需要时可查阅国家标准 GB/T 1800.1—2020。

从表 8-6 中可以看出，当公称尺寸一定时，标准公差等级数字越大，标准公差值越大，说明尺寸的精度越低，公差等级越低。对于同一标准公差等级（如 IT7），随着公称尺寸的增大，标准公差值也增大，这表明较大零件的加工误差也较大。

表 8-6　公称尺寸至 3150mm 的标准公差数值

公称尺寸/mm		标准公差等级																	
		IT1	IT2	IT3	IT4	IT5	IT6	IT7	IT8	IT9	IT10	IT11	IT12	IT13	IT14	IT15	IT16	IT17	IT18
大于	至	标准公差数值/μm											标准公差数值/mm						
—	3	0.8	1.2	2	3	4	6	10	14	25	40	60	0.1	0.14	0.25	0.4	0.6	1	1.4
3	6	1	1.5	2.5	4	5	8	12	18	30	48	75	0.12	0.18	0.3	0.48	0.75	1.2	1.8
6	10	1	1.5	2.5	4	6	9	15	22	36	58	90	0.15	0.22	0.36	0.58	0.9	1.5	2.2
10	18	1.2	2	3	5	8	11	18	27	43	70	110	0.18	0.27	0.43	0.7	1.1	1.8	2.7
18	30	1.5	2.5	4	6	9	13	21	33	52	84	130	0.21	0.33	0.52	0.84	1.3	2.1	3.3
30	50	1.5	2.5	4	7	11	16	25	39	62	100	160	0.25	0.39	0.62	1	1.6	2.5	3.9
50	80	2	3	5	8	13	19	30	46	74	120	190	0.3	0.46	0.74	1.2	1.9	3	4.6
80	120	2.5	4	6	10	15	22	35	54	87	140	220	0.35	0.54	0.87	1.4	2.2	3.5	5.4
120	180	3.5	5	8	12	18	25	40	63	100	160	250	0.4	0.63	1	1.6	2.5	4	6.3
180	250	4.5	7	10	14	20	29	46	72	115	185	290	0.46	0.72	1.15	1.85	2.9	4.6	7.2
250	315	6	8	12	16	23	32	52	81	130	210	320	0.52	0.81	1.3	2.1	3.2	5.2	8.1
315	400	7	9	13	18	25	36	58	89	140	230	360	0.57	0.89	1.4	2.3	3.6	5.7	8.9
400	500	8	10	15	20	27	40	63	97	155	250	400	0.63	0.97	1.55	2.5	4	6.3	9.7

（续）

公称尺寸/mm		标准公差等级																	
		IT1	IT2	IT3	IT4	IT5	IT6	IT7	IT8	IT9	IT10	IT11	IT12	IT13	IT14	IT15	IT16	IT17	IT18
大于	至	标准公差数值/μm											标准公差数值/mm						
500	630	9	11	16	22	32	44	70	110	175	280	440	0.7	1.1	1.75	2.8	4.4	7	11
630	800	10	13	18	25	36	50	80	125	200	320	500	0.8	1.25	2	3.2	5	8	12.5
800	1000	11	15	21	28	40	56	90	140	230	360	560	0.9	1.4	2.3	3.6	5.6	9	14
1000	1250	13	18	24	33	47	66	105	165	260	420	660	1.05	1.65	2.6	4.2	6.6	10.5	16.5
1250	1600	15	21	29	39	55	78	125	195	310	500	780	1.25	1.95	3.1	5	7.8	12.5	19.5
1600	2000	18	25	35	46	65	92	150	230	370	600	920	1.5	2.3	3.7	6	9.2	15	23
2000	2500	22	30	41	55	78	110	175	280	440	700	1100	1.75	2.8	4.4	7	11	17.5	28
2500	3150	26	36	50	68	96	135	210	330	540	860	1350	2.1	3.3	5.4	8.6	13.5	21	33

注：1. 公称尺寸大于 500mm 的 IT1～IT5 的标准公差数值为试行的。
2. 公称尺寸小于或等于 1mm 时，无 IT14～IT18。

（2）基本偏差　基本偏差是确定公差带相对于零线位置的上极限偏差或下极限偏差，一般指靠近零线的那个极限偏差。

国家标准分别对孔和轴各规定了 28 个不同的基本偏差，如图 8-52 所示。基本偏差代号用拉丁字母（一个或两个）表示，大写字母代表孔，小写字母代表轴。图 8-52 中的每一个小图均代表公差带。当公差带在零线上方时，基本偏差为下极限偏差；当公差带在零线下方时，基本偏差为上极限偏差；当零线穿过公差带时，距离零线较近的极限偏差为基本偏差。

在图 8-52 中，公差带之所以不封口，是因为这里只是说明公差带相对于零线的位置，即用基本偏差表示公差带的位置，有靠近零线的偏差就可以了。如需轴和孔的另一极限偏差，可根据轴和孔的基本偏差和标准公差，按以下公式计算：

轴的另一极限偏差（上极限偏差或下极限偏差）$es=ei+IT$ 或 $ei=es-IT$

孔的另一极限偏差（上极限偏差或下极限偏差）$ES=EI+IT$ 或 $EI=ES-IT$

轴和孔的基本偏差数值可查阅国家标准 GB/T 1800.1—2020。

5. 轴、孔尺寸公差的公差带代号

轴或孔的尺寸公差可用公差带代号表示，公差带代号由基本偏差代号中的字母和表示公差等级的数字组成。

例 8-1　说明尺寸 ϕ50H7 的含义。

ϕ50mm 是公称尺寸；H7 是孔的公差带代号，其中 H 是孔的基本偏差代号，7 表示公差等级为 IT7。

例 8-2　说明尺寸 ϕ30f7 的含义。

ϕ30mm 是公称尺寸；f7 是轴的公差带代号，其中 f 是轴的基本偏差代号，7 表示公差等级为 IT7。

8.6.2　配合

公称尺寸相同且相互结合的孔和轴的公差带之间的关系，称为配合。

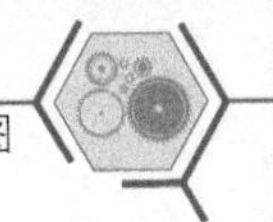

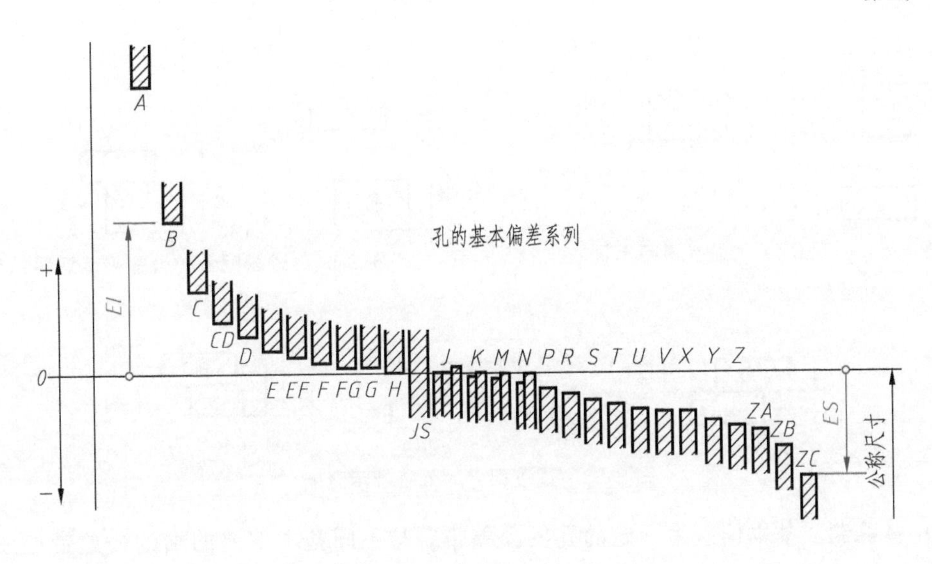

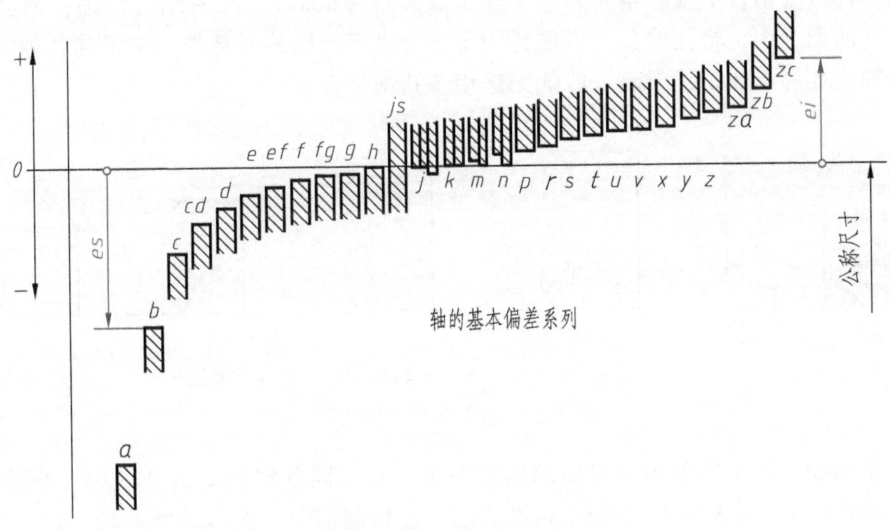

图 8-52 孔、轴基本偏差系列

1. 配合种类

在机器的装配中，使用要求不同时，轴、孔配合的松紧程度也不同。配合分为三类：间隙配合、过盈配合和过渡配合。

(1) 间隙配合 具有间隙（包括最小间隙等于零）的配合，称为间隙配合。此时，孔的公差带完全在轴的公差带之上，如图 8-53 所示。

(2) 过盈配合 具有过盈（包括最小过盈等于零）的配合，称为过盈配合。此时，孔的公差带完全在轴的公差带之下，如图 8-54 所示。

(3) 过渡配合 可能具有间隙或过盈的配合，称为过渡配合。此时，孔的公差带和轴的公差带相互交叠，如图 8-55 所示。

2. 配合基准制

国家标准对配合规定了两种基准制：基孔制和基轴制。

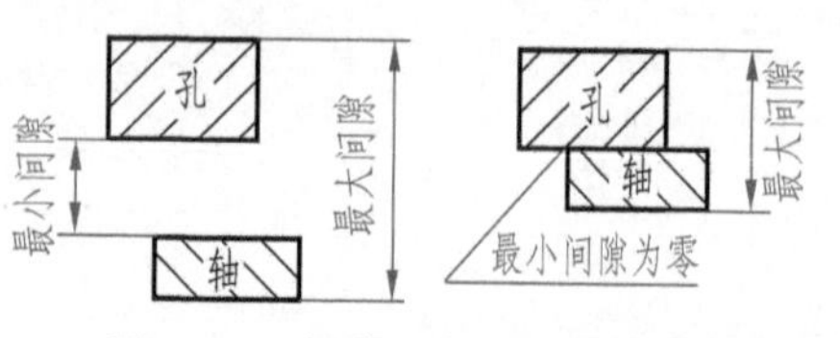

图 8-53 间隙配合的公差带示意图

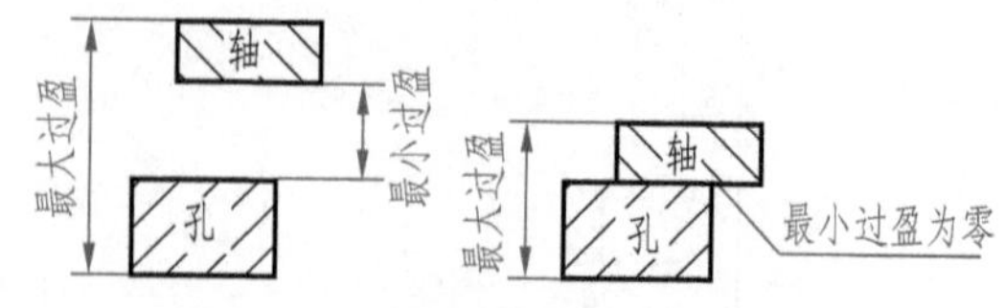

图 8-54 过盈配合的公差带示意图

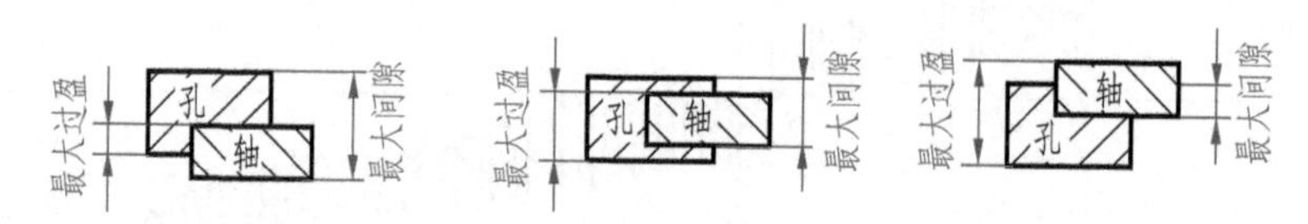

图 8-55 过渡配合的公差带示意图

(1) 基孔制 基本偏差为一定的孔的公差带，与不同基本偏差的轴的公差带形成各种配合的一种制度，称为基孔制，如图 8-56 所示。基孔制配合中选作基准的孔，称为基准孔，其基本偏差代号为 H，下极限偏差为 0（上极限偏差为正值）。通俗地讲，基孔制就是在同一公称尺寸的配合中，将孔的公差带位置固定，通过变动轴的公差带，来得到各种不同的配合。由于轴比孔易于加工，因此一般优先选用基孔制配合。

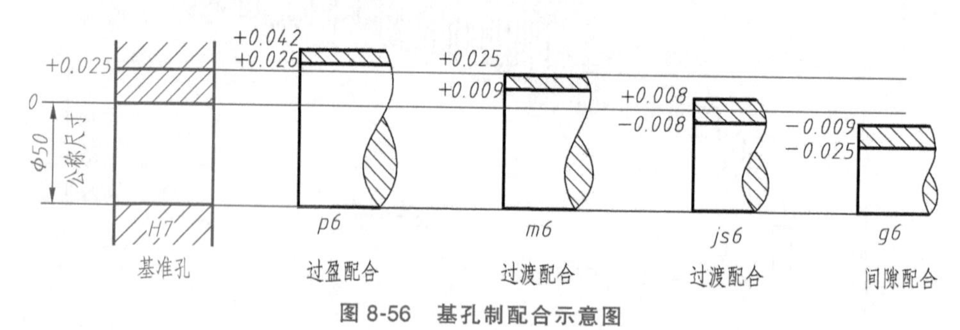

图 8-56 基孔制配合示意图

(2) 基轴制 基本偏差为一定的轴的公差带，与不同基本偏差的孔的公差带形成各种配合的一种制度，称为基轴制，如图 8-57 所示。基轴制配合中选作基准的轴，称为基准轴，其基本偏差代号为 h，上极限偏差为 0（下极限偏差为负值）。通俗地讲，基轴制是在同一公称尺寸的配合中，将轴的公差带位置固定，通过变动孔的公差带位置，来得到各种不同的配合。基轴制仅用于具有明显经济效果的场合和结构设计要求不适合采用基孔制的场合。

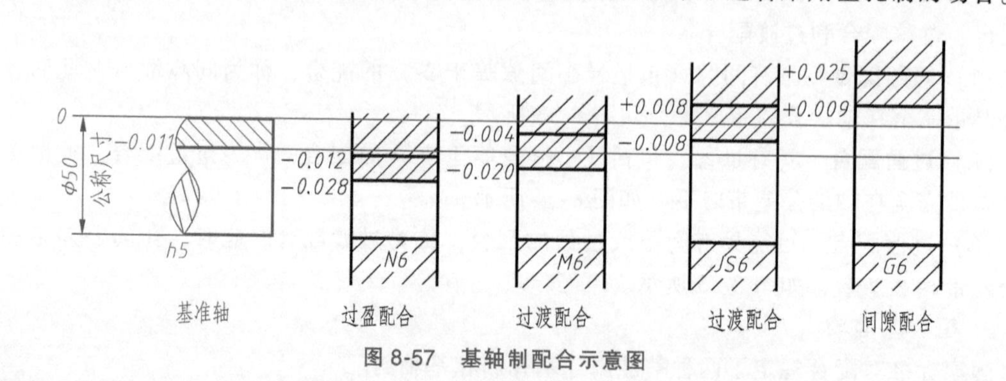

图 8-57 基轴制配合示意图

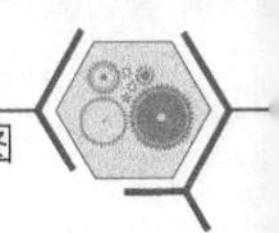

3. 常用及优先选用的配合

尽管国家标准规定了20个公差等级和28个基本偏差，但经过组合得到的公差带还是很多。为便于零件的设计和制造，国家标准规定了优先、常用和一般用途的孔、轴公差带(见附表18、附表19)。同时，当轴、孔配合时，国家标准还规定了基孔制优先、常用配合和基轴制优先、常用配合。关于这些优先、常用和一般用途的公差带，以及优先、常用配合，可查阅国家标准GB/T 1800.1—2020。

8.6.3 极限与配合的标注

1. 零件图中尺寸公差的标注

在零件图上标注公差有三种形式：

1）**在公称尺寸后面标注公差带代号**，如图8-58a所示。这种注法和采用专用量具检验零件统一起来，适合大批量生产。

2）**在公称尺寸后面标注极限偏差数值**，如图8-58b所示。上极限偏差写在公称尺寸的右上方，下极限偏差应与公称尺寸注写在同一底线上，极限偏差数字字号应比公称尺寸数字字号小一号。上、下极限偏差必须标出正、负号，小数点必须对齐，小数点后的位数也必须相同。当上极限偏差或下极限偏差为零时，用数字“0”标出，并与另一极限偏差小数点前的个位数对齐。

当公差带相对于公称尺寸对称配置时，极限偏差只需注写一次，并应在极限偏差与公称尺寸之间注写符号“±”，且两者字高应相同，如“40±0.25”。注意：极限偏差数值表中所列的极限偏差单位为微米（μm），标注时必须换算成毫米（1μm=1/1000mm）。

3）**在公称尺寸后面同时标注公差带代号和极限偏差数值**，如图8-58c所示。这时，上、下极限偏差必须加上括号。

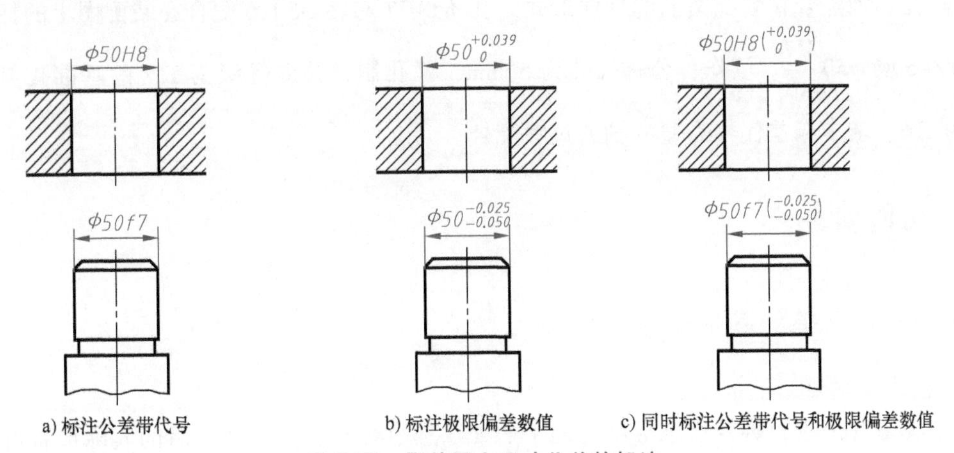

图8-58 零件图上尺寸公差的标注

2. 装配图中配合的标注

(1) 一般零件间配合的标注 在装配图中，配合一般采用代号的形式标注，如图8-59所示。在公称尺寸后用分数形式注出孔和轴的各自公差带代号，分子是孔的公差带代号，分母为轴的公差带代号。

(2) 一般零件与标准件配合的标注 当一般零件与标准件（如轴承）配合时，由于标

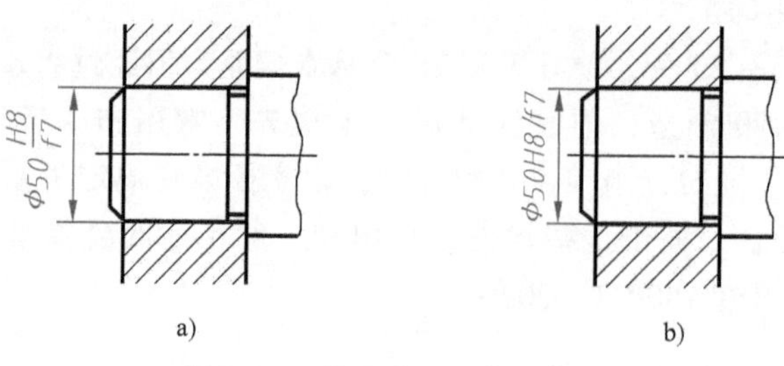

图 8-59 装配图上配合的注法

准件的公差有其单独的国家标准，因此，在装配图中标注这类配合时，仅标注一般零件的公差带代号，而不标注标准件的公差带代号。

3. 图样上极限与配合的识读和标注

例 8-3 孔 ϕ50H7 和轴 ϕ50k6 配合，解释代号含义，查出极限偏差值，并写出在装配图上的标注形式。

1）孔代号 ϕ50H7 的含义。ϕ 为直径符号；50mm 为公称尺寸；H 为基本偏差代号（基准孔）；7 为公差等级（IT7）。读作：公称尺寸为 50mm、公差等级为 IT7 的基准孔。

2）孔的极限偏差的查表方法。由附表 18 查孔 ϕ50H7 的上极限偏差为+25μm、下极限偏差为 0，标注时写作 ϕ50H7、$\phi50^{+0.025}_{0}$ 或 ϕ50H7 $\left(^{+0.025}_{0}\right)$。

3）轴代号 ϕ50k6 的含义。ϕ 为直径符号；50mm 为公称尺寸；k 为基本偏差代号；6 为公差等级（IT6）。读作：公称尺寸为 50mm、公差等级为 IT6、基本偏差代号为 k 的轴。

4）轴的极限偏差的查表方法。由附表 19 查轴 ϕ50k6 的上极限偏差为+18μm、下极限偏差为+2μm，标注时写作 ϕ50k6、$\phi50^{+0.018}_{+0.002}$ 或 ϕ50k6 $\left(^{+0.018}_{+0.002}\right)$。

5）孔、轴配合在装配图上的标注形式。孔 ϕ50H7 与轴 ϕ50k6 配合在装配图上的标注为 ϕ50H7/k6 或 $\phi50\frac{H7}{k6}$。读作：公称尺寸为 50mm，基孔制，公差等级为 IT7 的基准孔与公差等级为 IT6、基本偏差代号为 k 的轴的过渡配合。

8.7 几何公差

8.7.1 几何公差的基本概念

1. 概念和术语

如图 8-60a 所示，轴的理想形状是图中的细双点画线形状，但加工后的实际形状可能是图中粗实线的形状。如图 8-60b 所示，两段轴的轴线的理想位置是共线（图中的长细点画线），但加工后两轴线可能产生偏差。再如图 8-60c 所示，竖直部分与水平部分间的理想角度为 90°，但加工后两部分可能如图中粗实线所示那样不垂直。这些例子说明，零件加工后的实际几何状况与理想的几何状况之间可能出现误差。因此，对于机器中某些精度要求较高的零件，不仅要给出零件的尺寸公差，还要给出其形状、方向、位置和跳动的最大误差允许值，即几何公差。

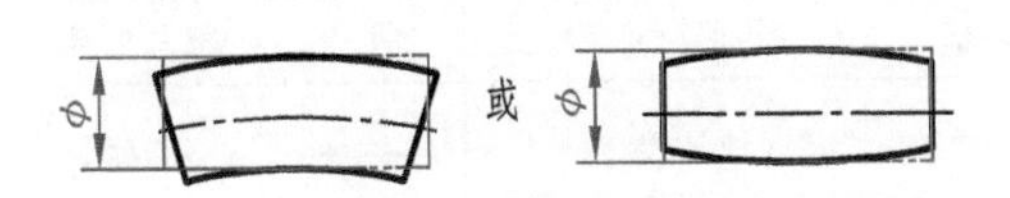

a）圆柱未达到理想形状

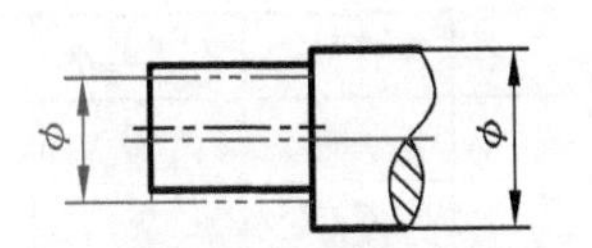

b) 两圆柱未达到理想的同轴

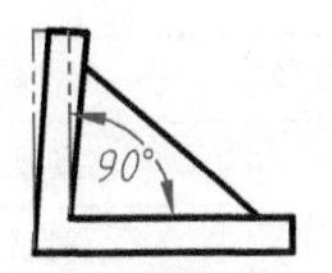

c) 两部分未达到理想的垂直

图 8-60　零件的实际几何状况

（1）几何公差　几何公差是指零件的实际形状、方向、位置和跳动公差，是零件的实际几何状况相对于理想几何状况所允许的变动量。

（2）被测要素　被测要素是指被测零件上的轮廓线、轴线、面及对称中心面等几何要素。

（3）基准要素　基准要素是指零件上用来建立基准并实际起基准作用的实际要素（如一条边、一个表面或一个孔）。基准要素一般也是零件上的轮廓线、轴线、面及对称中心面等，它是基准概念的具体化。

（4）公差带形状　几何公差带的主要形状有：一个圆内的区域、一个圆柱面内的区域、一个圆球面内的区域、两等距线或两平行直线之间的区域、两等距面或两平行平面之间的区域、两同心圆之间的区域和两同轴圆柱面之间的区域等。图 8-61 所示为部分几何公差的公差带形状示意图。

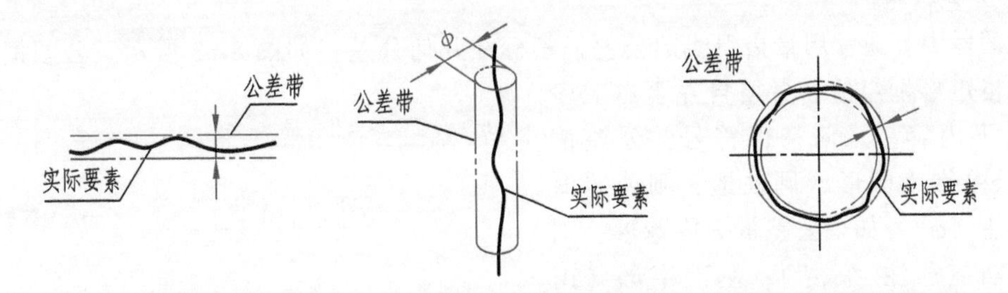

a) 公差带是两平行直线之间的区域　b) 公差带是一个圆柱面内的区域　c) 公差带是两同心圆之间的区域

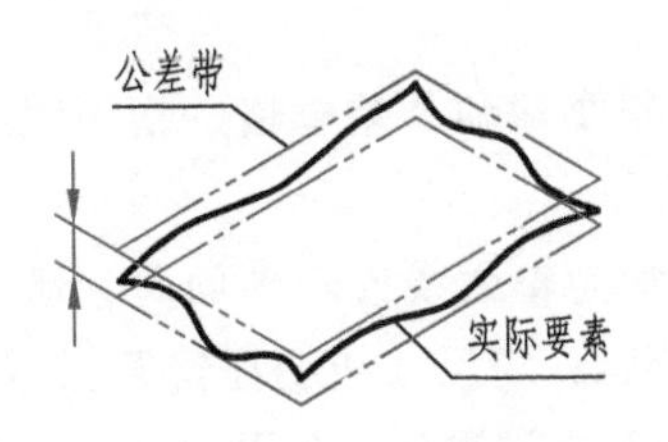

d) 公差带是两平行平面之间的区域

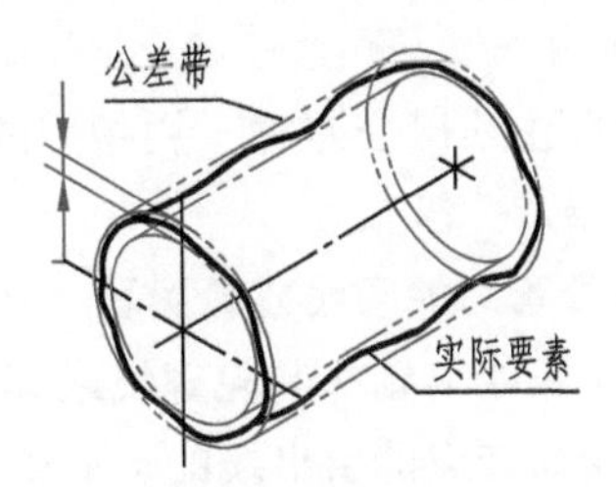

e) 公差带是两同轴圆柱面之间的区域

图 8-61　几何公差带形状示意图

2. 几何公差的类型及特征符号

表 8-7 给出了几何公差的类型、几何特征及符号。几何公差还有一些附加符号，可查阅国家标准 GB/T 1182—2018。

表 8-7　几何公差特征符号

公差类型	几何特征	符号	有无基准
形状公差	直线度	—	无
	平面度	⏥	无
	圆度	○	无
	圆柱度	⌭	无
	线轮廓度	⌒	无
	面轮廓度	⌓	无
方向公差	平行度	//	有
	垂直度	⊥	有
	倾斜度	∠	有
	线轮廓度	⌒	有
	面轮廓度	⌓	有

公差类型	几何特征	符号	有无基准
位置公差	位置度	⌖	有或无
	同心度（用于中心点）	◎	有
	同轴度（用于轴线）	◎	有
	对称度	⌯	有
	线轮廓度	⌒	有
	面轮廓度	⌓	有
跳动公差	圆跳动	↗	有
	全跳动	⌰	有

8.7.2　几何公差的标注

1. 公差框格

在图样中，通常用带指引线的公差框格标注几何公差，如图 8-62 所示。公差框格由两格或多格矩形框组成，各格自左至右顺序标注以下内容：几何特征符号；公差值（如果公差带为圆形或圆柱形，则公差值前应加注“ϕ”；如果公差带为圆球形，则公差值前应加注“$S\phi$”）；基准字母（用一个字母表示单个基准，或用几个字母表示基准体系或公共基准）等。

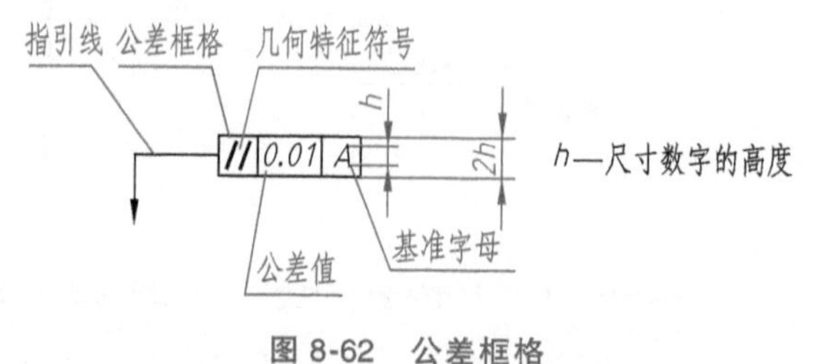

图 8-62　公差框格

2. 被测要素

在图样中标注几何公差时，用指引线连接被测要素和公差框格。指引线引自公差框格的任意一侧，终端带一箭头。

（1）被测要素为轮廓线或轮廓面　当被测要素为轮廓线或轮廓面时，箭头指向被测要素的轮廓线或其延长线（箭头与轮廓线或其延长线接触，与尺寸线明显错开），如图 8-63a、b 所示；箭头也可指向带点的引出线的水平线，引出线引自被测面，如图 8-63c 所示。

（2）被测要素为中心线、对称中心面、中心点　当被测要素为中心线、对称中心面或中心点时，箭头与相应的尺寸线对齐，重合于尺寸线的延长线，如图 8-64 所示。

3. 基准

对有基准要求的几何公差，与被测要素相关的基准用一个大写字母表示。基准字母标注在基准方格内，与一个涂黑的或空白的三角形相连来表示基准（涂黑的和空白的基准三角形含义相同），如图 8-65 所示。表示基准的字母还应标注在公差框格内。

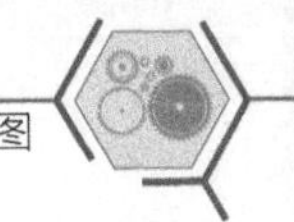

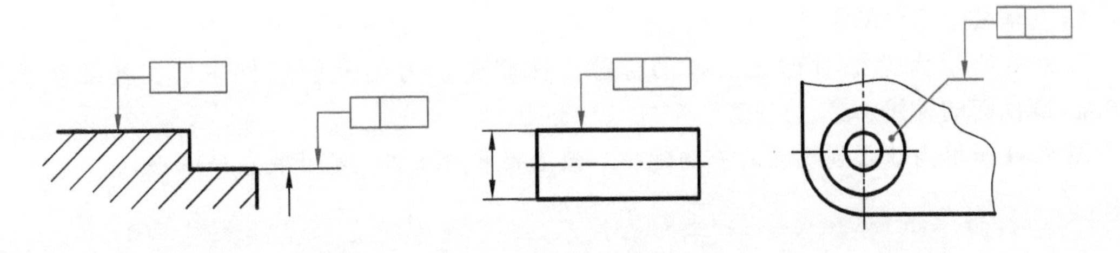

a) 箭头指向被测要素的轮廓线或其延长线　b) 箭头指向被测要素的轮廓线　c) 箭头指向引出线的水平线

图 8-63　被测要素为轮廓线或轮廓面时的标注

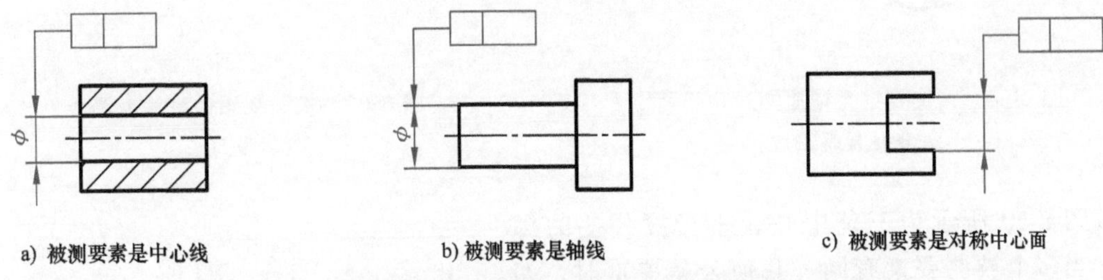

a) 被测要素是中心线　b) 被测要素是轴线　c) 被测要素是对称中心面

图 8-64　被测要素为中心线、对称中心面、中心点时的标注

(1) 基准要素为轮廓线或轮廓面　当基准要素为轮廓线或轮廓面时，基准三角形放置在要素的轮廓线或其延长线（与尺寸线明显错开）上，如图 8-66a 所示；基准三角形也可放置在该轮廓面引出线的水平线上，引出线引自被测面，如图 8-66b 所示。

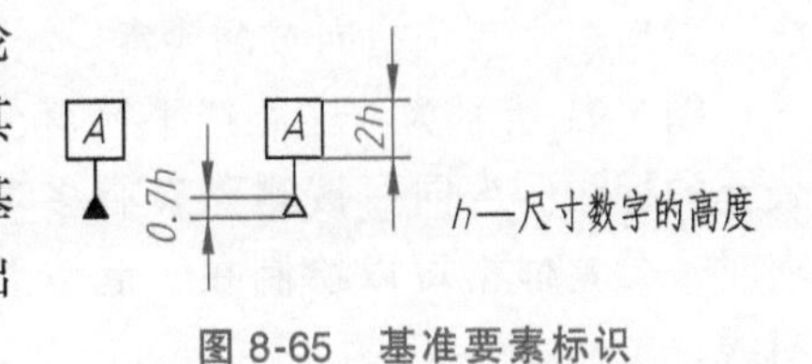

图 8-65　基准要素标识

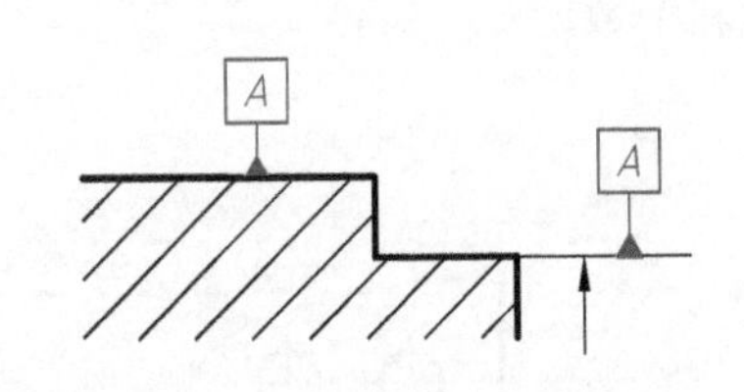

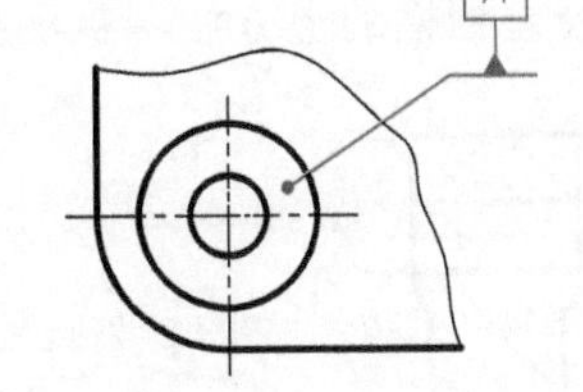

a) 基准三角形放置在要素的轮廓线或其延长线上　b) 基准三角形放置在引出线的水平线上

图 8-66　基准要素为轮廓线或轮廓面时的标注

(2) 基准要素为轴线、对称中心面、中心点　当基准为轴线、对称中心面或中心点时，基准三角形放置在该尺寸线的延长线上，如图 8-67 所示。如果没有足够的位置标注基准要素尺寸的两个箭头，则其中的一个箭头可用基准三角形代替，如图 8-67b、c 所示。

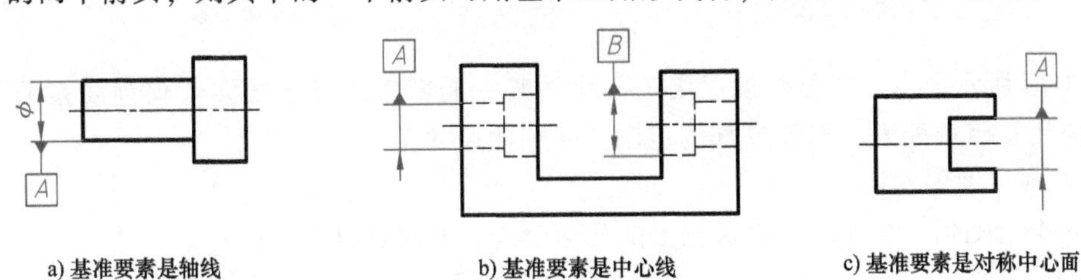

a) 基准要素是轴线　b) 基准要素是中心线　c) 基准要素是对称中心面

图 8-67　基准要素为轴线、对称中心面、中心点时的标注

4. 几何公差标注举例

图 8-68 所示为键槽对称度公差的标注。被测要素为键槽的对称平面，基准要素是 ϕ20mm 圆柱面的轴线。

图 8-69 所示为球面圆跳动公差的标注。被测要素为球面，基准要素是球心。

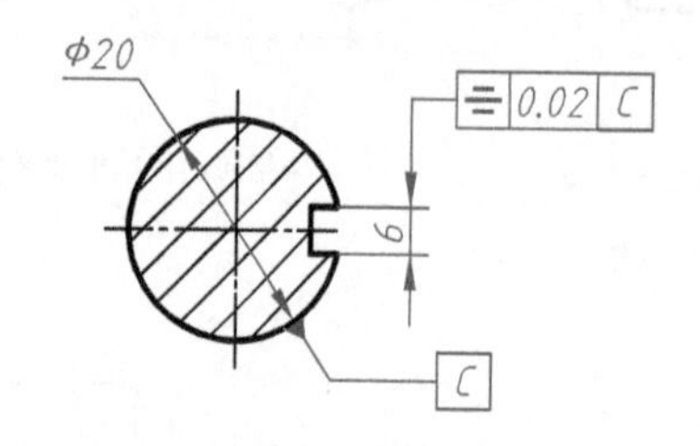

图 8-68　被测要素为键槽的对称平面，基准要素是轴线

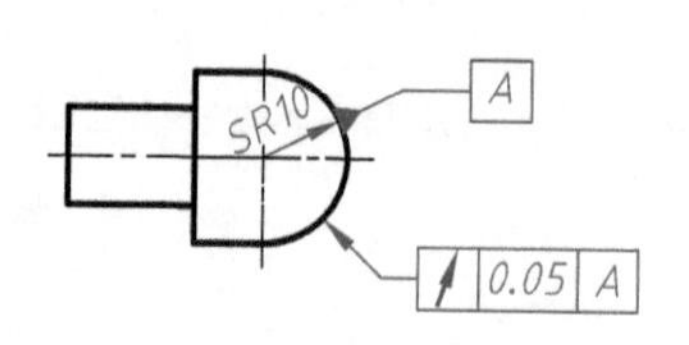

图 8-69　被测要素为球面，基准要素是球心

图 8-70 所示为三条中心线平行度公差的标注。当多个被测要素有同一几何公差要求时，如果位置合适，可以使用一个公差框格，并从指引线上引出多个箭头指向被测要素。

图 8-71 所示为一中心线平行度公差和直线度公差的标注。当同一被测要素有多项几何公差要求时，公差框格可以绘制在一起，并使用一条指引线。

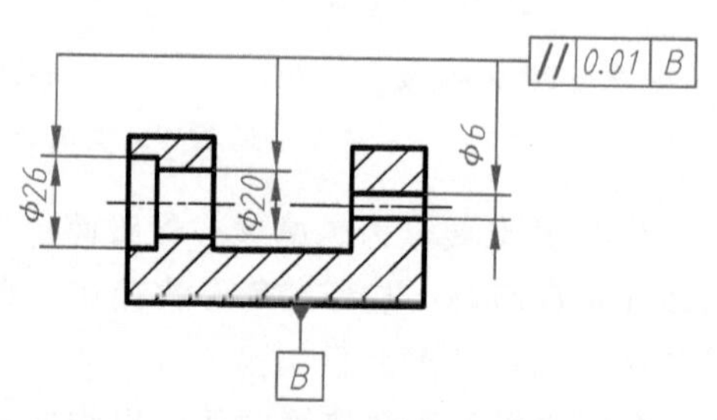

图 8-70　三条中心线平行度公差的标注

图 8-72 所示为四个圆（孔或柱等）位置度公差的标注。当某项公差应用于多个相同要素时，可在公差框格的上方注明被测要素的尺寸和个数。

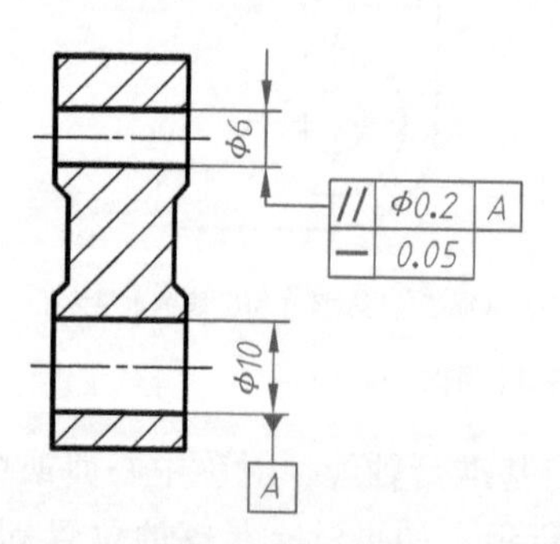

图 8-71　公差框格绘制在一起并使用一条指引线

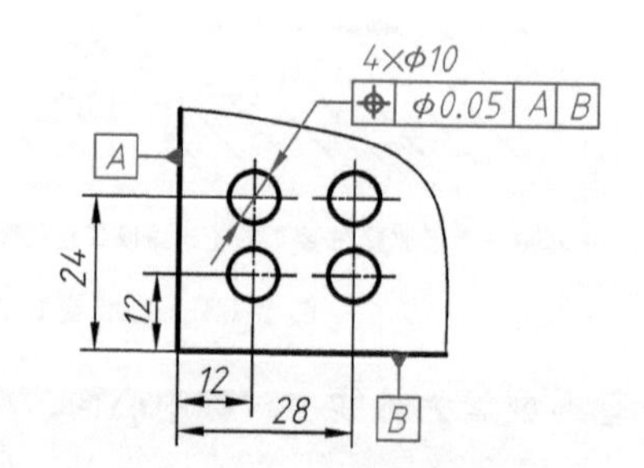

图 8-72　注明被测要素的尺寸和个数

图 8-73 所示为当几何公差仅适用于要素的某一局部，或者基准要素仅为要素的某一局部时，应用粗点画线表示出该局部的范围，并加注尺寸。

5. 几何公差的识读

例 8-4　识读图 8-74 所示阶梯轴上的几何公差，并解释其含义。

两端面
| ↗ | 0.01 | A |: ϕ22mm 圆锥的大、小端面对基准（该段轴的轴线）的圆跳动公差为 0.01mm。

○ 0.05：圆锥体任一正截面的圆度公差为0.05mm。

⌭ 0.05：ϕ18mm圆柱面的圆柱度公差为0.05mm。

◎ ϕ0.1 B−C：M12外螺纹的轴线对公共基准（两端中心孔的中心线）的同轴度公差为ϕ0.1mm。

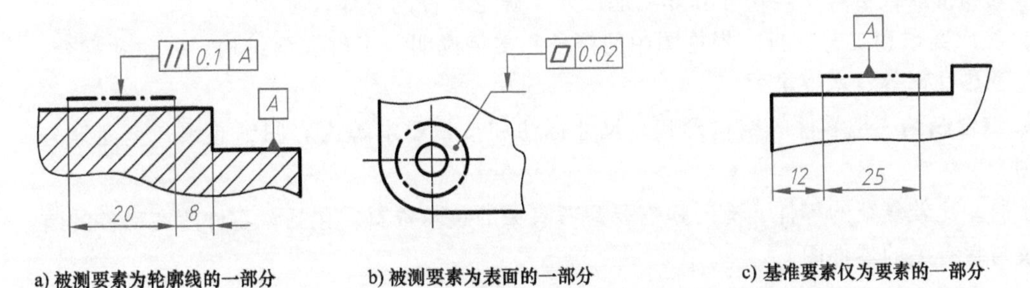

a) 被测要素为轮廓线的一部分　　b) 被测要素为表面的一部分　　c) 基准要素仅为要素的一部分

图8-73　被测要素或基准要素为某一局部的注法

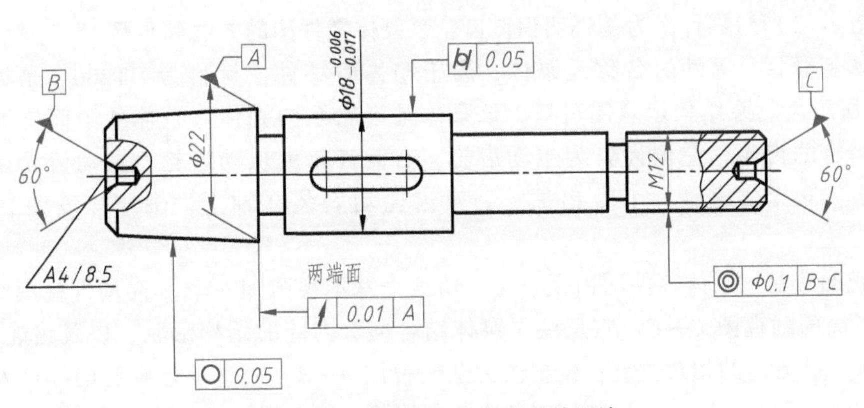

图8-74　阶梯轴的几何公差的识读

8.8　读零件图

1. 读零件图的目的和要求

读零件图要求做到看懂各视图的投影关系，根据图形想象出零件的结构形状；找出尺寸基准，重要尺寸和定位、定形尺寸，根据尺寸确定零件大小及各部分的相对位置；理解图样上各种符号、代号的含义，为后续进行零件工艺分析奠定基础。

2. 读零件图的方法和步骤

（1）看标题栏　了解零件的名称、材料、画图的比例、质量等，联系典型零件的分类，对零件有一个初步认识。

（2）视图分析　进行视图分析，看懂零件的内、外结构形状，这是读图的重点。视图分析可分两步进行：

1）分析视图表达方案。先找出主视图，然后明确视图的数量，视图采用的画法，各视图间的投影关系，剖视、断面的剖切位置，有无局部放大图及简化画法、规定画法，为进一步读图打下基础。

2）进行形体分析和线面分析。按投影关系，对零件各部分的外部结构和内部结构进行形体分析。对不便于进行形体分析的细部结构进行线面分析。对不符合投影关系或表达形式不熟悉的部分，要查标准，看是否为规定画法或简化画法等。

(3) 尺寸分析　首先找出尺寸基准，然后确定零件的定形尺寸和定位尺寸，明确尺寸标注的形式和特点，了解功能尺寸和非功能尺寸，确定零件的总体尺寸。

(4) 技术要求和工艺分析　根据图中的符号和文字说明，了解表面结构、公差和配合、几何公差及热处理等技术要求。

(5) 综合归纳　把零件的结构形状、尺寸标注和技术要求等内容归纳起来，全面地分析零件图。

对于一些比较复杂的零件，有时还需要参考有关的技术资料，包括该零件所在部件的装配图以及与它有关的零件图。

当然，上述步骤不可机械地分开，而应合理、有效地交替进行。

3. 读零件图举例

现以图 8-75 所示零件图为例说明识读齿轮泵泵体零件图的方法和步骤。

(1) 看标题栏　零件的名称是泵体，属于箱体类零件，材料为 HT200，是铸件。结合图 8-76 所示齿轮泵结构示意图可知，该泵体是齿轮泵的壳体。泵体的中间空腔中要容纳两个相啮合的齿轮，左侧齿轮为主动齿轮，右侧齿轮为从动齿轮。主动齿轮逆时针方向转动时，实现上方进油、下方出油。一对齿轮均安装在轴上，轴应该安装在泵体的孔内。

(2) 视图分析　泵体零件图由主、左、俯三个基本视图和一个 *K* 向局部视图组成。主视图采用了局部剖视图 *C—C*，它反映了泵体结合面、内腔的结构形状，以及齿轮腔与进、出油口在长、高方向的相对位置；俯视图为全剖视图 *A—A*，表达了齿轮腔的深度及两齿轮轴安装孔的结构形状，同时还反映了安装底板的形状、四个螺栓安装孔的分布情况，以及底板与泵体的前后相对位置。左视图画成局部剖视图 *B—B*，剖切面通过主动轴的轴孔轴线，但该孔已在全剖的俯视图中表达清楚，因此，这个剖视图采用局部剖，主要是为了表达泵体后表面上腰圆形凸台（*K* 向局部视图反映其形状特点）上两个螺纹孔及出油口与泵体、安装底板之间的相对位置。

(3) 尺寸及技术要求分析　通过形体分析，并结合图上所注尺寸，可以看出：泵体长度方向的尺寸基准为主动轴轴孔的轴线，以此为基准注出与从动轴轴孔的中心距 42mm，以及出油口端面的定位尺寸 45mm、3mm。高度方向基准为安装板的底面，以此为基准注出轴孔的中心高 66mm、出油孔的中心高 24mm；宽度方向基准为安装板和出油孔道的对称平面，以此为基准确定壳体前端面的定位尺寸 16mm。

从图上标注的各项技术要求来看，轴孔 ϕ16mm、轴孔 ϕ22mm、齿轮腔 ϕ48mm 的尺寸公差，两轴孔之间及两轴孔对齿轮腔多个要素的几何公差，齿轮腔、轴孔及泵体前端面等的表面结构等，对于这些部位的加工要求是比较严格的，这是设计人员考虑到在齿轮、轴与泵体装配后能保证油泵的工作性能而确定的。

(4) 综合归纳　综合以上几方面的分析，可以了解该零件的完整结构。图 8-77 所示为泵体轴测图。

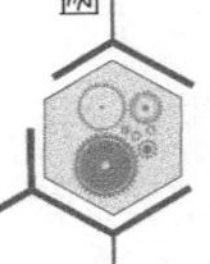

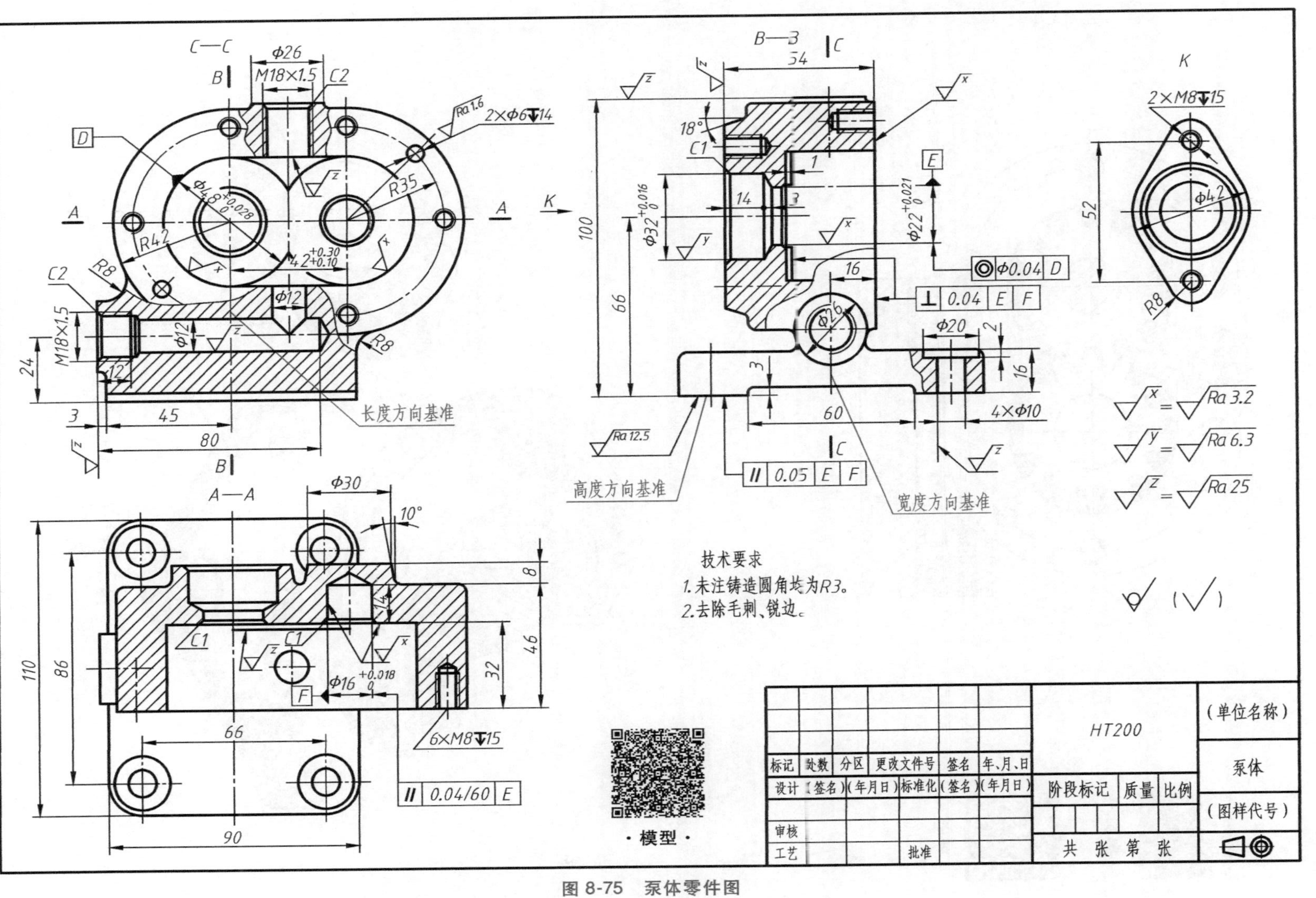
C—C
B—B
A—A
K
长度方向基准
高度方向基准
宽度方向基准
技术要求
1.未注铸造圆角半径为R3。
2.去除毛刺、锐边。
HT200
(单位名称)
泵体
(图样代号)
标记 处数 分区 更改文件号 签名 年、月、日
设计 (签名)(年月日) 标准化 (签名)(年月日)
阶段标记 质量 比例
审核
工艺
批准
共 张 第 张
·模型·

图 8-75　泵体零件图

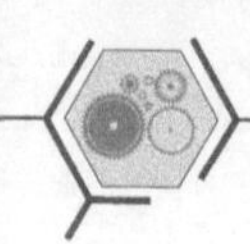

·模型·

·动画·

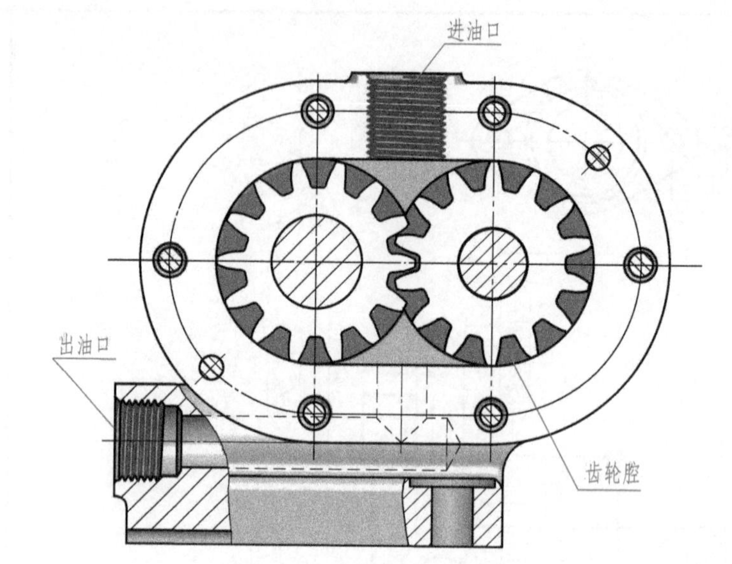

图 8-76 齿轮泵结构示意图

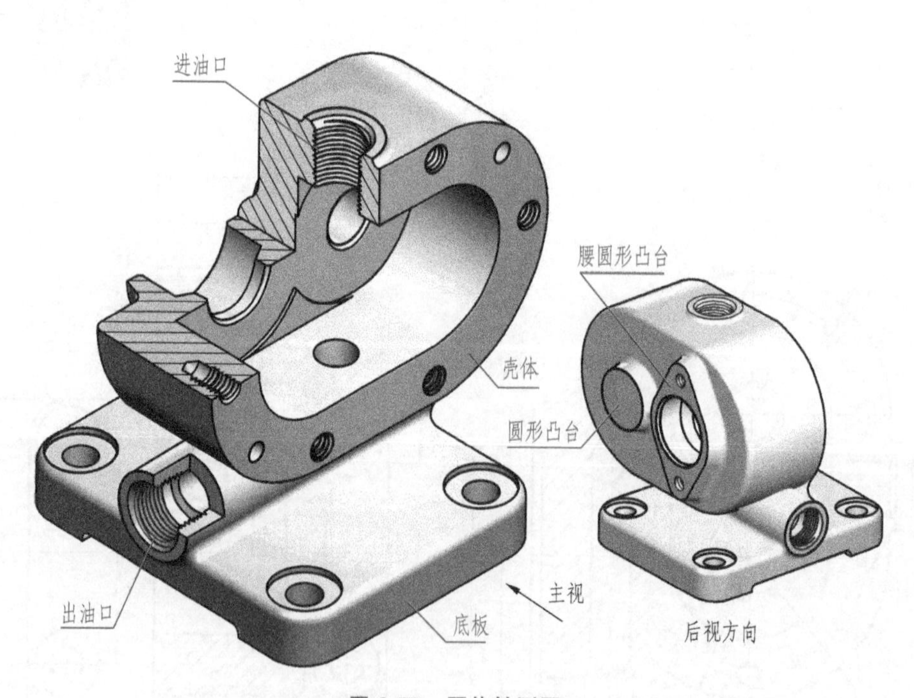

图 8-77 泵体轴测图

第9章

装 配 图

表示产品及其组成部分的连接、装配关系和技术要求的图样，称为装配图。

9.1 装配图的内容和图样画法

9.1.1 装配图的作用和内容

1. 装配图的作用

在设计过程中，一般先根据设计要求画出装配图，用以表达机器（或部件）的工作原理、结构形状、装配关系、传动路线和技术要求等，然后再根据装配图绘制零件图。

在生产过程中，根据零件图加工制造零件，再把合格的零件按装配图的要求组装成机器（或部件）。装配图是指导装配、检验、安装、调试的技术依据。

在使用和维修过程中，通过装配图了解机器（或部件）使用性能、传动路线和操作方法，以保证其正常运转，并及时地对其进行维修保养。

因此，装配图是反映设计思想、指导生产的重要技术文件。当然，装配图也是技术交流的重要资料。

2. 装配图的内容

图 9-1 所示为铣刀头（轴测剖视图见图 8-1）装配图。从图中可以看出，一张完整的装配图应包括下列基本内容：

(1) 一组视图 用一组视图表示机器（或部件）的工作原理、结构特点、零件的相互位置、装配关系和重要零件的结构形状。

基本视图、剖视图、断面图等图样画法都可以用来表达装配图。图 9-1 所示的铣刀头装配图，用局部剖的主视图和左视图表达了铣刀头各个零件的装配关系、工作原理和结构特点。同时，采用局部视图表达了底座上安装孔的结构和尺寸。

(2) 必要的尺寸 在装配图只需标注以下几类尺寸：

1) **性能（或规格）尺寸**。即表示机器（或部件）的工作性能或规格的尺寸。这类尺寸是设计产品的主要数据，如图 9-1 中铣刀盘的中心高尺寸 115mm 及刀盘直径 ϕ120mm。

2) **装配尺寸**。即表示机器（或部件）中各零件装配关系的尺寸，包括配合尺寸和相对位置尺寸。图 9-1 中的 ϕ28H8/f7、ϕ35k6、ϕ80K7 等为配合尺寸，铣刀盘的中心高尺寸 115mm 为相对位置尺寸。

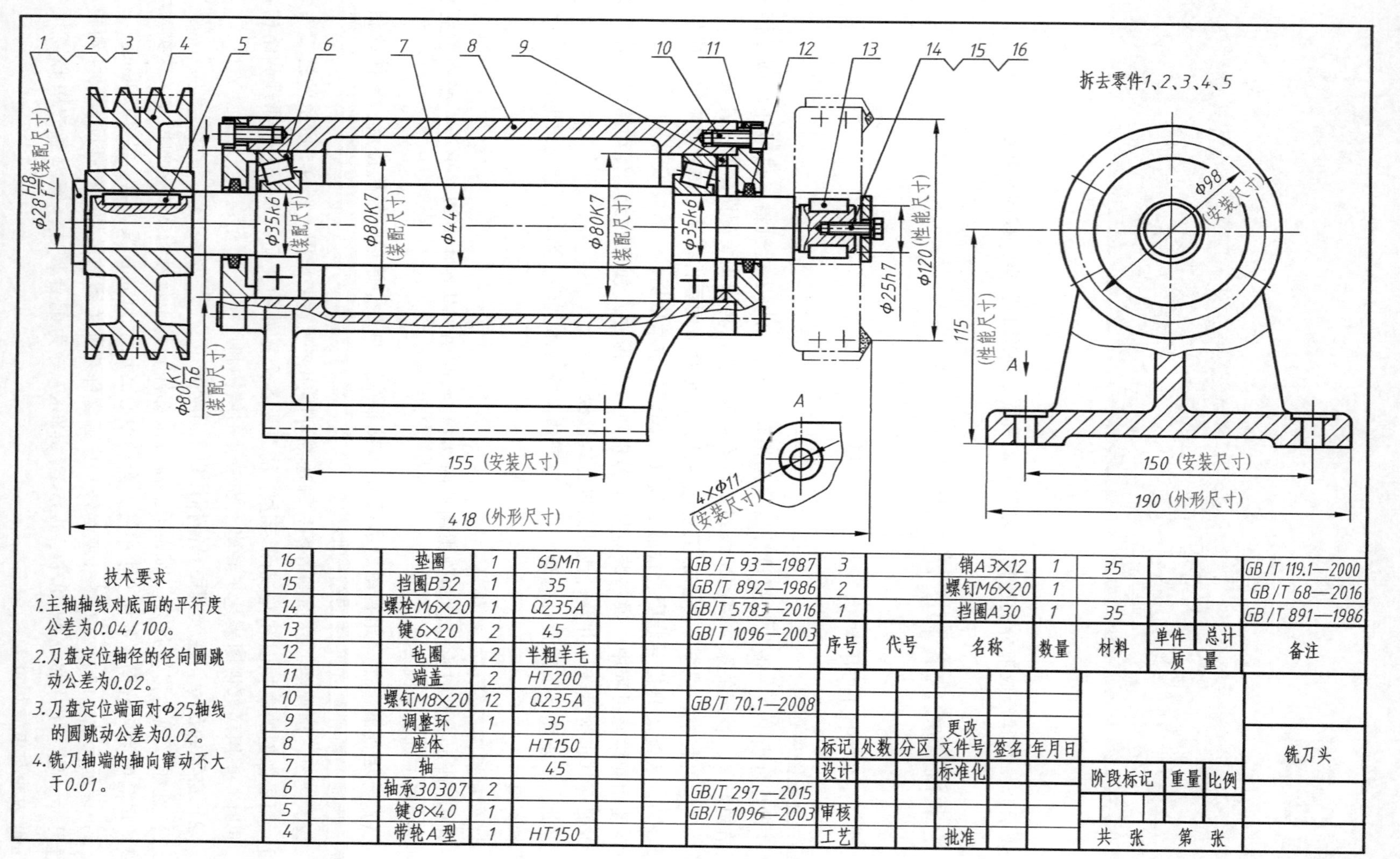

技术要求

1. 主轴轴线对底面的平行度公差为0.04/100。
2. 刀盘定位轴径的径向圆跳动公差为0.02。
3. 刀盘定位端面对Φ25轴线的圆跳动公差为0.02。
4. 铣刀轴端的轴向窜动不大于0.01。

序号	代号	名称	数量	材料	单件质量	总计质量	备注
16		垫圈	1	65Mn			GB/T 93—1987
15		挡圈B32	1	35			GB/T 892—1986
14		螺栓M6×20	1	Q235A			GB/T 5783—2016
13		键6×20	2	45			GB/T 1096—2003
12		毡圈	2	半粗羊毛			
11		端盖	2	HT200			
10		螺钉M8×20	12	Q235A			GB/T 70.1—2008
9		调整环	1	35			
8		座体		HT150			
7		轴		45			
6		轴承30307	2				GB/T 297—2015
5		键8×40	1				GB/T 1096—2003
4		带轮A型	1	HT150			
3		销A3×12	1	35			GB/T 119.1—2000
2		螺钉M6×20	1				GB/T 68—2016
1		挡圈A30	1	35			GB/T 891—1986

标记	处数	分区	更改文件号	签名	年月日		铣刀头
设计			标准化			阶段标记 / 重量 / 比例	
审核							
工艺			批准			共 张 第 张	

图 9-1 铣刀头装配图

3）**安装尺寸**。即表示将机器（或部件）安装到其他设备或基础上所需的尺寸，如图 9-1 中的尺寸 155mm、150mm，安装孔直径 4×ϕ11mm 等。

4）**外形尺寸**。即表示机器（或部件）外形轮廓大小的尺寸，包括总长、总宽和总高。它为包装、运输和安装过程所占的空间大小提供数据，如图 9-1 中的尺寸 418mm、190mm。

5）**其他重要尺寸**。即在设计中确定的，而又未包括在上述几类尺寸中的一些重要尺寸。如运动零件的极限尺寸、主要零件的重要尺寸等。

上述五类尺寸并不一定都标注，要依具体要求而定。此外，有的尺寸往往同时具有多种作用。因此，对装配图中的尺寸需要具体分析，然后进行标注。

(3) 技术要求　在装配图中，应注出机器（或部件）的装配方法、调试标准、安装要求、检验规则和运转条件等技术要求。一般包括以下几个方面的内容：

1）**装配要求**。指为保证装配体的性能，装配过程中应注意的事项和装配后应达到的要求。

2）**检验要求**。指对装配体基本性能的检验、试验和验收方法的说明等。

3）**使用要求**。指对装配体的使用、维护、保养要求及注意事项等。

上述各项要求，不是每张装配图都要求全部注写，应根据具体情况而定。装配图的技术要求通常用文字或符号注写在明细栏上方或图样下方空白处，如图 9-1 中的文字说明。

(4) 零件序号、明细栏　在装配图上，应对每种不同的零件（或组件）编写序号，在零件明细栏中依次填写零件的序号、名称、件数、材料等内容，详见后文。

(5) 标题栏　标题栏中的内容有：机器或部件的名称、比例、图号，以及设计、制图、校核人员的签名等。

9.1.2　装配图的规定画法

为了在读装配图时能迅速区分不同零件，并正确理解零件之间的装配关系，绘制装配图时，应遵守下述规定：

1）两零件的表面接触时，接触处只画一条粗实线。两零件配合时，不论属于何种配合，其配合面处只画一条粗实线。非接触表面和非配合表面必须画两条粗实线，当间隙过小时，可采用夸大画法，如图 9-2 所示。

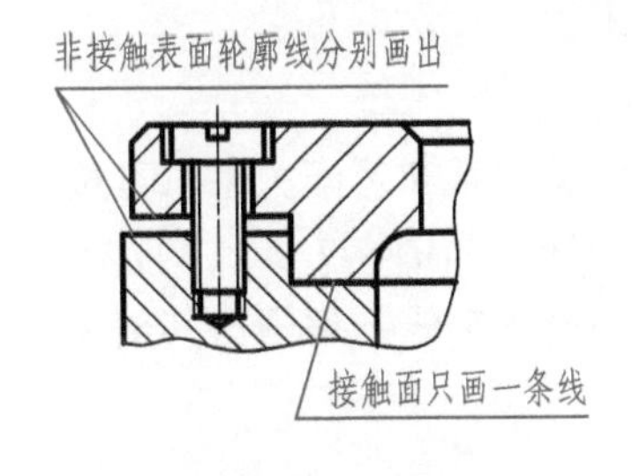

a) 接触面与非接触面画法

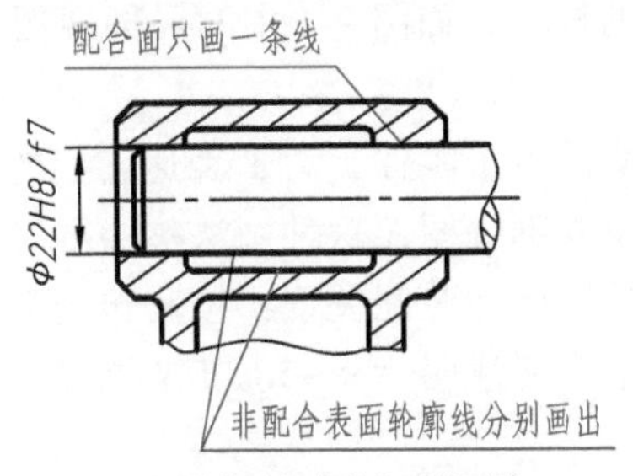

b) 配合面与非配合面的画法

图 9-2　接触面、配合面的画法

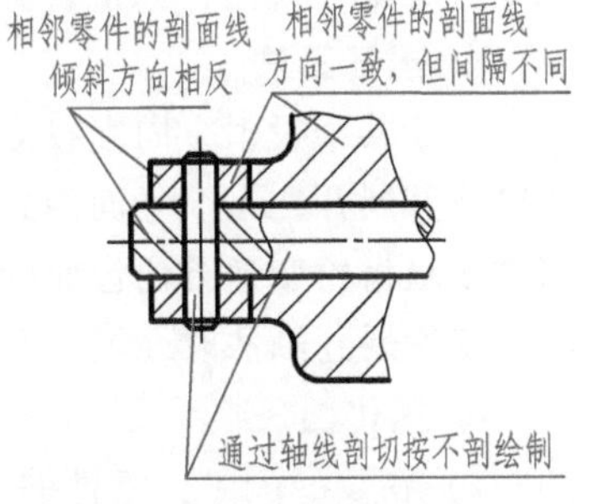

图 9-3　装配图中剖面线的画法

2）在装配图中，相邻两个或两个以上金属零件的剖面线的倾斜方向应相反，或方向相同但间隔不等，如图 9-3 所示。同一零件在各个视图上的剖面线方向和间隔必须一致。若零件厚度在 2mm 以下，剖切时允许以涂黑代替剖面符号，如图 9-6 所示。

3）装配图中，对于紧固件及轴、连杆、球、键、销等实心零件，若按纵向剖切且剖切平面通过其对称中心面或轴线，则这些零件均按不剖绘制，如图 9-2、图 9-3 和图 9-1 中件 5、件 7 的画法。如果需要特别表明零件上的局部结构，如凹槽、键槽、销孔等，可采用局部剖视图（如图 9-3 中的销孔）。当剖切平面通过的某些部件为标准产品或该部件已由其他图形表达清楚时，可按不剖绘制。

9.1.3　装配图的特殊画法和简化画法

由于装配体是由若干个零件装配而成的，有些零件彼此遮盖，有些零件有一定的活动范围，还有些零件或组件属于标准产品，为了使装配图能够正确、完整而又简练、清楚地表达装配体的结构，国家标准中还规定了一些特殊画法和简化画法。

1. 拆卸画法

当某些零件遮住了需要表达的结构与装配关系时，可假想将这些零件拆卸后再绘制，如图 9-1 中的左视图。这种画法称为拆卸画法，需要说明时，应在视图上方标注“拆去件××等”。

有时也可以沿某些零件的结合面进行剖切，相当于拆去剖切平面一侧的零件，此时结合面上不画剖面线。例如，图 9-4 所示调压阀装配图的俯视图就采用了沿结合面剖切的画法，被剖切的零件（如螺栓、螺钉等）应该画出剖面线。

2. 假想画法

1）当需要表示某些零件的运动范围或极限位置时，可用细双点画线画出该零件的极限位置，如图 9-5 所示。

2）当需要表达与部件有关但又不属于该部件的相邻零件或部件时，可用细双点画线画出相邻零件或部件的轮廓，如图 9-6 中的铣刀盘和图 9-7 中的主轴箱。

3. 夸大画法

在装配图中，非配合面的微小间隙、薄片零件和细弹簧等，如无法按实际尺寸画出，可不按比例而夸大画出。如图 9-6 中的垫片、端盖与轴之间的间隙均为夸大画出。

4. 单独表示某个零件

在装配图中，当某个零件的形状未表达清楚而又对理解装配关系有影响时，可单独画出该零件的某一视图，并进行必要的标注，如图 9-1 中的局部视图 *A*。

5. 展开画法

对于某个投射方向上投影重叠的若干零件，为了表达它们的传动关系和装配关系，可按顺序将其展开在一个平面内并画出其剖视图，这种画法称为展开画法，如图 9-7 所示。为了表达多级齿轮变速箱内齿轮的传动顺序和装配关系，按其传动顺序沿各轴线剖切画出其剖视图。使用展开画法时，展开图的上方要注明“×—×展开”字样。

6. 简化画法

1）在装配图中，零件的工艺结构，如小圆角、倒角、退刀槽等可省略不画。螺栓的六角头和六角螺母可采用图 7-14 所示（省略倒角）的简化画法。

2）对于装配图中的螺纹连接件等若干相同的零件组，允许仅详细画出一处，其余用细点画线标明其位置即可，如图 9-6 所示的螺钉连接。

3）在剖视图中表示轴承时，可采用轴承的特征画法和规定画法，如图 9-6 所示。

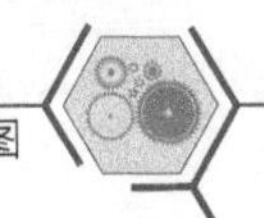

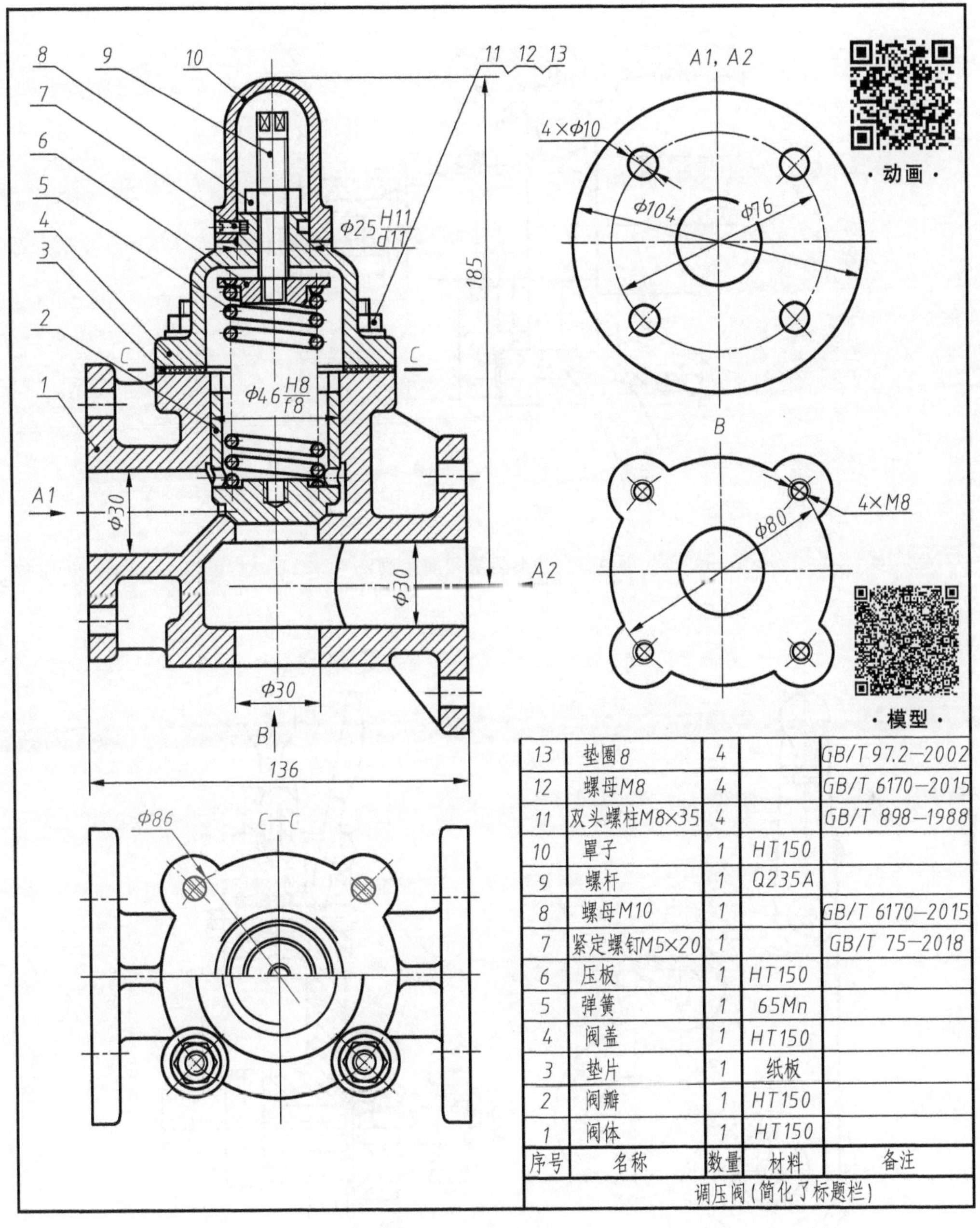

13	垫圈8	4		GB/T 97.2—2002
12	螺母M8	4		GB/T 6170—2015
11	双头螺柱M8×35	4		GB/T 898—1988
10	罩子	1	HT150	
9	螺杆	1	Q235A	
8	螺母M10	1		GB/T 6170—2015
7	紧定螺钉M5×20	1		GB/T 75—2018
6	压板	1	HT150	
5	弹簧	1	65Mn	
4	阀盖	1	HT150	
3	垫片	1	纸板	
2	阀瓣	1	HT150	
1	阀体	1	HT150	
序号	名称	数量	材料	备注
调压阀(简化了标题栏)				

图 9-4　调压阀装配图

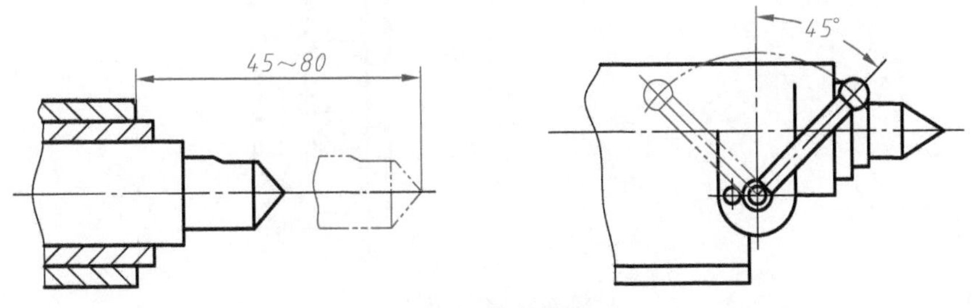

图 9-5　假想画法

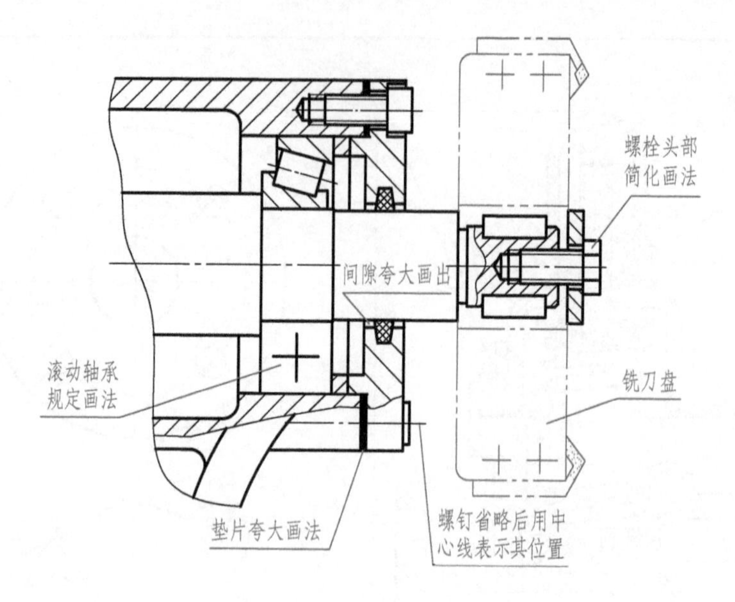

图 9-6　夸大画法和简化画法

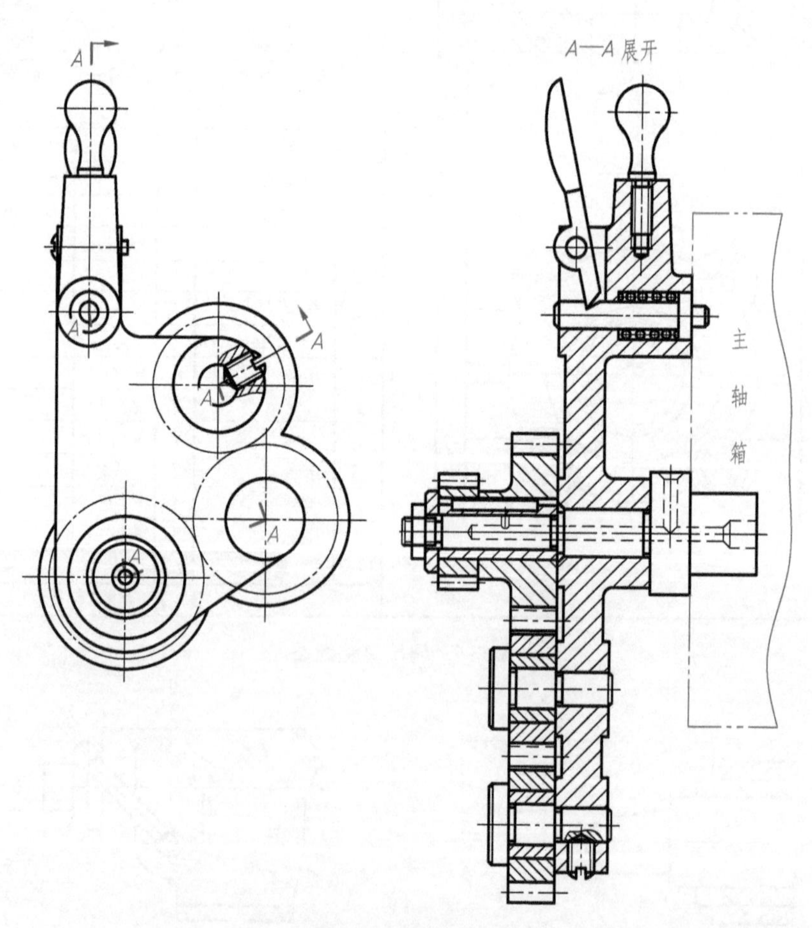

图 9-7　展开画法

9.1.4 装配图中的零、部件序号和明细栏

为了便于读图，在装配图中要对所有零、部件编写序号，并在标题栏上方画出零件明细栏，按图中序号把各零件填写在明细栏中。

1. 基本要求

1）装配图中所有的零、部件均应编写序号，并注写在图形轮廓线的外边。

2）装配图中的一个部件（如油杯、滚动轴承、电动机等）可以只编写一个序号；同一装配图中相同的零、部件用一个序号，一般只标注一次；多次出现的相同的零、部件，必要时也可以重复标注。

3）装配图中零、部件的序号，应与明细栏中的序号一致。

2. 序号的编排方法

（1）序号的标注方法 装配图中的零部件序号一般注写在指引线非零件端的水平基准（细实线）上或圆（细实线）内，序号的字号要比装配图中所注尺寸数字的字号大一号或两号，如图 9-8a、b 所示；也可以在指引线的非零件端附近直接注写序号，序号的字高要比装配图中所注尺寸数字大一号或两号，如图 9-8c 所示。注意：同一装配图中编排序号的形式应一致。

（2）对指引线的规定 指引线应自所指零、部件的可见轮廓内引出，并在末端画一圆点，如图 9-8 所示。当所指部分（很薄的零件或涂黑的剖面）内不方便画圆点时，可用箭头指向该零件的轮廓线，如图 9-9 所示。

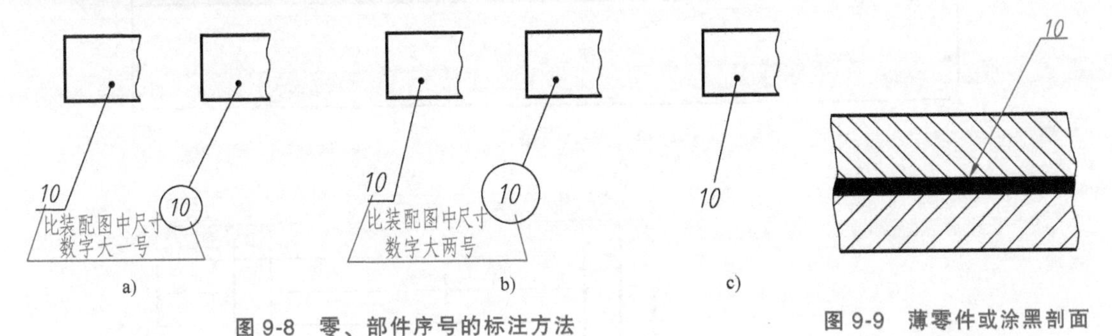

图 9-8 零、部件序号的标注方法

图 9-9 薄零件或涂黑剖面上序号的标注方法

画指引线时应注意：指引线不能相交；当指引线通过有剖面线的区域时，不应与剖面线平行；指引线可以画成折线，但只可曲折一次；一组紧固件及装配关系清楚的零件组，可以采用公共指引线，如图 9-10 所示。

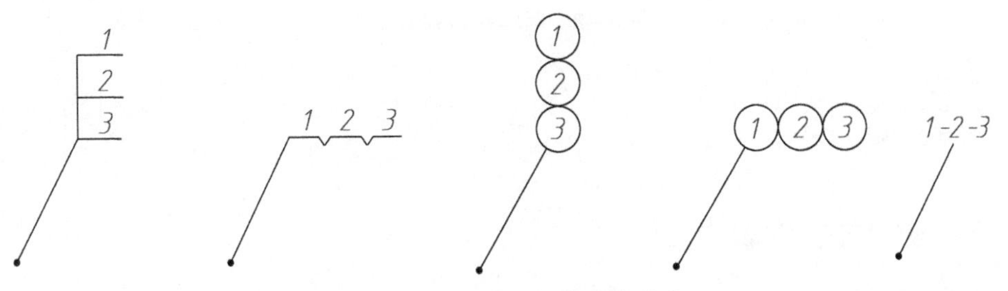

图 9-10 公共指引线的编注形式

(3) 序号的编排要求 如图 9-1 和图 9-4 所示，装配图中的序号应按水平或竖直方向排列整齐，一般按顺时针或逆时针方向顺次排列。在整个图上无法连续时，可只在每个水平和竖直方向顺次排列；也可以按装配图明细栏中的序号排列，采用这种方式时，应尽量在每个水平或竖直方向顺次排列。

3. 明细栏

装配图中明细栏的格式按 GB/T 10609.2—2009 的规定。明细栏的内容一般由序号、代号、名称、数量、材料、质量（单件、总计）、备注等组成，也可以按实际需要增加或减少内容。

明细栏一般配置在标题栏上方，外框和内格竖线为粗实线，序号以上横线为细实线，按由下而上的顺序填写（便于在增加零件时继续向上画格），格数根据需要而定。当由下而上延伸位置不够时，可紧靠在标题栏的左边自下而上延续，如图 9-1 中的明细栏。

装配图中明细栏各部分的尺寸与格式如图 9-11 和图 9-12 所示。

当装配图中不能在标题栏的上方配置明细栏时，可作为装配图内的续页按 A4 幅面单独给出，但填写顺序是自上而下延伸。还可连续加页，但应在明细栏下方配置标题栏。

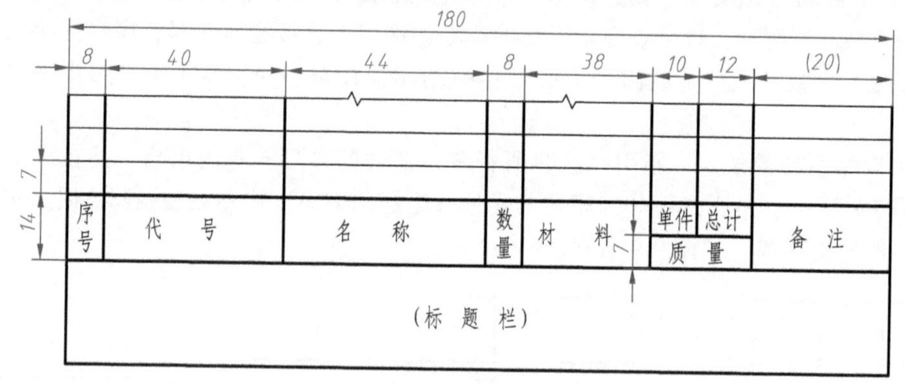

图 9-11 明细栏格式（一）

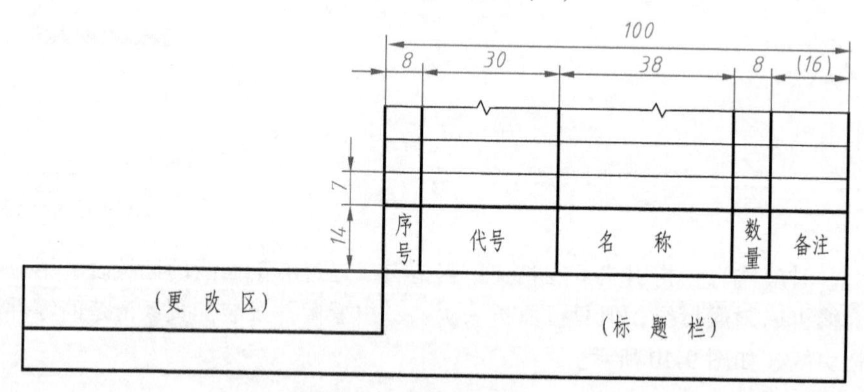

图 9-12 明细栏格式（二）

9.2 绘制装配图

9.2.1 装配图表达方案的选择

装配图的表达方案要着重表达机器或部件的整体结构，特别是要把机器或部件所属零件

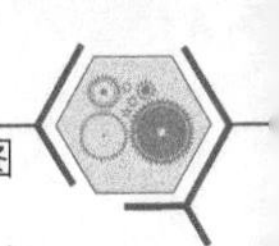

的相对位置、连接方法、装配关系表达清楚，从而清晰地反映机器或部件的传动路线、工作原理、操纵方式等，不追求把所有零件的形状完全表达清楚。下面以图 9-13 和图 9-14 所示的球阀为例，说明选择装配图表达方案的大致步骤。

1. 对所要表达的部件进行分析

了解装配体的用途，分析其结构、工作原理、传动路线、各零件在装配体中的作用、零件间的连接关系及配合性质。

图 9-13 所示为球阀轴测剖视图。球阀是安装在管路中，用于启闭和调节流体流量的部件。阀芯 4 的外轮廓是球形，内部有通孔。阀体 1 和阀盖 2 均带有方形的凸缘，它们用四组双头螺柱 6 和螺母 7 连接，用调整垫片 5 调节阀芯 4 与密封圈 3 之间的松紧程度。在阀体上有阀杆 12，阀杆下部的凸块榫接在阀芯 4 上部的凹槽中。为了实现密封，在阀体与阀杆之间加进填料垫 8、中填料 9 和上填料 10，并用填料压紧套 11 压紧。

工作时，扳手 13 的方孔套进阀杆 12 上部的四棱柱。当扳手处于图 9-13 所示位置时，阀门全部开启，管道畅通；当扳手沿顺时针方向旋转 90°时，阀门全部关闭，管道断流。

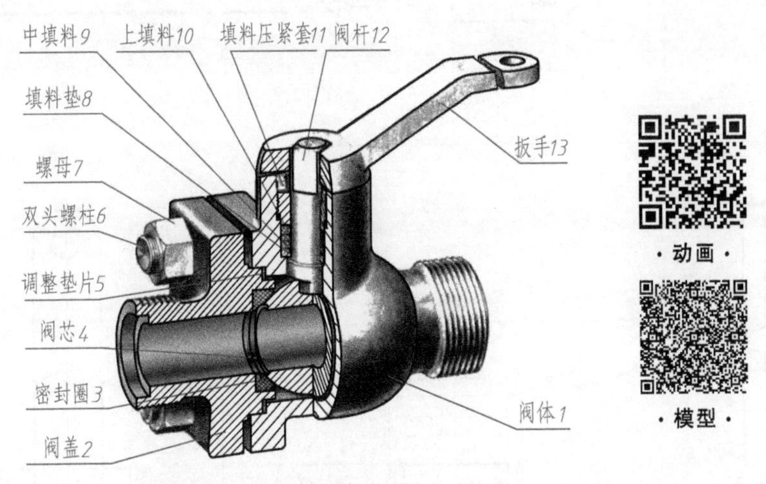

图 9-13　球阀轴测剖视图

由以上分析可知，球阀的主要装配线有两条：水平方向装配线包括阀芯 4、阀盖 2 等零件；垂直方向装配线包括阀杆 12、填料压紧套 11、扳手 13 等零件。

2. 确定主视图

主视图是机器或部件表达方案的核心，应能清楚地反映主要装配线上各零件的相对位置、装配关系、工作原理及装配体的形状特征。一般应选择符合部件工作位置的方位，把反映主要或较多装配关系的方向作为主视图的投射方向。

显然，将球阀通径 ϕ20mm 的轴线水平放置，主视图投射方向选择垂直于阀体两孔轴线所在平面的方向，采用全剖视图来表达球阀阀体内的两条主要装配线，详细情况如图 9-14 所示。

3. 确定其他视图

对于主视图没有表达而又必须表达的部分，或表达不够完整、清晰的部分，可选用其他视图补充说明。其他视图的选择，也是紧紧围绕着部件上的几条装配线进行的。一般情况下，部件中的每一种零件至少应在视图中出现一次。

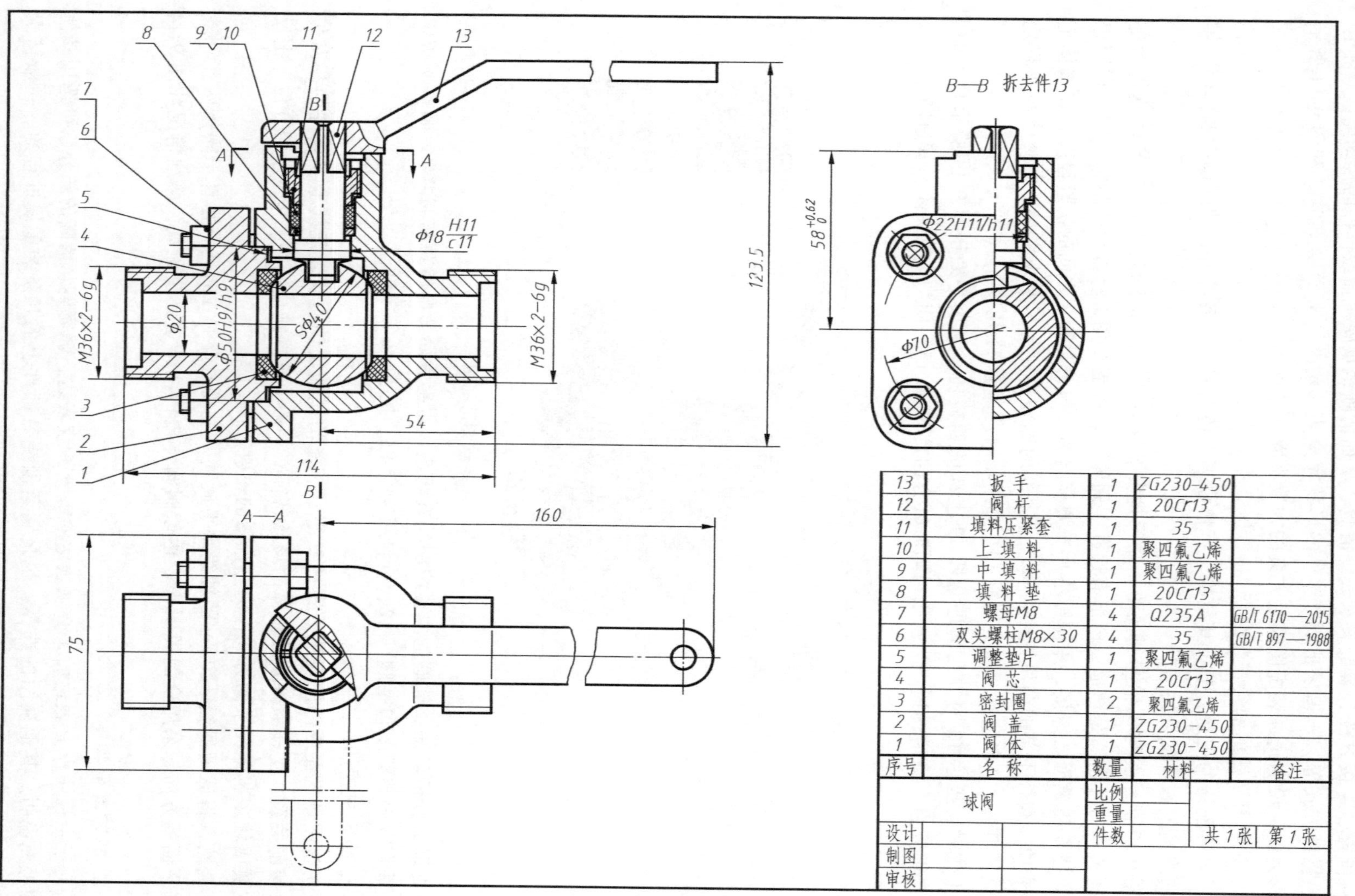

13	扳手	1	ZG230-450	
12	阀杆	1	20Cr13	
11	填料压紧套	1	35	
10	上填料	1	聚四氟乙烯	
9	中填料	1	聚四氟乙烯	
8	填料垫	1	20Cr13	
7	螺母M8	4	Q235A	GB/T 6170—2015
6	双头螺柱M8×30	4	35	GB/T 897—1988
5	调整垫片	1	聚四氟乙烯	
4	阀芯	1	20Cr13	
3	密封圈	2	聚四氟乙烯	
2	阀盖	1	ZG230-450	
1	阀体	1	ZG230-450	
序号	名称	数量	材料	备注

球阀		比例			
		重量			
设计		件数		共1张	第1张
制图					
审核					

图 9-14 球阀装配图

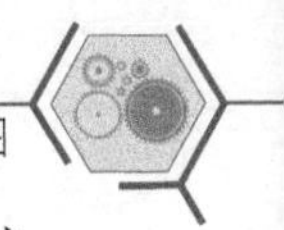

如图 9-14 所示，球阀的左视图采用半剖视图，是为了进一步将阀杆 12 与阀芯 4 的连接关系表达清楚，同时又可以把阀体 1 上螺纹连接件的数量及分布位置表达出来。球阀的俯视图以反映外形为主，同时采用局部剖视，反映了扳手 13 与阀体 1 限位凸块的关系，该凸块用于限制扳手 13 的旋转位置。

4. 对表达方案进行调整

最后，应对已确定的方案进行调整。调整时要注意以下两点：

（1）分清主次，合理安排　一个部件可能有多条装配线，在表达时一定要分清主次，把主要装配线表示在基本视图上。对于次要装配线，如果不能兼顾，可以表示在单独的剖视图或局部剖视图上。每个视图或剖视图所表达的内容应该有明确的目的。

（2）注意联系，便于读图　所谓联系，是指在工作原理或装配关系方面的联系。为了读图方便，在视图表达上要防止采用过于分散的方案，尽量把一个完整的装配关系表示在一个或几个相邻的视图上。

9.2.2　画装配图的步骤

画装配图的步骤与画零件图的步骤类似。下面以图 9-1 所示的铣刀头为例来说明画装配图的步骤。

1. 确定表达方案

根据装配体的用途、工作原理、结构特征及零件之间的装配关系，确定合适的表达方案。铣刀头是利用轴以及轴上的传动零件，将动力由带轮传递给铣刀（图 9-1 中的细双点画线部分）的部件。铣刀头中主要的装配关系是沿着轴线方向的。它的表达方案如图 9-1 所示：以轴线水平放置的局部剖视图为主视图，表达轴上零部件的装配关系及其与座体之间的装配关系；采用拆卸画法的左视图来表达端盖和座体的连接方式。

2. 定比例、选图幅、画出标题栏和明细栏的位置

根据装配体的大小和表达方案中视图的数量，确定画图比例和图幅。注意：选定图幅时，不仅要考虑视图的大小和数量，还要考虑零件序号、尺寸、标题栏、明细栏和技术要求的布置。图幅确定后，先画出图框，定出标题栏和明细栏的位置。

3. 画作图基准线

如图 9-15a 所示，根据表达方案，画出各视图的基准线。注意：此时要考虑整个图面布局，包括视图的位置、视图间的尺寸和零件序号等，使图面布局合理。

4. 画底稿

画装配图时，依装配图的结构特点不同，绘制方法也不一样。一般应先从主要装配线开始，按“先里后外”“先主后次”的原则逐个画出各零件。图 9-15b、c、d、e 所示为画铣刀头装配图底稿的大致过程。

5. 检查、修改，画剖面线，描深全图

检查有无表达上的错误和画法上的错误，并予以改正，然后画剖面线。注意：各零件剖面线的方向和间隔要符合装配图的要求。确信无误后描深全图。

6. 标注尺寸、编写序号、填写明细栏、注写技术要求、填写标题栏

图形完成后标注尺寸；而后依据零件序号的编写方法编写序号，填写明细栏；再注写技术要求，填写标题栏，至此完成全图。

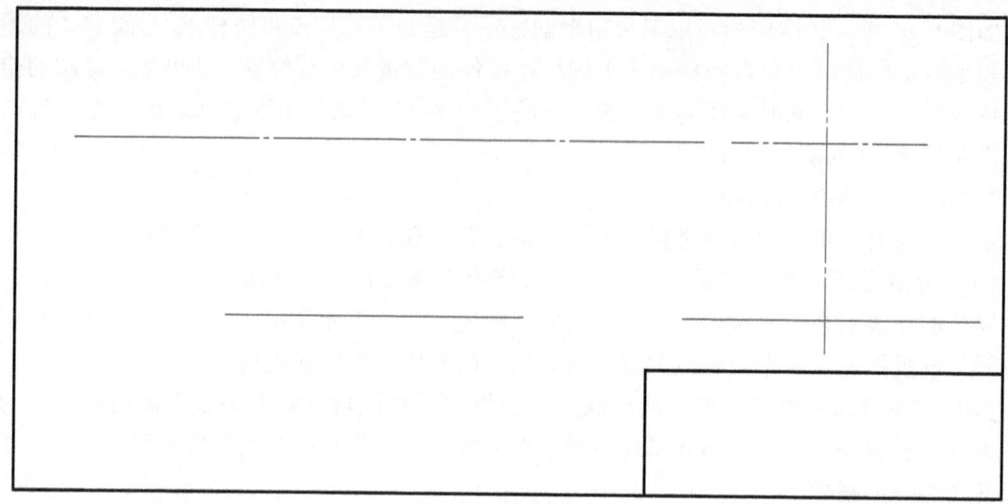

a) 画基准线

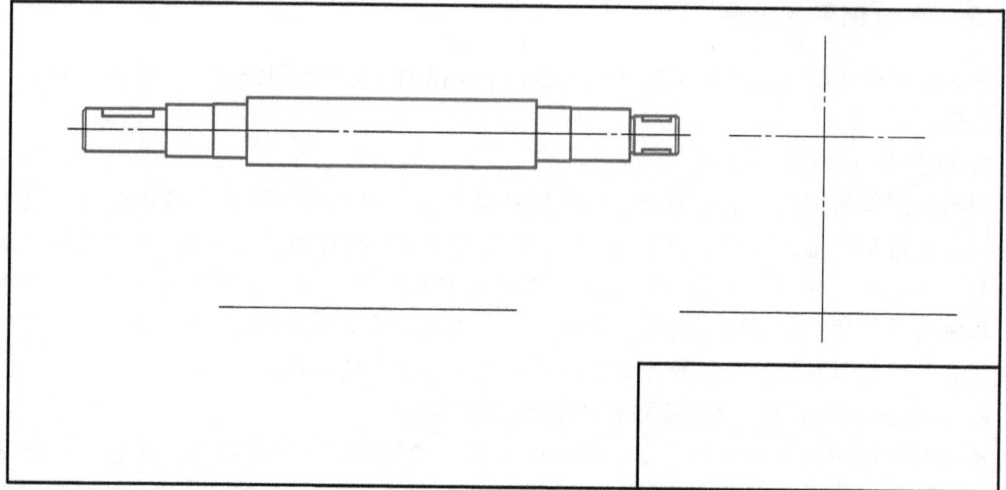

b) 画轴

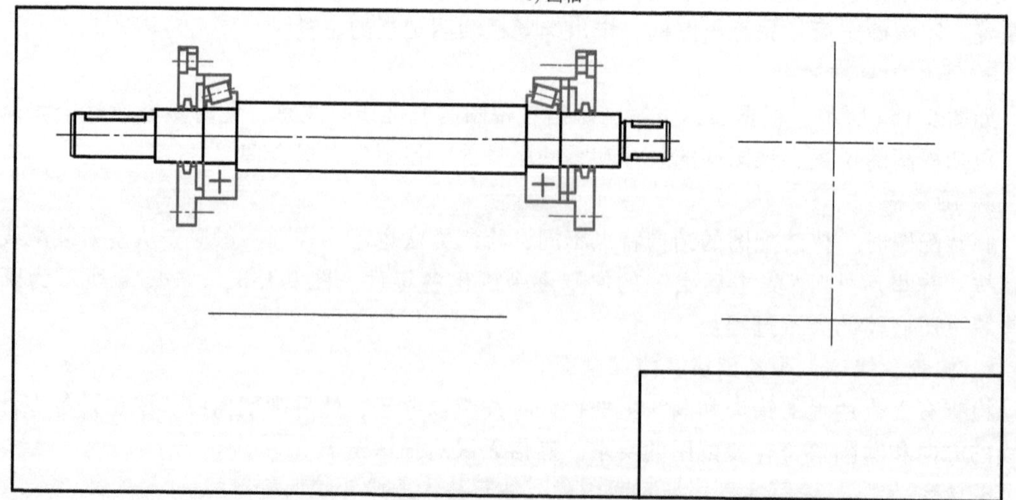

c) 画左侧轴承、端盖和右侧轴承、调整环、端盖

图 9-15　铣刀头装配图的绘图步骤

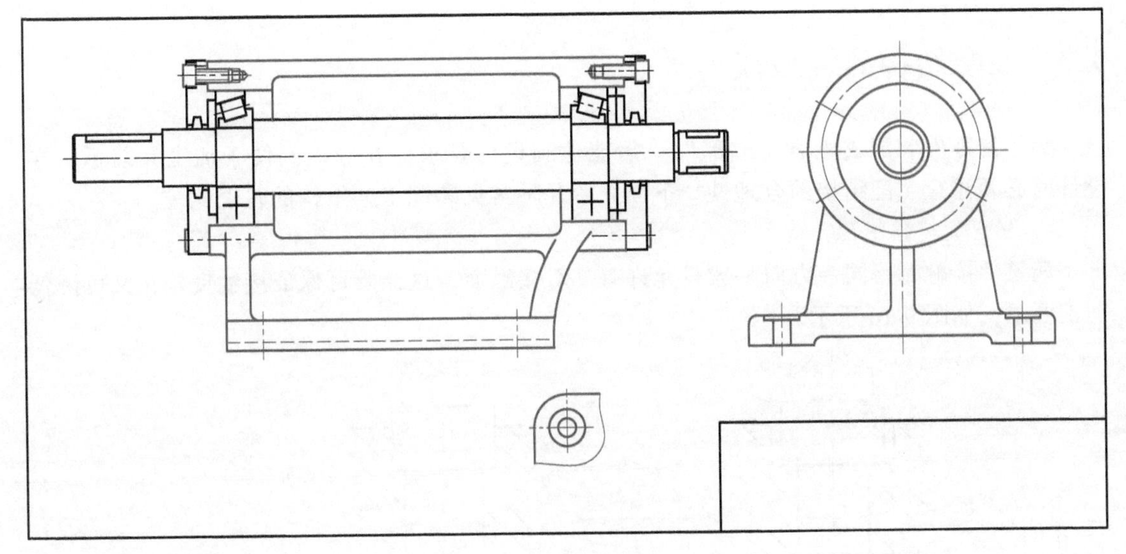

d) 画座体、螺钉等

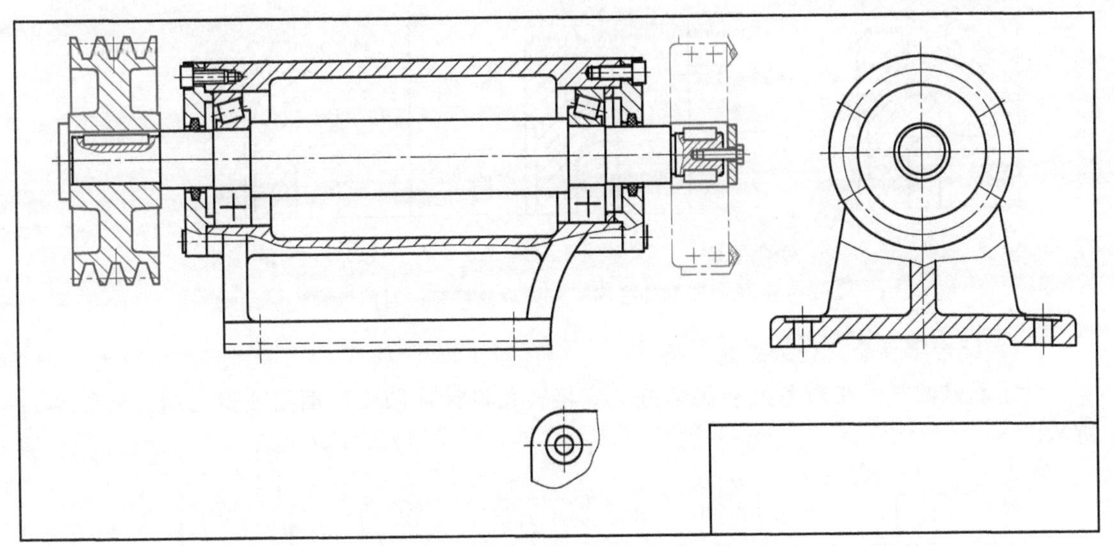

e) 画带轮、铣刀盘、键等

图 9-15　铣刀头装配图的绘图步骤（续）

画装配图时还要注意以下几点：

1）装配图的各视图间要保持对应的投影关系，各零件、各结构要素之间也要符合投影关系。

2）为保证各零件间相互位置的准确，应先画主要装配线中起定位作用的基准件，明确定位基准，再尽可能地从各零件的接触面开始依次绘制各零件轮廓。基准件可根据具体机器（或部件）加以分析判断。

3）画装配图中的每个零件时，应随时检查其与相邻零件间的装配关系，针对接触面、配合面及间隙等不同情况，应正确表达清楚，还应检查零件间有无干涉，如有干涉应及时修正。

9.3　装配结构的合理性

为了使零件装配成机器（或部件）后能达到设计要求，并考虑到便于加工和装拆，在设计时必须注意装配结构的合理性。下面介绍几种常见装配工艺结构的正误比较。

1．配合面与接触面

两零件接触时，同一方向一般只允许有一对接触面，这样既可保证接触良好，又可降低加工要求，如图 9-16 所示。

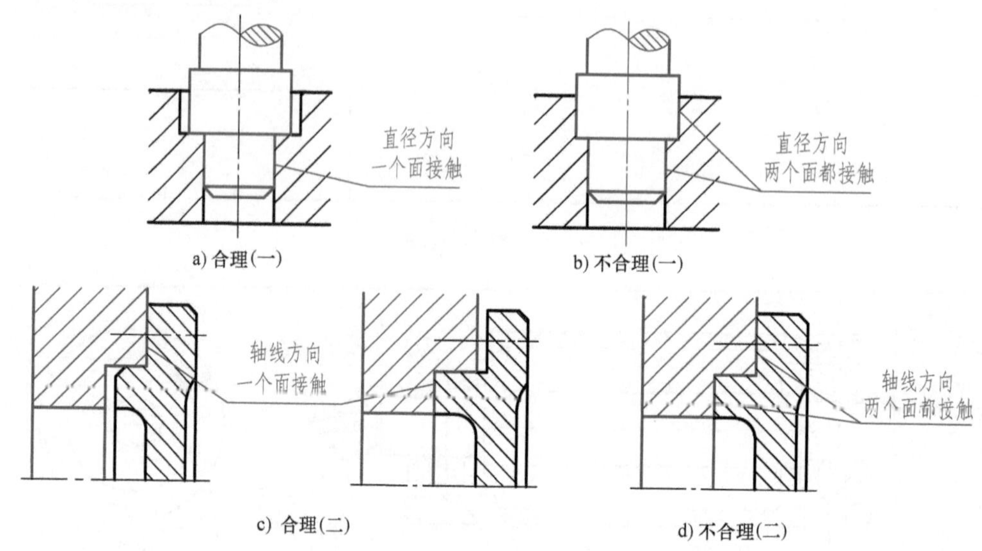

图 9-16　两零件在同一方向只允许有一对接触面

2．相配合零件转角处的工艺结构

为了确保两零件在转角处接触良好，应将转角设计成圆角、倒角或退刀槽，如图 9-17 所示。

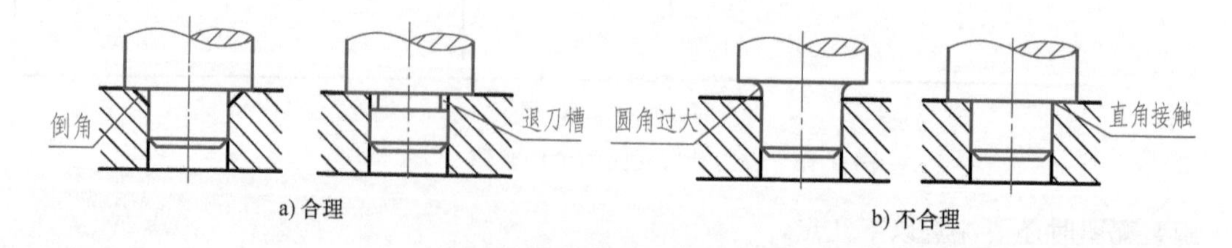

图 9-17　零件转角处设计成圆角、倒角或退刀槽

3．减小加工面积的工艺结构

两零件在保证可靠性的前提下，应尽量减小加工面积，即两零件接触面常做成凸台或凹坑，如图 9-18 所示。

4．圆锥面配合处的结构

由于圆锥面配合能够同时确定轴向和径向位置，因此，在保证圆锥面接触有足够长度的同时，不能再与其他端面接触，以保证配合的可靠性。另外，一般定位销孔应做成通孔，以方便取出，如图 9-19 所示。

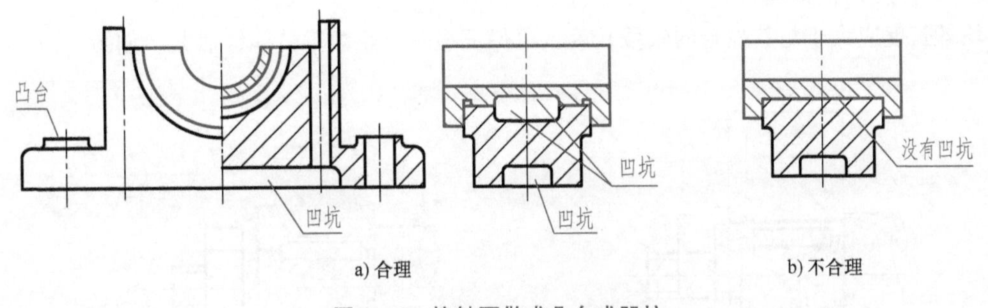

图 9-18　接触面做成凸台或凹坑

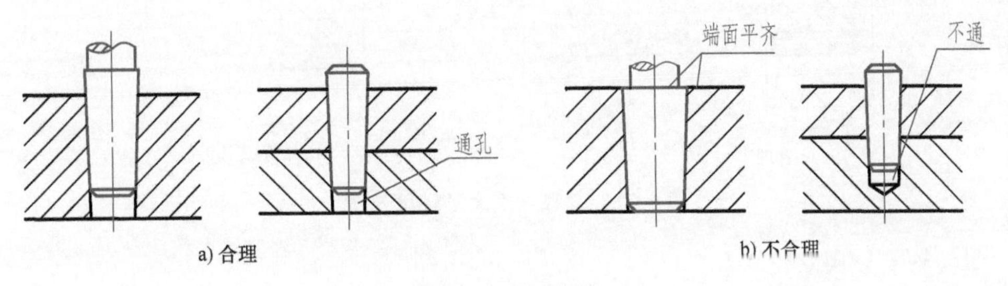

图 9-19　定位销孔

5. 紧固件装配工艺结构

对于螺栓、螺钉连接，考虑到装拆方便，应注意留出装拆空间，如图 9-20 所示。

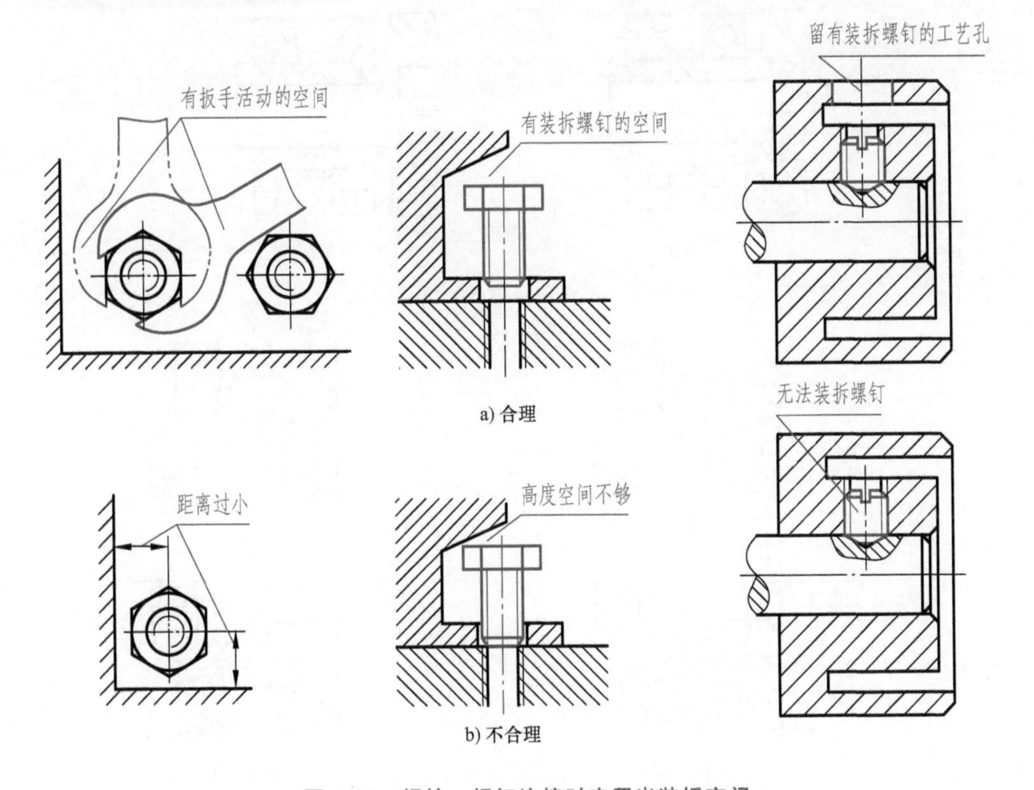

图 9-20　螺栓、螺钉连接时应留出装拆空间

6. 并紧及防松结构

轮毂长度应大于与其配合的轴段长度，以保证垫圈与轮毂零件能够靠紧，如图 9-21 所示。

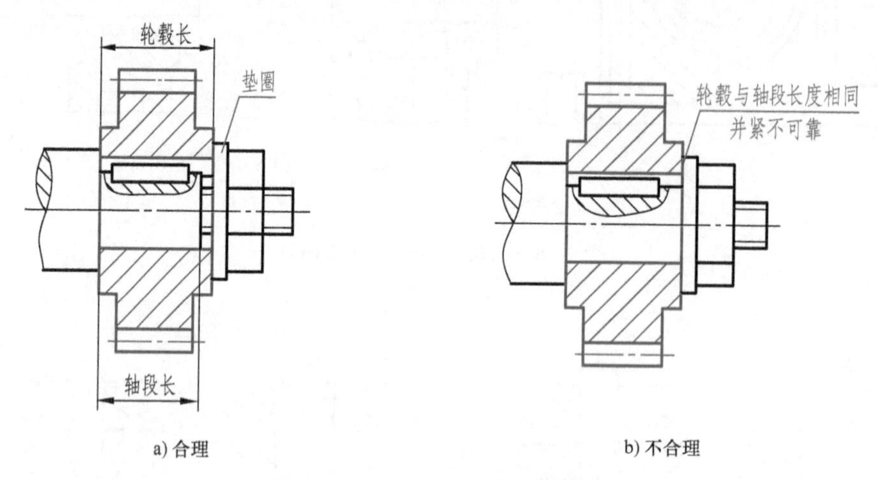

a) 合理　　b) 不合理

图 9-21 轮毂长度大于轴段长度

7. 滚动轴承轴向定位

轴上零件应有可靠的定位装置，以保证零件不在轴上移动。图 9-22a 所示为用轴肩和弹性挡圈固定轴承；图 9-23a 所示的滚动轴承，左侧用轴肩定位，右侧用端盖压紧。

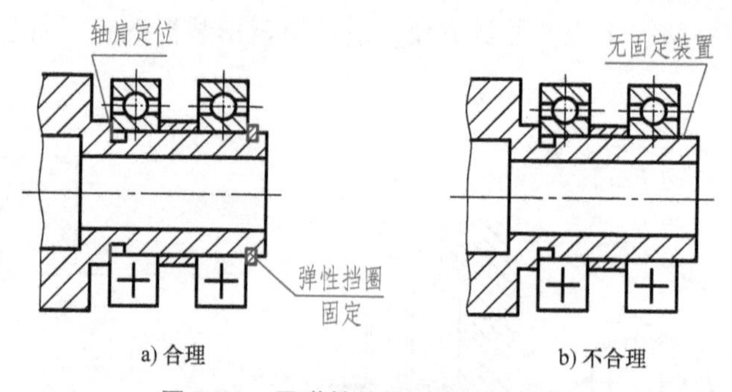

a) 合理　　b) 不合理

图 9-22 用弹性挡圈固定滚动轴承

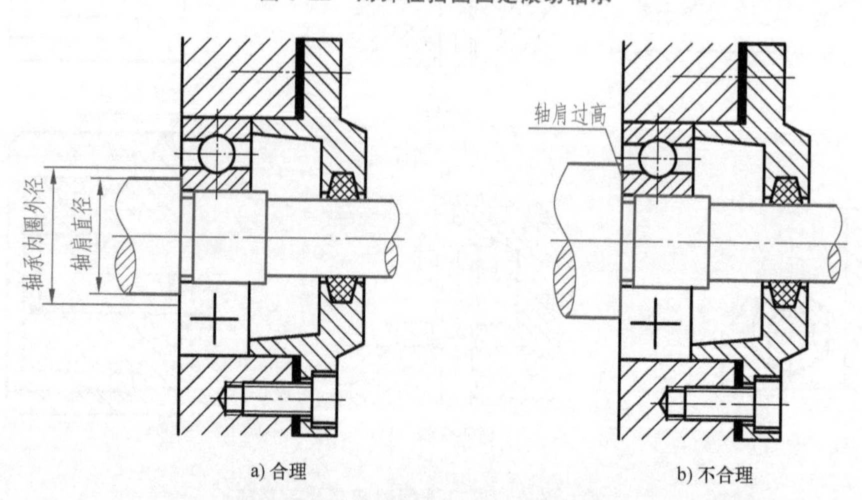

a) 合理　　b) 不合理

图 9-23 用轴肩和端盖定位滚动轴承

8. 考虑零件装拆方便

要考虑零件装拆是否方便，如图 9-22a 和图 9-23a 所示，轴肩直径应小于轴承内圈的外径。

9. 填料密封结构

填料密封结构的填料与轴之间不应留有间隙；而端盖与轴之间应留有间隙（以免轴转动时与端盖摩擦，损坏零件）；同时，填料压盖不要画成压紧的极限状态，应留有压紧的余地，如图 9-24 所示。

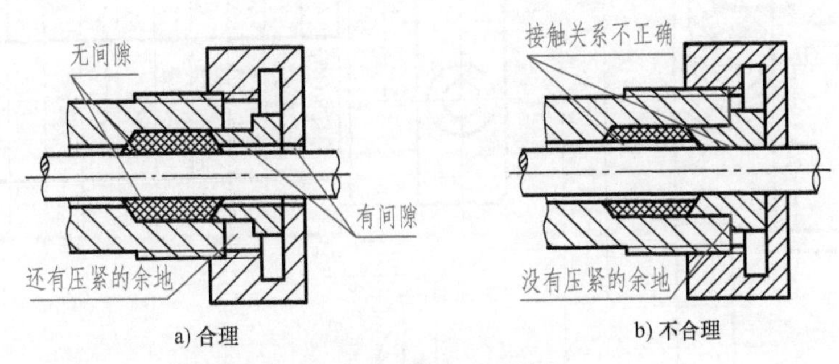

图 9-24　填料密封结构

9.4　读装配图和拆画零件图

在机器（或部件）的设计、装配、技术交流及使用、维修中，都需要读装配图。因此，读装配图是工程技术人员必须具备的基本技能。

9.4.1　读装配图的方法和步骤

1. 读装配图的步骤

读装配图的目的是了解机器（或部件）的性能和工作原理，明确不同零件间的装配关系、各零件的主要结构形状和作用。下面以图 9-25 所示机用虎钳装配图为例，说明读装配图的一般步骤。

（1）概括了解　首先看标题栏，从部件（或机器）的名称可大致了解其用途。通过画图的比例，结合图上的总体尺寸可想象出该装配体的总体大小。再看明细栏，结合图中的序号了解零件的名称、数量等信息，估计部件的复杂程度。从图 9-25 中的标题栏和明细栏等可以概括了解到：该图为机用虎钳装配图，由 11 种零部件组成，属于比较简单的装配体，用于夹紧固定。

（2）分析视图，了解零件间的装配关系　了解各个基本视图、剖视图、断面图等的相互关系及表达意图，为下一步深入读图做准备。图 9-25 中有三个基本视图、一个断面图、*B* 向局部视图、4 : 1 局部放大图。主视图采用全剖，主要表达各零件的装配关系、连接方式、传动关系。左视图采用半剖，半个视图反映外形，半个剖视图主要表达固定钳身 9、活动钳身 7、螺母 6、螺钉 5 和螺杆 4 的装配关系。俯视图主要反映外形，其中的局部剖用于表达钳口板 8 和固定钳身 9 的连接方式。断面图反映螺杆 4 右端的断面形状。局部放大图反映螺杆 4 的牙型。*B* 向局部视图单独表达钳口板 8 的外形。

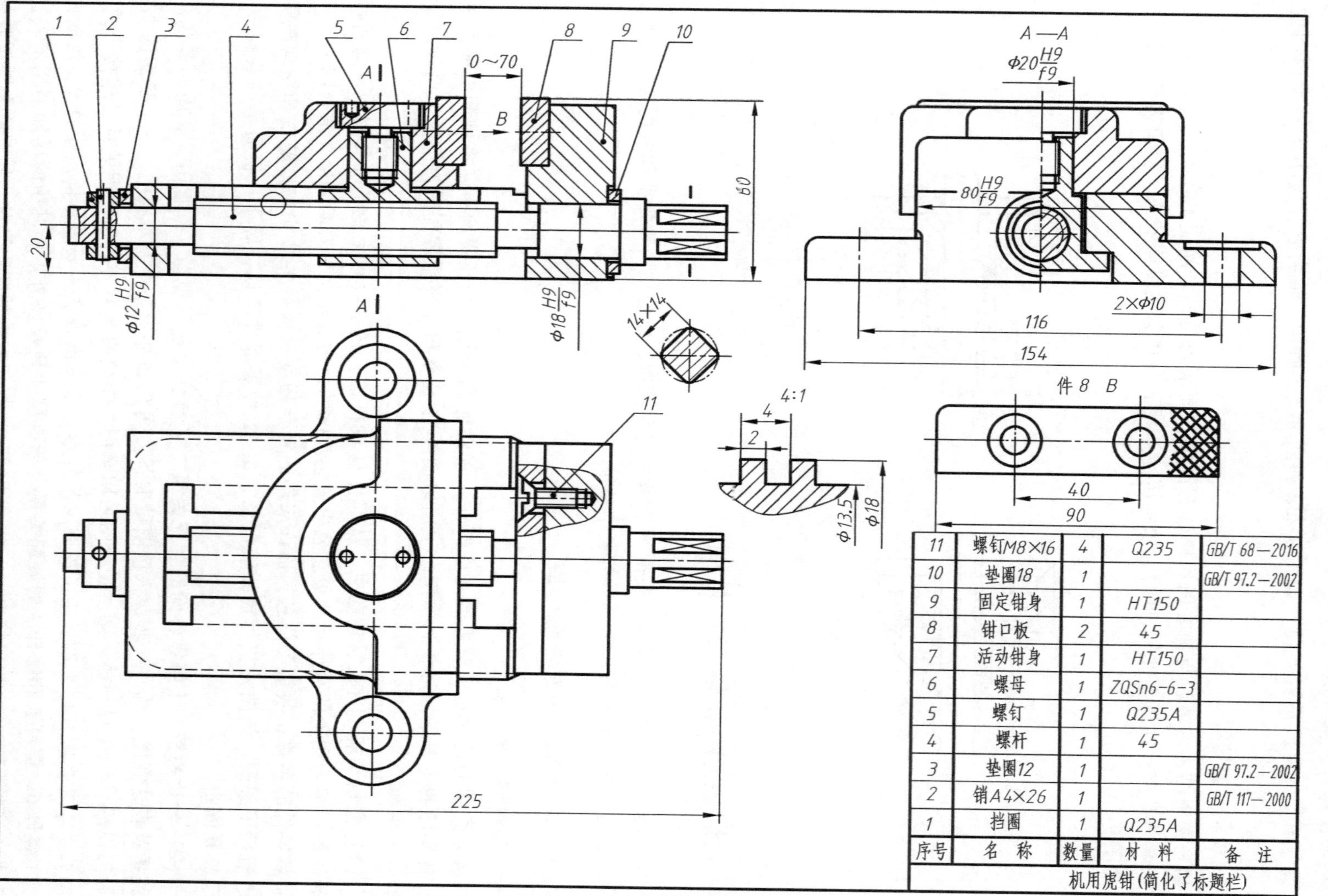

序号	名 称	数量	材 料	备 注
11	螺钉M8×16	4	Q235	GB/T 68—2016
10	垫圈18	1		GB/T 97.2—2002
9	固定钳身	1	HT150	
8	钳口板	2	45	
7	活动钳身	1	HT150	
6	螺母	1	ZQSn6-6-3	
5	螺钉	1	Q235A	
4	螺杆	1	45	
3	垫圈12	1		GB/T 97.2—2002
2	销A4×26	1		GB/T 117—2000
1	挡圈	1	Q235A	
机用虎钳(简化了标题栏)				

图 9-25 机用虎钳装配图

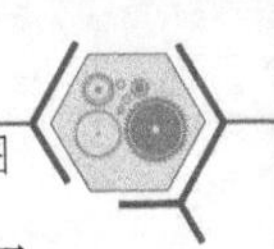

（3）分析工作原理及传动关系　一般从图样上直接分析，当装配体比较复杂时，需要参考说明书或相关资料分析工作原理和传动关系。机用虎钳的工作原理为：旋转螺杆，使螺母沿螺杆轴线做直线运动，螺母带动活动钳身、钳口板移动，实现夹紧或放松。

（4）深入了解零件的主要结构形状及部件的整体结构　前面三个步骤的分析是比较粗略的，下面要进一步深入细致地读图。先把不同的零件区分开，明确每个零件的主要结构形状。要做到这一点，除了利用投影关系想象零件外，还要充分利用机件的表达方法和绘制装配图的一些基本规定。

1）由各零件剖面线的不同方向和间隔来区分零件轮廓。利用这一方法，图 9-25 中的活动钳身 7、固定钳身 9、螺母 6 与钳口板 8 等被剖开的零件就可以被区分开。

2）利用装配图的规定画法、简化画法和特殊表示法来区分零件。在图 9-25 中，利用装配图中标准件和实心件不剖的规定可区分螺杆、螺钉及销等零件；利用特殊结构的画法，可识别螺纹连接、滚花等结构。

3）利用零件的编号对照明细栏，找出零件数量、材料和规格等，帮助了解零件的形状、作用及确定零件在装配图中的位置和范围。

根据投影关系和上述区分零件的方法，就可以想象出各个零件的主要结构形状，进而确定零件的作用和装配方式。例如，螺钉 5 连接螺母与活动钳身，为方便装拆，螺钉头部有两个圆孔。

接下来分析部件的整体结构。机用虎钳由 11 种零件组成。螺杆 4 装在固定钳身 9 上，右侧安装垫圈 10，联合左侧垫圈 3、挡圈 1 和销 2，使螺杆 4 只能在固定钳身的孔内转动而不能沿轴向移动。螺母 6 旋合在螺杆 4 上，通过螺钉 5，螺母 6 和活动钳身 7 连接在一起。活动钳身 7 和固定钳身 9 在钳口部位用两个螺钉 11 固定钳口板 8。至此，机用虎钳的工作原理和各零件间的装配关系更加清楚。图 9-26 所示为机用虎钳的轴测剖视图。

（5）分析尺寸和技术要求　机用虎钳的性能尺寸是 0~70mm，它指明了活动钳身的运动范围。ϕ12H9/f9 和 ϕ18H9/f9 是螺杆 4 与固定钳身 9 的配合尺寸；80H9/f9 是活动钳身 7 与固定钳身 9 的配合尺寸；ϕ20H9/f9 是螺母 6 与活动钳身 7 的配合尺寸。116mm、40mm、ϕ10mm 是安装尺寸。225mm、154mm、60mm 是总体尺寸。局部放大图上的尺寸则是螺杆螺纹部分（非标准螺纹）的规格尺寸。

如果图中有技术要求，还要进一步进行分析。

经过以上步骤，对整个机用虎钳的结构、功能、装配关系和尺寸大小等就有了全面的认识，完成了读图过程。

2. 读装配图的要点

要读懂较复杂的装配图，除了按以上步骤进行分析外，还要注意围绕装配线，分析以下几个要点：

（1）运动关系　包括如何传递运动，哪些零件运动，哪些零件不动，运动的形式如何（转动、移动、摆动、往复……），由哪些零件实现运动的传递。

（2）配合关系　凡有配合的零件，都要明确基准制、配合种类和公差代号。

（3）连接和固定方式　即各零件之间是用什么方式连接和固定的。

（4）定位和调整　包括零件上何处是定位表面，哪些面与其他零件接触，哪些地方需要调整，用什么方法调整等。

（5）装拆顺序 图 9-25 所示机用虎钳的装配顺序：固定钳身 9→右侧垫圈 10→螺杆 4→螺母 6→左侧垫圈 3→挡圈 1→销 2→活动钳身 7→螺钉 5→钳口板 8→螺钉 11。

（6）主要零件的结构形状 想象出主要零件的形状对看懂装配图十分重要。对于少数较复杂的零件，可采用形体分析或线面分析等投影分析方法。

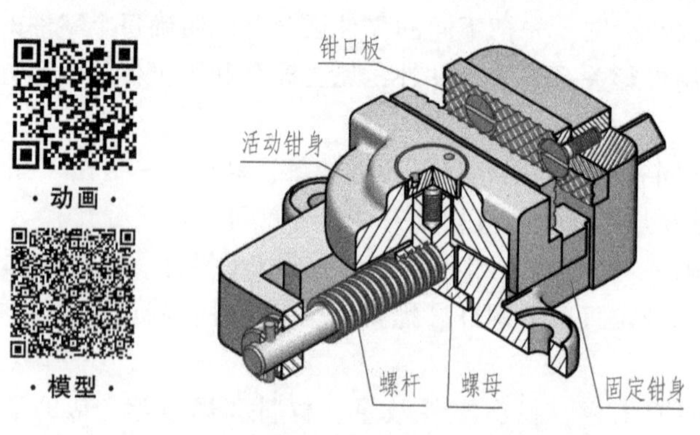

图 9-26 机用虎钳轴测剖视图

9.4.2 由装配图拆画零件图

在设计新机器时，经常是先画出装配图，确定主要结构，然后根据装配图画零件图，即拆画零件图，简称拆图。拆图的过程，也是继续设计零件的过程。下面以机用虎钳中的活动钳身 7 为例，说明拆画零件图的大致步骤。

1. 确定零件的基本形状

首先要看懂装配图，弄清楚所画零件的基本结构形状、大致尺寸及作用，这是拆图的基础。初学者可以先在装配图中划分出零件的主要轮廓，这个轮廓是一幅不完整的图形。由装配图中划分出来的活动钳身的轮廓如图 9-27 中的黑色图线所示。接着根据对装配结构和零件轮廓的理解，想象并补出所缺的图线，如图 9-27 中的红色图线，进一步确认零件的结构形状。

2. 选择表达方案

装配图上的表达方案主要从表达装配关系和整个部件情况来考虑，而零件的表达方案应从零件的形状、作用及加工工艺等各方面综合考虑，可以参考零件在装配图中的表达方式，但不要简单照抄。

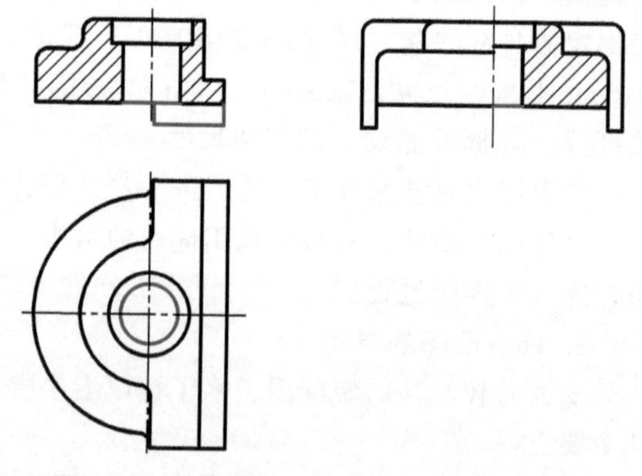

图 9-27 从装配图中直接分离出来活动钳身

图 9-28 所示为机用虎钳中活动钳身的零件图，其主视图的投射方向与装配图中的不同。这个主视图的投射方向能够反映零件的主要加工面及相对位置，同时考虑了布图的合理性。整个表达方案反映了零件的内、外结构特点，并参照了装配图中的画法，主视图采用半剖视，左视图采用全剖视，俯视图采用局部剖视来表达螺纹孔。

3. 画图

表达方案确定后，即可按照通常的绘图步骤画图。

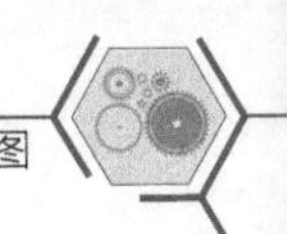

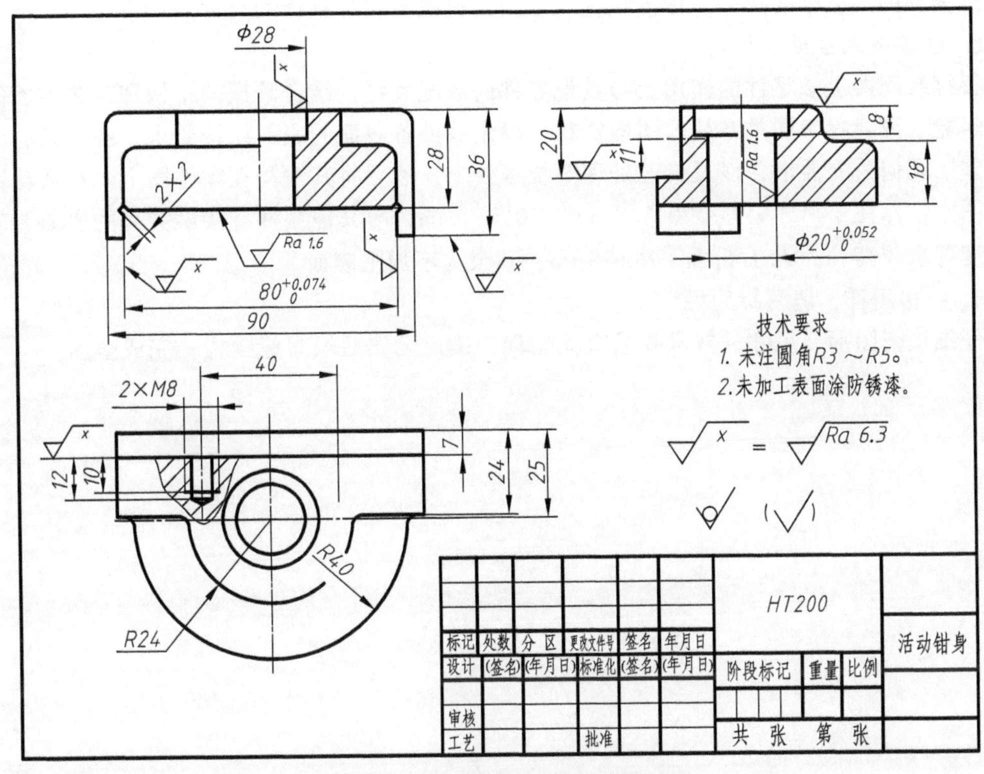

图 9-28　机用虎钳的活动钳身零件图

(1) 零件的尺寸确定　装配图上对零件的尺寸标注不全面，所以拆画零件图时，要确定零件的所有尺寸。可按以下方法确定零件的尺寸：

1）已在装配图上标注出的零件尺寸是与设计和装配有关的尺寸，要全部应用到零件图上。如图 9-28 中的尺寸 ϕ20mm 来源于装配图中的 ϕ20H9/f9；尺寸 80mm 来源于装配图中的 80H9/f9。

2）零件上的工艺结构和标准结构的尺寸应查阅有关标准后确定。诸如倒角、退刀槽、键槽等尺寸均要查表确定。图 9-28 中的 2×M8 及螺纹深度方向的尺寸，依据的是在这一位置装配的标准螺钉的规格尺寸。

3）除零件上的工艺结构和标准结构尺寸外，装配图上没有的尺寸，可在装配图上按比例大小直接量取、计算或根据实际自行确定，但要注意圆整。图 9-28 中的其他尺寸都是从装配图中量取并取整得来的。

(2) 完善零件形状　由于装配图主要表达装配关系，因此对某些零件的形状往往表达不完全，可按以下方法完善零件形状：

1）根据零件的功用、零件结构和装配结构补充完善零件形状，某些局部结构甚至要重新设计。

2）补充画出在装配图上省略的零件上的工艺结构，如倒角、退刀槽、圆角、顶尖孔等。

4. 标注尺寸

要按照零件图的尺寸标注要求标注全部尺寸，包括装配图上已注出的零件尺寸，查阅国

家标准得到的工艺结构尺寸、标准结构尺寸及自行确定或计算出的尺寸。

5. 注写技术要求

根据装配图上该零件的作用及与其他零件的装配关系，结合掌握的结构和工艺方面的知识、经验，或者参考同类产品的图样资料，确定零件各表面的表面结构要求，各要素有无尺寸公差、几何公差要求，以及工艺处理等技术要求，然后将其注写在零件图上。在活动钳身零件图中，标注了尺寸公差 $\phi20^{+0.052}_{0}$mm、$80^{+0.074}_{0}$mm；与其他零件有接触关系的表面，表面粗糙度要求较高：为 $Ra1.6\mu m$、$Ra6.3\mu m$，其余为不加工表面。

6. 校核图样，填写标题栏

仔细检查图形、尺寸、技术要求有无错误，确定无误后填写标题栏，完成全图。

第10章

零部件测绘

测绘就是对现有机器（或部件）进行实物测量，绘制零件草图，然后根据零件草图和测量的尺寸绘制装配图，再由装配图拆画零件图的过程。本章以一级圆柱齿轮减速器为例，介绍测绘的一般方法和步骤。

10.1 测绘的目的、任务和要求

10.1.1 测绘的目的

测绘在生产中的应用比较广泛，主要用来仿制机器（或部件），推广学习先进技术，进行技术改造或修配、技术资料存档与技术交流等。测绘是工程技术人员必须熟练掌握的基本技能。测绘工作需要多方面的知识，如机械设计、金属工艺学、公差与技术测量、金属材料学及热处理等。教学中，在学习机械制图课程阶段所进行的部件测绘，重点在于图形表达、尺寸标注及一般技术要求的标注等。更深入的问题则有待后续课程去完成。

通过零部件测绘这一环节，应达到以下目的：

1）全面、系统地复习已学知识，进一步培养分析问题和解决问题的能力，继续提高绘图技能和技巧，并在测绘中综合应用。

2）熟悉测绘的基本方法和步骤，培养初步的整机或部件测绘能力，为实际生产中的测绘打下基础。

3）学会常用测量工具的使用方法，学会查阅有关资料。

4）为后续课程的课程设计和毕业设计奠定基础。

10.1.2 测绘的任务和要求

测绘开始前，教师和学生都要做一些准备工作。教师准备测绘对象和测量工具，布置任务；学生要准备坐标纸、图纸和绘图用具，熟悉测量工具的使用方法等。根据测绘对象的数目及学生人数，一般将学生分成适当的小组进行测绘。

减速器测绘的具体任务、要求及时间安排（约30学时）见表10-1。

表 10-1　减速器测绘的具体任务、要求及时间安排

参考学时	任　务	具体内容和要求
2	拆卸减速器，画装配示意图	了解减速器的工作原理和装配关系。用专用工具按正确的拆卸顺序拆卸各零件，同时为拆卸下来的每个零件按照先后顺序编号，并做适当记录，区分标准件和非标准件，画出部件装配示意图
12	绘制减速器所有非标准件的零件草图一套	草图要求用坐标纸徒手绘制，注意零件的表达方案应正确。将全部零件草图的图形绘制完成后，再统一测量并标注尺寸，相关零件的关联尺寸要同时注出，避免矛盾。标准件不需要测绘，只需测量尺寸后查阅标准，写出规定标记即可
10	绘制减速器的装配图一张	确定减速器装配图的表达方案，根据测绘的零件图和装配示意图拼画装配图。注意在此过程中要同时修改已测绘的零件图
6	绘制主要零件的零件图	将主要零件整理成零件图。零件图应由装配图中拆画得到，在画零件图的过程中也可参考已绘制的零件草图

10.2　常用测绘工具及零件尺寸的测量方法

10.2.1　测绘工具

1. 拆卸工具

常用的拆卸工具有扳手、锤子、手钳、螺钉旋具等。实际生产中，为拆卸过盈、过渡配合的零件，需要使用专用设备或器具，如压力机、拔轮器等。

2. 测量工具

测量尺寸用的简单工具有钢直尺、外卡钳、内卡钳、螺纹样板、圆角规、塞尺。测量较精密的零件时，要用百分表、游标万能角度尺、游标卡尺、千分尺或其他工具。

钢直尺、游标卡尺和千分尺上有刻度，测量零件时可直接从刻度上读出零件的尺寸。用内、外卡钳测量后，还需用钢直尺测量卡钳口读出零件的尺寸。

10.2.2　常用的测量方法

在测绘中，测量零件的尺寸是一项很重要的内容。选择正确的测量方法和使用准确、方便的测量工具，不但能减小尺寸测量误差，还能加快测绘速度。下面介绍常用的测量方法。

1. 测量直线尺寸（长、宽、高）

直线尺寸一般可用钢直尺或游标卡尺直接量得，如图 10-1 所示。

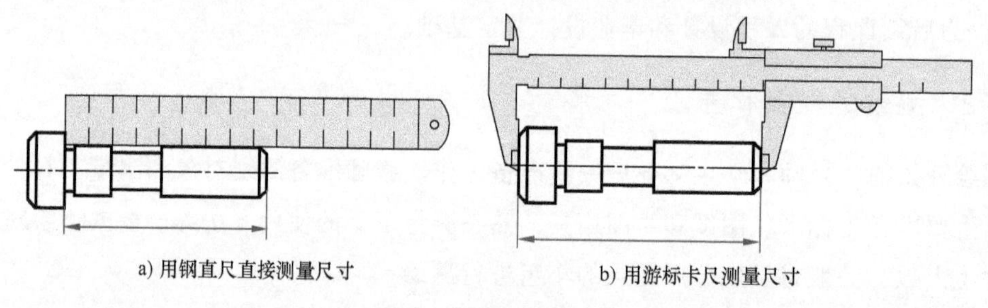

a) 用钢直尺直接测量尺寸　　b) 用游标卡尺测量尺寸

图 10-1　测量直线尺寸

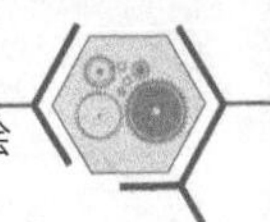

2. 测量回转面的直径

回转面直径尺寸可用内、外卡钳测量，但测绘中常用游标卡尺测量，如图 10-2a、b、c 所示。精密零件用千分尺或百分表测量内、外径，如图 10-2d、e、f 所示。

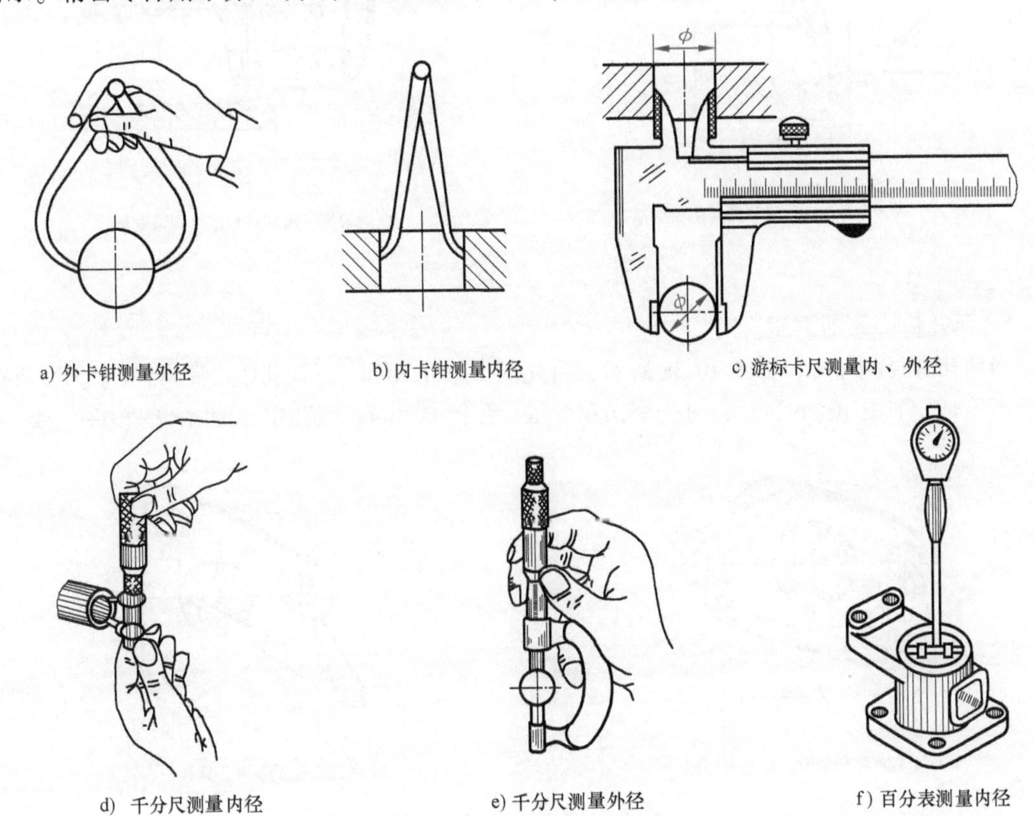

a) 外卡钳测量外径　b) 内卡钳测量内径　c) 游标卡尺测量内、外径

d) 千分尺测量内径　e) 千分尺测量外径　f) 百分表测量内径

图 10-2　测量回转面的直径

3. 深度的测量

深度可以用钢直尺或带有尾伸杆的游标卡尺直接量得，如图 10-3 所示。

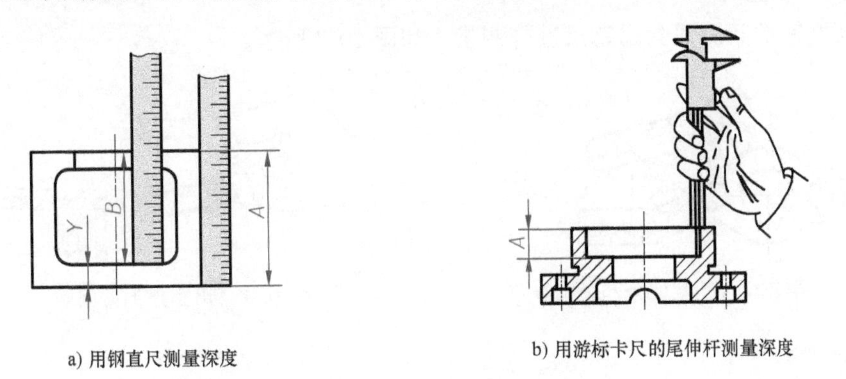

a) 用钢直尺测量深度　b) 用游标卡尺的尾伸杆测量深度

图 10-3　深度的测量

4. 壁厚的测量

壁厚可用钢直尺和外卡钳结合测量，也可用游标卡尺和垫块结合测量，如图 10-4 所示。

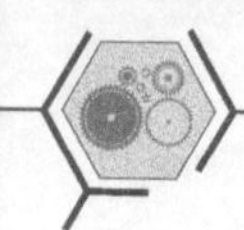

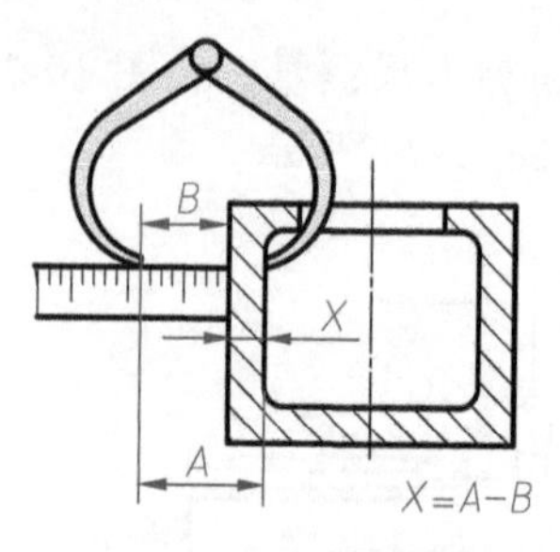

a) 用钢直尺和外卡钳结合测量壁厚

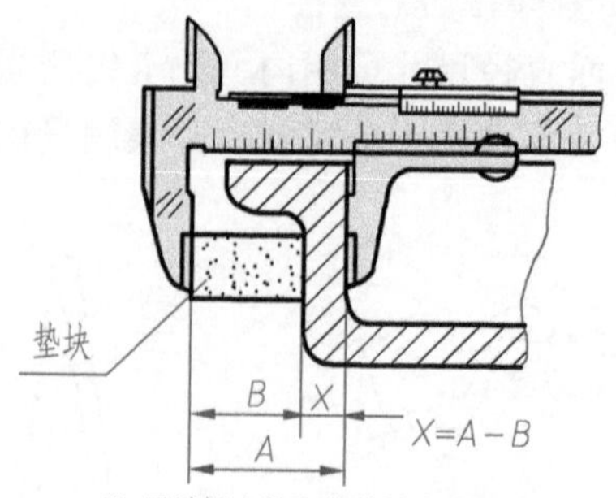

b) 用游标卡尺和垫块结合测量壁厚

图 10-4 壁厚的测量

5. 两孔中心距的测量

当两孔直径相等时，如图 10-5a 所示，可先测出尺寸 K 和 d，则孔中心距 $A=K+d$。当两孔直径不等时，如图 10-5b 所示，可先测出尺寸 K、孔径 D 和 d，则孔中心距 $A=K-(D+d)/2$。

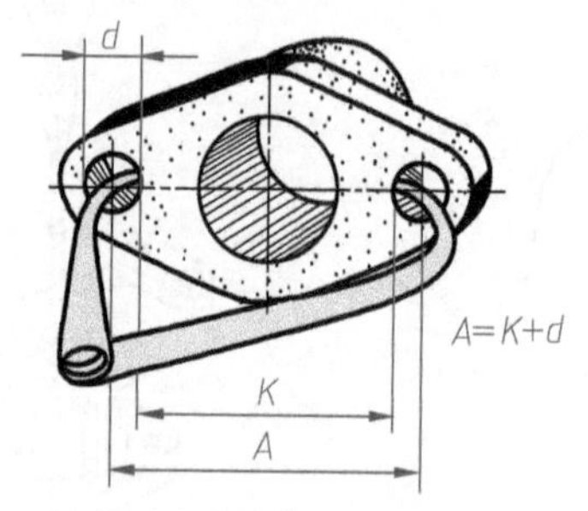

a) 两孔直径相等时测量孔中心距

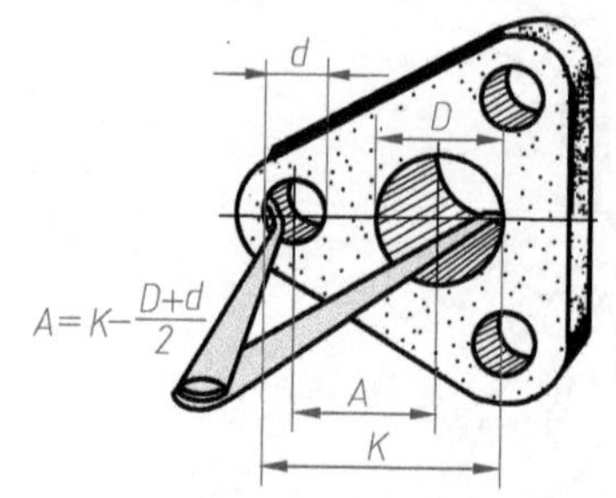

b) 两孔直径不等时测量孔中心距

图 10-5 两孔中心距的测量

6. 圆角和圆弧半径的测量

各种圆角和圆弧半径的大小可用半径样板进行测量，如图 10-6 所示。

7. 间隙的测量

两平面之间的间隙通常用塞尺进行测量，如图 10-7 所示。

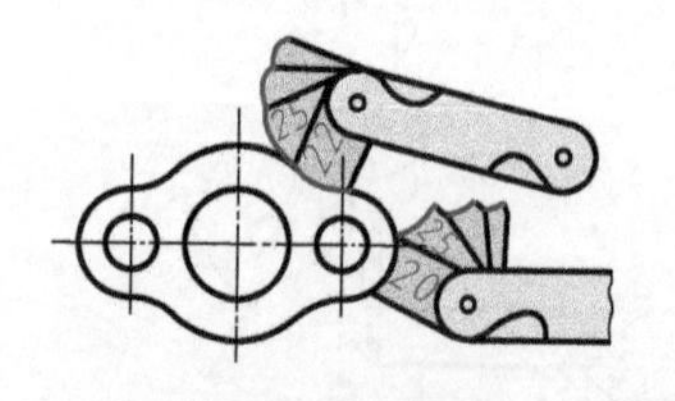

图 10-6 用半径样板测量圆角和圆弧半径

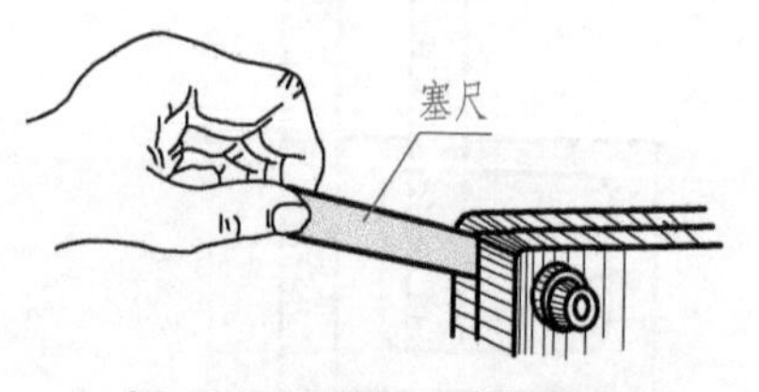

图 10-7 用塞尺测量间隙

8. 角度的测量

角度通常用游标万能角度尺进行测量，如图 10-8 所示。

9. 螺纹的测绘

测绘螺纹时，可采用以下步骤：

1）确定螺纹线数和旋向。

2）测量螺距。可用拓印法，即将螺纹放在纸上压出痕迹并进行测量，如图 10-9a 所示；也可用螺纹规测量，选择与被测螺纹能完全吻合的规片（其上刻有螺纹牙型和螺距）即可直接确定螺距，如图 10-9b 所示。

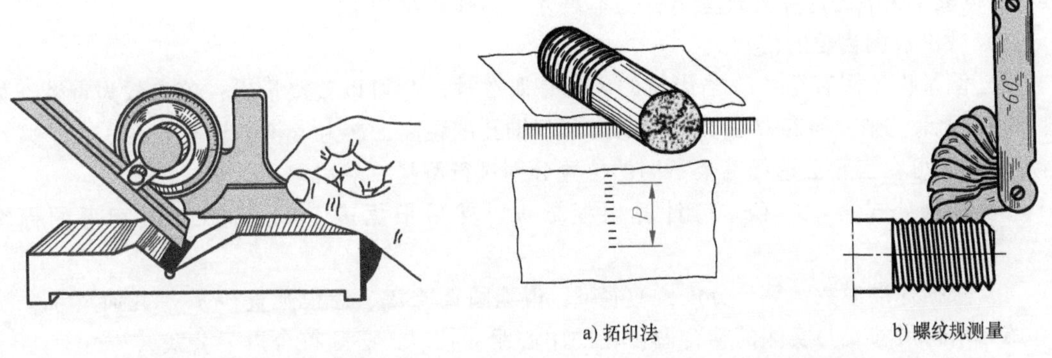

a) 拓印法　　b) 螺纹规测量

图 10-8　用游标万能角度尺测量角度　　图 10-9　螺纹的测绘

3）用游标卡尺测量大径。内螺纹的大径无法直接测得，可先测小径，然后由标准查出大径。

4）查标准，定代号。根据牙型、螺距和大径，查有关标准，定出螺纹代号。

10. 曲线和曲面的测绘

曲线和曲面要求测得很准确时，必须用专门的量仪，如三坐标测量仪等；当要求不太准确时，常用以下三种方法进行测量。

(1) 拓印法　对于柱面部分曲率半径的测量，可用纸拓印其轮廓，得到如实的平面曲线，然后判定该曲线的圆弧连接情况，测量其半径，如图 10-10a 所示。

(2) 铅丝法　对于曲线回转面零件的母线曲率半径的测量，可用铅丝弯成实形后得到如实的平面曲线，然后判定曲线的圆弧连接情况，最后用中垂线法求得各段圆弧的中心，测量其半径，如图 10-10b 所示。

(3) 坐标法　一般的曲线和曲面都可用钢直尺和三角板定出曲面上各点的坐标，在图上画出曲线，或求出曲率半径，如图 10-10c 所示。

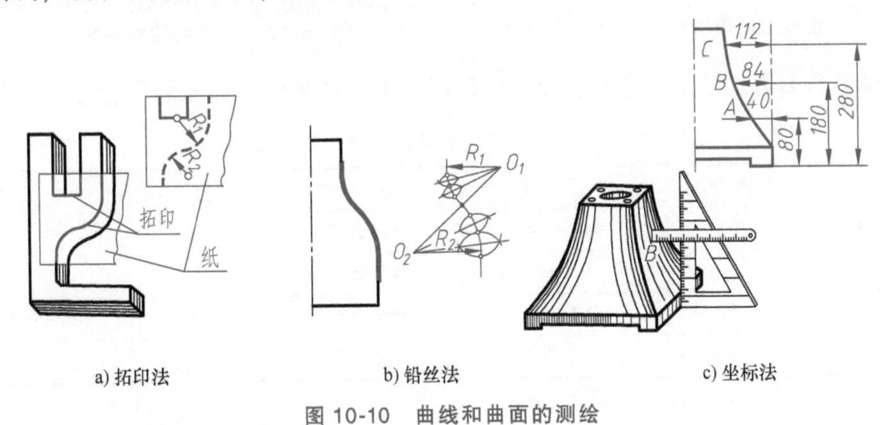

a) 拓印法　　b) 铅丝法　　c) 坐标法

图 10-10　曲线和曲面的测绘

11. 标准圆柱齿轮的测绘

这里所讲的齿轮测绘方法，只适用于技术要求不高的标准齿轮。

齿轮测绘时，除轮齿外，其余部分与一般零件的测绘方法相同，因而这里只介绍圆柱齿轮轮齿部分的测绘方法。

（1）直齿圆柱齿轮（直齿轮）**的测绘**　测绘直齿轮时，主要是确定齿数 z 与模数 m，然后根据表 7-5 中的计算公式算出各基本尺寸，具体步骤如下：

1）数出被测齿轮的齿数 z。

2）测量齿顶圆直径 d_a。当齿轮的齿数是偶数时，d_a 可以直接量出；若齿数为奇数，如图 10-11 所示，则 $d_a=2e+D$，其中 e 是齿顶到轴孔的距离，D 为齿轮的轴孔直径。为了减小测量误差，可在齿轮上选择三个不同的位置分别进行测量，然后取平均值。

3）根据公式 $m=d_a/(z+2)$ 计算出模数 m，然后根据表 7-4，选取与其相近的标准模数。

4）根据标准模数，算出分度圆直径 d、齿顶圆直径 d_a、齿根圆直径 d_f 等几何尺寸。

5）所得尺寸要与实测的啮合两齿轮的中心距 a 核对，必须符合以下公式

$$a=d_1/2+d_2/2=mz_1/2+mz_2/2=m(z_1+z_2)/2$$

式中，d_1、z_1 是齿轮 1 的分度圆直径和齿数；d_2、z_2 是齿轮 2 的分度圆直径和齿数。

6）测量其他各部分尺寸。

（2）斜齿圆柱齿轮（斜齿轮）**的测绘**　斜齿轮的轮齿与轴线有一倾角 β，称为螺旋角。因此，它的端面齿形与法向（垂直于齿向）齿形不同。由此而出现端面模数 m_t、端面齿距 p_t 与法向模数 m_n、法向齿距 p_n，如图 10-12 所示。它们的尺寸关系为

$$p_n=p_t\cos\beta, m_n=m_t\cos\beta$$

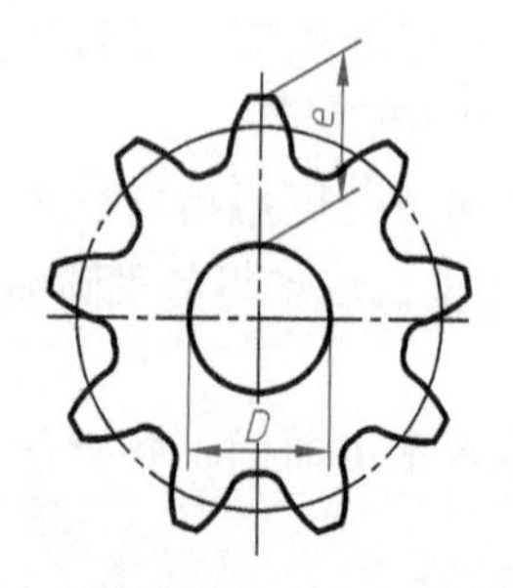

图 10-11　齿数为奇数时齿顶圆直径的测量

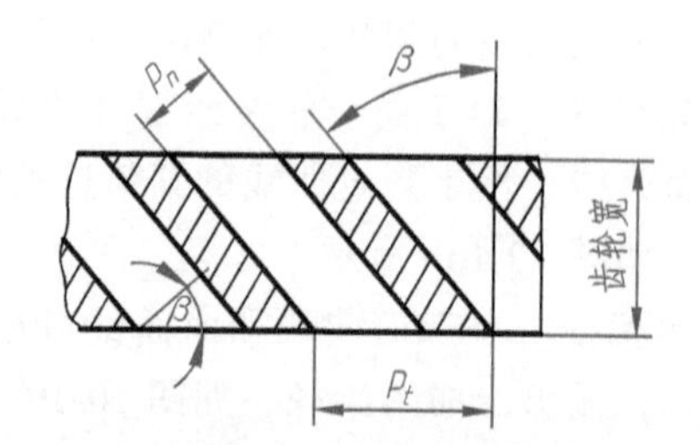

图 10-12　斜齿轮的螺旋角

法向模数是斜齿轮的主要参数，设计时取标准值。斜齿轮各部分的尺寸关系见表 10-2。

表 10-2　斜齿轮各部分尺寸的计算公式

名　称	符号	计 算 公 式	名　称	符号	计 算 公 式
法向齿距	p_n	$p_n=m_n\pi$	分度圆直径	d	$d=m_nz/\cos\beta$
齿顶高	h_a	$h_a=m_n$	齿顶圆直径	d_a	$d_a=d+2m_n$
齿根高	h_f	$h_f=1.25m_n$	齿根圆直径	d_f	$d_f=d-2.5m_n$
齿高	h	$h=2.25m_n$	中心距	a	$a=m_n(z_1+z_2)/(2\cos\beta)$

注：法向模数 m_n、齿数 z、螺旋角 β 为基本参数。

测绘斜齿轮时，主要是确定出基本参数：齿数 z、法向模数 m_n、螺旋角 β，然后根据表 10-2 中的有关计算公式，算出各基本尺寸，其步骤如下：

1）数出被测量齿轮的齿数 z。

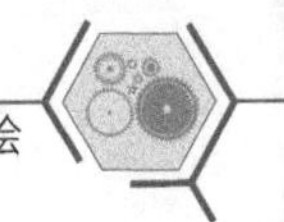

2）测量出齿顶圆直径 d_a 和齿根圆直径 d_f（方法与测绘直齿轮时相同）。

3）由 $d_a=d+2m_n$ 和 $d_f=d-2.5m_n$，则 $m_n=(d_a-d_f)/4.5$，算出法向模数 m_n。算出的模数应按照表7-4选取与其相近的标准模数。

4）由 $d_a=d+2m_n$，算出分度圆直径 $d=d_a-2m_n$。

5）由 $d=m_nz/\cos\beta$ 算出螺旋角 β，并记下螺旋线的旋向。

6）所得螺旋角 β 要与实测的中心距 a 核对，必须符合以下公式

$$a=d_1/2+d_2/2=m_t(z_1+z_2)/2=m_n(z_1+z_2)/(2\cos\beta)$$

7）测量其他各部分尺寸。

10.3　一级圆柱齿轮减速器的测绘步骤

10.3.1　了解减速器

测绘开始时，首先要了解被测对象（机器或部件）。通过观察和研究被测对象及参阅有关产品说明书等资料，了解被测对象的功用、性能、工作运动情况、结构特点，零件间的装配关系，零件的形状、作用及装拆方法等，这对于零件的测绘和装配图的绘制都非常重要。

1. 减速器的工作原理

减速器是通过装在箱体内的一对或多对啮合的齿轮，由小齿轮带动大齿轮，以降低大齿轮轴转速的一种部件。

啮合齿轮的对数称为减速器的级数。图10-13所示减速器中只有一对啮合的直齿轮，故称为一级直齿轮减速器。

2. 减速器的结构

图10-13所示减速器有两个轴系，两轴分别由滚动轴承支承在箱体中。箱体前后对称，轴承和端盖以对称位置安装在齿轮的两侧。轴承内圈与轴、外圈与箱体座孔一般采用过渡配合。四个端盖分别嵌入箱体座孔的环槽内（这种端盖称为嵌入式端盖），从而确定了轴和轴上零件的轴向位置。装配时，只需修磨两轴上调整环的厚度，就可使轴向间隙达到设计要求。

箱体采用剖分式，沿齿轮轴线所在平面分为机盖和机体，两者采用普通螺栓连接。为使机盖和机体对正，在机盖和机体左右两边凸缘处的对角位置采用两圆锥销定位。箱体轴承孔和端盖孔要求有较高的同轴度，为保证精度，应将机盖和机体合在一起加工这些孔。

机体内装有全损耗系统用油（润滑油），供齿轮啮合润滑。液面高度通过油标尺观察。机体底面有斜度，放油螺塞孔低于机体底面，以便清洗时旋下螺塞能放尽油泥。为了密封，螺塞和螺塞孔一般采用细牙螺纹。

机盖上有窥视孔，用螺钉装配视孔盖，拆去视孔盖可检验齿轮磨损情况或加润滑油。

为了防止机盖与机体的结合面渗漏油或者为轴承汇集润滑油，有些减速器的机体结合面四周会铣出（或铸出）回油槽。为了减小由传动件工作时使箱体内温度升高而增大的压力，有些减速器的视孔盖上设计有通气塞。

较大减速器箱体的左右两边会有两个吊钩（或吊孔），用于起吊运输。

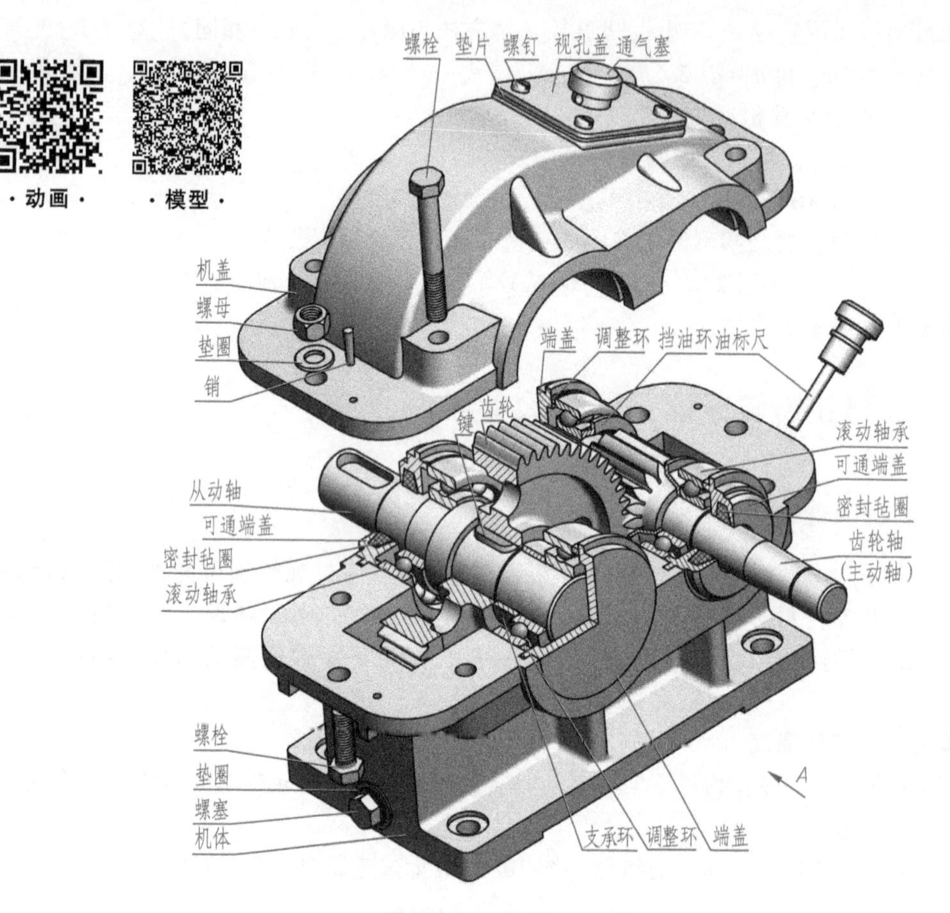

图 10-13　减速器立体图

10.3.2　拆卸减速器

拆下连接机盖与机体的螺栓，将机盖拿掉。若有起盖螺钉，则可以拧动它将机盖顶起再拿掉。对于轴系上的零件，整个取下该轴系，依次拆下各零件。其他各部分的拆卸比较简单，不再赘述。

装配时，按照后拆的零件先装、先拆的零件后装的顺序，即可完成装配。

拆卸零件必须按顺序进行，还要注意以下事项：

1）拆卸时要选用合适的拆卸工具，不可盲目敲打，以免损坏零件。对于不可拆的连接（如焊接、铆接、过盈配合连接）一般不要拆开；对于较紧的配合或不拆也可测绘的零件，尽量不拆，以免破坏零件间的配合精度，并可节省测绘时间。

2）对拆下的零件，要及时按顺序编号，加上号签并妥善保管，以防止螺钉、垫片、键、销等小零件丢失。对于精度较高的重要零件，要防止碰伤、变形和生锈，以便再装时仍能保证部件的性能和精度要求。

3）拆卸零件时，要测量并记录必要的原始数据（几何精度、主要间隙、活动范围等），以便重新装配后能够恢复原有性能。

4）对于结构复杂的部件，为了便于拆卸后装配复原，最好在拆卸时绘制部件装配示意图。

10.3.3　绘制装配示意图

装配示意图是在机器（或部件）拆卸过程中所画的记录图样，是绘制装配图和重新进行装配的依据。它应表达出所有零件之间的相对位置、装配与连接关系、传动路线等。

装配示意图的画法没有严格的规定，通常用简单的线条画出零件的大致轮廓，有些零件可参考机构运动简图符号（查阅相关国家标准）画出。绘制示意图时，把装配体看成是透明体，既要画出外部轮廓，又要画出内部结构。对零件的表达一般不受前后、上下等层次的限制，可以先从主要零件着手，依次按装配顺序将其他零件逐个画出。示意图一般只画一两个视图，而且接触面之间应留有间隙，以便区分不同的零件。

装配示意图上应按顺序编写零件序号，并在图样的适当位置按序号注写零件的名称及数量，也可以直接将零件名称注写在指引水平线上。零件的序号、名称应与拆卸时加上的号签一致。

减速器装配示意图如图10-14所示。示意图中轴、轴承、键、齿轮等都是按照机构运动简图符号画出的，机体、机盖等零件没有规定的符号，则只画出大致轮廓，视图之间仍然遵循投影的对应关系。

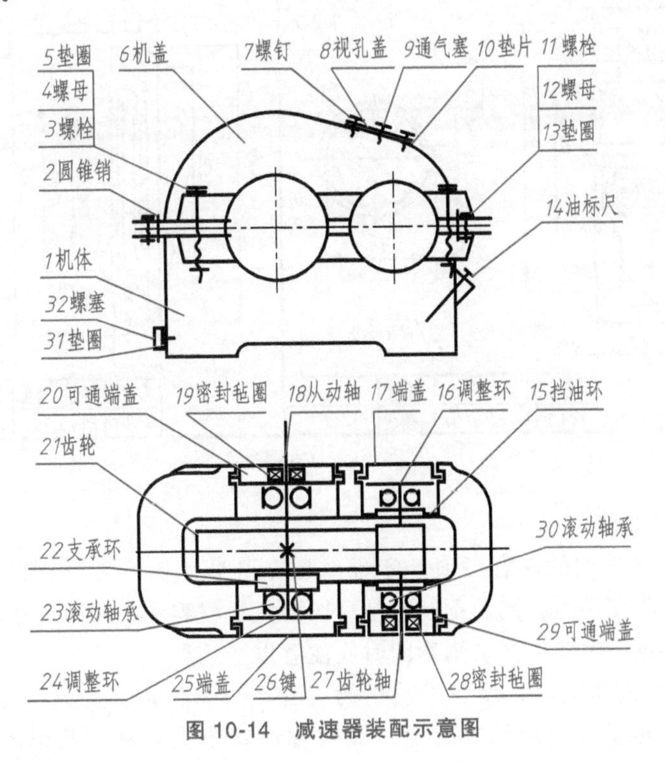

图10-14　减速器装配示意图

10.3.4　绘制非标准件的零件草图

1. 零件草图布置

在草图纸上绘制零件草图时，为了使相关零件标注尺寸正确、相互协调，方便绘制装配图时参考，同时又节省图纸，通常在一张草图纸上绘制若干相关零件草图。各个零件草图可根据图形的大小在纸上灵活布置。草图中可采用简易标题栏，只说明零件名称或示意图中的序号及零件材料即可。图 10-15 所示为将减速器上几个零件草图绘在一张纸上的示例。

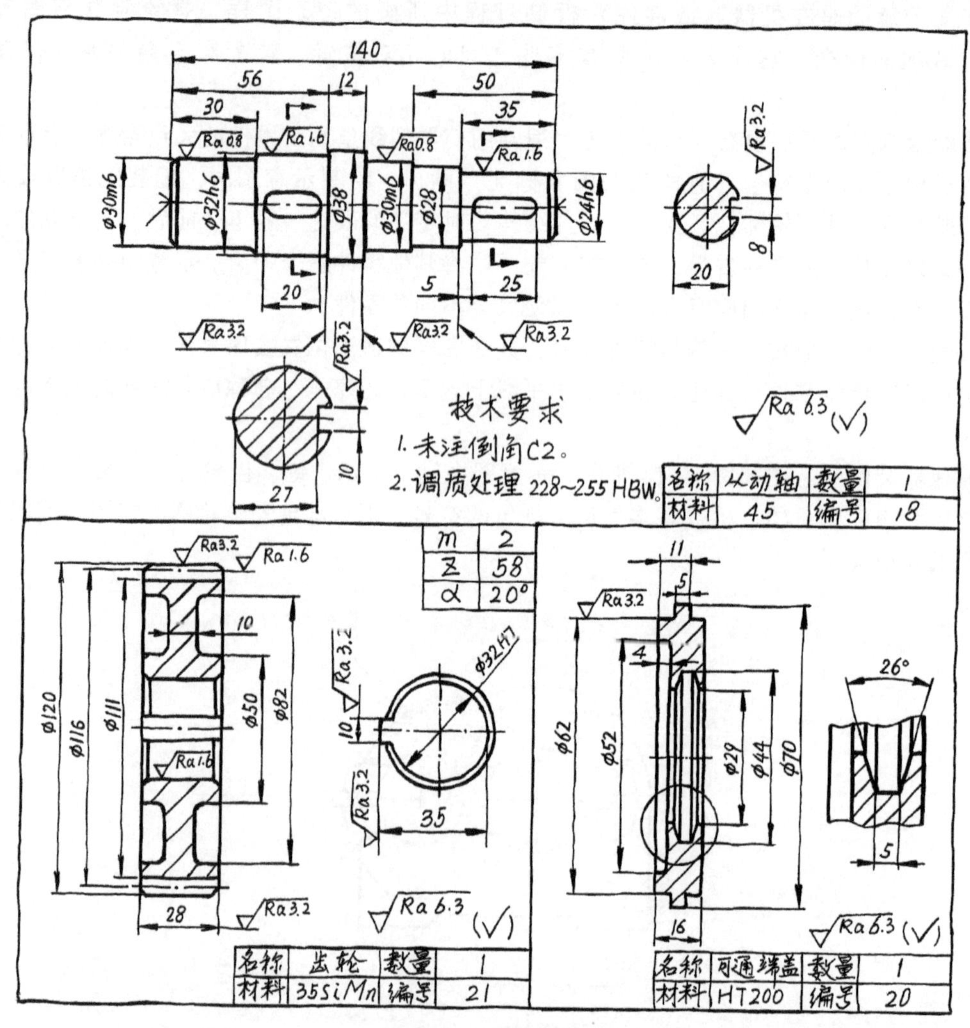

图 10-15 草图示例

2. 绘制零件的草图

(1) 绘制零件草图时的注意事项 零件草图是画装配图和零件图的依据。它的内容、要求、画图步骤都与零件图相同，不同的是草图要凭目测零件各部分尺寸比例徒手绘制。一般先画好图形，再进行尺寸标注。画草图时应注意以下几点：

1）画非标准件的草图时，所有工艺结构（如倒角、凸台、退刀槽等）都应画出。但制造时产生的误差或缺陷不应画在图上，如对称形状不太对称、圆形不圆以及砂眼和裂纹等。

2）对于零件上的标准结构要素（如螺纹、键槽等）的尺寸，在测量以后应查阅有关国家标准核对确定。对于零件上的非加工面和非主要尺寸，测量后应圆整为整数。如果零件（或结构）有国家标准尺寸系列，测量后确定的尺寸要符合该系列。

3）对于两零件的配合尺寸和互有联系的尺寸，应在测量后同时填入两个零件的草图

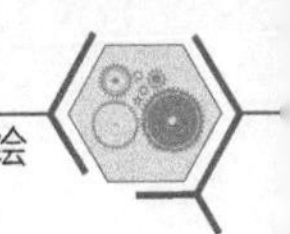

中，以保证相关尺寸的协调一致，并节约时间和避免差错。

4）零件的技术要求，如表面结构、公差与配合、几何公差、热处理方式和硬度要求、材料牌号等，可根据零件的作用、工作要求确定，也可参阅同类产品的图样和资料类比确定。

5）标准件可不画草图，但要测出主要参数的尺寸，然后查有关标准，确定标准件的类型、规格和标准代号。

如果测绘对象是教学模型，则应注意：一般教具与实际工程对象相比结构完全仿真、体积较小、制作比较粗糙；为便于装拆，各配合连接处都较松；为了轻巧、防锈，用料也与实际工程对象不符。因此，草图上的有关技术要求的内容，应在教师的指导下，参考相关资料注出。

（2）减速器中主要零件的表达方案　参考第8章中四类典型零件的表达方案，分析所画零件的结构类型，然后根据其形状结构及在减速器中的位置、作用，采用合适的表达方法。

实际绘草图时，为了提高绘图速度及准确性，对于一些较轻、较小的零件，可直接在纸上拓印其轮廓。

1）主、从动轴。因主动齿轮径向尺寸较小，将其与轴制成一体，称为主动齿轮轴。从动轴为阶梯轴。按轴套类零件绘制主、从动轴的草图，注意正确表达出轴上键槽和主动齿轮轴上的轮齿。

2）大齿轮。大齿轮多为辐板连接轮齿和轮毂，辐板上常有均布的减轻孔。按前文10.2.2一节中“标准圆柱齿轮的测绘”中的方法测量齿轮的齿数和模数等参数。按轮盘类零件确定其表达方法，注意正确表达出轮毂上轴向贯通的键槽及辐板上的减轻孔。

3）机盖、机体。机盖、机体是减速器中最复杂的零件，用于承载和包容两轴系。在绘制其草图（或零件图）时，一般要采用两个基本视图结合局部视图或采用三个基本视图才能将其表达清楚。除了要准确绘制机盖、机体的主要外形轮廓和内腔结构外，还要在相应的视图中对机盖和机体上的螺栓孔、安装孔、定位销孔、箱盖的窥视孔、起盖螺钉孔及箱体的油标尺孔、排油孔进行表达并定位。在这些孔的轴线视图中常采用局部剖。对于多个相同的孔，一般只表达一个，其余用细点画线表示。绘图时，还要注意机盖、机体的铸造工艺结构和机械加工工艺结构，如圆角、螺栓孔和凹坑等。

4）轴承端盖。分为可通端盖和不通端盖，也可分为嵌入式端盖和凸缘端盖。本例所示的端盖为嵌入式端盖，它通过端盖外缘上的凸肩嵌入箱体的座孔环槽内。端盖按轮盘类零件绘制草图，主视图一般采用轴线水平放置，且为剖视图。

5）挡油环。减速器的滚动轴承采用润滑脂润滑，大、小齿轮的啮合通过大齿轮浸油来润滑。挡油环可避免大齿轮将油池中的油飞溅至滚动轴承而稀释润滑脂，降低轴承的润滑效果。挡油环按轮盘类零件绘制草图。

6）调整环。调整环的作用是调整轴上零件的轴向定位和调整滚动轴承的轴向间隙。调整环按轮盘类零件绘制草图，可用一个视图加尺寸来表达。

7）支承环。支承环的作用是定位轴上的齿轮，其草图的绘制方法与调整环相同。

8）视孔盖。视孔盖常用钢板或铸件制成（教学模型一般采用透明材料），按轮盘类零件绘制草图。

9）通气塞。通气塞内一般制有轴向和径向垂直贯通的孔，既保证箱体内外通气，又可防止灰尘进入箱内。由于通气塞较小，可采用放大的比例绘图，并采用剖视图表达其垂直贯通的孔。

10）油标尺。油标尺用来测量箱体内的液面高度，可采用放大的比例绘制草图。

(3) 在零件草图中标注尺寸 绘制草图的同时，应引出零件所有尺寸的尺寸界线、尺寸线，以备标注尺寸。草图绘完后，用测量工具逐个测量每个零件，并将所得尺寸标注在草图上。注意：尺寸要标注齐全，涉及零件间相互配合、装配的尺寸不能产生矛盾。例如，机盖、机体要测量的尺寸较多，不能缺少，尤其与两个轴承孔相关的定形和定位尺寸要准确，否则绘制装配图时会出现矛盾。另外，零件上的标准化结构如退刀槽、键槽、倒角、圆角、螺纹、齿轮等，在测出尺寸后应查相应国家标准，取最相近的标准值后标注在图中。

(4) 注写草图上的技术要求 草图上也应注写零件的尺寸公差、表面结构、几何公差、材料和热处理方式等要求。可根据零件的作用和工作要求，在教师的指导下，查阅相关资料或参考同类产品的图样类比确定。

(5) 填写简易标题栏 在每个零件草图的右下方，画一个简易标题栏，填写零件的名称、材料、数量和编号等。

10.3.5 确定标准件的规格

轴承、螺栓、螺母、键、定位销和起盖螺钉等都是标准件，应测量其主要参数的尺寸，然后查阅相关国家标准确定其规格标记并做好记录。

轴承的主要参数为内径、外径及宽度。螺纹连接件的主要参数是其长度和螺纹的公称直径、螺母的厚度等。键的主要参数为键宽及键长。销的主要参数为小端直径及长度。

10.3.6 画装配图和拆画零件图

1. 绘制装配图

依据零件草图及装配示意图，选择适当的表达方案画装配图。

(1) 确定表达方案 通常情况下，宜采用以下视图表达减速器。

1）主视图应符合减速器工作位置，重点表达其外形轮廓。注意区分机盖、机体，其结合面要画粗实线。对螺栓连接、销连接采用局部剖，表达出机盖和机体之间的装配连接关系。对视孔盖采用局部剖，可显示机盖的壁厚、视孔盖的厚度、视孔的长度等。注意：表达视孔盖与机盖的螺钉连接时，要采用剖中剖。对放油螺塞部位、油标尺部位采用局部剖，可显示放油螺塞、油标尺的安装情况，同时可显示机体的壁厚、液面高度等。

2）俯视图采用沿机盖和机体的结合面剖切的画法，重点表达两轴系的装配关系、零件之间的相互位置、齿轮的啮合情况等，同时显示螺栓孔、销孔的位置。如果机体上有回油槽，也可清晰显示其形状。另外，对俯视图采用局部剖，可表达机体下面的安装孔的形状及位置。

3）为了表达机盖和机体前后方向的外部轮廓，反映放油螺塞、油标尺、吊装孔（或吊装钩）的位置，以及标注安装尺寸等，可以考虑画出左视图（或右视图）或局部左视图（或局部右视图），也可以考虑在其上做局部剖。

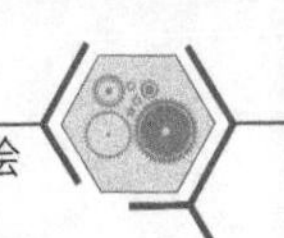

4）对于减速器上的一些局部结构，如机盖、机体上安装螺栓的凸台，可以考虑用局部视图表达其形状。

（2）画装配图

1）根据减速器的大小选择合适的绘图比例及图纸幅面。

2）合理布图，画出作图基准线。主视图中的基准线为箱体座孔的对称中心线和机体底面；俯视图中的基准线为两条轴线；左视图中的基准线为轴线及机体底面。

3）一般是先画装配线上起定位作用的零件，然后按装配顺序画出各个零件。对于减速器，从俯视图入手，先画相啮合的齿轮，由此按零件的尺寸及安装顺序画出其他零件。而后按照投影关系，将几个视图结合起来画，以保证图形准确，同时可提高绘图速度。

具体绘图时，除了零件的自身画法要正确之外，还要注意各个零件的装配关系要清楚、合理。以俯视图中大齿轮轴系为例予以说明：不通端盖外缘上的凸肩应嵌入箱体座孔的环槽内，以固定轴向位置；为保证滚动轴承的轴向定位，端盖的内侧凸缘应与调整环端面接触，调整环的另一端面与滚动轴承外圈端面之间应有合适的间隙（很小，不必画出）；轴承与大齿轮轮毂之间装上支承环，以固定大齿轮与轴承之间的间隔，支承环的高度要小于轴承内圈的高度；大齿轮轮毂的另一侧紧贴轴肩，在轴肩的另一侧装配轴承；在可通端盖和轴承之间，如有必要，也要加调整环；可通端盖的环槽内应画出密封毡圈（防止灰尘侵入磨损轴承）；轴承为标准部件，在装配图上可采用国家标准规定的规定画法、通用画法或特征画法。

绘制装配图时，若发现零件的结构或尺寸与装配结构不符或有错误，应及时对草图或其尺寸进行修正。

4）详细检查，补画装配细节，擦掉多余图线，加深各类图线。

5）编排零、部件序号，填写零件明细表。

（3）标注装配图的尺寸 减速器装配图上应该标注以下几类尺寸。

1）特性尺寸：两轴中心距、轴线高。

2）装配尺寸：滚动轴承内圈与轴、外圈与座孔的配合尺寸（只注轴或座孔的尺寸），齿轮与轴的配合尺寸。

3）外形尺寸：长、宽、高。总宽应分别标注两轴端距中心的尺寸。

4）安装尺寸：安装孔中心距。

（4）注写装配图的技术要求 减速器装配图上应考虑提出以下技术要求：

1）轴向间隙应调整至（0.10±0.02）mm范围内。

2）运转平稳，无松动现象，无异常噪声。

3）各连接密封处不应有渗油现象。

（5）装配图图例 减速器装配图（部分）如图10-16所示。单独列出的减速器装配图明细栏见表10-3。

2. 拆画零件图

完成减速器装配图后，要根据装配图和零件草图绘制主要零件的零件图，具体方法参看9.4节。

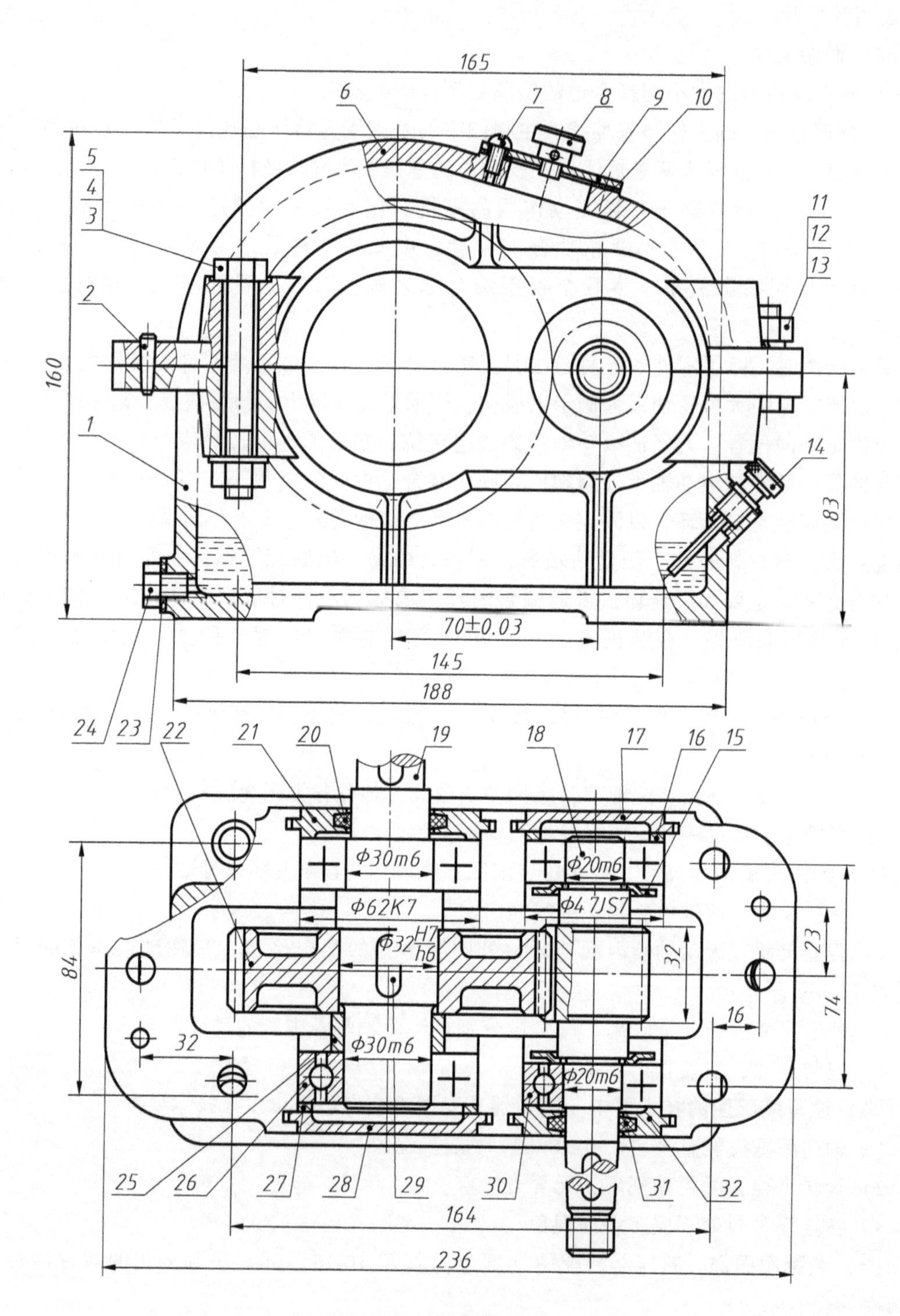

图 10-16　减速器装配图

表 10-3　减速器装配图明细栏

序号	名　称	数量	材料	备　注
1	机体	1	HT200	
2	圆锥销 4×18	2	45	GB/T 117—2000
3	螺栓 M10×65	4	Q235	GB/T 5782—2016
4	螺母 M10	4	Q235	GB/T 6170—2015
5	垫圈 10	4	65Mn	GB/T 97.1—2002
6	机盖	1	HT200	
7	螺钉 M3×10	4	Q235	GB/T 69—2016
8	通气塞	1	Q235	
9	视孔盖	1	Q235	
10	垫片	1	石棉橡胶纸	
11	螺栓 M8×25	2	Q235	GB 5780—2016
12	螺母 M8	2	Q235	GB 6170—2015
13	垫圈 8	2	65Mn	GB/T 93—1987
14	油标尺	1	Q235	
15	挡油环	2	Q235	
16	调整环	1	Q235	
17	端盖	1	HT200	
18	齿轮轴	1	35SiMn	
19	从动轴	1	45	
20	密封毡圈	1	毛毡	
21	可通端盖	1	HT200	
22	齿轮	1	35SiMn	
23	垫圈	1	石棉橡胶纸	
24	螺塞	1	Q235	
25	支承环	1	Q235	
26	滚动轴承 6206	2		GB/T 276—2013
27	调整环	1	Q235	
28	端盖	1	HT200	
29	键 8×7×20	1	45	GB/T 1096—2003
30	滚动轴承 6204	2		GB/T 276—2013
31	密封毡圈	1	毛毡	
32	可通端盖	1	HT200	

附　录

附表 1　普通螺纹的直径和螺距（GB/T 193—2003、GB/T 196—2003）　　（单位：mm）

D—内螺纹大径；d—外螺纹大径；D_2—内螺纹中径；d_2—外螺纹中径；D_1—内螺纹小径；d_1—外螺纹小径；P—螺距；H—原始三角形高度

公称直径为 24mm 的粗牙普通螺纹，标记为

M24

公称直径为 24mm、螺距为 1.5mm 的细牙普通螺纹，标记为

M24×1.5

公称直径为 24mm、螺距为 1.5mm，旋向为左旋的细牙普通螺纹，标记为

M24×1.5-LH

P　P/8　H/8　60°　3H/8　5H/8　H　30°　P/2　P/4　H/4　90°　螺纹轴线　D,d　D_2,d_2　D_1,d_1

公称直径 D、d		螺距 P		粗牙小径 D_1,d_1
第一系列	第二系列	粗牙	细　牙	
3		0.5	0.35	2.459
	3.5	0.6		2.850
4		0.7	0.5	3.242
	4.5	0.75		3.688
5		0.8		4.134
6		1	0.75	4.917
	7			5.917
8		1.25	1,0.75	6.647
10		1.5	1.25,1,0.75	8.376
12		1.75	1.25,1	10.106
	14	2	1.5,1.25,1	11.835
16			1.5,1	13.835
	18	2.5	2,1.5,1	15.294
20				17.294
	22			19.294
24		3		20.752
	27			23.752
30		3.5	(3),2,1.5,1	26.211
	33		(3),2,1.5	29.211
36		4	3,2,1.5	31.670

注：1. 优先选用第一系列直径，第三系列直径未列入。

2. M14×1.25 仅用于火花塞。

3. 括号内的螺距应尽可能不用。

附表 2　六角头螺栓　　　　（单位：mm）

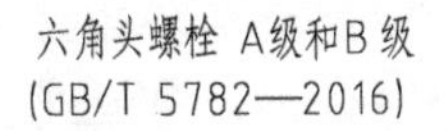

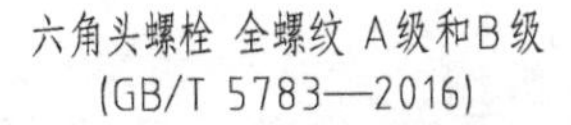

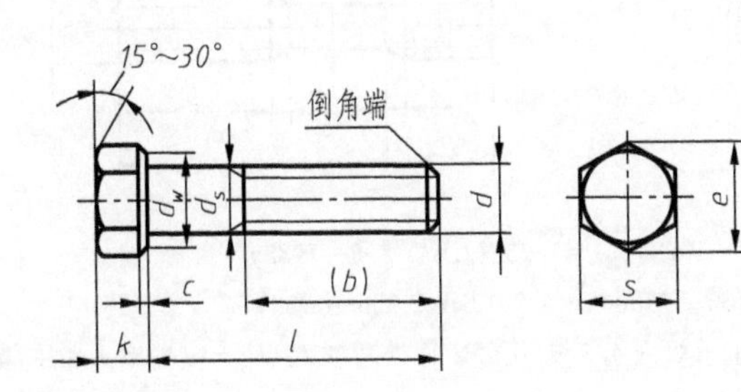

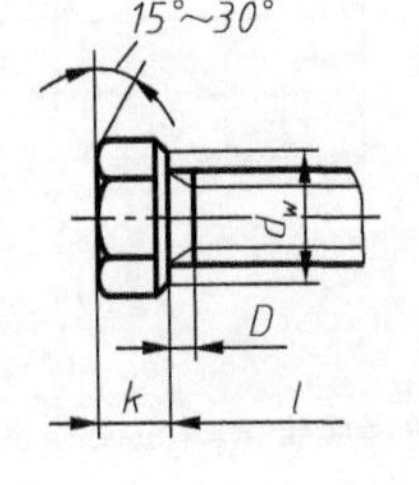

螺纹规格为 M12、公称长度 l=80mm、性能等级为 8.8 级、表面不经处理产品等级为 A 级的六角头螺栓，标记为

螺栓　GB/T 5782　M12×80

若为全螺纹，则标记为

螺栓　GB/T 5783　M12×80

螺纹规格 d			M3	M4	M5	M6	M8	M10	M12	M16	M20	M24	M30	M36
e_{min}	产品等级	A	6.01	7.66	8.79	11.05	14.38	17.77	20.03	36.75	33.53	39.98	—	—
		B	5.88	7.50	8.63	10.89	14.20	17.59	19.85	26.17	32.95	39.55	50.85	60.79
s_{max}=公称			5.5	7	8	10	13	16	18	24	30	36	46	55
k 公称			2	2.8	3.5	4	5.3	6.4	7.5	10	12.5	15	18.7	22.5
c	max		0.4	0.4	0.5	0.5	0.6	0.6	0.6	0.8	0.8	0.8	0.8	0.8
	min		0.15	0.15	0.15	0.15	0.15	0.15	0.15	0.2	0.2	0.2	0.2	0.2
d_{wmin}	产品等级	A	4.57	5.88	6.88	8.88	11.63	14.63	16.63	22.49	28.19	33.61	—	—
		B	4.45	5.74	6.74	8.74	11.47	14.47	16.47	22	27.7	33.25	42.75	51.11
GB/T 5782	b 参考	l≤125	12	14	16	18	22	26	30	38	46	54	66	—
		125<l≤200	18	20	22	24	28	32	36	44	52	60	72	84
		l>200	31	33	35	37	41	45	49	57	65	73	85	97
	$l_{公称}$		20~30	25~40	25~50	30~60	40~80	45~100	50~120	65~160	80~200	90~240	110~300	140~360
GB/T 5783	a_{max}		1.5	2.1	2.4	3	4	4.5	5.3	6	7.5	9	10.5	12
	$l_{公称}$		6~30	8~40	10~50	12~60	16~80	20~100	25~120	30~150	40~150	50~150	60~200	70~200

注：螺栓的长度 l 系列（单位：mm）为：6，8，10，12，16，20，25，30，35，40，45，50，55，60，65，70~160（10 进制），180，200。

附表 3　双头螺柱

（单位：mm）

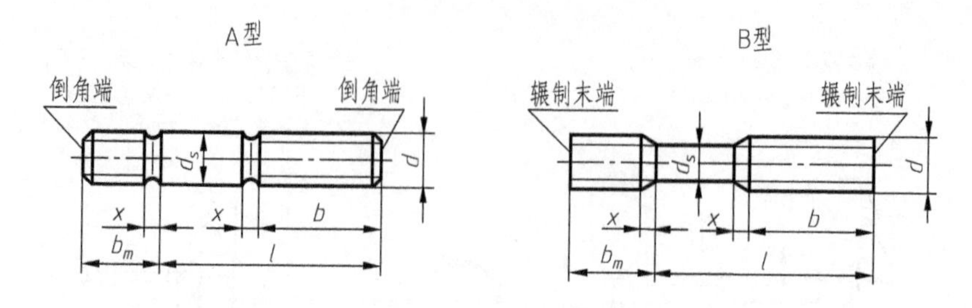

$b_m=1d$(GB/T 897—1988)，$b_m=1.25d$(GB/T 898—1988)

$b_m=1.5d$(GB/T 897—1988)，$b_m=2d$(GB/T 900—1988)

两端均为粗牙普通螺纹，$d=10$mm、$l=50$mm、性能等级为 4.8 级、不经表面处理、B 型、$b_m=1d$ 的双头螺柱，标记为

螺柱　GB/T 897　M10×50

旋入机体一端为粗牙普通螺纹，旋螺母一端为螺距 $P=1$mm 的细牙普通螺纹，$d=10$mm、$l=50$mm，性能等级为 4.8 级，不经表面处理、A 型、$b_m=1d$ 的双头螺柱，标记为

螺柱　GB/T 897　AM10—M10×1×50

两端均为粗牙普通螺纹，$d=10$mm、$l=50$mm，性能等级为 4.8 级，不经表示处理、B 型、$b_m=1.25d$ 的双头螺柱，标记为

螺柱　GB/T 898　M10×50

螺纹规格 d		M5	M6	M8	M10	M12	M16	M20	M24	M30	M36	M42
b_m	GB/T 897	5	6	8	10	12	16	20	24	30	36	42
	GB/T 898	6	8	10	12	15	20	25	30	38	45	32
	GB/T 899	8	10	12	15	18	24	30	36	45	54	63
	GB/T 900	10	12	16	20	24	32	40	48	60	72	84
d_{smax}		5	6	8	10	12	16	20	24	30	36	42
X_{max}		2.5P	2.5P	2.5P	2.5P	2.5P	2.5P	2.5P	2.5P	2.5P	2.5P	2.5P
$\frac{l}{b}$		$\frac{16\sim22}{10}$	$\frac{20\sim22}{10}$	$\frac{20\sim22}{12}$	$\frac{25\sim28}{14}$	$\frac{25\sim30}{16}$	$\frac{30\sim38}{20}$	$\frac{35\sim40}{25}$	$\frac{45\sim50}{30}$	$\frac{60\sim65}{40}$	$\frac{65\sim75}{45}$	$\frac{70\sim80}{50}$
		$\frac{25\sim50}{16}$	$\frac{25\sim30}{14}$	$\frac{25\sim30}{16}$	$\frac{30\sim38}{16}$	$\frac{32\sim40}{20}$	$\frac{40\sim55}{30}$	$\frac{45\sim65}{45}$	$\frac{55\sim75}{45}$	$\frac{70\sim90}{50}$	$\frac{80\sim100}{60}$	$\frac{85\sim110}{70}$
			$\frac{32\sim75}{18}$	$\frac{32\sim90}{22}$	$\frac{40\sim120}{26}$	$\frac{40\sim120}{30}$	$\frac{45\sim120}{38}$	$\frac{70\sim120}{46}$	$\frac{80\sim120}{54}$	$\frac{95\sim120}{66}$	$\frac{120}{78}$	$\frac{120}{90}$
					$\frac{130}{32}$	$\frac{130\sim180}{36}$	$\frac{130\sim200}{44}$	$\frac{130\sim200}{52}$	$\frac{130\sim200}{60}$	$\frac{130\sim200}{72}$	$\frac{130\sim200}{84}$	$\frac{130\sim200}{96}$
										$\frac{210\sim250}{85}$	$\frac{210\sim300}{97}$	$\frac{210\sim300}{109}$
l 系列		16，(18)，20，(22)，25，(28)，30，(32)，35，(38)，40，45，50，(55)，60，(65)，70(75)，80，(85)，90，(95)，100，110，120，130，140，150，160，170，180，190，200，210，220，230，240，250，260，280，300										

注：螺柱的长度 l 系列尽可能不采用括号内的规格。

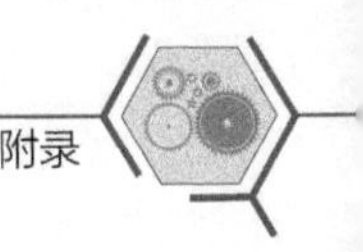

附表 4　螺钉

（单位：mm）

开槽圆柱头螺钉(GB/T 65—2016)

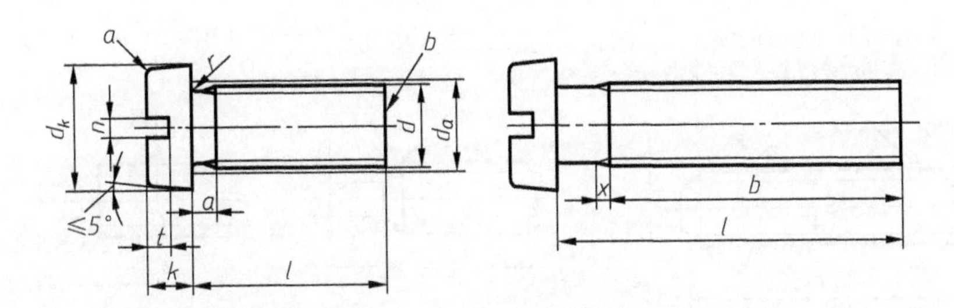

开槽沉头螺钉(GB/T 68—2016)

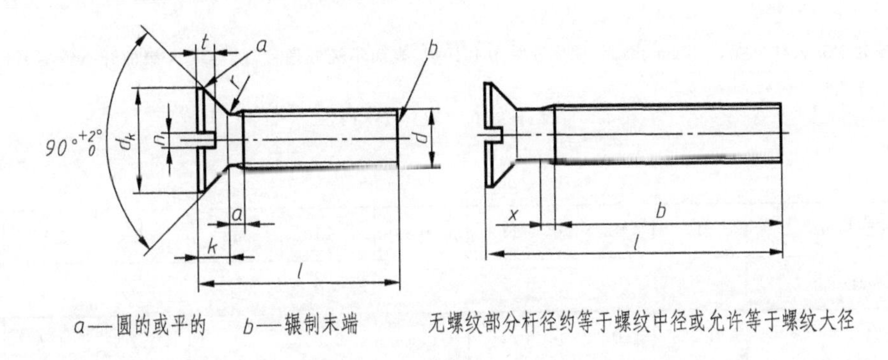

a—圆的或平的　　b—辗制末端　　无螺纹部分杆径约等于螺纹中径或允许等于螺纹大径

螺纹规格为 M5、公称长度 l=20mm、性能等级为 4.8 级、表面不经处理的 A 级开槽圆柱头螺钉，标记为

螺钉　GB/T 65　M5×20

螺纹规格 d		M1.6	M2	M2.5	M3	(M3.5)	M4	M5	M6	M8	M10
a_{max}		0.7	0.8	0.9	1	1.2	1.4	1.6	2	2.5	3
b_{min}		25				38					
n 公称		0.4	0.5	0.6	0.8	1	1.2		1.6	2	2.5
GB/T 65	d_{kmax}	3	3.8	4.5	5.5	6	7	8.5	10	13	16
	k_{max}	1.1	1.4	1.8	2	2.4	2.6	3.3	3.9	5	6
	t_{min}	0.45	0.6	0.7	0.85	1	1.1	1.3	1.6	2	2.4
	d_{amax}	2	2.6	3.1	3.6	4.1	4.7	5.7	6.8	9.2	11.2
	r_{min}	0.1					0.2		0.25	0.4	
	公称长度 l	2~16	3~20	3~25	4~30	5~35	5~40	6~50	8~60	10~80	12~80
GB/T 68	d_{kmax}	3	3.8	4.7	5.5	7.3	8.4	9.3	11.3	15.8	18.3
	k_{max}	1	1.2	1.5	1.65	2.35	2.7		3.3	4.65	5
	t_{min}	0.32	0.4	0.5	0.6	0.9	1	1.1	1.2	1.8	2
	r_{max}	0.4	0.5	0.6	0.8	0.9	1	1.3	1.5	2	2.5
	公称长度 l	2.5~16	3~20	4~25	5~30	6~35	6~40	8~50	8~60	10~80	12~80
l(系列)		2,2.5,3,4,5,6,8,10,12,(14),16,20,25,30,35,40,45,50,(55),60(65),70,(75),80									

注：1. 括号内的规格尽可能不采用。

2. M1.6~M3 的螺钉，公称长度在 30mm 以内的制出全螺纹；M4~M10 的螺钉，公称长度在 40mm（GB/T 65）、45mm（GB/T 68）以内的制出全螺纹。

附表 5　紧定螺钉

（单位：mm）

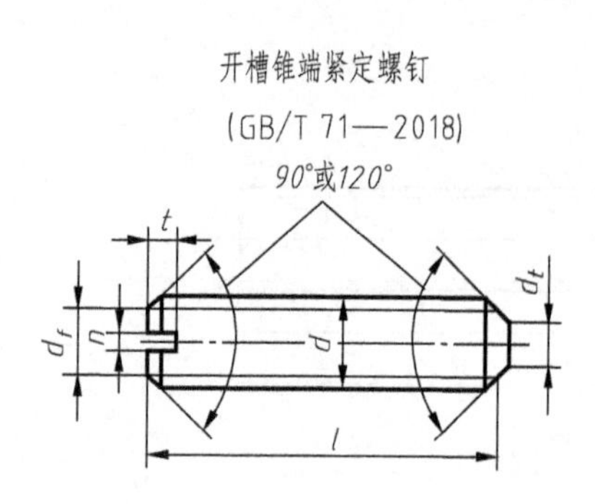

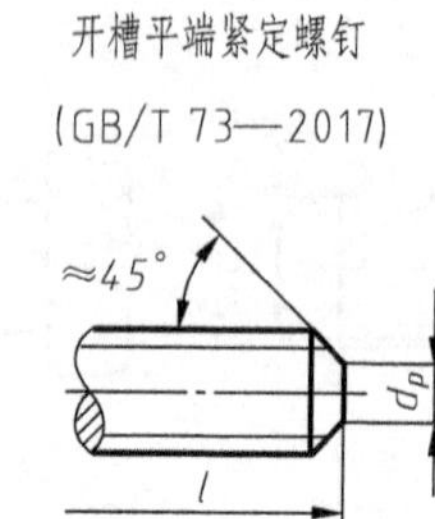

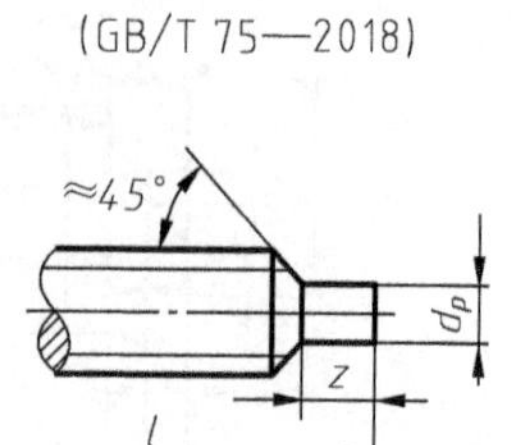

螺纹规格为 M5、公称长度 l=12mm、钢制、硬度等级为 14H 级、表面不经处理、产品等级 A 级的开槽锥端紧定螺钉，标记为

螺钉　GB/T 71　M5×12

螺纹规格 d			M2	M2.5	M3	M4	M5	M6	M8	M10	M12
d_f≈			螺纹小径								
n 公称			0.25	0.4	0.4	0.6	0.8	1	1.2	1.6	2
t	min		0.64	0.72	0.8	1.12	1.28	1.6	2	2.4	2.8
	max		0.84	0.95	1.05	1.42	1.63	2	2.5	3	3.6
GB/T 71	d_t	min	—	—	—	—	—	—	—	—	—
		max	0.2	0.25	0.3	0.4	0.5	1.5	2	2.5	3
	l		3~10	3~12	4~16	6~20	8~25	8~30	10~40	12~50	(14)~60
GB/T 73 GB/T 75	d_P	min	0.75	1.25	1.75	2.25	3.2	3.7	5.2	6.64	8.14
		max	1	1.5	2	2.5	3.5	4	5.5	7	8.5
GB/T 73	l	120°	2~2.5	2.5~3	3	4	5	6	—	—	—
		90°	3~10	4~12	4~16	5~20	6~25	8~30	8~40	10~50	12~60
GB/T 75	z	min	1	1.25	1.5	2	2.5	3	4	5	6
		max	1.25	1.5	1.75	2.25	2.75	3.25	4.3	5.3	6.3
	l	120°	3	4	5	6	8	8~10	10~12	12~16	(14)~20
		90°	4~10	5~12	6~16	8~20	10~25	12~30	(14)~40	20~50	25~60

注：1. 在 GB/T 71—2018 中，当 d=M2.5、l=3mm 时，螺钉两端的倒角均为 120°。

2. l 公称尺寸（单位：mm）：2，2.5，3，4，5，6，8，10，12，(14)，16，20，25，30，40，45，50，55，60。

3. 尽可能不采用括号内的规格。

附表 6　螺母

（单位：mm）

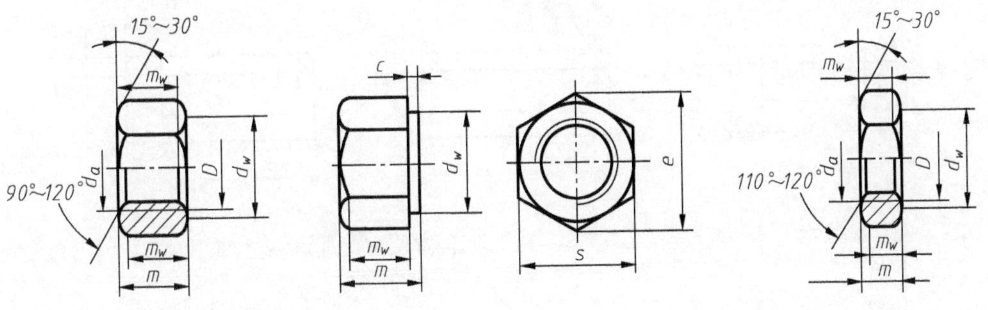

螺纹规格为 M12、表面不经处理、产品等级为 A 级的六角螺母：

性能等级为 8 级、1 型，标记为　螺母　GB/T 6170　M12

性能等级为 10 级、2 型，标记为　螺母　GB/T 6175　M12

性能等级为 04 级、倒角的六角薄螺母，标记为　螺母　GB/T 6172.1　M12

螺纹规格 D		M3①	M4①	M5	M6	M8	M10	M12	M16	M20	M24	M30	M36
e_{min}		6.01	7.66	8.79	11.05	14.38	17.77	20.03	26.75	32.95	39.55	50.85	60.79
s	公称 max	5.5	7	8	10	13	16	18	24	30	36	46	55
	min	5.32	6.78	7.78	9.78	12.73	15.73	17.73	23.67	29.16	35	45	53.8
c_{max}②		0.4	0.4	0.5	0.5	0.6	0.6	0.6	0.8	0.8	0.8	0.8	0.8
d_{amin}		3	4	5	6	8	10	12	16	20	24	30	36
d_{amax}		3.45	4.6	5.75	6.75	8.75	10.8	13	17.3	21.6	25.9	32.4	38.9
GB/T 6170 m	max	2.4	3.2	4.7	5.2	6.8	8.4	10.8	14.8	18	21.5	25.6	31
	min	2.15	2.9	4.4	4.9	6.44	8.04	10.37	14.1	16.9	20.2	24.3	29.4
GB/T 6172.1 m	max	1.8	2.2	2.7	3.2	4	5	6	8	10	12	15	18
	min	1.55	1.95	2.45	2.9	3.7	4.7	5.7	7.42	9.10	10.9	13.9	16.9
GB/T 6175 m	max	—	—	5.1	5.7	7.5	9.3	12	16.4	20.3	23.9	28.6	34.7
	min	—	—	4.8	5.4	7.14	8.94	11.57	15.7	19	22.6	27.3	33.1

① GB/T 6175—2016 的螺纹规格 D 系列值中无 M3、M4 规格。

② GB/T 6172.1—2016 中无 c 值。

附表 7　垫圈

（单位：mm）

小垫圈—A级 (GB/T 848—2002)

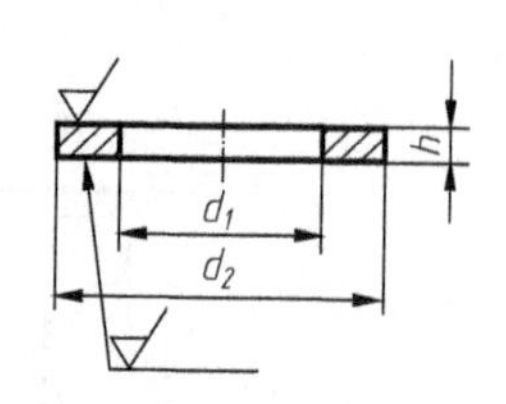

平垫圈—A级 (GB/T 97.1—2002)

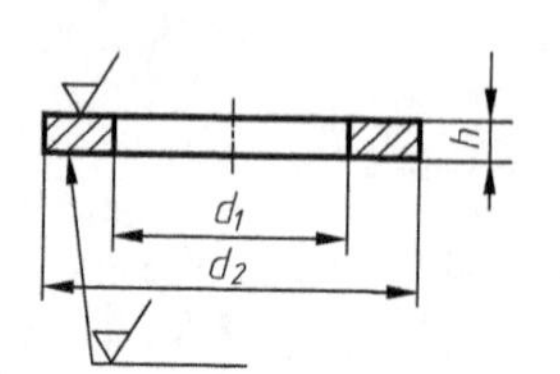

平垫圈倒角型—A级 (GB/T 97.2—2002)

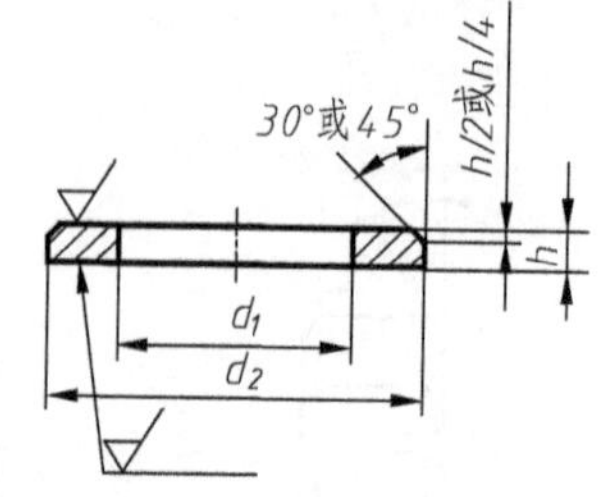

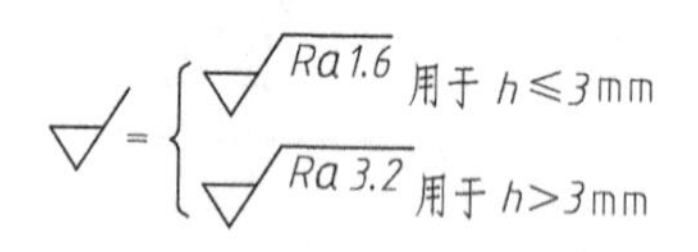

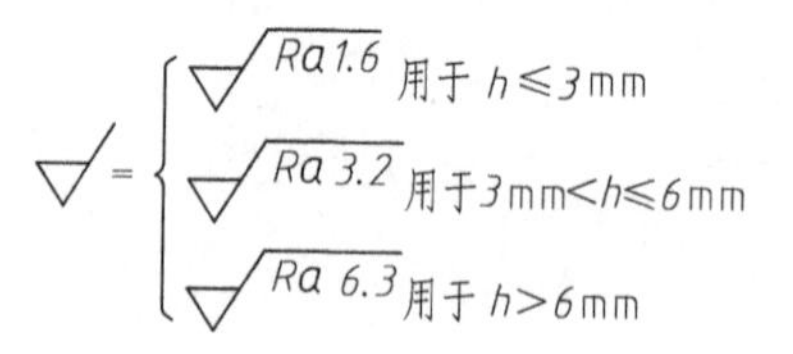

标准系列、公称规格 8mm、由钢制造的硬度等级为 200HV 级、不经表面处理、产品等级为 A 级、倒角型平垫圈，标记为

垫圈　GB/T 97.2　8

公称尺寸(螺纹规格 d)		3	4	5	6	8	10	12	14	16	20	24	30	36
内径 d_1		3.2	4.3	5.3	6.4	8.4	10.5	13	15	17	21	25	31	37
GB/T 848	外径 d_2	6	8	9	11	15	18	20	24	28	34	39	50	60
	厚度 h	0.5	0.5	1	1.6	1.6	1.6	2	2.5	2.5	3	4	4	5
GB/T 97.1	外径 d_2	7	9	10	12	16	20	24	28	30	37	44	56	66
GB/T 97.2①	厚度 h	0.5	0.8	1	1.6	1.6	2	2.5	2.5	3	3	4	4	5

注：硬度等级 200HV 表示材料的硬度，HV 表示维氏硬度，200 为硬度值。有 200HV 和 300HV 两种。

① GB/T 97.2—2002 没有规格 3mm 和 4mm。

附表 8　标准型弹簧垫圈（GB/T 93—1987）

（单位：mm）

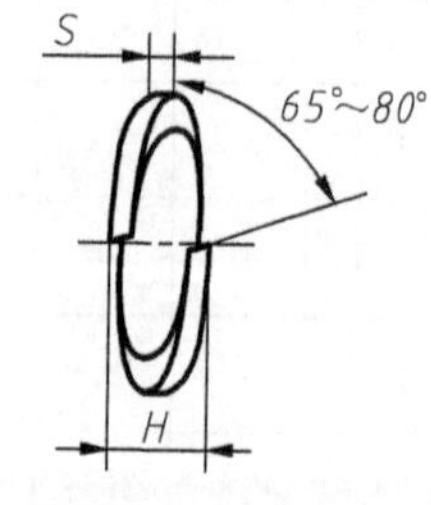

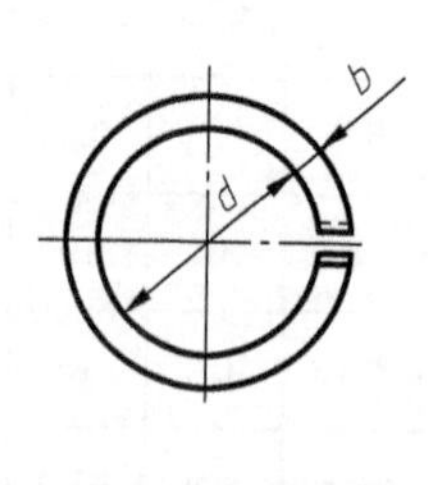

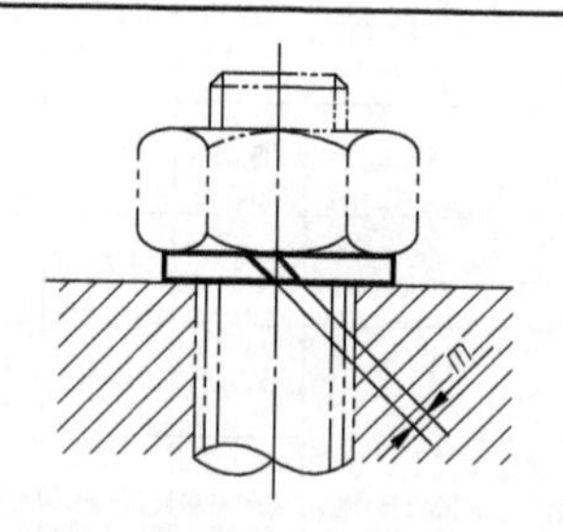

规格 16mm、材料为 65Mn、表面氧化的标准型弹簧垫圈，标记为

垫圈　GB/T 93　16

规格(螺纹大径)		4	5	6	8	10	12	16	20	24	30
d	min	4.1	5.1	6.1	8.1	10.2	12.2	16.2	20.2	24.5	30.5
	max	4.4	5.4	6.68	8.68	10.9	12.9	16.9	21.04	25.5	31.5
S,b	公称	1.1	1.3	1.6	2.1	2.6	3.1	4.1	5	6	7.5
	min	1	1.2	1.5	2	2.45	2.95	3.9	4.8	5.8	7.2
	max	1.2	1.4	1.7	2.2	2.75	3.25	4.3	5.2	6.2	7.8
H	min	2.2	2.6	3.2	4.2	5.2	6.2	8.2	10	12	15
	max	2.75	3.25	4	5.25	6.5	7.75	10.25	12.5	15	18.75
m≤		0.55	0.65	0.8	1.05	1.3	1.55	2.05	2.5	3	3.75

注：m 应大于零。

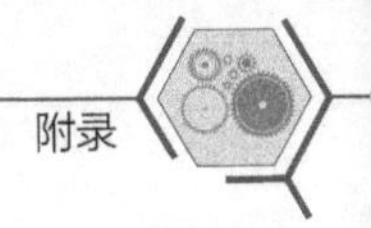

附表 9　平键及键槽的剖面尺寸（GB/T 1095—2003、GB/T 1096—2003）

（单位：mm）

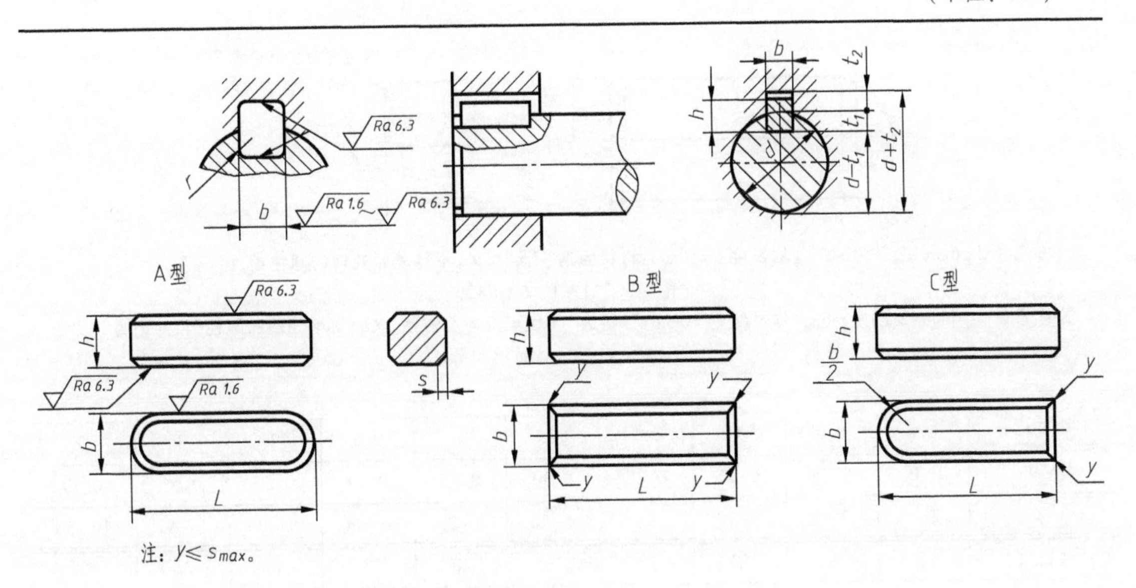

注：$y \leqslant s_{max}$。

普通 A 型平键、b = 16mm、h = 10mm、L = 100mm，标记为

GB/T 1096 键　16×100

普通 B 型平键、b = 16mm、h = 10mm、L = 100mm，标记为

GB/T 1096 键　B16×100

普通 C 型平键、b = 16mm、h = 10mm、L = 100mm，标记为

GB/T 1096 键　C16×100

键的公称尺寸			键槽									
			宽度 b 极限偏差					深度				r 小于
			松连接		正常连接		紧密连接	轴 t_1		轴 t_2		
b	h	L	轴 H9	毂 D10	轴 N9	毂 JS9	轴和毂 P9	公称尺寸	极限偏差	公称尺寸	极限偏差	
2	2	6~20	+0.025 0	+0.060 +0.020	-0.004 -0.029	±0.0125	-0.006 -0.031	1.2	+0.1 0	1	+0.1 0	0.16
3	3	6~36						1.8		1.4		
4	4	8~45	+0.030 0	+0.078 +0.030	0 -0.030	±0.015	-0.012 -0.042	2.5		1.8		
5	5	10~56						3.0		2.3		0.25
6	6	14~70						3.5		2.8		
8	7	18~90	+0.036 0	+0.098 +0.040	0 -0.036	±0.018	-0.015 -0.051	4.0	+0.2 0	3.3	+0.2 0	
10	8	22~110						5.0		3.3		0.40
12	8	28~140	+0.043 0	+0.120 +0.050	0 -0.043	±0.0215	-0.018 -0.061	5.0		3.3		
14	9	36~160						5.5		3.8		
16	10	45~180						6.0		4.3		
18	11	50~200						7.0		4.4		
L 的系列			6,8,10,12,14,16,18,20,22,25,28,32,36,40,45,50,56,63,70,80,90,100,110,125,140,160,180,200,220,250,280									

注：在工作图中轴槽深用 $d-t_1$ 或 t_1 标注，轮毂槽深用 $d+t_2$ 标注。

附表 10 圆柱销（不淬硬钢和奥氏体不锈钢）（GB/T 119.1—2000）（单位：mm）

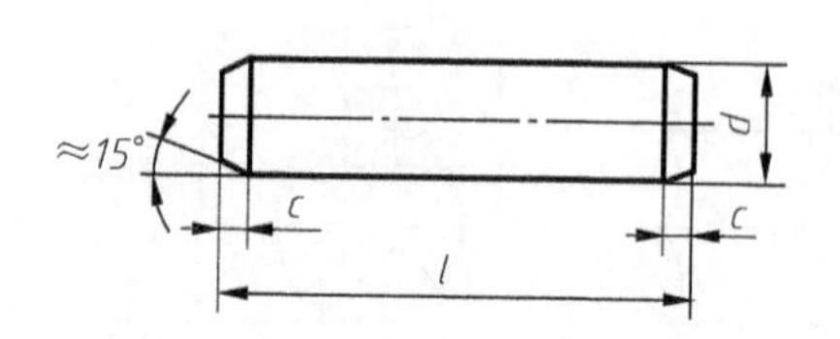

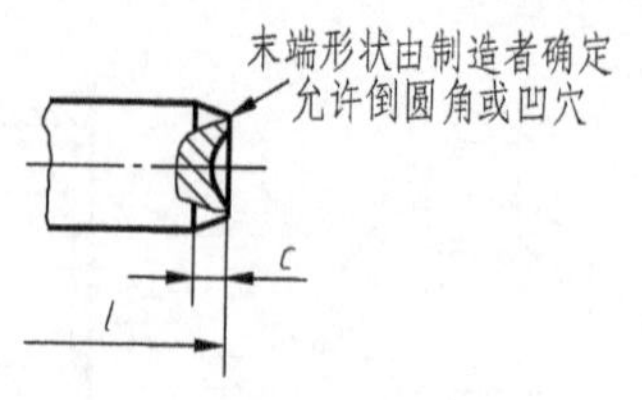

公称直径 $d=6$mm、公差为 m6、公称长度 $l=30$mm、材料为钢、不经淬火、不经表面处理的圆柱销，标记为

销 GB/T 119.1 6 m6×30

公称直径 $d=6$mm、公差为 m6、公称长度 $l=30$mm、材料为 A1 组奥氏体不锈钢、表面简单处理的圆柱销，标记为

销 GB/T 119.1 6 m6×30-A1

d(公称)	0.6	0.8	1	1.2	1.5	2	2.5	3	4	5
c≈	0.12	0.16	0.20	0.25	0.30	0.35	0.40	0.50	0.63	0.80
l	2~6	2~8	4~10	4~12	4~16	6~20	6~24	8~30	8~40	10~50
d(公称)	6	8	10	12	16	20	25	30	40	50
c≈	1.2	1.6	2.0	2.5	3.0	3.5	4.0	5.0	6.3	8.0
l	12~60	14~80	18~95	22~140	26~180	35~200	50~200	60~200	80~200	95~200
长度 l 的系列	2,3,4,5,6,8,10,12,14,16,18,20,22,24,26,28,30,32,35,40,45,50,55,60,65,70,75,80,85,90,95,100,120,140,160,180,200									

附表 11 圆锥销（GB/T 117—2000） （单位：mm）

A 型(磨削)：锥面表面粗糙度 $Ra=0.8\mu m$；B 型(切削或冷镦)：锥面表面粗糙度 $Ra=3.2\mu m$

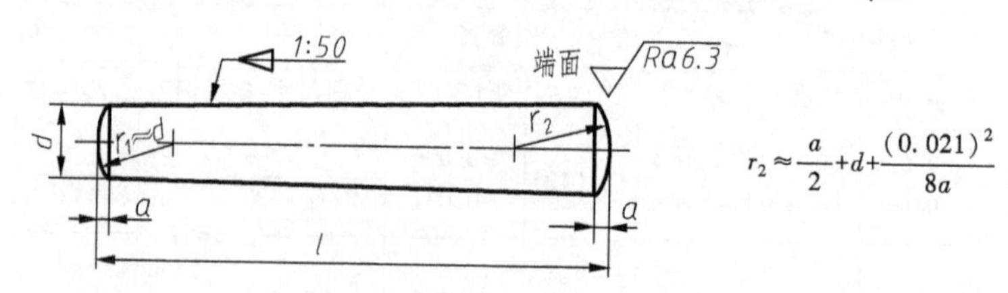

$$r_2 \approx \frac{a}{2}+d+\frac{(0.021)^2}{8a}$$

公称直径 $d=6$mm、公称长度 $l=30$mm、材料为 35 钢、热处理硬度 28~38HRC、表面氧化处理的 A 型圆锥销，标记为

销 GB/T 117 6×30

d(公称) h10	0.6	0.8	1	1.2	1.5	2	2.5	3	4	5
a≈	0.08	0.1	0.12	0.16	0.2	0.25	0.3	0.4	0.5	0.63
l(公称)	4~8	5~12	6~16	6~20	8~24	10~35	10~35	12~45	14~55	18~60
d(公称)	6	8	10	12	16	20	25	30	40	50
a≈	0.8	1	1.2	1.6	2	2.5	3	4	5	6.3
l(公称)	22~90	22~120	26~160	32~180	40~200	45~200	50~200	55~200	60~200	65~200
长度 l 的系列	2,3,4,5,6,8,10,12,14,16,18,20,22,24,26,28,30,32,35,40,45,50,55,60,65,70,75,80,85,90,95,100,120,140,160,180,200									

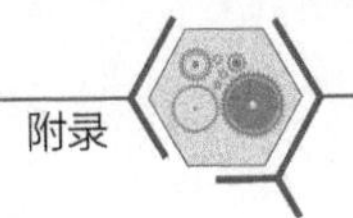

附表 12　深沟球轴承（GB/T 276—2013）

（单位：mm）

外形尺寸	类型代号	标记示例
	6	滚动轴承　6208　GB/T 276—2013

轴承型号		外形尺寸			轴承型号		外形尺寸		
		d	D	B			d	D	B
10 系列	6004	20	42	12	03 系列	6304	20	52	15
	6005	25	47	12		6305	25	62	17
	6006	30	55	13		6306	30	72	19
	6007	35	62	14		6307	35	80	21
	6008	40	68	15		6308	40	90	23
	6009	45	75	16		6309	45	100	25
	6010	50	80	16		6310	50	110	27
	6011	55	90	18		6311	55	120	29
	6012	60	95	18		6312	60	130	31
	6013	65	100	18		6313	65	140	33
	6014	70	110	20		6314	70	150	35
	6015	75	115	20		6315	75	160	37
	6016	80	125	22		6316	80	170	39
	6017	85	130	22		6317	85	180	41
	6018	90	140	24		6318	90	190	43
	6019	95	145	24		6319	95	200	45
	6020	100	150	24		6320	100	215	47
02 系列	6204	20	47	14	04 系列	6404	20	72	19
	6205	25	52	15		6405	25	80	21
	6206	30	62	16		6406	30	90	23
	6207	35	72	17		6407	35	100	25
	6208	40	80	18		6408	40	110	27
	6209	45	85	19		6409	45	120	29
	6210	50	90	20		6410	50	130	31
	6211	55	100	21		6411	55	140	33
	6212	60	110	22		6412	60	150	35
	6213	65	120	23		6413	65	160	37
	6214	70	125	24		6414	70	180	42
	6215	75	130	25		6415	75	190	45
	6216	80	140	26		6416	80	200	48
	6217	85	150	28		6417	85	210	52
	6218	90	160	30		6418	90	225	54
	6219	95	170	32		6419	95	240	55
	6220	100	180	34		6420	100	250	58

附表 13　圆锥滚子轴承（GB/T 297—2015）　　（单位：mm）

外形尺寸	类型代号	标记示例
	3	滚动轴承　32306　GB/T 297—2015

轴承型号		外形尺寸					轴承型号		外形尺寸				
		d	D	T	B	C			d	D	T	B	C
02系列	30204	20	47	15.25	14	12	22系列	32204	20	47	19.25	18	15
	30205	25	52	16.25	15	13		32205	25	52	19.25	18	16
	30206	30	62	17.25	16	14		32206	30	62	21.25	20	17
	30207	35	72	18.25	17	15		32207	35	72	24.25	23	19
	30208	40	80	19.79	18	16		32208	40	80	24.75	23	19
	30209	45	85	20.75	19	16		32209	45	85	24.75	23	19
	30210	50	90	21.75	20	17		32210	50	90	24.75	23	19
	30211	55	100	22.75	21	18		32211	55	100	26.75	28	24
	30212	60	110	23.75	22	19		32212	60	110	29.75	28	24
	30213	65	120	24.75	23	20		32213	65	120	32.75	31	27
	30214	70	125	26.25	24	21		32214	70	125	33.25	31	27
	30215	75	130	27.25	25	22		32215	75	130	33.25	31	27
	30216	80	140	28.25	26	22		32216	80	140	33.25	33	28
	30217	85	150	30.50	28	24		32217	85	150	38.50	36	30
	30218	90	160	32.50	30	26		32218	90	160	42.50	40	34
	30219	95	170	34.50	32	27		32219	95	170	45.50	43	37
	30220	100	180	37	34	29		32220	100	180	49	46	39
03系列	30304	20	52	16.25	15	13	23系列	32304	20	52	22.25	21	18
	30305	25	62	18.25	17	15		32305	25	62	25.25	24	20
	30306	30	72	20.75	19	16		32306	30	72	28.75	27	23
	30307	35	80	22.75	21	18		32307	35	80	32.75	31	25
	30308	40	90	25.25	23	20		32308	40	90	35.25	33	27
	30309	45	100	27.25	25	22		32309	45	100	38.25	36	30
	30310	50	110	29.25	27	23		32310	50	110	42.25	40	33
	30311	55	120	31.50	29	25		32311	55	120	45.50	43	35
	30312	60	130	33.50	31	26		32312	60	130	48.50	46	37
	30313	65	140	36	33	28		32313	65	140	51	48	39
	30314	70	150	38	35	30		32314	70	150	54	51	43
	30315	75	160	40	37	31		32315	75	160	58	55	45
	30316	80	170	42.50	39	33		32316	80	170	61.50	58	48
	30317	85	180	44.50	41	34		32317	85	180	63.50	60	49
	30318	90	190	46.50	43	36		32318	90	190	67.50	64	53
	30319	95	200	49.50	45	38		32319	95	200	71.50	67	55
	30320	100	215	51.50	47	39		32320	100	215	77.50	73	60

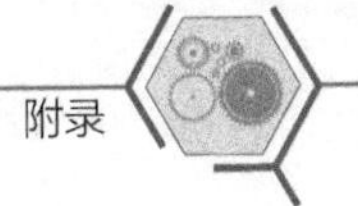

附表 14　推力球轴承（GB/T 301—2015）　　（单位：mm）

外形尺寸	类型代号	标记示例
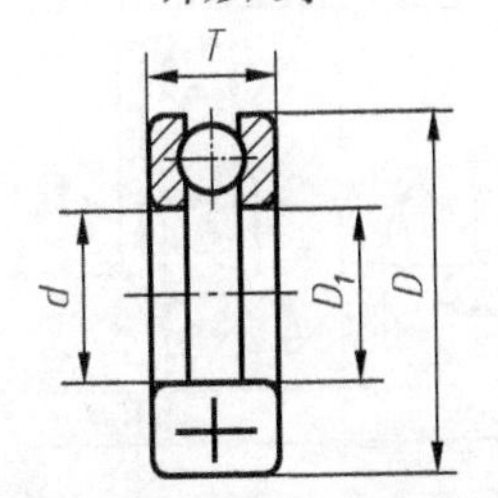	5	滚动轴承　51108　GB/T 301—2015

系列	轴承型号	外形尺寸				系列	轴承型号	外形尺寸			
		d	D	T	D_{1smin}			d	D	T	D_{1smin}
11系列	51104	20	35	10	21	13系列	51304	20	47	18	22
	51105	25	42	11	26		51305	25	52	18	27
	51106	30	47	11	32		51306	30	60	21	32
	51107	35	52	12	37		51307	35	68	24	37
	51108	40	60	13	42		51308	40	78	26	42
	51109	45	65	14	47		51309	45	85	28	47
	51110	50	70	14	52		51310	50	95	31	52
	51111	55	78	16	57		51311	55	105	35	52
	51112	60	85	17	62		51312	60	110	35	62
	51113	65	90	18	67		51313	65	115	36	67
	51114	70	95	18	72		51314	70	125	40	72
	51115	75	100	19	77		51315	75	135	44	77
	51116	80	105	19	82		51316	80	140	44	82
	51117	85	110	19	87		51317	85	150	49	88
	51118	90	120	22	92		51318	90	155	50	93
	51120	100	135	25	102		51320	100	170	55	103
12系列	51204	20	40	14	22	14系列	51405	25	60	24	27
	51205	25	47	15	27		51406	30	70	28	32
	51206	30	52	16	32		51407	35	80	32	37
	51207	35	62	18	37		51408	40	90	36	42
	51208	40	68	19	42		51409	45	100	39	47
	51209	45	73	20	47		51410	50	110	43	52
	51210	50	78	22	52		51411	55	120	48	57
	51211	55	90	25	57		51412	60	130	51	62
	51212	60	95	26	62		51413	65	140	56	68
	51213	65	100	27	67		51414	70	150	60	73
	51214	70	105	27	72		51415	75	160	65	78
	51215	75	110	27	77		51416	80	170	68	83
	51216	80	115	28	82		51417	85	180	72	88
	51217	85	125	31	88		51418	90	190	77	93
	51218	90	135	35	93		51420	100	210	85	103
	51220	100	150	38	103		51422	110	230	95	113

附表 15　砂轮越程槽（回转面及端面）（GB/T 6403.5—2008）　（单位：mm）

磨外圆	磨内圆	磨外端面	磨内端面	磨外圆及端面	磨内圆及端面

d	≤10			>10~50		>50~100		>100	
b_1	0.6	1.0	1.6	2.0	3.0	4.0	5.0	8.0	10
b_2	2.0	3.0		4.0		5.0			
h	0.1	0.2		0.3	0.4		0.6	0.8	1.2
r	0.2	0.5		0.8	1.0		1.6	2.0	3.0

附表 16　普通螺纹退刀槽和倒角（GB/T 3—1997）　（单位：mm）

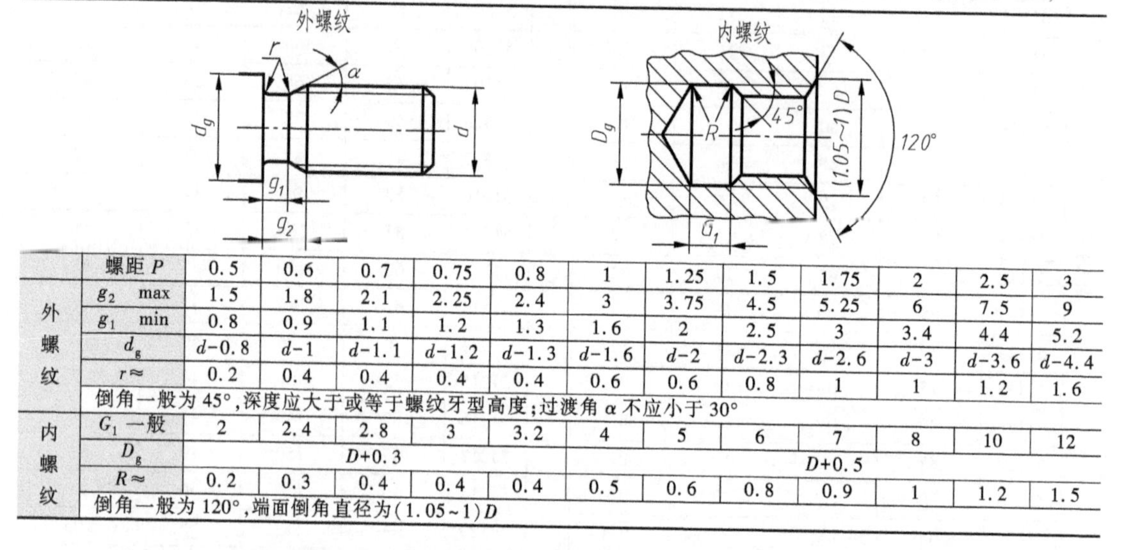

	螺距 P	0.5	0.6	0.7	0.75	0.8	1	1.25	1.5	1.75	2	2.5	3
外螺纹	g_2 max	1.5	1.8	2.1	2.25	2.4	3	3.75	4.5	5.25	6	7.5	9
	g_1 min	0.8	0.9	1.1	1.2	1.3	1.6	2	2.5	3	3.4	4.4	5.2
	d_g	d-0.8	d-1	d-1.1	d-1.2	d-1.3	d-1.6	d-2	d-2.3	d-2.6	d-3	d-3.6	d-4.4
	r≈	0.2	0.4	0.4	0.4	0.4	0.6	0.6	0.8	1	1	1.2	1.6
	倒角一般为45°，深度应大于或等于螺纹牙型高度；过渡角 α 不应小于30°												
内螺纹	G_1 一般	2	2.4	2.8	3	3.2	4	5	6	7	8	10	12
	D_g	D+0.3					D+0.5						
	R≈	0.2	0.3	0.4	0.4	0.4	0.5	0.6	0.8	0.9	1	1.2	1.5
	倒角一般为120°，端面倒角直径为（1.05~1）D												

附表 17　与直径 ϕ 相应的倒角 C、圆角 R 的推荐值（GB/T 6403.4—2008）　（单位：mm）

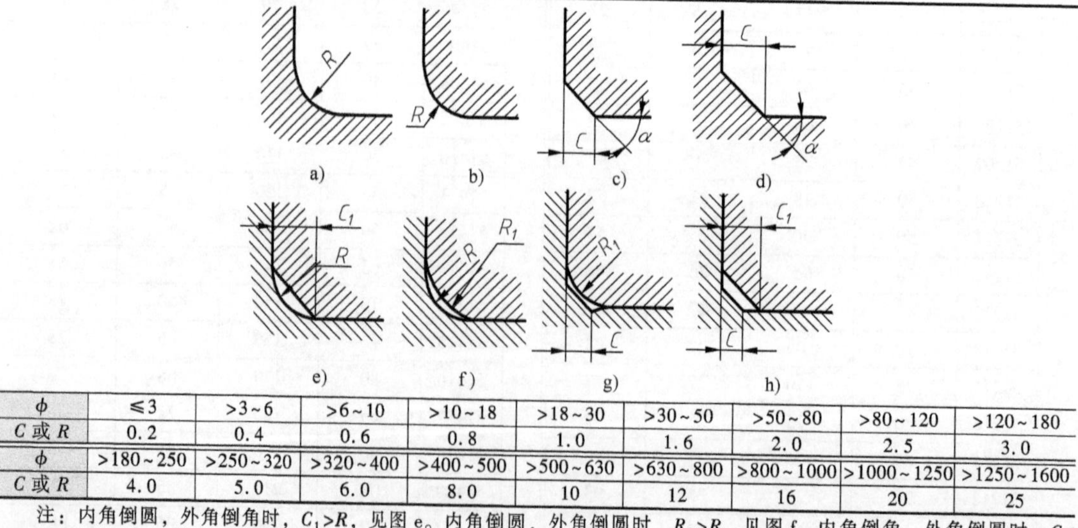

a)　b)　c)　d)　e)　f)　g)　h)

ϕ	≤3	>3~6	>6~10	>10~18	>18~30	>30~50	>50~80	>80~120	>120~180
C 或 R	0.2	0.4	0.6	0.8	1.0	1.6	2.0	2.5	3.0
ϕ	>180~250	>250~320	>320~400	>400~500	>500~630	>630~800	>800~1000	>1000~1250	>1250~1600
C 或 R	4.0	5.0	6.0	8.0	10	12	16	20	25

注：内角倒圆，外角倒角时，$C_1>R$，见图 e。内角倒圆，外角倒圆时，$R_1>R$，见图 f。内角倒角，外角倒圆时，$C<0.58R_1$，见图 g。内角倒角，外角倒角时，$C_1>C$，见图 h。

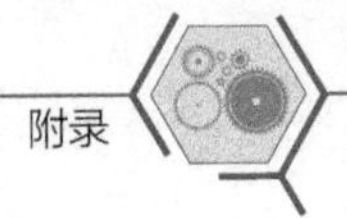

附表 18　孔的极限偏差（GB/T 1800.2—2020）　　（单位：μm）

公称尺寸/mm	常用及优先公差带(带圈者为优先公差带)												
	A	B	C		D			E			F		
	⑪	⑪	10	⑪	9	⑩	11	8	⑨	10	7	⑧	9
≤3	+330 +270	+200 +140	+100 +60	+120 +60	+45 +20	+60 +20	+80 +20	+28 +14	+39 +14	+54 +14	+16 +6	+20 +6	+31 +6
>3~6	+345 +270	+215 +140	+118 +70	+145 +70	+60 +30	+78 +30	+105 +30	+38 +20	+50 +20	+68 +20	+22 +10	+28 +10	+40 +10
>6~10	+370 +280	+240 +150	+138 +80	+170 +80	+76 +40	+98 +40	+130 +40	+47 +25	+61 +25	+83 +25	+28 +13	+35 +13	+49 +13
>10~14 >14~18	+400 +290	+260 +150	+165 +95	+205 +95	+93 +50	+120 +50	+160 +50	+59 +32	+75 +32	+102 +32	+34 +16	+43 +16	+59 +16
>18~24 >24~30	+430 +300	+290 +160	+194 +110	+240 +110	+117 +65	+149 +65	+195 +65	+73 +40	+92 +40	+124 +40	+41 +20	+53 +20	+72 +20
>30~40	+470 +310	+330 +170	+220 +120	+280 +120	+142 +80	+180 +80	+240 +80	+89 +50	+112 +50	+150 +50	+50 +25	+64 +25	+87 +25
>40~50	+480 +320	+340 +180	+230 +130	+290 +130									
>50~65	+530 +340	+380 +190	+260 +140	+330 +140	+174 +100	+220 +100	+290 +100	+106 +60	+134 +60	+180 +60	+60 +30	+76 +30	+104 +30
>65~80	+550 +360	+390 +200	+270 +150	+340 +150									
>80~100	+600 +380	+440 +220	+310 +170	+390 +170	+207 +120	+260 +120	+340 +120	+126 +72	+159 +72	+212 +72	+71 +36	+90 +36	+123 +36
>100~120	+630 +410	+460 +240	+320 +180	+400 +180									
>120~140	+710 +460	+510 +260	+360 +200	+450 +200	+245 +145	+305 +145	+395 +145	+148 +85	+185 +85	+245 +85	+83 +43	+106 +43	+143 +43
>140~160	+770 +520	+530 +280	+370 +210	+460 +210									
>160~180	+830 +580	+560 +310	+390 +230	+480 +230									
>180~200	+950 +660	+630 +340	+425 +240	+530 +240	+285 +170	+355 +170	+460 +170	+172 +100	+215 +100	+285 +100	+96 +50	+122 +50	+165 +50
>200~225	+1030 +740	+670 +380	+445 +260	+550 +260									
>225~250	+1110 +820	+710 +420	+465 +280	+570 +280									
>250~280	+1240 +920	+800 +480	+510 +300	+620 +300	+320 +190	+400 +190	+510 +190	+191 +110	+240 +110	+320 +110	+108 +56	+137 +56	+186 +56
>280~315	+1370 +1050	+860 +540	+540 +330	+650 +330									
>315~355	+1560 +1200	+960 +600	+590 +360	+720 +360	+350 +210	+440 +210	+570 +210	+214 +125	+265 +125	+355 +125	+119 +62	+151 +62	+202 +62
>355~400	+1710 +1350	+1040 +680	+630 +400	+760 +400									
>400~450	+1900 +1500	+1160 +760	+690 +440	+840 +440	+385 +230	+480 +230	+630 +230	+232 +135	+290 +135	+385 +135	+131 +68	+165 +68	+223 +68
>450~500	+2050 +1650	+1240 +840	+730 +480	+880 +480									

注：公称尺寸小于 1mm 时，各级的 A 和 B 均不采用。

公称尺寸/mm	常用及优先公差带(带																
	G		H						JS			K			M		
	6	⑦	6	⑦	⑧	⑨	10	⑪	6	⑦	8	6	⑦	8	6	7	8
≤3	+8 +2	+12 +2	+6 0	+10 0	+14 0	+25 0	+40 0	+60 0	±3	±5	±7	0 -6	0 -10	0 -14	-2 -8	-2 -12	-2 -16
>3~6	+12 +4	+16 +4	+8 0	+12 0	+18 0	+30 0	+48 0	+75 0	±4	±6	±9	+2 -6	+3 -9	+5 -13	-1 -9	0 -12	+2 -16
>6~10	+14 +5	+20 +5	+9 0	+15 0	+22 0	+36 0	+58 0	+90 0	±4.5	±7.5	±11	+2 -7	+5 -10	+6 -16	-3 -12	0 -15	+1 -21
>10~14 >14~18	+17 +6	+24 +6	+11 0	+18 0	+27 0	+43 0	+70 0	+110 0	±5.5	±9	±13.5	+2 -9	+6 -12	+8 -19	-4 -15	0 -18	+2 -25
>18~24 >24~30	+20 +7	+28 +7	+13 0	+21 0	+33 0	+52 0	+84 0	+130 0	±6.5	±10.5	±16.5	+2 -11	+6 -15	+10 -23	-4 -17	0 -21	+4 -29
>30~40 >40~50	+25 +9	+34 +9	+16 0	+25 0	+39 0	+62 0	+100 0	+160 0	±8	±12.5	±19.5	+3 -13	+7 -18	+12 -27	-4 -20	0 -25	+5 -34
>50~65 >65~80	+29 +10	+40 +10	+19 0	+30 0	+46 0	+74 0	+120 0	+190 0	±9.5	±15	±23	+4 -15	+9 -21	+14 -32	-5 -24	0 -30	+5 -41
>80~100 >100~120	+34 +12	+47 +12	+22 0	+35 0	+54 0	+87 0	+140 0	+220 0	±11	±17.5	±27	+4 -18	+10 -25	+16 -38	-6 -28	0 -35	+6 -48
>120~140 >140~160 >160~180	+39 +14	+54 +14	+25 0	+40 0	+63 0	+100 0	+160 0	+250 0	±12.5	±20	±31.5	+4 -21	+12 -28	+20 -43	-8 -33	0 -40	+8 -55
>180~200 >200~225 >225~250	+44 +15	+61 +15	+29 0	+46 0	+72 0	+115 0	+185 0	+290 0	±14.5	±23	±36	+5 -24	+13 -33	+22 -50	-8 -37	0 -46	+9 -63
>250~280 >280~315	+49 +17	+69 +17	+32 0	+52 0	+81 0	+130 0	+210 0	+320 0	±16	±26	±40.5	+5 -27	+16 -36	+25 -56	-9 -41	0 -52	+9 -72
>315~355 >355~400	+54 +18	+75 +18	+36 0	+57 0	+89 0	+140 0	+230 0	+360 0	±18	±28.5	±44.5	+7 -29	+17 -40	+28 -61	-10 -46	0 -57	+11 -78
>400~450 >450~500	+60 +20	+83 +20	+40 0	+63 0	+97 0	+155 0	+250 0	+400 0	±20	±31.5	±48.5	+8 -32	+18 -45	+29 -68	-10 -50	0 -63	+11 -86

圈者为优先公差带）

N			P			R			S		T		U	X
6	⑦	8	6	⑦	8	6	⑦	8	6	⑦	6	7	⑦	7
-4 -10	-4 -14	-4 -18	-6 -12	-6 -16	-6 -20	-10 -16	-10 -20	-10 -24	-14 -20	-14 -24	—	—	-18 -28	-20 -30
-5 -13	-4 -16	-2 -20	-9 -17	-8 -20	-12 -30	-12 -20	-11 -23	-15 -33	-16 -24	-15 -27	—	—	-19 -31	-24 -36
-7 -16	-4 -19	-3 -25	-12 -21	-9 -24	-15 -37	-16 -25	-13 -28	-19 -41	-20 -29	-17 -32	—	—	-22 -37	-28 -43
-9 -20	-5 -23	-3 -30	-15 -26	-11 -29	-18 -45	-20 -31	-16 -34	-23 -50	-25 -36	-21 -39	—	—	-26 -44	-33 -51
														-38 -56
-11 -24	-7 -28	-3 -36	-18 -31	-14 -35	-22 -55	-24 -37	-20 -41	-28 -61	-31 -44	-27 -48	—	—	-33 -54	-46 -67
											-37 -50	-33 -54	-40 -61	-56 -77
-12 -28	-8 -33	-3 -42	-21 -37	-17 -42	-26 -65	-29 -45	-25 -50	-34 -73	-38 -54	-34 -59	-43 -59	-39 -64	-51 -76	-71 -96
											-49 -65	-45 -70	-61 -86	-88 -113
-14 -33	-9 -39	-4 -50	-26 -45	-21 -51	-32 -78	-35 -54	-30 -60	-41 -87	-47 -66	-42 -72	-60 -79	-55 -85	-76 -106	-111 -141
						-37 -56	-32 -62	-43 -89	-53 -72	-48 -78	-69 -88	-64 -94	-91 -121	-135 -165
-16 -38	-10 -45	-4 -58	-30 -52	-24 -59	-37 -91	-44 -66	-38 -73	-51 -105	-64 -86	-58 -93	-84 -106	-78 -113	-111 -146	-165 -200
						-47 -69	-41 -76	-54 -108	-72 -94	-66 -101	-97 -119	-91 -126	-131 -166	-197 -232
-20 -45	-12 -52	-4 -67	-36 -61	-28 -68	-43 -106	-56 -81	-48 -88	-63 -126	-85 -110	-77 -117	-115 -140	-107 -147	-155 -195	-233 -273
						-58 -83	-50 -90	-65 -128	-93 -118	-85 -125	-127 -152	-119 -159	-175 -215	-265 -305
						-61 -86	-53 -93	-68 -131	-101 -126	-93 -133	-139 -164	-131 -171	-195 -235	-295 -335
-22 -51	-14 -60	-5 -77	-41 -70	-33 -79	-50 -122	-68 -97	-60 -106	-77 -149	-113 -142	-105 -151	-157 -186	-149 -195	-219 -265	-333 -379
						-71 -100	-63 -109	-80 -152	-121 -150	-113 -159	-171 -200	-163 -209	-241 -287	-368 -414
						-75 -104	-67 -113	-84 -156	-131 -160	-123 -169	-187 -216	-179 -225	-267 -313	-408 -454
-25 -57	-14 -66	-5 -86	-47 -79	-36 -88	-56 -137	-85 -117	-74 -126	-94 -175	-149 -181	-138 -190	-209 -241	-198 -250	-295 -347	-455 -507
						-89 -121	-78 -130	-98 -179	-161 -193	-150 -202	-231 -263	-220 -272	-330 -382	-505 -557
-26 -62	-16 -73	-5 -94	-51 -87	-41 -98	-62 -151	-97 -133	-87 -144	-108 -197	-179 -215	-169 -226	-257 -293	-247 -304	-369 -426	-569 -626
						-103 -139	-93 -150	-114 -203	-197 -233	-187 -244	-283 -319	-273 -330	-414 -471	-639 -696
-27 -67	-17 -80	-6 -103	-55 -95	-45 -108	-68 -165	-113 -153	-103 -166	-126 -223	-219 -259	-209 -272	-317 -357	-307 -370	-467 -530	-717 -780
						-119 -159	-109 -172	-132 -229	-239 -279	-229 -292	-347 -387	-337 -400	-517 -580	-797 -860

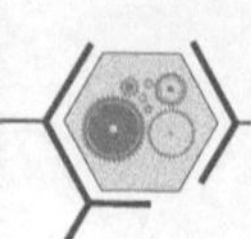

附表 19　轴的极限偏差

公称尺寸/mm	常用及优先公差带										
	a	b		c		d			e		
	⑪	9	⑪	9	⑪	8	⑨	10	7	⑧	9
≤3	-270 -330	-140 -165	-140 -200	-60 -85	-60 -120	-20 -34	-20 -45	-20 -60	-14 -24	-14 -28	-14 -39
>3~6	-270 -345	-140 -170	-140 -215	-70 -100	-70 -145	-30 -48	-30 -60	-30 -78	-20 -32	-20 -38	-20 -50
>6~10	-280 -370	-150 -186	-150 -240	-80 -116	-80 -170	-40 -62	-40 -76	-40 -98	-25 -40	-25 -47	-25 -61
>10~14 >14~18	-290 -400	-150 -193	-150 -260	-95 -138	-95 -205	-50 -77	-50 -93	-50 -120	-32 -50	-32 -59	-32 -75
>18~24 >24~30	-300 -430	-160 -212	-160 -290	-110 -162	-110 -240	-65 -98	-65 -117	-65 -149	-40 -61	-40 -73	-40 -92
>30~40	-310 -470	-170 -232	-170 -330	-120 -182	-120 -280	-80 -119	-80 -142	-80 -180	-50 -75	-50 -89	-50 -112
>40~50	-320 -480	-180 -242	-180 -340	-130 -192	-130 -290						
>50~65	-340 -530	-190 -264	-190 -380	-140 -214	-140 -330	-100 -146	-100 -174	-100 -220	-60 -90	-60 -106	-60 -134
>65~80	-360 -550	-200 -274	-200 -390	-150 -224	-150 -340						
>80~100	-380 -600	-220 -307	-220 -440	-170 -257	-170 -390	-120 -174	-120 -207	-120 -260	-72 -107	-72 -126	-72 -159
>100~120	-410 -630	-240 -327	-240 -460	-180 -267	-180 -400						
>120~140	-460 -710	-260 -360	-260 -510	-200 -300	-200 -450	-145 -208	-145 -245	-145 -305	-85 -125	-85 -148	-85 -185
>140~160	-520 -770	-280 -380	-280 -530	-210 -310	-210 -460						
>160~180	-580 -830	-310 -410	-310 -560	-230 -330	-230 -480						
>180~200	-660 -950	-340 -455	-340 -630	-240 -355	-240 -530	-170 -242	-170 -285	-170 -355	-100 -146	-100 -172	-100 -215
>200~225	-740 -1030	-380 -495	-380 -670	-260 -375	-260 550						
>225~250	-820 -1110	-420 -535	-420 -710	-280 -395	-280 -570						
>250~280	-920 -1240	-480 -610	-480 -800	-300 -430	-300 -620	-190 -271	-190 -320	-190 -400	-110 -162	-110 -191	-110 -240
>280~315	-1050 -1370	-540 -670	-540 -860	-330 -460	-330 -650						
>315~355	-1200 -1560	-600 -740	-600 -960	-360 -500	-360 -720	-210 -299	-210 -350	-210 -440	-125 -182	-125 -214	-125 -265
>355~400	-1350 -1710	-680 -820	-680 -1040	-400 -540	-400 -760						
>400~450	-1500 -1900	-760 -915	-760 -1160	-440 -595	-440 -840	-230 -327	-230 -385	-230 -480	-135 -198	-135 -232	-135 -290
>450~500	-1650 -2050	-840 -995	-840 -1240	-480 -635	-480 -880						

（GB/T 1800.2—2020）（单位：μm）

（带圈者为优先公差带）											
f			g		h						
6	⑦	8	5	⑥	5	⑥	⑦	8	⑨	10	⑪
-6 -12	-6 -16	-6 -20	-2 -6	-2 -8	0 -4	0 -6	0 -10	0 -14	0 -25	0 -40	0 -60
-10 -18	-10 -22	-10 -28	-4 -9	-4 -12	0 -5	0 -8	0 -12	0 -18	0 -30	0 -48	0 -75
-13 -22	-13 -28	-13 -35	-5 -11	-5 -14	0 -6	0 -9	0 -15	0 -22	0 -36	0 -58	0 -90
-16 -27	-16 -34	-16 -43	-6 -14	-6 -17	0 -8	0 -11	0 -18	0 -27	0 -43	0 -70	0 -110
-20 -33	-20 -41	-20 -53	-7 -16	-7 -20	0 -9	0 -13	0 -21	0 -33	0 -52	0 -84	0 -130
-25 -41	-25 -50	-25 -64	-9 -20	-9 -25	0 -11	0 -16	0 -25	0 -39	0 -62	0 -100	0 -160
-30 -49	-30 -60	-30 -76	-10 -23	-10 -29	0 -13	0 -19	0 -30	0 -46	0 -74	0 -120	0 -190
-36 -58	-36 -71	-36 -90	-12 -27	-12 -34	0 -15	0 -22	0 -35	0 -54	0 -87	0 -140	0 -220
-43 -68	-43 -83	-43 -106	-14 -32	-14 -39	0 -18	0 -25	0 -40	0 -63	0 -100	0 -160	0 -250
-50 -79	-50 -96	-50 -122	-15 -35	-15 -44	0 -20	0 -29	0 -46	0 -72	0 -115	0 -185	0 -290
-56 -88	-56 -108	-56 -137	-17 -40	-17 -49	0 -23	0 -32	0 -52	0 -81	0 -130	0 -210	0 -320
-62 -98	-62 -119	-62 -151	-18 -43	-18 -54	0 -25	0 -36	0 -57	0 -89	0 -140	0 -230	0 -360
-68 -108	-68 -131	-68 -165	-20 -47	-20 -60	0 -27	0 -40	0 -63	0 -97	0 -155	0 -250	0 -400

公称尺寸/mm	常用及优先公差带														
	js			k			m			n			p		
	5	⑥	7	5	⑥	7	5	6	7	5	⑥	7	5	⑥	7
≤3	±2	±3	±5	+4 0	+6 0	+10 0	+6 +2	+8 +2	+12 +2	+8 +4	+10 +4	+14 +4	+10 +6	+12 +6	+16 +6
>3~6	±2.5	±4	±6	+6 +1	+9 +1	+13 +1	+9 +4	+12 +4	+16 +4	+13 +8	+16 +8	+20 +8	+17 +12	+20 +12	+24 +12
>6~10	±3	±4.5	±7.5	+7 +1	+10 +1	+16 +1	+12 +6	+15 +6	+21 +6	+16 +10	+19 +10	+25 +10	+21 +15	+24 +15	+30 +15
>10~14	±4	±5.5	±9	+9 +1	+12 +1	+19 +1	+15 +7	+18 +7	+25 +7	+20 +12	+23 +12	+30 +12	+26 +18	+29 +18	+36 +18
>14~18															
>18~24	±4.5	±6.5	±10.5	+11 +2	+15 +2	+23 +2	+17 +8	+21 +8	+29 +8	+24 +15	+28 +15	+36 +15	+31 +22	+35 +22	+43 +22
>24~30															
>30~40	±5.5	±8	±12.5	+13 +2	+18 +2	+27 +2	+20 +9	+25 +9	+34 +9	+28 +17	+33 +17	+42 +17	+37 +26	+42 +26	+51 +26
>40~50															
>50~65	±6.5	±9.5	±15	+15 +2	+21 +2	+32 +2	+24 +11	+30 +11	+41 +11	+33 +20	+39 +20	+50 +20	+45 +32	+51 +32	+63 +32
>65~80															
>80~100	±7.5	±11	±17.5	+18 +3	+25 +3	+38 +3	+28 +13	+35 +13	+48 +13	+38 +23	+45 +23	+58 +23	+52 +37	+59 +37	+72 +37
>100~120															
>120~140	±9	±12.5	±20	+21 +3	+28 +3	+43 +3	+33 +15	+40 +15	+55 +15	+45 +27	+52 +27	+67 +27	+61 +43	+68 +43	+83 +43
>140~160															
>160~180															
>180~200	±10	±14.5	±23	+24 +4	+33 +4	+50 +4	+37 +17	+46 +17	+63 +17	+51 +31	+60 +31	+77 +31	+70 +50	+79 +50	+96 +50
>200~225															
>225~250															
>250~280	±11.5	±16	±26	+27 +4	+36 +4	+56 +4	+43 +20	+52 +20	+72 +20	+57 +34	+66 +34	+86 +34	+79 +56	+88 +56	+108 +56
>280~315															
>315~355	±12.5	±18	±28.5	+29 +4	+40 +4	+61 +4	+46 +21	+57 +21	+78 +21	+62 +37	+73 +37	+94 +37	+87 +62	+98 +62	+119 +62
>355~400															
>400~450	±13.5	±20	±31.5	+32 +5	+45 +5	+68 +5	+50 +23	+63 +23	+86 +23	+67 +40	+80 +40	+103 +40	+95 +68	+108 +68	+131 +68
>450~500															

注：公称尺寸小于 1mm 时，各级的 a 和 b 均不采用。

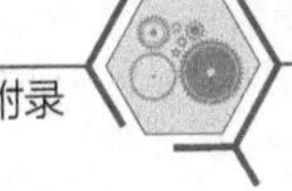

（续）

（带圈者为优先公差带）

r			s			t			u		x
5	⑥	7	5	⑥	7	5	6	7	6	7	6
+14 +10	+16 +10	+20 +10	+18 +14	+20 +14	+24 +14	—	—	—	+24 +18	+28 +18	+26 +20
+20 +15	+23 +15	+27 +15	+24 +19	+27 +19	+31 +19	—	—	—	+31 +23	+35 +23	+36 +28
+25 +19	+28 +19	+34 +19	+29 +23	+32 +23	+38 +23	—	—	—	+37 +28	+43 +28	+43 +34
+31 +23	+34 +23	+41 +23	+36 +28	+39 +28	+46 +28	—	—	—	+44 +33	+51 +33	+51 +40
						—	—	—			+56 +45
+37 +28	+41 +28	+49 +28	+44 +35	+48 +35	+56 +35	—	—	—	+54 +41	+62 +41	+67 +54
						+50 +41	+54 +41	+62 +41	+61 +48	+69 +48	+77 +64
+45 +34	+50 +34	+59 +34	+54 +43	+59 +43	+68 +43	+59 +48	+64 +48	+73 +48	+76 +60	+85 +60	+96 +80
						+65 +54	+70 +54	+79 +54	+86 +70	+95 +70	+113 +97
+54 +41	+60 +41	+71 +41	+66 +53	+72 +53	+83 +53	+79 +66	+85 +66	+96 +66	+106 +87	+117 +87	+141 +122
+56 +43	+62 +43	+73 +43	+72 +59	+78 +59	+89 +59	+88 +75	+94 +75	+105 +75	+121 +102	+132 +102	+165 +146
+66 +51	+73 +51	+86 +51	+86 +71	+93 +71	+106 +71	+106 +91	+113 +91	+126 +91	+146 +124	+159 +124	+200 +178
+69 +54	+76 +54	+89 +54	+94 +79	+101 +79	+114 +79	+119 +104	+126 +104	+139 +104	+166 +144	+179 +144	+232 +210
+81 +63	+88 +63	+103 +63	+110 +92	+117 +92	+132 +92	+140 +122	+147 +122	+162 +122	+195 +170	+210 +170	+273 +248
+83 +65	+90 +65	+105 +65	+118 +100	+125 +100	+140 +100	+152 +134	+159 +134	+174 +134	+215 +190	+230 +190	+305 +280
+86 +68	+93 +68	+108 +68	+126 +108	+133 +108	+148 +108	+164 +146	+171 +146	+186 +146	+235 +210	+250 +210	+335 +310
+97 +77	+106 +77	+123 +77	+142 +122	+151 +122	+168 +122	+186 +166	+195 +166	+212 +166	+265 +236	+282 +236	+379 +350
+100 +80	+109 +80	+126 +80	+150 +130	+159 +130	+176 +130	+200 +180	+209 +180	+226 +180	+287 +258	+304 +258	+414 +385
+104 +84	+113 +84	+130 +84	+160 +140	+169 +140	+186 +140	+216 +196	+225 +196	+242 +196	+313 +284	+330 +284	+454 +425
+117 +94	+126 +94	+146 +94	+181 +158	+190 +158	+210 +158	+241 +218	+250 +218	+270 +218	+347 +315	+367 +315	+507 +475
+121 +98	+130 +98	+150 +98	+193 +170	+202 +170	+222 +170	+263 +240	+272 +240	+292 +240	+382 +350	+402 +350	+557 +525
+133 +108	+144 +108	+165 +108	+215 +190	+226 +190	+247 +190	+293 +268	+304 +268	+325 +268	+426 +390	+447 +390	+626 +590
+139 +114	+150 +114	+171 +114	+233 +208	+244 +208	+265 +208	+319 +294	+330 +294	+351 +294	+471 +435	+492 +435	+696 +660
+153 +126	+166 +126	+189 +126	+259 +232	+272 +232	+295 +232	+357 +330	+370 +330	+393 +330	+530 +490	+553 +490	+780 +740
+159 +132	+172 +132	+195 +132	+279 +252	+292 +252	+315 +252	+387 +360	+400 +360	+423 +360	+580 +540	+603 +540	+860 +820

参 考 文 献

[1] 全国技术产品文件标准化技术委员会，中国标准出版社．技术产品文件标准汇编：机械制图卷［M］．2版．北京：中国标准出版社，2009.

[2] 全国技术产品文件标准化技术委员会，中国质检出版社第三编辑室．技术产品文件标准汇编：技术制图卷［M］．3版．北京：中国质检出版社，中国标准出版社，2012.

[3] 杨老记，李俊武．简明机械制图手册［M］．北京：机械工业出版社，2009.

[4] 李学京．机械制图国家标准应用指南［M］．北京：中国标准出版社，2008.

[5] 金大鹰．机械制图［M］．4版．北京：机械工业出版社，2016.

[6] 柴富俊．工程图学与专业绘图基础［M］．北京：国防工业出版社，2008.

[7] 南玲玲，杨虹．机械制图及实训［M］．北京：机械工业出版社，2010.

[8] 李淑君，陆英．机械制图［M］．北京：机械工业出版社，2011.

[9] 王永智，李学京．画法几何及机械制图解题指导［M］．北京：机械工业出版社，1998.

[10] 江苏大学工程图学课程组．工程图学习题集［M］．镇江：江苏大学出版社，2010.

[11] 李学京．机械制图和技术制图国家标准学用指南［M］．北京：中国质检出版社，中国标准出版社，2013.

[12] 胡建生．机械制图［M］．北京：机械工业出版社，2019.